国防科技图书出版基金

# 轻 质 碳 材 料 的 应 用

## Application of Lightweight Carbon Materials

贾瑛　许国根　王煊军　著

国防工业出版社

·北京·

**图书在版编目(CIP)数据**

轻质碳材料的应用/贾瑛,许国根,王煊军著.—北京:
国防工业出版社,2013.11
ISBN 978-7-118-09132-8

I.①轻…  Ⅱ.①贾…②许…③王…  Ⅲ.①轻质
材料—碳—研究  Ⅳ.①TB321

中国版本图书馆 CIP 数据核字(2013)第 248507 号

※

国防工业出版社出版发行

(北京市海淀区紫竹院南路 23 号  邮政编码 100048)
北京嘉恒彩色印刷责任有限公司
新华书店经售

*

开本 710×1000  1/16  印张 18¼  字数 310 千字
2013 年 11 月第 1 版第 1 次印刷  印数 1—2500 册  定价 80.00 元

**(本书如有印装错误,我社负责调换)**

国防书店:(010)88540777          发行邮购:(010)88540776
发行传真:(010)88540755          发行业务:(010)88540717

# 致 读 者

**本书由国防科技图书出版基金资助出版。**

国防科技图书出版工作是国防科技事业的一个重要方面。优秀的国防科技图书既是国防科技成果的一部分,又是国防科技水平的重要标志。为了促进国防科技和武器装备建设事业的发展,加强社会主义物质文明和精神文明建设,培养优秀科技人才,确保国防科技优秀图书的出版,原国防科工委于1988年初决定每年拨出专款,设立国防科技图书出版基金,成立评审委员会,扶持、审定出版国防科技优秀图书。

**国防科技图书出版基金资助的对象是:**

1. 在国防科学技术领域中,学术水平高,内容有创见,在学科上居领先地位的基础科学理论图书;在工程技术理论方面有突破的应用科学专著。

2. 学术思想新颖,内容具体、实用,对国防科技和武器装备发展具有较大推动作用的专著;密切结合国防现代化和武器装备现代化需要的高新技术内容的专著。

3. 有重要发展前景和有重大开拓使用价值,密切结合国防现代化和武器装备现代化需要的新工艺、新材料内容的专著。

4. 填补目前我国科技领域空白并具有军事应用前景的薄弱学科和边缘学科的科技图书。

国防科技图书出版基金评审委员会在总装备部的领导下开展工作,负责掌握出版基金的使用方向,评审受理的图书选题,决定资助的图书选题和资助金额,以及决定中断或取消资助等。经评审给予资助的图书,由总装备部国防工业出版社列选出版。

国防科技事业已经取得了举世瞩目的成就。国防科技图书承担着记载和弘扬这些成就,积累和传播科技知识的使命。在改革开放的新形势下,原国防科工委率先设立出版基金,扶持出版科技图书,这是一项具有深远意义的创举。此举势必促使国防科技图书的出版随着国防科技事业的发展更加兴旺。

设立出版基金是一件新生事物,是对出版工作的一项改革。因而,评审工作需要不断地摸索、认真地总结和及时地改进,这样,才能使有限的基金发挥出巨大的效能。评审工作更需要国防科技和武器装备建设战线广大科技工作者、专家、教授,以及社会各界朋友的热情支持。

让我们携起手来,为祖国昌盛、科技腾飞、出版繁荣而共同奋斗!

**国防科技图书出版基金**
评审委员会

# 前　言

　　轻质碳材料是指具有丰富孔隙结构和巨大比表面积的低密度碳质材料,主要指活性炭、石墨(包括膨胀石墨)、碳纳米管及活性炭纤维等材料,以及以这些碳材料为基材的修饰改性复合材料。

　　轻质碳材料中既有历史悠久的传统材料,如活性炭、石墨等,也有一些传统材料所不具备的优异性能和特殊性能的新材料,如碳纳米管、活性炭纤维等。轻质碳材料因具有比表面积大、吸附能力强、化学稳定性好、催化活性高、易于反复应用等一系列优异的特性,被广泛应用于工业、农业、国防、交通、医药卫生、环境保护等多个领域,其需求量随着社会发展和人民生活水平的提高,呈逐年上升的趋势。

　　轻质碳材料在材料领域占有重要的地位,更在现代社会发展中起着举足轻重的作用。当今社会材料、能源和信息已经成为现代科学技术的三大支柱,而材料科学更是社会技术进步的物质基础与先导。现代高新技术的发展,更是紧密依赖于材料的发展。一种新材料的突破,无不孕育着一项新技术的诞生,甚至导致一个领域的技术革命。进入 21 世纪后,材料科学发展水平已成为衡量一个国家科学水平、国民经济水平及综合国力的重要标志,许多国家都把新材料的研究开发放在了优先发展的地位。随着科学技术的发展,人们对材料性能的要求日益广泛和严格,使得人们不断地开发各类新型材料以满足需要。由于轻质碳材料的优异性质和易改性的特性以及易与其他材料复合形成性质各异的复合材料等优势,轻质碳材料及其改性复合材料的研究与开发越来越引起人们的兴趣,研究内容和范围不断扩大,不仅在更广、更深入的应用研究方面取得了令人满意的进展,而且也不断涌现出性能各异的新型轻质碳材料及其复合材料。

　　为了使广大读者对轻质碳材料及其复合材料多一些了解,作者不惮浅陋,对有关轻质碳材料及其复合材料的资料以及我们近些年在轻质碳材料及其复合材料的研究成果进行了收集、整理和总结,撰写了本书,以便读者在技术创新上能得到有益的启迪。

　　本书为作者多年研究成果的总结。在参阅了国内外轻质碳材料在污染物处理、电磁吸波隐身及电磁屏蔽与毒物防护等研究方面的文献资料,结合我们在这些领域中的一些成果,从轻质碳材料的基本性能、修饰改性以及复合工艺技术等方面,比较系统地介绍了与国防军事应用密切相关的特种污染物光催化剂或吸附剂、电磁吸波材料、液体推进剂防护服面料、电磁屏蔽防护织物等材料的制备、性能与修饰改性以及在电磁隐身材料、国防环境保护、电磁防护及液体推进剂防护等方面的应用等研究成果,内容丰富、实用。希望本书能为广大从事轻质碳材料及其复合材料研究与应用及国防相关领域研究的科技工作者、院校师生提供实用性强的参考与借鉴,以进一步提高轻质碳材料的基础研究和应用。

由于轻质碳材料及其复合材料跨学科,专业面广,新成果、新应用不断出现,本书所介绍的内容也只是其中的一个小部分,再加上笔者水平有限,书中难免有不妥之处,恳请读者和专家批评指正!

本书的出版得到了国防工业出版社的大力支持,也得到了众多同事的热情帮助,研究生梁亮、任强富、冯程、张颖、徐虎、朱光威、杨云玲、苟小莉等完成了部分实验工作及部分内容的撰写,在此一并表示诚挚的感谢!

作 者

2012 年 12 月于第二炮兵工程大学

# 目　录

# CONTENTS

# 第1章  轻质碳材料的基本性质

轻质碳材料是指具有丰富孔隙结构和巨大比表面积的碳质材料,主要指活性炭、石墨(膨胀石墨)、碳纳米管、活性炭纤维和石墨烯等。

轻质碳材料因具有吸附能力强、化学稳定性好、力学强度高、易改性或与其他材料复合形成性质各异的复合材料等特点,被广泛应用于工业、农业、国防、交通、医药卫生、环境保护等领域,其需求量随着社会发展和人民生活水平的提高,呈逐年上升的趋势,它们的研究内容和范围也日益广泛。

## 1.1  活 性 炭

活性炭(Active Carbon,AC)是孔隙结构发达、比表面积大、选择性吸附能力强的炭材料。它主要是以木炭、木屑、各种果壳(椰子壳、杏壳、核桃壳等)、煤炭和石油焦等高含碳物质为原料,经炭化活化而制得。活性炭基本上是非结晶性物质,它由微细的石墨状结晶和将它们联系在一起的碳氢化合物部分构成,其固体部分之间的间隙形成孔隙,赋予活性炭所特有的吸附性能。

### 1.1.1  物理结构与分类

#### 1. 活性炭的基本晶体及孔隙结构

活性炭是已石墨化的活性炭微晶和活性炭原料中未石墨化的非晶炭构成活性炭的基本炭质,并由这些炭质与炭微晶相互连接构筑成活性炭的块体和空隙结构。

活性炭通常被认为是无定形炭,又被认为是属于微晶类的炭系,它的结构比较复杂,既不像石墨、金刚石那样具有碳原子按一定规律排列的分子结构,也不像一般含碳物质那样具有复杂的大分子结构。X射线衍射分析表明,活性炭的结构中包含石墨微晶,这些微粒是尺寸为 1~3nm 的结晶,其面网结构与石墨类似,但在层片大小、层面内碳原子的六角形排列的完善度、平面化程度以及层间距等方面与石墨存在着不同程度的差异。除了石墨微晶外,活性炭还含有 1~3 个无定形炭,并且还有杂原子。由石墨微晶和无定形炭所构成的多相物质决定着活性炭独特的结构。

目前,在X射线衍射分析的基础上,已发现活性炭有两种不同的微晶结构。一种是类石墨结构的微晶炭,其大小随炭化温度而变化,约由三个平行的石墨层所组成,其宽度约为一个炭六角形的 9 倍。它与石墨相比,微晶中平面面网之间排列

1

不整齐,称为"乱层结构"。它与石墨结构的比较如图 1.1 所示。

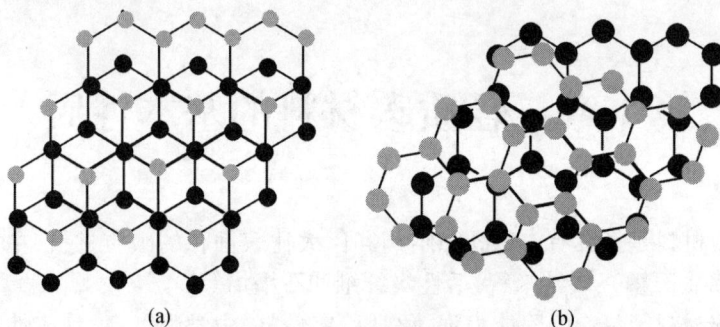

图 1.1　石墨与活性炭的基本结构与区别
(a) 规则排列的石墨层;(b) 活性炭微晶结构中的石墨层:乱层结构。

　　另外一种微晶炭是由于石墨网结构之间的轴向不同,面网之间的间距也不整齐,或石墨层间扭曲所形成的,可能因杂原子(如氧、氮等)的侵入而稳定,炭六方面网被空间交联而形成无序的结构拓。在大部分炭材料中(包括活性炭)均含有这两种结构,而活性炭的最终特性则取决于它是以哪种类型的结构为主。

　　活性炭具有丰富的孔隙结构,形成了活性炭巨大的比表面积,使活性炭具有吸附气体和液体分子的能力,因此活性炭的孔隙结构对活性炭的吸附性能有着非常重要的影响。

　　活性炭的孔隙是在活化过程中,无定形炭的基本微晶之间清除了各处含碳化合物和无序炭(有时也从基本微晶的石墨层中除去部分碳)之后产生的。因制备活性炭的原料、炭化及活化的过程和方法等不同,形成的孔隙形状、大小和分布等也不同。一般可以把活性炭的孔分为大孔(大于 50nm)、中孔(或称过渡孔,介于 2～50nm)和微孔(孔径小于 2nm)三类。这三类大小不同的孔隙是互通的,呈树状结构,如图 1.2 所示。

孔隙

图 1.2　活性炭的孔道结构

　　研究表明,活性炭的微孔是活性炭微晶结构中弯曲和变形的芳环层或带之间的具有分子尺寸大小的间隙。有些孔隙具有缩小的入口,有些则是两端敞开的毛

2

细管或一端封闭的毛细管孔,还有一些是两平面之间或多或少比较规则的狭缝状孔、V 形孔。

由于大孔在活性炭中的比例很少,所以在吸附过程中,它起着作为被吸附溶质分子进入吸附部位的通道作用,支配吸附的速度;过渡孔的作用不是单纯的,在很多情况下和大孔相同,也是作为通路,从而支配吸附速度,同时,对于不能进入微孔的大分子也起着吸附的作用。活性炭的吸附作用大部分是由微孔决定,吸附量受微孔支配。但应注意的是吸附过程不仅依赖于孔隙结构,而且受吸附质以及吸附质 – 吸附剂间相互作用的影响。

活性炭的孔结构和孔形状对于吸附都有较大的影响,微孔结构中存在的几种孔隙:开孔型、半闭孔型和间充笼型,如图 1.3 所示。

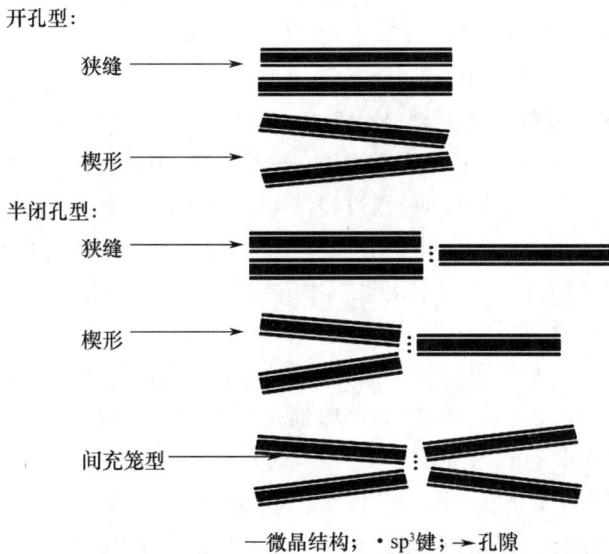

图 1.3　微晶石墨结构中可能的微孔模型示意图

由于特殊的碳结构,使得炭质吸附剂的孔隙具有狭缝型的特征,与其他类型的吸附剂有明显的区别。

按照分子尺度和吸附剂之间的关系所划分的吸附状态主要有 4 种。

(1) 分子尺度 > 微孔直径时,因分子筛作用,分子无法进入孔隙,所以不起吸附作用。

(2) 分子尺度 ≈ 微孔直径时,分子直径与细孔直径相当,吸附剂对吸附质分子的捕捉能力非常强,适于极低浓度下的吸附。

(3) 分子尺寸 < 微孔直径时,吸附质分子在微孔内发生毛细凝聚,吸附量大。

(4) 分子尺寸 < 微孔直径时,吸附质分子容易发生脱附,脱附速度快,但低浓

3

度下的吸附量小。

## 2. 适宜孔径的确定

在吸附分离操作中存在着吸附剂孔径与吸附质分子几何大小的匹配问题:孔径过大,孔壁力场叠加减弱,对吸附质分子的作用力减小,吸附分离性能降低;孔径过小,孔壁力场对吸附质分子的吸附效益未能达到最大值,会减小吸附质分子的吸附容量,所以活性炭吸附某种物质应该存在着最佳孔径,并且在不同的压力下对应着不同的最佳孔径,而且液相吸附和气相吸附也不同。

因此,不同吸附质的最佳孔径不同,而不同的改性方法则是产生不同孔径的最佳手段。

## 3. 孔径修饰与控制

(1) 不同孔径活性炭的制备。将氧化性复合添加剂处理的炭原料用 KOH、NaOH 作活化剂在不同活化条件下可制备得到一系列具有不同平均微孔孔径的活性炭,平均孔径分布范围是 0.69 ~ 0.81nm,微孔孔容在 0.4mL/g 左右。

P. J. M. Carrott 以软木为原料,KOH、NaOH 和 $H_3PO_4$ 为活化剂,用浸渍活化法制备了一系列活性炭,考察了活化剂浓度、原料尺度、剂料比和活化温度对孔径大小及分布的影响。实验结果表明:通过浸渍条件和活化程度的控制,可以制得具有不同孔道结构的活性炭,平均孔径分布在 0.7 ~ 2.2nm,孔容为 0.5 ~ 0.7cm³/g。过后不久,P. J. M. Carrott 又以相同的软木原料,通过物理化学联合活化法,制得了一系列活性炭,平均孔径分布在 0.7 ~ 1.6nm,孔容≤0.64cm³/g。

(2) 缩孔技术。除了通过原料选择、活化介质、活化温度、活化时间等反应条件的调整来控制活性炭的孔径外,还可以通过后续处理来调控活性炭的孔径。使孔径缩小的技术主要有热收缩法和炭沉积法。

高温处理过程中,一方面造成杂原子(氧、氢)含量减少,杂原子氧与芳香晶片之间的键断裂,形成更大的芳香晶片,石墨基本微晶层间孔间距减小;另一方面类石墨微晶的碳层面趋于规整化,导致层间孔收缩。这对于小分子的吸附分离有积极意义。有人将商用活性炭在不同温度下进行热处理,得到了具有不同孔径的活性炭,其中活性炭原样品的孔径为 0.63nm,而在 950℃下进行处理之后,孔径缩小为 0.61nm。宋燕等人在惰性气氛下对以石油焦为原料、以 KOH 为活化剂制得的超级活性炭进行了二次炭化处理,并考察了处理前后超级活性炭的孔结构变化及不同压力下该活性炭对甲烷的吸附行为。结果发现:活性炭经 1200℃下二次炭化处理后其 BET 表面积及孔容有所下降,孔径分布变窄,从 0.64nm 变成 0.6nm。乔志军等人研究了 900℃高温改性处理对沥青基活性炭纤维吸附性能、孔径分布、微孔结构和表面化学的影响。实验结果表明:活性炭纤维表面孔径大于 1.0nm 的微孔明显减少,微孔孔径更加集中于 0.5 ~ 1.0nm,X 射线衍射分析表明活性炭纤维是乱层石墨结构,热处理使活性炭纤维类石墨微晶碳层面的层间距下降,导致孔径减小。

炭沉积包括气相炭沉积(CVD)与液相浸渍热解炭沉积。前者是指活性炭或炭化物在含苯之类的烃类气体中,热处理活性炭,通过烃气体的分解析出热解炭缩小孔径。后者是活性炭或炭化物中加沥青或树脂后进行热处理,然后由热解炭涂层微孔,使孔径缩小。目前应用较多的是气相炭沉积。

(3)扩孔技术。活性炭的扩孔实际上是通过氧化或加热的方式将活性炭孔道表面的碳原子或其他原子除去,以增大孔径的过程。主要有两种方式:循环氧化法和氧化、高温复合改性法。

循环氧化法主要使用的是氧气。最初的氧气循环氧化法是"一步循环氧化法",此种方法由于受到氧气分子扩散阻力的影响,所以导致活性炭的孔径分布太宽,活性炭的使用性能下降。后来人们又采用了"两步循环氧化法",即以氧气为活化剂,先在200℃下进行氧气的化学吸附,然后在900℃ $N_2$ 气氛中进行热处理,以此步骤循环氧化,制得了孔径分布较窄的改性活性炭样品,每次氧化可使平均孔径增大0.1nm。随后,用NaOCl对活性炭进行了循环氧化处理,每次氧化可使孔径增大0.1nm。个别强氧化剂也可以用来扩大活性炭孔径,如 $HNO_3$、$H_2O_2$ 和 $(NH_4)_2S_2O_8$。硝酸改性的活性炭的比表面积稍微减少,而另外两个化合物则有显著增加;孔径则有不同程度的增加。原因可能是硝酸改性的程度最大,孔径变大最明显,而双氧水表面改性最小,比表面积增加最大,孔径变化不大。$(NH_4)_2S_2O_8$ 的改性程度介于双氧水和硝酸之间。另外,活性炭经 $HNO_3$、$H_2O_2$ 氧化后,在表面会生成羧基等酸性基团,它们可以在 $H_2$ 和 $N_2$ 等惰性气体中高温( >700℃ )处理去除,达到扩孔的目的。

**4. 活性炭的分类**

根据活性炭的外观形状、制造方法、孔径大小以及用途功能的不同,可以分为不同种类。从原料上可以分为木质、煤质、石油焦和树脂活性炭;从形态上看,可以分为颗粒活性炭和粉状活性炭,而颗粒活性炭又可分为无定形和定形两大类;从制造方法来划分,又分为化学法、物理法和物理化学法活性炭;根据使用功能的不同,又可以分为气体吸附、催化吸附、液体吸附活性炭等。不同种类的活性炭其制备的原材料和方法不同。

## 1.1.2 化学性质与功能

**1. 表面官能团**

炭材料的主要成分是碳,其本身是没有极性的,但随着生产过程以及使用环境的不同,材料性质会发生变化。炭材料表面易被氧气、水等氧化剂氧化,从而或多或少地生成了表面官能团,这些官能团的生成会使炭材料的界面化学性质产生多样性。

通过有机化学的方法可以测定炭材料中的官能团。一般认为,炭材料中的官能团主要有羧基、内酯型羧基、酚羟基和羰基,如图1.4所示。

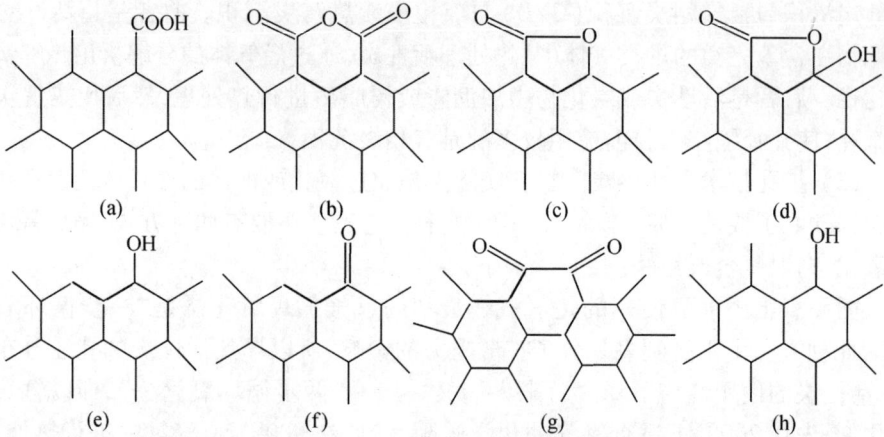

图 1.4　活性炭表面的含氧官能团

(a) 羧基;(b) 酸基;(c) 内酯基;(d) 芳醇基;(e) 羟基;(f) 羰基;(g) 醌基;(h) 醚基。

活性炭表面还可能有含氮官能团,主要有图 1.5 所示的几种。它一般来源于利用含氮原料的制备工艺过程和活性炭与人为引入的含氮试剂的化学反应。

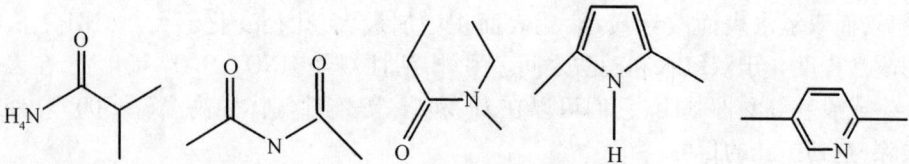

图 1.5　活性炭表面的含氮官能团

**2. 功能**

由于表面存在化学官能团、表面杂原子以及化合物,这些决定了活性炭的表面化学性质,而表面化学性质对于活性炭的吸附性能起到很重要的影响。不同的表面官能团、杂原子、化合物对不同的吸附质有明显的吸附差别。

活性炭属于非极性吸附剂,由于它的疏水性,在水溶液中只能吸附各种非极性有机物质,而不能吸附极性溶质的功能。通过表面官能团的引入和改性,可以使其具有更丰富的吸附特性。一般来说,活性炭表面含氧官能团中酸性化合物容易吸收极性化合物,而碱性化合物则易吸附极性较弱或非极性物质。

通过恬性炭表面官能团的改性,改变其对吸附质的吸附性能,增加其表面官能团的极性,可以增加其对极性物质的吸附能力;相应地增加活性炭表面的非极性,其对非极性物质的吸附能力也得到增加。所以通过改变活性炭的表面化学性质,可以使其具有更强大、更全面的吸附功能。

**3. 表面基团的测定**

活性炭上主要杂原子为氧原子,最常见的官能团为羧基、内酯基、羟基和酚羟基。这些基团使活性炭在水中具有两性的特性。利用这种酸碱特性可测定出炭表面的含氧基团。

（1）博姆（Boehm）滴定法。它根据不同强度的碱与表面酸性官能团反应的可能性，对表面含氧官能团进行定性与定量分析，一般认为 $NaHCO_3$（$pk_b = 6.37$）仅中和炭表面的羧基，$Na_2CO_3$（$pk_b = 10.25$）可中和炭表面的羧基和内酯基，而 NaOH（$pk_b = 15.74$）可中和活性炭表面的羧基、内酯基和酚羟基及活性炭表面酸性官能团的总量。根据碱消耗量的不同可计算出相应官能团的多少。

同理，加入一定浓度的酸溶液，可与表面的碱性官能团反应，根据消耗的酸的量可计算出活性炭表面碱性官能团的总量。

（2）零电荷点（$pH_{PZC}$）。水溶液中固体表面净电荷为零时的 pH 值，称为零电荷点 $pH_{PZC}$（point of zero charge），它为表征活性炭表面酸碱性的一个重要参数。水溶液中固体表面电势为零时的 pH 值，称为等电点 IEP（isoelectric point）。如果不存在 $H^+$、$OH^-$ 之外的吸附离子，则 $pH_{PZC} = pH_{IEP}$。$pH_{PZC}$ 与活性炭表面氧化物特别是羧基有密切关系，它与 Boehm 滴定结果存在很好的相关性。IEP 一般通过电泳法测定。有研究认为通过电泳法测得的 IEP 为活性炭的外表面特征。由于 $H^+$、$OH^-$ 比活性炭的微孔要小，因此，通过滴定法测出的 $pH_{PZC}$，对应的是活性炭全部的或绝大部分表面特征。

（3）傅里叶变换红外光谱法（FT - IR）。红外光谱可以测知分子的转动态和振动态，从而可以得出关于吸附物质和被吸附的物质与炭表面之间键合的性质。由于活性炭为黑色，对红外辐射吸收强，同时表面不均匀的物理结构又加大了红外光的散射，而且极易被"背景"吸收，因此一般认为碳含量大于94%就不太适合于采取红外光谱分析。而 FT - IR 由于采取了干涉光装置，来自全光谱的辐射在整个扫描期间能始终照射在检测器上，使光通量增大，分辨率提高；FT - IR 偏振性较小，可以累加多次，快速扫描后进行记录，已成为活性炭表面官能团定性分析的有力工具。

（4）扫描电子显微镜（SEM）分析。SEM 可以用于固体表面的外观观察分析、颗粒粒径分析、包覆层的分析等。用固定能量的电子束对样品表面扫描，在读出装置上出现的结果是样品表面的直观图像。作粒度分析时，当聚焦电子束照射到颗粒表面时，粒子表面将产生二次电子辐射。二次电子的产率与颗粒表明结构相关。当电子束对整个表面作光栅扫描后，可得到颗粒的形貌图像，由已知的放大倍率得出颗粒的直径与分布等信息，而再得到微观尺度区域内的形貌、成分、结构及缺陷等信息。

## 1.1.3 活性炭性能主要检测指标

活性炭作为一种碳质吸附材料，广泛应用于气相和液相的吸附净化，因此对其物理性质、吸附性能和化学性能进行准确的检测，对活性炭的生产和应用是非常重要的。

活性炭的性能检测一般可分为性能检验、微观结构和应用模拟评价检验等。其中性能检验应用最为广泛，主要包括物理性能检验、吸附性能检验和化学性能检验。主要检测指标有碘值、亚甲基蓝、四氯化碳、比表面、孔径分布、苯吸附、强度、装填密度、灰分和挥发分等。

目前在我国活性炭生产和销售中主要采用的性能检测方法有中国方法(GB)、美国方法(ASTM)和日本方法(JIS)等。虽然检测方法和检测结果有差异，但其基本原理相同。

**1. 活性炭的性能检验**

（1）物理性能检验。主要是检测活性炭的水分、灰分、强度（也称机械耐磨强度）、粒度分布、表面密度（或称装填密度）、漂浮率、着火点、挥发物含量等。活性炭的应用目的不同，对物理性能的检测指标项目及要求会有所不同。例如，用于水处理的颗粒活性炭一般要求检测漂浮率、水分、强度、灰分、装填密度、粒度分布等，而对于粉末状活性炭，一般不检测强度和漂浮率。

（2）吸附性能检验。吸附性能检验项目一般包括水容量、亚甲基蓝吸附值、碘值、苯酚吸附值、四氯化碳吸附率、饱和硫容量、穿透硫容量、四氯化碳脱附率、防护时间（对苯蒸气、氯乙烷）等。

（3）化学性能检验。活性炭的化学性质包括元素组成（含工业分析、元素分析和有害杂质分析三个范畴）、表面氧化物（官能团）性质、δ电位（等电位、pH值等）。

**2. 活性炭的微观结构的检测**

活性炭的微观结构表征包括比表面积、孔容积（分微孔、中孔和大孔容积，甚至更细）、平均孔隙直径、最可几直径等。

但由于活性炭微观结构的复杂性，迄今为止，世界各国都未能制定一套可用于表征活性炭微观结构的、能令大多数人信服的标准试验方法。目前大多采用全自动吸附仪，采用液氮静态吸附方法来表征活性炭的微观结构，但由于所选用的仪器及数据处理方法的不同，检验结果有较大的差异，一般误差在10%左右。

**3. 应用模拟评价检验**

世界上主要国家的活性炭标准检验方法中，只有美国和一些活性炭大公司的企业标准中规定了活性炭气相和液相应用的原则性、指导性测定方法，但这些方法仅适用于单组分吸附质，不符合活性炭的应用实际。

为了准确评价活性炭在实际应用中的使用效果，需进行实验室模拟吸附试验，这种模拟大多采用动态试验方法来进行，并采用适当的方法对结果进行评价。

## 1.1.4 活性炭用途

作为吸附剂的活性炭，发展到今天，其吸附性能或催化性能已经扩展到更为广泛的领域,其用途也更为广阔。

**1. 作为气相吸附剂的应用**

用活性炭吸附气体是空气净化、除去臭气、回收产品的一种重要方法。随着人们对环保意识的增强,活性炭在治理空气污染方面的需求量将越来越大。通常,用于气体吸附的是颗粒状活性炭,发达的微孔结构使其具有较强的吸附能力。活性炭吸附的气体种类多,速度快,而且大多数可以再生,废弃时,活性炭本身没有化学污染,在室内空气净化与脱臭、易挥发性溶剂(如乙醚、二甲苯、苯、丙酮等)的回收利用、工业气体的分离纯化如脱除硫化氢等臭气和二恶英等多种有机污染物、脱硫脱硝等、核辐射、生物制剂和化学制剂的防护等方面得到很快的发展。

**2. 作为液相吸附剂的应用**

活性炭作为液相吸附剂,开始于工业上作为精制糖的脱色剂。目前在液相吸附剂中,活性炭主要在食品工业中的脱色和调整香味、污水处理剂、医药行业(如青霉素的生产)、石油化工和橡胶生产等方面有十分广泛的用途。几乎所有的生物和化学合成生产过程都会选择活性炭作为精制吸附材料,所以对于活性炭分离、精制、净化的应用方面的开发和推广是当前研究的一项主要课题。

**3. 作为催化剂和催化剂载体的应用**

活性炭中有无定形炭和石墨炭,具有不饱和键,因而具有类似于结晶缺陷的现象。所以,在很多情况下,活性炭是理想的催化剂材料,特别是氧化还原反应中更是如此。活性炭在烟道气脱硫、硫化氰的氧化、光气的合成、氯化硫酰的合成、酯的水解、工业上氯化二氰的合成、电池中氧的去极化作用、臭氧的分解等方面有着广泛的应用。

**4. 其他方面的应用**

活性炭在防护服中的应用是利用活性炭吸附气态的毒剂而达到防护的目的。吸附剂的种类很多,用于防护服的一般是炭制品即活性炭,它可以有多种物理状态,最常用的是粉末状(PAC)、颗粒状活性炭(GAC)及粘附在有机纤维上的纤维活性炭(FAC)。不同的物理状态,活性炭的力学性能及吸附能力不同。通过其巨大的比表面,以及浸渍适当的催化剂,颗粒状(或粉末状)活性炭可以吸附及分解去除多种类型、不同浓度的有机物,是较为理想的毒气防护剂。但在用于防护服时,其性能受环境的温度、湿度、其他共存无毒物质等因素的影响,吸附容量变化较大,也显得略低,不能满足良好、长效的防护要求。20世纪70年代开始应用的活性炭纤维(ACF)及近期出现的微球炭产品大大提高了炭制品的吸附性能,可以满足长期而有效的对化学毒剂的防护要求。

由工矿企业生产活动造成局部土壤染污的事件时有发生,造成的后果是非常严重的,可以造成"有毒"农作物、地下水及地表水污染、并通过食物链的传递作用最终对人体身体健康构成威胁。目前常用的污染土壤的修复技术有三种,即洗涤法、热处理法和水蒸气处理法,这些技术都需要使用活性炭作为最后的吸附、吸持剂。

　　使用压缩天然气做燃料的汽车,每台需装备数只充填 19.6MPa 液化天然气的、容积为 47L 的钢瓶,会造成无谓的载重量上升和过多的燃料消耗,更重要的是钢瓶的危险性很大,一旦出现严重车祸而引起钢瓶爆炸,将会引发一场不小的灾难。在这种情势下,迫使世界各国的研究人员寻求低压的、低危险性的天然气储存方法。利用活性炭吸附储存天然气就是其中的一种。使用高比表面积活性炭存储天然气时,钢瓶压力可以降到 3.5MPa 以下,钢瓶的质量要求和危险性已大大降低,通过不断的改进,最终可以将存储压力降至 0.98MPa。

**5. 应用发展趋势**

　　近十几年来我国活性炭工业有了很大发展。据报道,到 1995 年我国活性炭年产量已突破 9 万 t,仅次于美国的 15 万 ~17 万 t,超过俄罗斯的 8.5 万 t、日本和德国的 7 万 t,居世界第 2 位。到 2003 年达到 220 万 t 左右,超过美国,居世界第一。据我国海关统计,1994 年,我国出口活性炭 2.6 万 t,现在每年出口量在 10 万 t 以上,超过美国和日本居世界第一位。但和工业发达国家相比,在活性炭产品质量、品种方面仍存在许多问题,缺少低灰、高强度、高吸附性能、具有特殊用途的活性炭产品,因此,我国活性炭产品在国际市场上缺乏竞争力,售价低。我国活性炭行业急需提高活性炭产品性能和质量的新技术,以提高我国活性炭产品质量和性能,增强我国活性炭产品在国际市场上的竞争力。

　　同时,还应根据我国的国情,大力开拓廉价活性炭的生产和应用。我国每年生产万吨糠醛、每生产 1t 糠醛有 10 ~12t 废渣,利用此废渣生产的活性炭其硫容量很低,用于气体脱硫有很好的效果。如果全部糠醛渣用于生产活性炭,最少可生产 5 万 t。再如中温煤焦屑也可以生产出净化含酚废水用的廉价含碳吸附剂(其碳含量只有 30% ~70% )。石油焦也是一种很好的活性炭原料,简单的过滤、水蒸气加工即可制成印染废水的净化材料,国内有人曾用催化活化的方法制得活性炭,对亚甲基蓝吸附率可达 480 mg/g,碘吸附率可达 2000mg/g。

　　积极开拓活性炭的应用领域。活性炭广泛用于工农业领域和环境保护。与发达国家相比,甚至与一些发展中国家相比,我国的活性炭应用还比较落后。积极开展活性炭的应用,是推进我国活性炭发展的重要动力。以食品工业为例,国外早在 20 世纪 30—50 年代,活性炭就被制糖工业普遍用于糖的精制。我国是食糖生产和消费大国,据有关部门统计,每年消费食糖在 600 万 t 以上,生产食糖在 400 万 ~500 万 t 以上,但是我国的制糖工业仍然采用落后的硫黄熏蒸的脱色精制。而硫脱色法存在食糖返色、易潮解结块等缺点,更重要的是,残留在食糖中的硫具有致癌作用。随着人们生活水平的提高和自我保健意识的提高,食糖的活性炭脱色技术迟早会到来。大力开展我国食糖精制用活性炭品种和脱色工艺及装置是一件很有意义的工作。再加上在环境保护中的应用,其活性炭的

10

市场更为诱人。

# 1.2 膨胀石墨

膨胀石墨作为一种疏松多孔的炭素材料,其表面及内部孔结构非常发达,比表面积可达 $50 \sim 200 m^2/g$,孔径基本以大孔为主,是一种优良的吸附材料。作为一种新型吸附材料,膨胀石墨在废水吸附净化、非水介质中的极性吸附及油品的高温热分解掩蔽、含油污水和印染废水处理等方面有着其他物质不可替代的作用。

## 1.2.1 石墨简介

石墨是碳的一种同素异形体,为层状结构晶体。在每一层内,碳原子的排列为正六边形,碳原子之间以 $sp^2$ 杂化的共价键结合,键长为 0.142nm;层与层之间以范德华力结合,层间距为 0.334nm。由于层间作用力较弱,石墨晶体一般总是碎化为微小尺寸的片状粉末。石墨的层状结构如图 1.6 所示。

石墨是自然界广泛存在的非金属矿物之一,工业上将石墨矿石分为晶质(鳞片状)石墨矿石和隐晶质(土状)石墨矿石两大类。晶质石墨矿又可分为鳞片状和致密状两种。我国石墨矿石以鳞片状晶质类型为主,其次是隐晶质类型。鳞片状石墨结晶较好,晶粒径大于 1mm,一般为 0.05 ~ 1.5mm,大的可达 5 ~ 10mm,多呈集合体。隐晶质石墨一般呈微晶集合体,晶体粒径小于 $1\mu m$,只有在电子显微镜下才能观察到其晶形。隐晶石墨的工艺性能不如鳞片石墨,工业应用范围也较小。

石墨还具有耐高温性、导电导热性、润滑性、化学稳定性、可塑性、抗热震性等特殊性能,所以在冶金、机械、石油、化工、核工业、国防等领域得到广泛的应用。

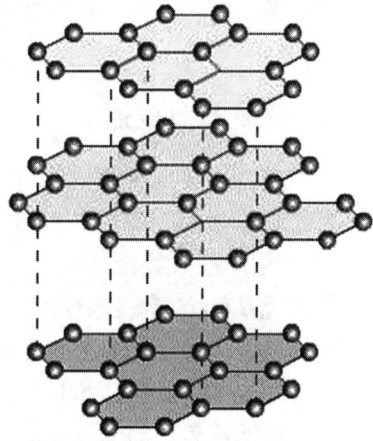

图 1.6 石墨的层状结构

## 1.2.2 石墨层间化合物(GIC)

石墨晶体是典型的层状结构,层面上的碳以键能很大的共价键结合,而层与层之间只以较弱的范德华力连接。人们利用层面与层间作用力的差异,用物理或化学的方法把一些异类的原子、分子、离子甚至其原子团插入到石墨的层间,并与碳原子结合,在石墨的 $C$ 轴方向上形成超点阵,成为一种纳米尺度结合的层状复合材料,即石墨层间化合物。

根据插层情况的不同,GIC 具有不同的形式。如图 1.7 所示,图中 G 为一碳层,I 为一插入层,插层间的碳层数 $n$ 称为阶数,阶数越小,说明插层越充分。

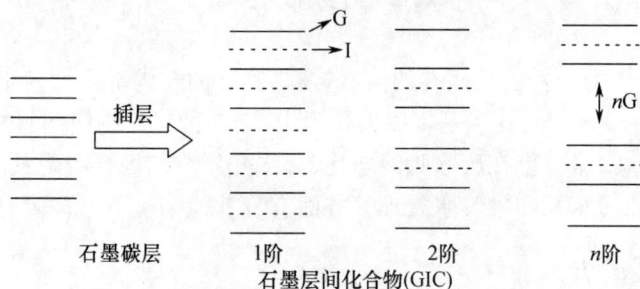

图 1.7　石墨插层化合物结构示意图

目前已发现的 GIC 的种类有 200 余种,以插入剂的类型来分,主要有金属单质GIC、金属卤化物 GIC、卤素单质 GIC 及纯酸类 GIC 等,其中能够在高温下迅速膨胀的 GIC 称为可膨胀石墨。

可膨胀石墨的制备方法主要有化学插层法、电化学法、超声氧化法、气相扩散法、熔盐法。

## 1.2.3　膨胀石墨概述

在一定温度下,石墨的鳞片晶体会发生膨胀,其膨胀后的石墨呈纤絮蠕虫状,故称为膨胀石墨。一般膨化温度为 800 ~ 1000℃ 的高温,膨胀石墨在高温迅速受热时,由于层间插入物受热汽化产生的膨胀力可以克服层间结合的分子间力,所以石墨晶片沿 $C$ 轴方向膨胀了数十倍到数百倍。

膨胀石墨的发现已有上百年的历史,其发展过程大致可分为三个阶段。1841年—1974 年是第一阶段。Schafautl 最早将石墨浸入浓硫酸和浓硝酸的混合液中,发现沿垂直于解离方向上石墨的膨胀几乎达到原来的两倍,从此揭开了膨胀石墨研究的序幕。20 世纪 30 年代初,Hoffmann 等人用 X 射线技术确定插层阶次,第一次对插层化合物作了比较系统的研究。第一阶段的研究重点在于发现新物质和研究插层反应的基本过程。第二阶段为 1974 年—1987 年,起始于日本发明用锂和石墨氟化物作电极的高能电池,这为插层化合物开拓了商业应用前景。紧接着1975 年美国发现石墨 – AsF$_5$ 插层化合物具有很高的导电性,电导率甚至高于金属铜,于是世界各国掀起了研究膨胀石墨的高潮。1987 年 GIC 超导材料的研究吸引了科学家的注意力,而对膨胀石墨的研究相对冷落。现在是第三阶段,研究重点是膨胀石墨的工程技术问题和工业应用前景。

膨胀石墨虽经过了插层、膨化等化学物理作用,但其晶体结构始态与终态是相同的,因此石墨的理化性能——耐高温、耐低温、耐腐蚀、导电导热、安全无毒等在膨胀石墨中有所保留,而且膨胀石墨在高温膨化的过程中形成了一种疏松多孔蠕虫结构,在形态上具有大量独特的网络状微孔结构。图 1.8 为膨胀石墨的结构示意图。

图 1.8　膨胀石墨多孔结构

膨胀石墨的结构与常见多孔材料的结构有很大的区别,不同原料、不同制备条件得到的膨胀石墨的结构也有很大差异。但是,从孔结构形成的本质来说,不同类型的膨胀石墨,其结构特征仍有很多共同之处。膨胀石墨颗粒具有四级孔结构,这四级结构的形成在时间上有先后,结构特点各不相同。一级孔结构为构成膨胀石墨颗粒的微胞间的表面 V 形开放孔,尺寸为几十微米到几百微米;二级孔结构为亚片层间柳叶形孔,横向相互贯通,尺寸为几微米到几十微米;三级孔结构为亚片层内多边形孔,取向无规,呈互相连通的网络状,尺寸为 $1\mu m$、$0.1\mu m$ 量级;四级孔为纳米尺度的微细孔,数量很少。从四级孔的数量上来看,三级孔的数目要远多于二级孔,二级孔的数目又多于一级孔,但从总孔容来看,二级孔容占绝对优势。与活性炭相比,膨胀石墨孔系结构中主要以大中孔为主,活性炭主要以微孔和中孔为主。因此,膨胀石墨对某些非极性的大分子有机分子有良好的吸附性能,是一种优良的吸附材料。

膨胀石墨的这些结构和性质,表明了它是一种既理想经济又具有广泛用途的高级功能材料,目前已广泛应用于石油、化工、轻工、电力、冶金、机械、仪表、汽车、原子能、航天等工业部门。

## 1.2.4　膨胀石墨及其复合材料的应用

在微观上,膨胀石墨和天然鳞片石墨属于同一晶系,所以它具有许多与天然石墨类同的性质;在宏观上,膨胀石墨是一种柔软、疏松多孔的物质。由于它是由天然鳞片石墨沿微晶 $C$ 轴方向膨胀几十倍到几百倍得到的,因而在其表面及内部形成许多微小的孔,使得比表面积大为增加,所以它是一种很好的吸附材料。

膨胀石墨及其制品,不仅保持了天然石墨的六方晶体结构和自润滑、耐高温、耐辐射、耐腐蚀和各向异性性质,而且还具有天然石墨不具备的柔软性、回弹性、密封性、可塑性、自粘性和低密度等性能。

膨胀石墨的应用研究主要有以下几个方面。

(1)有机反应的催化剂。与其他催化剂催化有机反应相比,膨胀石墨催化的突出特点是:反应物的物质的量比小,反应时间短,收率高,产品色泽好,而且对设备无腐蚀,制备方法简便,反应过程中催化剂无耗损,经简单处理再生后可重复使用。

(2)密封材料。膨胀石墨在密封材料上的应用主要分为两类:一类是用作密封填料;另一类是用作各种管道法兰上的垫片。密封填料是将膨胀石墨板材裁剪成带状,缠绕在金属模中,在压力机上直接成型的预成型填料。这种材料适用于各种截止阀、闸门、压力表门及高压给水系统的调节阀;蒸汽往复泵的油罐、汽罐、拉杆密封;锅炉房填料;化工厂的反应釜轴径密封;炼钢炉炉门的气泵密封;压缩机活塞杆上的密封以及其他机械密封。密封垫片分为纯石墨垫片和石墨缠绕垫片。纯石墨垫片可用膨胀石墨直接在金属模中压制成型,也可用板材冲裁或切割而成。这种垫片既柔软又具有弹性,用较低的紧固力就可以达到密封效果。石墨缠绕垫片是用膨胀石墨带和金属带重叠卷成,这种垫片可以用作电炉密封和压力容器在低温、低压情况下的法兰垫片等。

(3)保温材料和热屏蔽材料。由于膨胀石墨的热导率具有各向异性,因此,用膨胀石墨制成的各种板、片材,可作为感应炉、真空炉、反应釜的热屏蔽材料和坩埚、钢锭冒口盖板的保温材料。另外,还可以用于高温冶炼炉的杂质散射阻挡层以及炼钢的防缩孔剂等。

(4)导电材料。膨胀石墨的电阻率低($3.5 \times 10^{-4} \sim 8 \times 10^{-4} \Omega \cdot cm$),具有较好的导电能力,可用作导电材料、防静电材料、电池材料、特种电刷、电磁屏蔽和导电涂料等。

(5)环境保护。由于膨胀石墨具有发达的网络状孔型结构,高比表面积,高表面活性,此外,由于其表面有微量的极性基团并且石墨微晶 $C$ 轴方向与 $a$ 轴方向吸附具有各向异性,不仅对各种非极性有机分子具有良好的吸附性能,而且一定条件下对极性分子会有一定量的吸附。正是这些原因,使其在环保领域有很大的应用前景。它特别适于吸附活性炭和活性碳纤维所不能有效吸附的大分子。

实验表明膨胀石墨对 $SO_x$ 和 $NO_x$ 有较好的吸附作用,而且随温度的升高,吸附效果更为显著。膨胀石墨对许多有机蒸气也具有很好的吸附作用,因此膨胀石墨可用于解决日益严重的大气污染问题。

研究表明膨胀石墨对油类有很大吸附量(表1.1),且吸附后仍飘浮于水面,便于分离;可以通过挤压回收吸附质,吸附剂易于再生。油类污染是海洋污染的主要形式。日本、以色列等国现正研究用膨胀石墨清除海洋油类污染。1997年日本福冈近海油轮泄漏,试用膨胀石墨清除泄漏原油取得很好效果。该法比传统的活性

14

炭、棉花、氧化镁、亚胺酯粉末油类吸附剂有更好的经济效益和环境效益。

表 1.1　膨胀石墨对油类的平均吸附重量比

| 样品名称 | 重油 | 蜡油 | 润滑油 | 柴油 | 汽油 |
|---|---|---|---|---|---|
| 膨胀石墨 | 59.3 | 54.9 | 43.6 | 34.4 | 29.1 |
| 活性炭 | 3.2 | 3.2 | 2.7 | 2.5 | 2.5 |

膨胀石墨有从水中吸附油类的良好性能,是一种很好的含油废水净化剂。经膨胀石墨处理的含油废水其浓度可小于 $1 \times 10^{-6}$,完全达到饮用水标准。

油脂废水是我国水体污染的重要污染源,实验表明,膨胀石墨对油脂类大分子有很好的脱除能力,且易于回收。这对于清除化工、食品、油脂等工业废水的污染具有重要意义。

## 1.3　活性炭纤维

活性炭纤维是继粉末状活性炭(Powdered AC,PAC)和粒状活性炭(Granulated AC,GAC)之后发展起来的第三代活性炭材料,其商业化生产始于 1960 年。它是由有机纤维经炭化、活化而得,前驱体为聚合纤维(聚丙烯腈等)、酚醛树脂、聚二乙烯等)、纤维素和沥青。与传统的 GAC、PAC、FAC 相比,活性炭纤维有其独特的结构和性能。

### 1.3.1　活性炭纤维的结构

通过 X 衍射分析,可以发现 ACF 的碳原子以乱层堆叠的类石墨微晶片层形式存在,微晶片层在三维空间的有序性较差,平均尺寸非常小。图 1.9 是活性炭纤维的扫描电镜图,单根的活性炭纤维呈柱状(整块的活性炭纤维是网状结构),能清楚看到其表面的孔缝结构。

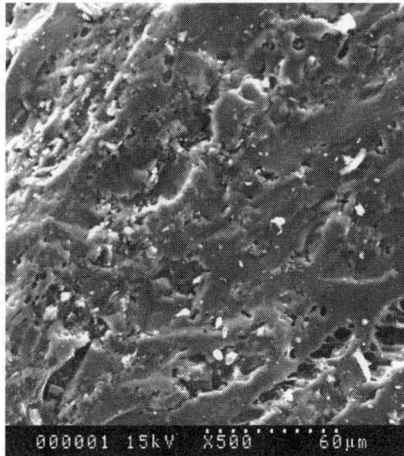

图 1.9　活性炭纤维的扫描电镜图

通过表面分析,发现活性炭纤维表面有一系列含氧官能团,如羟基、酯基、羧基等,有的还含有胺基、亚胺基及巯基等官能团。这些官能团对活性炭纤维的性质有明显的影响。

而且随着活化处理的不同,其表面氧基团亦呈现出不同结构。可以通过化学分析法和仪器分析法测定表面化学基团。

活性炭纤维表面孔洞结构是孔径分布集中的微孔形式。活性炭纤维表面遍布微孔,空隙中的90%以上都为微孔,且微孔的孔径绝大部分相近,在几纳米至几十纳米范围内。而传统的活性炭还有大量的大孔、过渡孔,孔径呈分散型分布,微孔包含于许多巨孔之中,为细长窄孔的形式,几乎全位于孔洞结构内部极深的区域,且其开放的孔洞十分宽广。表1.2为两者形态特性的比较。

表1.2 ACF与GAC形态特性对比

| 类 型 | 比表面积/(m²/g) | 孔容积/(mL/g) | 细孔直径/nm | 组成单元 |
|---|---|---|---|---|
| 沥青基ACF | 2000 | 1.10 | 1.3 | 13μm 纤维 |
| GAC | 900 | 0.75 | | |

针对不同的应用领域,可以采用控制活化工艺、催化活化法和蒸镀法对其孔径进行必要的控制和调整。如在不同类型和形态的炭前驱体中添加一定数量的KOH,然后在一定温度下碳化,可形成超大比表面积的活性炭和ACF,其微晶结构细晶化趋势明显。另一种控制结构的方法是将ACF热处理后再次活化。

通过对ACF表面简单的氧化(气相氧化和液相氧化)、氨化、氢化、碱化或高温处理后,可以改变其表面含氧、含氮官能团数量以及亲疏水性等,便可增加对不同酸碱气体的吸附能力。

### 1.3.2 活性炭纤维的性能

同活性炭一样,ACF属于碳质吸附材料,并且与GAC、PAC相比,其性能大大提高。

(1)比表面积大。活性炭纤维具有发达的微孔结构,细孔径分布较为均匀,比表面积大,可达1000m²/g以上;吸附能力强,单位吸附容量大。活性炭纤维与颗粒活性炭对有机蒸气的吸附量比较见表1.3。

表1.3 对有机物质的平衡吸附量(20℃饱和蒸气压下的吸附量)

| 被吸附的物质 | 毡状活性炭纤维/%(质量) | 颗粒活性炭/%(质量) |
|---|---|---|
| 丁基硫醇 | 4300 | 117 |
| 二甲基硫 | 64 | 28 |
| 三甲胺 | 99 | 61 |
| 苯 | 49 | 35 |

（2）吸附、脱附速度快。活性炭纤维表面主要是孔径分布集中的微孔，吸附质无需像活性炭一样经长距离的大孔、过渡孔到达微孔，而是直接到达微孔，粒内的扩散阻力小，吸附速度快，同样解吸时其路径也短，脱附速度也快。

（3）对低浓度物质的吸附能力特别优良。在表面吸附中，吸附剂的孔径越小，其吸附能力越大，特别是对低浓度化学物质的吸附能力特别优良，即使是 $10^{-6}$ 级的吸附质也能保持很高的吸附率。活性炭纤维具有这样的性能，而颗粒活性炭由于微孔比例少，对低浓度物质的吸附能力一般明显低于活性炭纤维。

（4）机械强度高。由于活性炭纤维具有适当的纤维强度，可针对不同需求，制成纸、无纺布、蜂窝结构或波纹板等结构，并且吸附性能丝毫不受影响。例如，活性炭纤维纸的比表面积可保持在原活性炭纤维的75%左右，良好的力学性能方便了工程应用和工艺简化。

（5）不易粉化，对被处理物不会造成二次污染。

（6）密度小，压损小，所以虽然吸附接触时间短，也可达到较好的吸附效果。

（7）吸附层薄，处理装置易小型化和高效率化。

（8）电及热的良导体，蓄热量小，操作安全、无忧，并且再生床可以采用电加热方式（电热脱附）。

（9）再生容易，吸附性能几乎没有衰减，使用寿命长。ACF 再生工艺过程因处理工艺而异，一般说来，ACF 再生时间数分钟即可。再生后的碘吸附值等指标变化小，表面重复使用性能好。

（10）可充当触媒载体吸附臭味物质。

（11）耐酸碱性能佳，应用条件广泛。

## 1.3.3 活性炭纤维的应用

由于活性炭纤维有良好的特性，有一定的机械强度，克服了 GCF、PAC 在操作过程中易形成沟流和沉积的问题，且无二次污染，ACF 正替代颗粒活性炭、粉末活性炭在治理、净化环境等广阔领域内的应用，并作为一种基础性材料受到关注。

**1. 气体处理方面的应用**

目前工业上应用以吸附为主，可以处理含 $SO_2$、$H_2$、$NH_3$、$CS_2$、$NO$、$NO_2$、$H_2S$、$CO$、$CO_2$、$HF$、$SiF$ 以及各种有机蒸气的废气，对复印机产生的臭氧也有强的吸附分解能力。ACF 废气处理装置不易产生漏吸现象，结构上仅需一次操作即可达到处理效果。

室内空气日益污染严重，装置 ACF 的空气净化器可用于室内空气净化或换气及脱除烟臭。已有家用或车用 ACF 净化器出售。

**2. 水处理方面的应用**

ACF 用于废水处理的目的是除去 COD、BOD、TOC、颜色、臭味、油、苯酚等，除去妨碍生物处理的物质，除去生物难于分解的物质，除去汞及其他金属，除去放射性核素,制备再循环用水等。

ACF 作吸附剂的一个显著特点是具有选择性,即具有分子筛效应。在水净化中,可以去除由微生物产生的异臭,除去农药、余氯、腐殖质,抑制藻类的生长。

某些实验表明,载银 ACF 和载碘 ACF 在动态条件下对大肠杆菌、金黄色葡萄球菌、白色念菌、枯草杆菌的杀灭率可接近 100%,原因是 ACF 上的金属单质与微生物体内的蛋白质直接作用。用氯气处理水而残留余氯以及残留氯与水中微量有机物反应生成的有机氯化物等造成的二次污染,可用 ACF 消除。目前应用 ACF 处理废水,从大型的水净化池到小型家用净化器都有了长足的发展。

**3. 在其他方面的应用**

用 ACF 制成的防毒面具,具有化学防护衣的作用,它适合有毒气体岗位的化学防护。与颗粒活性炭相比,ACF 不仅过滤效果提高,且吸附层质量减轻,装备小型化,此外,可防化学辐射,用于制作防化学辐射器材。

ACF 对大气、水中痕量物质有良好的吸附性能,利用此性能可以对各环境介质中的痕量物质进行浓缩、富集后再进行相应的仪器分析。已发明了相应的 ACF 环境监测仪,携带方便。

清洁生产讲求污染物的"零排放"。炭浆法提金技术使用了 ACF 微吸附剂,已经在国内取得了专利。该技术大大缩短了提金时间,并且炭纤维磨损较低,减少了较多的损失。

ACF 几乎对所有溶剂都能有效回收,特别是低浓度溶剂。ACF 出色的耐热性、耐酸碱性,使之可以作为催化剂的有效成分。以 ACF 为载体的催化剂对 NO 催化还原比单一组分催化剂对 NO 的转化率更高,温度适应范围更广,催化剂寿命更长。

由于 ACF 具有化学稳定性、热稳定性及辐射稳定性,因而使用各种消毒方法进行消毒时,不会发生任何变化。ACF 对人体中外源性毒素的吸附都十分有效,在血液过滤、内服解毒及外伤包扎与治疗方面都有重要用途。

ACF 还可用于太阳能聚热器、高效电极、大容量电容、作为催化剂载体、富集回收金属 Ag、Au、Hg 等,还可用于冰箱除臭、水果和蔬菜保鲜、家用净水器等民用方面。

今后,首先应大力降低 ACF 的生产成本及销售价格,目前国内 ACF 的价格是 GCF 的 10 倍以上,成为影响 ACF 推广的最大问题;其次,应改进 ACF 的炭化活性工艺和设备,通过预处理或后处理,改善 ACF 的表面结构和性能,使之适合应用要求;第三,发展 ACF 处理废气、废水新工艺,解决如预处理、压降、ACF 装填方式等问题,以减少能耗;第四,扩展新的应用领域,如日本人现在将 ACF 扩大应用于吸附垃圾废气。在汽车尾气处理中也得到广泛应用。在令臭氧氧化和活性炭吸附颇为头痛的染色废水中的应用也有一定的效果,可以尝试用活性炭纤维代替活性炭,与臭氧配合使用,形成复合效果,观察能否提高对染色废水中污染物的吸附效果及降低处理费用,此项技术目前正在进一步研究。

# 1.4 碳纳米管

碳纳米管,作为碳家族的新成员,可以看作是单层或多层石墨片卷曲而成的无缝中空管状结构。除了具有中空管这种孔隙,多壁碳纳米管具有层间孔隙,单壁碳纳米管具有管间孔隙,这些特殊的结构使其具有丰富的孔隙结构,此外,碳纳米管还具有表面原子的密度大、比表面积大、孔结构和表面结构的可修饰性等特点。这些特点使其在催化剂载体、储氢材料、超级电容器和锂离子二次电池和隐身材料等领域得到了广泛的应用。

## 1.4.1 碳纳米管的结构和形态

1991 年日本 NEC 公司基础研究实验室的电镜专家 S. Iijima 博士在电弧蒸发石墨电极制备富勒碳($C_{60}$)的实验产物中意外发现了纳米级的同轴管状碳纤维,并命名为巴基管(BucKytube),后来被广泛地称为碳纳米管(Carbon nanotubes, CNTs)。

在 50 万倍电镜下观察,碳纳米管的横截面由两个或多个同轴管层组成,层与层间相距 0.343nm,此距离稍大于石墨中碳原子层之间的距离(0.335 nm)。通过 X 射线衍射及计算证明碳纳米管的晶体结构为密排六方(h.c.p),$a = 0.24568$nm,$c = 0.6852$nm,$c/a = 2.786$,与石墨相比,$a$ 值稍小,而 $c$ 值稍大,预示着同一层碳管内原子间有更强的键合力,同时也预示着碳纳米管有极高的同轴向强度。

碳纳米管是理想的准一维材料。根据构成管壁碳原子的层数不同,碳纳米管可分为单壁碳纳米管(SWNTs)和多壁碳纳米管(MWNTs)。它们的共同特点是由单层或多层的石墨片卷曲而成,具有长径比很高的纳米级中空管。

SWNTs 是纳米碳管的极限形式,管壁仅由一层碳原子构成,直径通常为 1 ~ 2nm,长度为几十到 100nm。通常由 10 ~ 100 根平行的单管聚集在一起形成纳米管束。每个单壁碳纳米管由碳原子六边形组成,长度一般为几十纳米至微米级,两端由碳原子的五边形封顶。单壁纳米管可能存在三种类型的结构如图 1.10 所示。

图 1.10 单壁碳纳米管的几种不同类型

(a) 扶手椅型;(b) 锯齿型;(c) 平性型。

这些类型的碳纳米管的形成取决于碳原子的六角点阵二维石墨片"卷起来"形成圆筒形的方式,不同类型的纳米管可以用手性矢量($m,n$)来表示。最近 Zhu 等人用改进的正己烷催化裂解法(enhanced vertical floating technique)制得的 SWNTs 长度可达 $10 \sim 20$cm。

MWNTs 是由 $2 \sim 50$ 层同轴碳管组成,每层管之间的距离同石墨的基平面间的距离相近。在每层管上碳原子沿着轴成螺旋状分布。多壁管内径通常为 $2 \sim 10$nm,外径为 $15 \sim 30$nm,长度一般不超过 100nm。

### 1.4.2 碳纳米管的制备

目前制备碳纳米管的主要方法有电弧放电法、激光蒸发法、CVD 法等。其中制备 SWNTs 的方法主要是直流电弧放电法,CVD 法也可以制备 SWNTs,制备 MWNTs 主要由 CVD 法将碳氢化合物或 CO 催化热裂解得到。MWNTs 也可以用电弧放电法制得,最早报道 CNTs 的 Iijima 就是在电弧放电时首先得到 MWNTs 的。

**1. 电弧放电法**

电弧放电设备主要由电源、石墨电极、真空系统和冷却系统组成。为有效地合成碳纳米管,需要在阴极中掺入催化剂,有时还配以激光蒸发。在电弧放电过程中,反应室内的温度可高达 $2700 \sim 3700$℃,生成的碳纳米管质量较好,管径均匀,管身较直,石墨化程度高,接近或达到理论预期的性能。但该法制备的碳纳米管空间取向不定、易烧结、杂质含量较高,且产量很低,仅局限在实验室中应用,不适于大批量连续生产。

**2. CVD 法**

CVD 法是目前应用较为广泛的一种制备碳纳米管的方法。该方法主要采用过渡金属作催化剂,适于碳纳米管的大规模制备,产物中的碳纳米管含量较高,但碳纳米管的缺陷较多。CVD 法制备碳纳米管所需的设备和工艺都比较简单,关键是催化剂的制备和分散。目前用 CVD 法制备碳纳米管的研究主要集中在以下两个方面:大规模制备无序的、非定向的碳纳米管;制备离散分布、定向排列的碳纳米管阵列。一般选用 Fe、Co、Ni 及其合金作催化剂,黏土、二氧化硅、硅藻土、氧化铝及氧化镁等作载体,乙炔、丙烯及甲烷等作碳源,氢气、氮气、氩气、氢气或氨气作稀释气,在 $530 \sim 1130$℃范围内,碳氢化合物裂解产生的自由碳离子在催化剂作用下可生成单壁或多壁碳纳米管。

**3. 激光蒸发法**

激光蒸发法是制备单壁碳纳米管的一种有效方法。用高能 $CO_2$ 激光或 Nd/YAG 激光蒸发掺有 Fe、Co、Ni 或其合金的碳靶制备单壁碳纳米管和单壁碳纳米管束,管径可由激光脉冲来控制。该法的主要缺点是单壁碳纳米管的纯度较低、易缠结。

其他制备方法还有聚合物法、太阳能法、电解法、固体低温裂解、原位催化法、溶盐法、固相合成等。

### 1.4.3　碳纳米管的改性

　　碳纳米管在聚合物复合材料中的应用首先要解决的问题是其分散性,然而由于碳纳米管的管径小,表面能又大,因此很容易发生团聚,使其不能在聚合物中均匀地分散,从而使得复合材料的性能变差。为了提高分散能力以及增加碳纳米管与聚合物界面的结合力,需要对其表面进行改性,降低它的表面能态,提高与有机相的亲和力,使其较好地添加到聚合物中制成性能优异的复合材料。

　　碳管的改性方法主要有以下几种。

　　**1. 化学改性**

　　利用化学手段处理碳纳米管,可以在碳纳米管上获得某些官能团,改变其表面性质以符合某些特定的要求(如制备可溶碳管)。Liu 等通过对碳纳米管进行酸化处理,成功地在碳纳米管上引入了羧基和羟基官能团;Dai 等利用类似的磺化反应在碳纳米管表面引入了大量的磺酸基。另外,通过对碳纳米管进行外膜改性,在其表面均匀包覆一层其他物质的膜,也可以使碳纳米管的表面性质发生某些变化,如唐本忠等利用原位聚合法将多壁碳纳米管和苯乙炔进行催化聚合,得到了聚苯乙炔包裹的多壁碳纳米管,这种多壁碳纳米管可溶于四氢呋喃、甲苯和氯仿等有机溶剂,并有较好的光限幅效应;Mioskowski 等利用水溶性蛋白抗生蛋白链菌素与碳膜较强的结合能力,通过诱导作用将单层抗生蛋白链菌素固定于多壁碳管的表面上,得到的这种蛋白质修饰的碳管在纳米生物技术方面有潜在的应用前景。

　　**2. 物理改性**

　　这种方法主要是运用粉碎、摩擦等手段通过机械应力来对碳纳米管表面进行激活以改变其表面物理化学结构。当 CNTs 的内能增大时,在外力的作用下,活化的 CNTs 表面可以与其他物质发生反应和附着,从而达到表面改性的目的。如利用球磨机对 CNTs 进行球磨处理就是一种典型的方法。另外,通过超声分散或利用很大的剪切力来处理 CNTs,防止其团聚,也可以达到良好的分散效果。J. Sandler 等就利用超声手段制备了环氧树脂/CNTs 复合材料。

　　**3. 高能量改性**

　　利用紫外线和等离子射线等对碳纳米管表面进行改性。Dai 等利用等离子射线在 CNTs 表面上引入了官能团,并成功地把多碳链固定到等离子活化过的 CNTs 表面上。研究发现,用非沉积的等离子处理也可对 CNTs 表面改性,使其活化。这种方法可视为一条对 CNTs 改性的有效途径,其应用范围包括复合材料和生物医学材料等领域。

### 1.4.4　碳纳米管的应用

　　碳纳米管奇特的结构使它表现出非常特殊的性质,在众多领域人们对它的广泛应用寄予厚望。

### 1. 力学性能与应用

圆柱形碳纳米管具有优良的力学性能。单层碳纳米管的管壁石墨面上短(0.14nm)而强的碳-碳键阻碍了不纯物及缺陷的介入,使碳纳米管具有极好的抗拉力。此外,碳纳米管破坏时应变达5%~20%,在轴向上碳纳米管有良好的柔韧性和回弹性,在扭力作用下,碳纳米管显示出强的抗畸变能力,当负荷卸去后碳纳米管会恢复原状。

碳纳米管是目前可制备出的具有最高比强度的材料。碳纳米管的抗拉强度达到50~200GPa,是钢的100倍,密度却只有钢的1/6,至少比常规石墨纤维高一个数量级。它是最强的纤维,在强度与重量之比方面,这种纤维是最理想的。若将碳纳米管与其他工程材料制成复合材料,可对基体起到强化作用。

### 2. 电学性能与应用

碳纳米管由石墨面卷曲而成,4个价电子中3个形成共价键,每个碳贡献一个电子形成金属键性质的离域键,因此圆柱形碳纳米管轴向具有良好的导电性,理论预测其导电性能取决于其管径和管壁的螺旋角。当 CNTs 的管径大于6mm 时,导电性能下降;当管径小于6mm 时,CNTs 可以被看成具有良好导电性能的一维量子导线。对于螺旋形、线圈形、鱼骨形碳纳米管,当层面发生弯曲或不连续时,导电性中断。所以碳纳米管有导体和半导体两类。它的导电性与其直径和结构有关,而二者又由手性矢量($n,m$,均为整数)决定,当 $n-m$ 为3的整数倍时,单层碳纳米管呈金属性,否则为半导体性。

利用碳纳米管的电学性能,可望在超级电容器、锂离子二次电池、燃料电池等方面得到应用。

### 3. 热学性能与应用

碳纳米管具有很高的长径比,使大部分热沿轴向传导,圆柱形碳纳米管在平行于轴线方向的热传导性与金刚石相仿,而垂直方向又非常低。适当排列碳纳米管可得到非常高的各向异性热传导材料。碳纳米管的石墨化程度越高,其导热系数也越大。

### 4. 催化方面的应用

碳本身就是一种优良的催化材料,纳米级的碳管也会产生不同于普通碳催化剂的特性。它可以吸附大小适合其内径的任何分子。因此人们利用碳纳米管顶端开口的活性作吸附剂,吸附一些高活性分子作分子水平的催化剂。

同时,碳纳米管独特的中空结构,使其可用于一些特殊的催化场合;纳米级直径使负载上其上的催化剂的粒径细化,有利于催化活性与选择性的提高。而且经过活化后,碳纳米管的比表面积得到提高,并形成特定的表面结构,使表面得到修饰而更有利于催化剂的负载。因此,碳纳米管在催化领域的应用具有广阔的前景。

## 5. 吸附方面的应用

碳纳米管具有比活性炭更大的比表面积,且具有大量的微孔。另外碳纳米管高度石墨化(比活性炭高),且碳管表面具有高的芳香原子,能容纳高密度的 π 电子,因此它具有比活性炭更好的吸附性能,尤其作为气体吸附剂。它被认为是最好的储氢材料,这方面的研究也最多。一般认为,管内的物理吸附是储氢的主要机制,碳纳米管的储氢量可与目前最好的储氢材料相比。碳纳米管作为气相吸附剂,也被应用在环境保护方面。Richard Q. Long 等使用程序温度解吸技术对于二恶英等低挥发的有机物进行吸附,指出吸着物和表面之间的键比吸着物之间的键强,因此吸附被限制在单分子层,符合 Langmuir 吸附曲线。同时指出碳纳米管上的二恶英的解吸温度、解吸活化能、Langmuir 常数比活性炭和 $\gamma - A1_2O_3$ 高得多。在低浓度的 Henry′s law 区内,碳纳米管的吸附量比活性炭要高得多,因此用碳纳米管比活性炭有更高的二恶英去除效率。而到目前为止,碳纳米管作为液相吸附剂的报道较少,只限于环境保护方面。清华大学李延辉等在该领域做了较多的工作。他们将碳纳米管应用到水处理中,对水中的铅离子进行吸附。指出铅离子的吸附很大程度上受到溶液 pH 值的影响。pH 值影响吸附剂的表面电荷和被吸附物的离子化强度和种类,随着 pH 值的增加,吸附能力显著增加。华东师范大学纳米中心的耿成怀等采用不同的方法对碳纳米管进行处理,然后用来吸附水溶液中的苯胺,结果表明未经处理的碳纳米管具有最大的吸附速率,而用硝酸回流处理后的碳纳米管具有最大的吸附量。

## 6. 在复合材料方面的应用

碳纳米管的特殊性能可以使其作为添加物来制备复合材料,不但能提高材料的力学性能,还能满足对一些特殊功能的需求。有关碳纳米管/聚合物基复合材料、碳纳米管/金属基复合材料、碳纳米管/陶瓷基复合材料的制备与性能方面的研究已有大量的报道,但应用中遇到的问题主要有以下两点:其一,碳纳米管在基体材料中的分散;其二,碳纳米管和基体之间的界面结合,这也是碳纳米管优异的力学性能发挥出来的关键。通常,制备复合材料时需要对碳纳米管采用一定的氧化处理,使光洁的表面粗糙化,并产生一些官能团。

碳纳米管具有特殊的中空结构和电磁特性,而通过活化使封闭的孔结构释放出来,并在管壁上形成丰富的孔结构。由于特殊的结构和介电性质,碳纳米管表现出较强的宽带微波吸收性能,它同时还具有质量轻、导电性可调变、高温抗氧化性能强和稳定性好等特点,是一种有前途的理想微波吸收剂,可用于隐身材料、电磁屏蔽材料或暗室吸波材料。

和富勒烯类似,碳纳米管被认为是今后极有发展前景的一个新型材料。碳纳米管作为新型纳米功能材料必将促进物理、化学及材料科学的发展,并且有可能引发新的科技革命。在一定知识积累的基础上,碳科学目前已取得了巨大的进展,尤其在吸附性能的应用方面。此外碳纳米管还可用来制作在军事隐身方面极具潜力的吸波材料及蓄能材料等。

# 1.5  石 墨 烯

## 1.5.1  石墨烯结构

石墨烯(Graphene,GE)是近年来发现的新型二维碳纳米材料,是构建包括石墨、碳纳米管、碳纳米纤维和类富勒烯材料等众多碳材料的基本单元。2004 年曼彻斯特大学物理学教授 Geim 和 Novoselov 等首次制得了石墨烯,并由此获得 2010 年诺贝尔物理学奖。至此,石墨烯的发现,掀起了人们对碳材料的新一轮如火如荼的研究热潮,成为继富勒烯和碳纳米管以来的又一个碳材料、纳米技术和凝聚态物理研究的前沿和热点,称为未来材料。

理论上完美的石墨烯是指由碳原子六边形网格形成的单层石墨片层,多层石墨烯按一定次序平行排列就可构成三维石墨结构。石墨烯的基本结构示意图如图 1.11 所示。

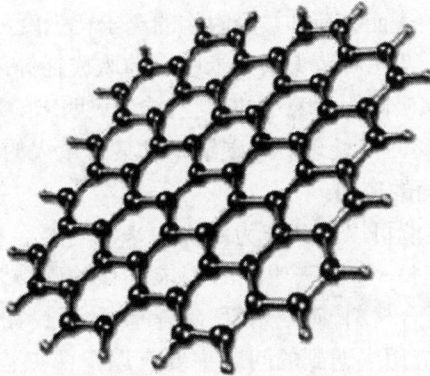

图 1.11  石墨烯的基本结构示意图

在石墨烯中,碳原子以 $sp^2$ 杂化轨道与其他原子通过强 σ 键相连接,这些高强度的 σ 键使石墨烯具有优异的结构刚性,平行片层方向具有很高的强度。碳原子有四个价电子,这样每个碳原子都贡献一个未成键 π 电子,这些 π 电子在同一平面层碳原子的上下形成大 π 键,进而形成垂直于石墨烯片层的互相平行的 π 轨道,这种离域 π 电子在碳网平面内可自由流动,类似自由电子,因此在石墨烯面内具有类似于金属的导电性和导热性,它的抗磁性也十分显著。

石墨烯可看作是形成其他碳材料的基本结构单元。当石墨烯碎片所含的碳原子数大于 30 且小于 1000 时,形成的碳层面都具有悬键,即具有未结合的空键。为了减少悬键数,石墨烯碎片会卷起形成弯曲结构,边缘的六元环有收缩成五元环的趋势,当五元环的数目达到 12 个或以上时就会形成封闭的笼状碳簇,即为富勒烯,富勒烯中以由 20 个六元环和 12 个五元环拼接而成的 20 面体 $C_{60}$ 分子最稳定。类似地,碳纳米管可看作是由石墨烯片层卷曲而成的直径为纳米尺度的圆筒,碳原子在圆筒表面呈螺旋状,其两端由富勒烯半球封帽而成。当石墨烯片层与片层之间由范德华力维系在一起时,就会堆叠成三维的石墨。石墨烯及其构建的零维富勒烯、一维碳纳米管和三维石墨的结构示意图如图 1.12 所示。

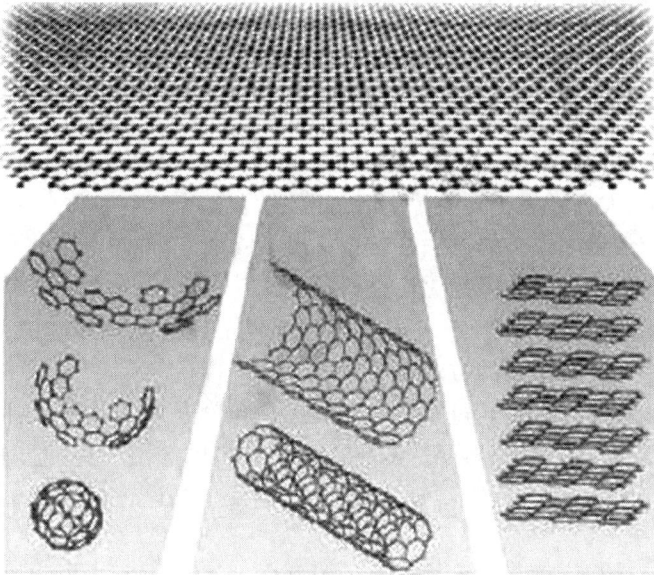

图 1.12　石墨烯及其构建的零维富勒烯、一维碳纳米管和三维石墨的结构示意图

## 1.5.2　石墨烯的制备

到目前为止,比较成熟的石墨烯的制备方法主要为物理法和化学法。

在物理方法中,机械剥离法是最初用于制备石墨烯的物理方法,英国科学家 Geim 等人通过该种方法首次获得尺寸为 $10\mu m$ 的单层石墨烯片。除此之外,外延生长法也是重要的制备石墨烯的物理方法之一。UStarke 等人,首先选用氧刻蚀的方法处理氮掺杂的 4H – SiC、6H – SiC 单晶表面,除去表面的氧化膜,使之表面发生化学钝化,得到了厚度为原子级的尺寸均匀的梯田状基底,然后在超高真空气氛下向处理过的基底表面沉积 Si,最后将样品在 800℃ 退火即可得到很薄的石墨烯片层。

目前微机械分离法是制备石墨烯最为简单直接的方法,且制备成本低,样品质量高,可获得的石墨烯尺寸可达 $100\mu m$,但此法产量低且不可控,不能满足工业化和规模化生产要求,而且从大片的厚层中寻找单层石墨烯比较困难,同时样品中还存在少许胶渍,表面清洁度不高,限制了其应用领域。

化学气相沉积法是目前应用最广泛的大规模制备半导体薄膜的方法。化学气相沉积法为可控制备石墨烯提供了一种有效方法，用该法制备石墨烯不需要颗粒状催化剂，它是将平面金属薄膜、金属单晶等基底置于高温可分解的甲烷、乙烯等前驱体气氛中，通过高温退火使碳原子沉积在基底表面形成石墨烯，再用化学腐蚀法去除金属基底后得到石墨烯片。通过选择基底的类型、生长的温度、前驱体的流量等参数可调控石墨烯的生长速率、厚度和面积。此方法已能成功制备出面积达平方厘米级的单层或多层石墨烯，其最大的优点在于可制备出面积较大的石墨烯。例如使用多晶镍为衬底，将其放置于温度为 900～1000℃ 的较低浓度的烃气氛中，在大气压下用化学气相沉积法制备出尺寸达到 $20\mu m$ 的多层石墨烯膜，得到的石墨烯膜最薄处可达到单层，沉积在镍上的石墨烯可以通过化学刻蚀将其转移到其余任意基底上，大大增大了石墨烯的应用范围。

虽然研究人员用以上的方法成功制备出不同尺寸、不同厚度的石墨烯，这些方法操作简单，可重复性强，但是无论是机械剥离法还是化学气相沉积法，都只能得到微量的石墨烯，难以用于大量工业生产和应用。还原氧化石墨法是目前应用最广泛的可大量制备石墨烯的方法之一。

还原氧化石墨法是指通过选用一定的手段化学还原氧化石墨，除掉氧化石墨表面的含氧基团，进而恢复石墨烯的平面共轭结构的方法。这种方法的优势之处在于，原材料鳞片石墨含量丰富且容易取得，制备工艺设备相对简单，可实现大规模制备。

目前已报道的还原氧化石墨制备石墨烯的方法有热还原、化学还原、紫外线还原等。热还原可以采用微波做热源，实验表明选用微波热还原法制备得到的石墨烯可以稳定地分散在 DMAc 中形成有机悬浮液，并且可以在室温下稳定存放长达数月的时间，处理得到的"石墨烯纸"的电导率达到了氧化石墨烯的 $10^4$ 倍。热还原的一个显著的影响就是对石墨烯片层结构的破坏。在热还原过程中，几乎30%的氧化石墨会损失掉，其表面上也会形成许多空洞和形态缺陷。显然，这些缺陷会影响产物的电学性能，但是其电导率仍然可以达到 1000～2300S/m，这表明热还原也是一种非常有效的还原方法。

化学还原法是将石墨转变为氧化石墨烯，再将氧化石墨烯还原制备石墨烯。该方法所需原料石墨价廉、易得且制备过程简单，是目前最有可能实现大规模制备石墨烯的方法，最常用的还原剂主要有 $NaBH_4$、联氨等。化学还原法制备得到的石墨烯的导电性几乎可以与原始石墨媲美，且比表面积高；而且氧化石墨烯经还原后会产生不饱和的、共轭的碳原子，使电导率显著增加，因此还原后的氧化石墨烯可应用于储氢材料或作为电传导填充料应用在复合材料领域。

在化学还原法中，还可以选用两种以上的还原剂分步对氧化石墨进行还原处理。首先用 $NaBH_4$ 对氧化石墨进行预还原除去大多数含氧基团，增大氧化石墨结构中能发生磺化反应的 $sp^2$ 杂化碳原子的数目，然后用芳基磺酸盐将预还原的氧化石墨进行轻度磺化以增多石墨烯的亲水基团，最后用强还原剂联氨对其进行再

26

次还原除去剩余的含氧基团,经过三步处理得到的石墨烯已经除掉了绝大部分含氧基团,得到的轻度磺化的石墨烯可以以 2mg/mL 的浓度稳定的分散于 pH = 3 ~ 10 的水溶液中,初步解决了石墨烯难以在水溶液体系中稳定分散的难题。

其他的还原剂包括对苯二酚、氢气和强碱溶液等。氢气还原被证明是非常有效的,其 C∶O 比例达到了 10.8∶1。硫酸或者其他的强酸也被用来催化石墨烯表面脱水。因为氧化石墨经过还原剂还原后,其表面仍有大量的羟基,所以强酸的催化脱水反应能进一步还原氧化石墨,使其性能进一步得到提高。

虽然采用化学还原法使石墨烯的电子结构及晶体的完整性受到强氧化剂作用产生严重的破坏,使其电子性质受到影响,一定程度上限制了其在精密微电子领域的应用,但此法简便且成本较低,可以制备出大量石墨烯,且有利于制备石墨烯衍生物,可有效拓宽石墨烯的应用领域。

石墨烯的制备是其开发研究与应用的前提,能够获得足够量高纯度的石墨烯是研究其性能和应用的基础。虽然目前不断有新的制备石墨烯的方法被开发出来,但仍有许多问题在短时间内难以解决,需要不断地进行研究。

### 1.5.3 石墨烯的性质与应用

石墨烯是典型的二维 π 电子物质,由于其罕有的价带结构使之大大区别于二维材料家族中的其他物质,结构中所包含的类似粒子可以描述为凝聚态物理学中独一无二的"无质量手性狄拉克费米子(massless chiral Dirac fermions)"。这种现象导致石墨烯具有许多新奇的电学性质,其中包括 2007 年 Novoselov 等人研究发现的室温量子霍耳效应(room - temperature quantum hall effect)、双极性电场效应(ambipolarelectricfield effects)等特殊性质。石墨烯中与其电学性质相关的主要是费米能级附近价带中的 π 电子和导带中的 $\pi^*$ 电子,石墨烯单胞由两个不等价的碳原子构成,其 π、$\pi^*$ 间的能带在费米能级处连接在一起,成为能隙为零的半导体。此外,π 电子对光、电、磁作用十分敏感,而共轭体系中 π 电子对光、电等物理刺激比硅半导体相应更快,因此可得到电子迁移率超过 $200000 cm^2 \cdot V^{-1} \cdot s^{-1}$ 的单层石墨烯,与硅中的电子移动速度相比要大得多,可与半导体化合物的超晶格结构相比。

研究发现,石墨烯不仅非常稳定而且展现出优异的电子性质、光学性质、热性质以及力学性质,包括高弹性模量 (1100GPa)、高断裂强度(125GPa)、高热导率($5000 W \cdot m^{-1} \cdot K^{-1}$)、高电子迁移率($200000 cm^2 \cdot V^{-1} \cdot s^{-1}$)、高比表面积($2600 m^2/g$)、高的光透过率等,在室温下还具有量子霍耳效应以及铁磁性。这些优异的性质使其在电子设备、能量转换存储、传感器、催化以及生物医药等领域有很好的应用前景,已成为材料科学与凝聚态物理等领域的一颗新星,极有希望在 21 世纪掀起一场全新的碳纳米材料的技术革命。

## 1. 在复合材料中的应用

石墨烯具有优异的导电、导热和力学性能,可作为制备高强导电复合材料的理想纳米填料,同时分散在溶液中的石墨烯也可和聚合物单体相混合形成复合材料体系,此外石墨烯的加入使复合材料多功能化,不但表现出优异的力学和电学性能,且具有优良的加工性能,为复合材料提供了更广阔的应用领域。但是结构完整的石墨烯是由不含任何不稳定键的苯六元环组合而成的二维晶体,化学稳定性高,其表面呈惰性状态,与其他介质(如溶剂等)相互作用较弱,且石墨烯片与片之间存在较强的范德华力,容易产生团聚,使其难溶于水和常用有机溶剂,限制了石墨烯的进一步研究和应用。而氧化石墨烯表面含有大量的含氧官能团,如羟基、羧基等,这些官能团使得改性石墨烯成为可能。石墨烯氧化物是大规模合成石墨烯的起点,也是实现石墨烯功能化的最为有效的途径之一,可通过将氧化石墨烯作为新型填料来制备功能聚合物纳米复合材料来实现,以改善纳米复合材料的力、热、电等综合性能。目前研究的石墨烯复合材料主要有石墨烯/聚合物复合材料和石墨烯/无机物复合材料两类,其制备方法主要有共混法、溶胶–凝胶法、插层法和原位聚合法。

如 R. S. Ruoff 利用还原分散在聚苯乙烯中的经过异氰酸醋改性后的氧化石墨烯,制备出了石墨烯–聚苯乙烯高分子复合物。石墨烯的添加,不仅提高了聚苯乙烯的导电性,同时还降低了碳材料添加聚苯乙烯的逾渗闭(导电粒子填充的聚合物中,当填充粒子达到一定浓度时,体系的电导率发生突变,称为逾渗现象)。在添加体积分数达到 1% 的石墨烯时,常温下聚苯乙烯的电导率可以达到 0.15S/m,从而有利于该复合物在导电材料上的应用。石墨烯的添加还可以影响聚合物复合材料的其他物理性能,如玻璃化转变温度。在聚丙烯腈中添加约 1%(质量)的功能化石墨烯后,复合材料的玻璃化温度提高了 40℃,在聚甲基丙烯酸甲酯中仅添加 0.05% 的功能化石墨烯就可以将其玻璃化温度提高 30℃。

## 2. 在电极材料中的应用

Yoo 等研究了石墨烯及其与 CNTs、$C_{60}$ 和 $SnO_2$ 复合材料应用于锂离子二次电池负极材料中的性能,表明石墨烯的加入可大大提高锂离子电池负极材料的比容量和循环稳定性。Kong 等通过真空抽滤石墨烯悬浮液,将石墨烯薄片附着在石英基片上,然后将基片浸入 $HAuCl_4$ 水溶液中,合成了 Au/GE 复合物,通过循环操作得到了石墨烯和 Au 纳米粒子交替逐层叠加的复合物,该方法无需还原剂即可还原 $Au^{3+}$,负电性的石墨烯起到了还原剂的作用。Luechinger 等不使用表面活性剂,直接以石墨烯作为分散剂包裹在 Co 表面,然后与聚合物(PMMA PEO)复合,得到了 GE/Co 聚合物复合材料。该材料同时具备金属与聚合物的优异性能,为石墨烯的应用提供了新的途径。

由 Wang 等人使用化学合成的石墨烯纳米片用作负极材料,其首次放电容量可以达到 945mA·$g^{-1}$,首次可逆容量可以达到 650mA·$g^{-1}$。

28

最近石墨烯/TiO₂复合材料被用在染料敏化太阳能电池的光电阳极上,发现其增加了太阳能电池的光收集效率和电荷转移速率,并且降低了电荷耦合速率。所以电池的电流密度增加了45%而不会影响开路电压,其能量转换效率达到了6.9%,比单独使用TiO₂增加了将近39%。

尽管展示了很高的应用前景,石墨烯用作电极材料也有很多问题:①首次不可逆容量太高;②容量会持续衰减;③充电曲线没有平台。因而石墨烯用作负极材料还有很多问题需要克服。

**3. 在光催化剂中的应用**

TiO₂具有氧化能力强、降解完全和可以重复使用等优点,在污水处理、光电转换、清洁材料的制备等方面备受关注。但TiO₂的带隙较宽(约3.2eV),只能在波长小于378nm的紫外区显示光化学活性,对太阳能的利用率小于10%,同时其光生电子和空穴容易发生复合,从而降低光催化效率。因此,如何提高TiO₂光催化活性是研究其光催化技术实用的关键。由于光激发TiO₂产生的电子-空穴对极易复合,所以利用石墨烯独特的电子传输特性降低光生载流子的复合,从而提高TiO₂光催化效率是当前这一领域的一个研究热点。

Kamat等将氧化石墨粉末加入TiO₂胶体分散液中超声,得到氧化石墨烯包裹TiO₂纳米粒子的悬浮液,在氮气的保护下用紫外线照射悬浮液,得到TiO₂/GE复合材料以及TiO₂/Ag/GE三元体系。

Wang等报道了通过阴离子表面活性剂提高石墨烯片的稳定性,并促进金属氧化物在石墨烯片上自组装生长的方法。由于石墨烯的憎水性和金属氧化物的亲水性,可通过表面活性剂解决两者的不相容问题,同时,表面活性剂也为无机纳米粒子的成核和生长控制提供了分子模板。该小组以十二烷基硫酸钠(SDS)为表面活性剂,通过混合不同比例的改性的石墨烯片和TiCl₄,分别合成了金红石型和锐钛矿型TiO₂与石墨烯的复合物。Zhang等使用水热法一步合成TiO₂/GE复合材料,研究发现由于石墨烯的引入,该复合材料不仅能够很好地吸附有机染料,而且还拓展了可见光响应范围,能够有效分离光生电子和空穴。张琼等采用氧化石墨和硫酸钛作为初始反应物,在低温下(<100℃)制备得到了纳米级的二氧化钛-氧化石墨烯插层复合材料。研究表明,该复合材料对甲基橙溶液进行紫外线催化降解时,其降解效率达到$1.16mg \cdot min^{-1} \cdot g^{-1}$,明显优于同等条件下P25粉的降解率$(0.51mg \cdot min^{-1} \cdot g^{-1})$。

研究发现TiO₂/石墨烯复合材料具有较高的光催化分解水制氢的活性。石墨烯的引入有利于提高TiO₂的光催化分解水制氢活性,在紫外-可见光照射下,TiO₂/石墨烯复合光催化剂的光解水制氢活性是商业P25的光解水制氢活性的近两倍。复合材料中的石墨烯可传导光照TiO₂产生的电子,提高电子-空穴对的分离效率,从而提高紫外-可见光下TiO₂/石墨烯复合材料的光解水制氢活性。

一般认为,石墨烯等的引入对改善TiO₂光催化性能的原因有以下几个方面:

①复合材料更大的比表面积和活性组分高的分散程度增加了有效反应活性位;②碳材料可以作为吸附剂提高复合材料对有机污染物的吸附性能,从而增强光催化活性;③碳材料的掺入可以作为半导体的光敏剂,使复合材料的费米能级向更正的方向偏移,进而增强了材料对可见光的吸收性能,提高了对光能的利用率;④碳材料-半导体界面异质结的形成和碳材料优异的电子传递作用可降低光生电子与空穴间的复合,提高了光催化量子产率。

# 1.6 吸附理论

任何一个相的表面分子与内部分子所具有的能量是不同的。无论固相或液相,其内部分子因四周均有同类分子包围着,所受四周分子的引力是对称的,可以相互抵消,即受的引力总和为零。但靠近表面及表面上的分子,由于下面密集的固体分子对它的引力远大于其上方稀疏液体或气体分子对它的引力,所以不能相互抵消,这些力总和垂直于表面而指向固体内部,此种表面具有表面过剩自由能。单位表面上的过剩自由能称为比表面能。由于固体不具有流动性,不能像液体那样用尽量减小表面积的方法来降低体系的表面能,因此固体表面分子的剩余力场对碰到它表面上的分子产生吸引力,使分子在固体表面上相对地聚集,其结果能减小剩余力场,降低固体的表面能,从而使具有较大表面的固体体系变得较为稳定。这种使分子在固体表面相对聚集的现象称为吸附。吸附过程如图 1.13 所示。

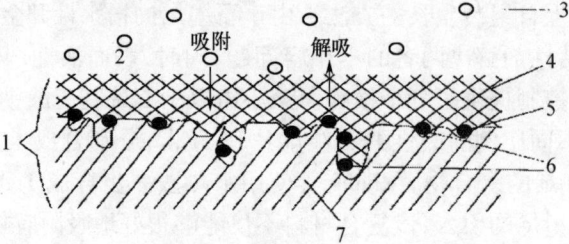

图 1.13 吸附过程示意图

1—吸附体;2—气相或液相;3—吸附质;4—表面薄层;5—吸附化合物;6—活性中心;7—吸附剂。

## 1.6.1 吸附的传质过程

吸附质在吸附剂上的吸附过程十分复杂,以气相吸附过程为例,吸附质从气体主流到吸附剂颗粒内部的传递过程分为两个阶段。

第一阶段是从气体主流通过吸附剂颗粒周围的气膜到颗粒的表面,称为外部传递过程或外扩散。

第二阶段是从吸附剂颗粒表面传向颗粒空隙内部,称为孔内部传递过程或内扩散。

这两个阶段是按先后顺序进行的,在吸附时气体先通过气膜到达颗粒表面,然后才能向颗粒内扩散,脱附时则逆向进行。气体分子到达颗粒外表面时:一部分会被外表面所吸附,而被吸附的分子有可能沿着颗粒内的孔壁向深入扩散,称为表面扩散;一部分气体分子还可能在颗粒内的孔中向深入扩散,称为孔扩散。在孔扩散的途中气体分子又可能与孔壁表面碰撞而被吸附。所以,内扩散是既有平行又有顺序的吸附过程,它的过程模式如图1.14所示。

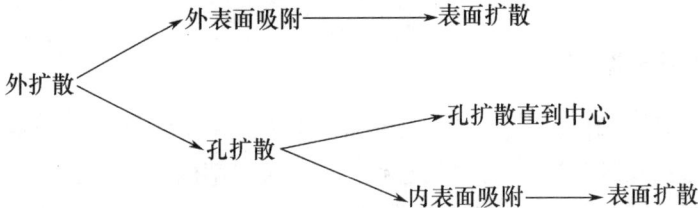

图 1.14　吸附传质过程

可见,吸附传递过程由三部分组成:外扩散、内扩散和表面吸附。吸附过程的总速率取决于最慢阶段的速率,扩散过程在吸附中占有重要地位。由于分子热运动,在没有外力作用下扩散过程能自发地发生。

## 1.6.2　物理吸附与化学吸附

根据吸附剂与吸附质相互作用的方式,吸附现象分为物理吸附和化学吸附两种。物理吸附是由范德华力引起的,因此也叫做范德华吸附;化学吸附是伴随着电荷移动相互作用或者生成化学键的吸附。在物理吸附中,吸附质分子与吸附剂表面层的电子轨道不重叠;而在化学吸附中,它们的电子轨道的重叠很重要,也就是说,在物理吸附中,基本上是通过吸附质分子与吸附剂表面原子间的微弱的相互作用而在表面附近形成分子层;而化学吸附则源自吸附分子的分子轨道与吸附媒体表面的电子轨道的特异的相互作用。因此,在物理吸附中,往往发生多分子层吸附;而在化学吸附中,吸附的结果是生成单分子层,而且伴随着分子结合状态的变化,吸附导致振动、电子状态发生显著的变化,因此吸附分子在吸附前后发生了变化。在其他方面,物理吸附与化学吸附的特性也有很大差异,它们的区别见表1.4。

表 1.4　物理吸附及化学吸附的比较

| 吸附性能 | 吸 附 类 型 | |
|---|---|---|
| | 物理吸附 | 化学吸附 |
| 作用力 | 分子引力(范德华力) | 剩余化学价键力 |
| 选择性 | 一般没有选择性 | 有选择性 |
| 形成吸附层 | 单分子或多分子吸附层均可 | 只形成单分子吸附层 |
| 吸附热 | 较小,一般在41.9kJ/mol以内 | 较大,相当于化学反应热,一般在83.7~418.7kJ/mol |

| 吸附性能 | 吸附类型 | |
|---|---|---|
| | 物理吸附 | 化学吸附 |
| 吸附速度 | 快;几乎不需要活化能 | 较慢;需要一定的活化能 |
| 温度 | 放热过程;低温有利于吸附 | 温度升高,吸附速度增加 |
| 可逆性 | 较易解析 | 化学价键力大时,吸附不可逆 |

### 1.6.3　吸附等温线

吸附过程是吸附质分子不断从液相或气相往吸附剂表面凝聚,同时又有分子从固体表面返回液相或气相主体的过程。当单位时间内被固体表面吸附的分子数量与逸出的分子数量相等时,就称吸附达到了平衡,这种平衡是动态平衡。达到平衡时,平衡吸附量是吸附剂对吸附质吸附数量的极限,其数值对吸附设计、操作和过程控制有着重要的意义。平衡吸附量也称静吸附量或者静活性,定义为:当吸附达到平衡时,单位体积(质量)吸附剂上所吸附的吸附质的量。很显然,动吸附量要小于静吸附量。

吸附等温线被广泛用来表征吸附系统的平衡状态,同时也是获得吸附剂结构、吸附热效应以及其他物理化学性能和工艺性能的信息源。吸附等温线是描述在一定温度下,被吸附剂吸附的物理的最大值(平衡吸附量)与平衡压力(平衡浓度)之间的关系,这种等温线是根据实验数据绘出的。对于单一气体在固体上的吸附,Brunauer 等将吸附等温线分为五类,后来国际理论和应用化学联合会(International Union of Pure and Applied Chemistry,IUPAC)则在此基础上增加了第六种,如图 1.15 所示。

Ⅰ型等温线表明,低温时,吸附量随组分分压的增大而迅速增大,当分压达到某一点后,增量变小,甚至趋于水平。一般认为这是单分子层吸附的特征曲线;此外多孔性固体的微孔吸附也是这种类型的等温线,这是因为相对压力由零增加时,发生多层吸附的同时也发生了毛细孔凝聚,使吸附量急剧增加,而一旦将所有的微孔填满后,吸附量便不随相对压力的增加而增加,呈现出吸附饱和状态。总之,只要有明显的吸附和凝聚饱和现象出现,其吸附等温线都可以表现为第Ⅰ类型。

Ⅱ型等温线通常是不严格的单层吸附到多层吸附,拐点的存在就表现单层吸附到多层吸附的转变。

Ⅲ型等温线表示吸附剂与吸附质之间的作用力较弱,此时第一层吸附层与固体的相互作用远比第一吸附层与第二吸附层间的相互作用弱,即吸附分子本身的相互作用大于其与固体表面的相互作用。这种类型的吸附作用是不常见的。

Ⅳ型等温线被认为吸附中存在毛细管现象,使凝聚的气体不易蒸发。

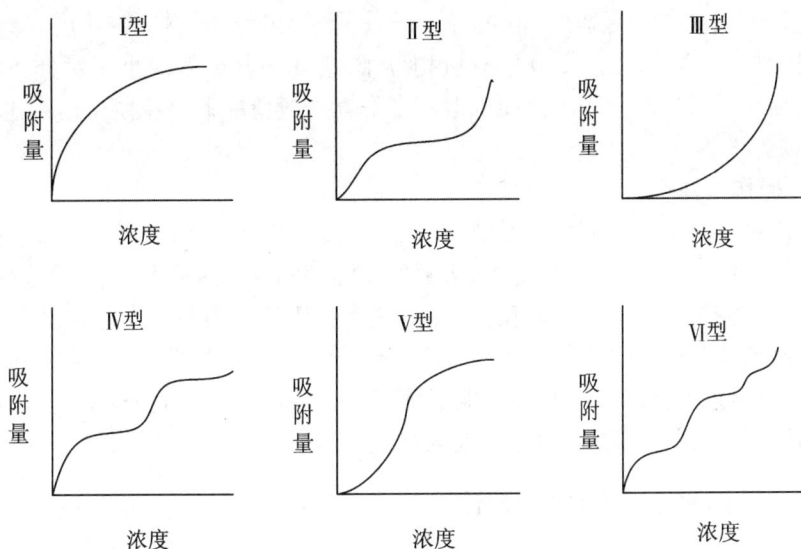

图 1.15　吸附等温线类型

Ⅴ型等温线与Ⅳ相似,只是吸附质与吸附剂相互作用较弱,通常由一些中孔或微孔炭表现出来。

Ⅵ型等温线相当稀少,但具有特殊的理论意义,其代表在均匀非孔表面如石磨化炭上逐步的多层吸附,每一台阶高度提供了不同吸附层的吸附容量。

化学吸附只有Ⅰ型等温线,物理吸附则Ⅰ～Ⅵ型都有。

## 1.6.4　影响吸附的因素

影响吸附的因素很多,主要为吸附剂和吸附质的性质以及吸附的操作条件。

**1. 吸附剂的性质**

吸附剂颗粒的大小、细孔的构造和分布情况以及表面化学性质等都对吸附产生影响。单位质量吸附剂的表面积称为比表面积,吸附剂的粒径越小或微孔越发达,其比表面积就越大,则其吸附能力就越强。吸附剂的种类不同,吸附效果也就不同,一般极性分子(或离子)型的吸附剂易吸附极性分子(或离子)型的吸附质;而非极性分子(或离子)型的吸附剂易吸附非极性分子(或离子)型的吸附质。

**2. 吸附质的性质**

①吸附质的浓度。提高吸附质的浓度可增加吸附量,但当全部吸附剂表面被吸附质占据时,吸附量达到饱和状态,吸附量不再随吸附质浓度的提高而增加。②吸附质的极性。极性的吸附剂易吸附极性的吸附质,非极性的吸附剂易吸附非极性的吸附质。③液体表面自由能。能使液体表面自由能降低的吸附质容易被吸附,如用活性炭在水溶液中吸附脂肪酸,由于含碳多的脂肪酸分子可使炭液界面自由能降低很多,所以吸附量也就大。④吸附质分子。活性炭吸附有机物的数量,随

33

其相对分子质量增大而增加,但相对分子质量过大时会影响扩散速度,降低吸附量,如相对分子质量超过 1000 的有机物分子,应先将其分解成小相对分子质量后再用活性炭进行吸附。⑤吸附质的溶解度。在一般情况下,吸附质的溶解度越低,越容易被吸附。

**3. 操作条件**

吸附剂从溶液中吸附溶质是放热过程,温度升高,吸附量下降。由于温度能显著影响溶质的溶解度,一般情况下,溶解度随温度的升高而增大,吸附量下降,但是有些物质的溶解度随温度升高反而下降,这类物质的吸附量就会随温度升高而增大。溶液的 pH 值及吸附质以分子 – 离子或络合物存在的形式,也影响到吸附剂表面电荷极性和化学特性,从而影响吸附过程。在吸附操作过程中。应保证吸附剂与吸附质有足够的接触时间(一般为 0.5 ~ 1.0h)。

## 1.6.5　吸附平衡和动力学理论

为了研究吸附剂总的吸附率,了解系统的吸附平衡是必要的。在理论上,吸附过程是吸附质在固体(少数为液体)表面的富集(或称浓缩)。在物理吸附中,吸附质分子通过弱的范德华力和分子间作用力吸附。对于单组分气体在固体表面的物理吸附,其描述模型有 Langmiur 模型(单层吸附)、半流动吸附模型(多层吸附)及统计机理模型。对于从液相溶液中吸附,其吸附相平衡是非常不同的,吸附的理论公式非常复杂,这主要是由于液相混合物有不同的物化性质,且液相不同成分之间有相互作用,以及吸附剂的复杂结构造成的。尽管非常困难,但仍有许多经验和半经验的等温方程被很好地用来描述液相吸附实验的结果。

**1. 吸附平衡理论**

活性炭吸附等温线方程常用的是 Herry 方程、Langmuir 方程及 Freundlich 方程。

(1) Herry 公式。等温方程中最简单的类型是用 Herry 法则来描述。这种吸附类型在很低的溶液浓度下,分子之间无相互作用,且彼此无竞争吸附。在这种情况下,液相与被吸附相的平衡关系为线性关系。Herry 公式为

$$q = k_n c$$

式中:$q$ 为平衡吸附量;$c$ 为平衡浓度;$k_n$ 为 Herry 常数。

$q$ 和 $c$ 可以通过每单位重量中分子量或摩尔重量,或者在每单位体积的被吸附相或液相中分子量或摩尔重量来求得。该模型仅适用于吸附量占形成单分子层吸附量的 10% 以下,即最多只有不超过 10% 的吸附剂表面被吸附质分子覆盖的情况。许多其他吸附等温方程在低浓度下都能转变为 Herry 方程。

(2) Langmuir 等温式。Langmuir 于 1918 年第一次提出了吸附剂表面单层覆盖的吸附等温模型。这个模型包括几个非常重要的假设:①所有的分子被吸附在吸附剂表面有限的位置上;②每个位置仅有一个分子占据;③所有位置的吸附能相

等;④相邻分子无相互作用。Langmuir 等温式是基于统计热力学及麦克斯威 – 玻耳兹曼分布法则而发展起来的,最常用的公式为

$$q = \frac{q_m k_b c}{1 + k_b c}$$

式中:$q$ 为平衡吸附量;$c$ 为平衡浓度;$q_m$ 为吸附质单层覆盖整个表面所需的浓度(饱和吸附量);$k_b$ 为和吸附热有关的常数。

在非常低的浓度下,$k_b c$ 非常小,方程可变为

$$q = q_m k_b c$$

这是 Herry 公式的形式。而当 $c$ 单分子层吸附为无穷大时,$q$ 渐近于 $q_m$。

(3)Freundlich 等温式。Freundlich 等温方程式是最著名的吸附平衡数学表达式,其一般形式为

$$q = K_f \cdot c^{\frac{1}{n}}$$

式中:$K_f$、$n$ 为与溶液的温度、pH 值以及吸附剂和吸附质的性质有关的常数。

其求法如下:通过间歇式吸附实验测得 $q$、$c$ 相应的值,将 Freundlich 经验式取对数后得到:

$$\lg q = \lg K_f + \frac{1}{n} \lg c$$

当 $q$、$c$ 相应值点绘在双对数坐标纸上,所得直线的斜率为 $1/n$,截距为 $K_+$,斜率若为 0.1 ~ 0.5,则表示吸附容易进行,超过 2 时吸附难以进行。Freundlich 等温式是一个经验公式,它的缺点是在低浓度时不成线性(即不符合 Herry 法则)。液相吸附的测量数据大多可以用 Langmuir 式或 Freundlich 式表示。

(4)BET 方程——多分子层吸附理论。1938 年 Brunauer、Emmett 及 Teller 发展了吸附等温模型,将单层吸附的概念扩展到了多层吸附的范围。其中最重要的一个假设是:每个第一吸附层的分子为第二层的分子提供了一个位置,并以此类推。最常用的 BET 方程为

$$q = \frac{q_m B c}{(c_s - c) \left[ 1 + (B - 1) \dfrac{c}{c_s} \right]}$$

式中:$c_s$ 为在相对温度下溶液中溶质的溶解度;$B$ 为常数。

将 BET 式改写为

$$\frac{c}{q(c_s - c)} = \frac{1}{B q_m} + \left( \frac{B - 1}{B q_m} \right) \frac{c}{c_s}$$

以 $c/q(c_s - c)$ 为纵坐标、$c/c_s$ 为横坐标作图,得到具有正截距的直线。BET 公式是 Langmuir 吸附等温方程的广义形式,是测定微孔固体比表面积最主要的方法。

## 2. 吸附热力学理论

当吸附剂和气体或液体混合物相接触时,因吸附剂固体表面的非均一性,伴随吸附过程所产生的热效应是表征吸附现象的特征参数之一。吸附热可以较准确地表示吸附现象的物理或化学本质以及吸附剂的活性、吸附能力的强弱,对了解表面过程、表面结构、评价吸附质和吸附剂之间作用力的大小,选择适当的吸附剂和能量衡算都有帮助。吸附热分为积分吸附热和微分吸附热。积分吸附热($Q_i$)是指"干净"或经"排气"的吸附剂,吸附一定的气(液)吸附质时,在较长时间内吸附单位重量吸附质引起热量变化的平均值。微分吸附热($Q_d$)是对一定量的气(液)体吸附质而言,每单位重量的吸附剂吸附 1mol 吸附质后,再吸附极少量吸附质而引起的热量变化,是吸附过程瞬间热量变化,为微分值。

积分吸附热($Q_i$)和微分吸附热($Q_d$)的关系为

$$Q_d = \left(\frac{dQ_i}{dW}\right)_T$$

等量微分吸附热($Q_{iso}$)和微分吸附热($Q_d$)的关系为

$$Q_d = Q_{iso} - RT$$

将 Clausius – Clapeyron 方程推广至液相吸附,有

$$Q_{iso} = -R\left.\frac{d\ln c}{d(1/T)}\right|_q$$

根据拟合方程算出同一吸附量在不同温度下对应的平衡浓度,根据 Clausius-Clapeyron 方程,以 $\ln c - 1/T$ 作图得到不同吸附量时的吸附等量线,求出吸附量所对应的斜率,计算出不同吸附量时的等量吸附焓。吸附焓 $\Delta H$ 计算公式如下

$$\ln c = \frac{\Delta H}{RT} + K$$

式中:$c$ 为吸附平衡时的平衡浓度(mg/L);$T$ 为热力学温度(K);$R$ 为理想气体常数;$\Delta H$ 为等量吸附焓(kJ/mol);$K$ 为常数。

吸附自由能 $\Delta G$ 的计算公式为

$$\Delta G = -nRT$$

式中:$\Delta G$ 为吸附自由能(kJ/mol);$n$ 为 Freundlich 方程中的常数;$T$ 为热力学温度(K)。

吸附熵 $\Delta S$ 的计算可以运用 Gibbs – Helmholtz 方程计算

$$\Delta S = (\Delta H - \Delta G)/T$$

## 3. 吸附动力学理论

吸附质在活性炭颗粒内的扩散由于其孔径分布的多样性及颗粒表面的不均匀性等因素的影响,分子在颗粒内的扩散要比分子筛等吸附剂复杂得多。但由于吸附质在吸附剂内外的浓度梯度是导致吸附质分子在吸附剂颗粒的表面扩散的主要

推动力,因此在单组分或不考虑吸附质的性质差异及竞争吸附的多组分条件下,描述该过程的吸附传质速率方程主要有以下几种形式。

（1）线性推动力模型。线性推动力模型又称为拟一级反应动力学模型,其形式为

$$\frac{\partial q}{\partial t} = k_f(q^* - q)$$

式中:$k_f = \dfrac{15D_e}{R_p^2}$,$k_f$ 为吸附速率常数;$D_e$ 为有效扩散系数;$R_p$ 为颗粒平均半径;$q^*$ 为与气相或液相吸附质浓度相平衡的吸附量。

如果在吸附过程中吸附质相主体浓度维持恒定,如吸附剂颗粒与无限大体积的流体相接触或与浓度恒定的流动相流体相接触,则 $q^*$ 为常数,对上式进行积分,并取初始条件为 $t = 0$,$q = 0$,可得

$$\ln\left(\frac{q^* - q}{q^*}\right) = -k_f t$$

以时间 $t$ 对 $\ln\left(\dfrac{q^* - q}{q^*}\right)$ 作图得过原点的直线,由斜率即可求出传质系数 $k_f$。

（2）拟二级反应动力学模型。拟二级反应动力学模型表达式如下:

$$\frac{\partial q}{\partial t} = k_{f\mathrm{II}}(q^* - q)^2$$

式中:$k_{f\mathrm{II}}$ 为拟二级反应动吸附速率常数。

同样如果在吸附过程中流体相浓度维持恒定,$q^*$ 为常数,取初始条件为:$t = 0$,$q = 0$,对上式进行积分,可得

$$\frac{1}{1 - \dfrac{q}{q^*}} = 1 - k_{f\mathrm{II}} q^* t$$

以时间 $t$ 对 $\dfrac{1}{1 - \dfrac{q}{q^*}}$ 作图得直线,由斜率即可求出传质系数 $k_{f\mathrm{II}}$。

（3）Langmuir 模型。采用动力学方法推导 Langmuir 等温线方程时会有:
吸附速率:

$$r_a = k_a c(1 - \theta)$$

脱附速率:

$$r_b = k_d \theta$$

那么覆盖率随时间的变化为

$$-\frac{\mathrm{d}\theta}{\mathrm{d}t} = r_a - r_b = k_a c(1 - \theta) - k_d \theta$$

$$-\frac{\mathrm{d}\theta}{\mathrm{d}t} = k_a c(q_m - q) - k_d q$$

吸附过程中,维持液相吸附质浓度恒定,即 $c$ 为常数,取初始条件: $t = 0$, $q = q_0$,对上式进行积分,可得

$$\ln\left(\frac{1 - \dfrac{q_e}{q^*}}{1 - \dfrac{q}{q^*}}\right) = \frac{k_d}{q^{*2}\left(1 + \dfrac{k_a}{k_d}c\right)}t$$

上式即为 Langmuir 吸附动力学模型。由于吸附质分子的浓度在吸附过程中保持恒定,可令 $k_{fl} = \dfrac{k_d}{q^{*2}\left(1 + \dfrac{k_a}{k_d}c\right)}$,即为速率常数,上式可简化为

$$\ln\left(\frac{q^* - q}{q^* - q_0}\right) = -k_{fl}t$$

若 $q_0 = 0$,则上式与拟一级反应动力学模型有相同的形式,根据动力学实验数据,以 $\ln\left(\dfrac{q^* - q}{q^* - q_0}\right)$ 对 $t$ 作图,从直线斜率可求出 $k_{fl}$。

## 参 考 文 献

[1] 沈曾民,张文辉,张学军.活性炭材料的制备与应用[M].北京:化学工业出版社,2006.

[2] 蒋剑春,等.活性炭应用理论与技术[M].北京:化学工业出版社,2010.

[3] Ralph T,Yang.吸附剂原理与应用[M].马丽萍,宁平,田森林,译.北京:高等教育出版社,2009.

[4] Iijima S,Helical. microtububules of graphitic carbon[J]. Nature,1991,354:56 – 58.

[5] Zhu H W,Xu C L,Wu D H,et al. Direct Synthesis of Long Single – Walled Carbon Nanotube Strands[J]. Science,2002,296:884 – 886.

[6] 胡将军.改性活性炭纤维对甲醛吸附性能的试验研究[D].武汉大学,2003:11,12.

[7] 李申.吸附原理及常用吸附剂[J].压缩机技术,2002,171(1):25 – 29.

[8] 凯利 H,巴德 E.活性炭及其工业应用[M].魏同成,译.北京:中国环境科学出版社,1990.

[9] 冯孝庭.吸附分离技术[M].北京:化学工业出版社,2000.

[10] 傅献彩,沈文霞,姚天扬.物理化学[M].第4版.北京:高等教育出版社,1992.

[11] 宋磊.活性炭纤维吸附法精细脱除二氧化硫研究[D].四川大学,2003.

[12] 曹雅秀,刘振宇,郑经堂.活性炭纤维及其吸附特性[J].炭素,1999, 2:21 – 23.

[13] Balbuena PB,Lostoskie C,Keith E G,et al. Fundamental of Adsorption[M]. Tokyo:Kodansha Ltd. ,1993:27.

[14] Chiang Y C,et al. Effects of pore structure and temperature on VOC adsorption on activated carbon[J]. Carbon,2001(39):523 – 534.

[15] 姜军清,黄卫红,陆晓华. 活性炭纤维及其应用研究进展[J]. 工业水处理,2001,21(6):4-6.

[16] 郭照冰,唐登勇,郑正,等.活性炭纤维在水处理中的应用研究新发展[J].净水技术, 2003,22(5): 23-25.

[17] 初莱,李华民,任守政.膨胀石墨与活性炭对煤焦油吸附性的对比研究[J]. 中国矿业大学学报(自然科学版),2001,30(3):307-310.

[18] 沈曾民. 新型碳材料[M]. 北京:化学工业出版社,2003.

[19] 时虎. 石墨的开发及其应用[J]. 化工科技,2001(12):24-27.

[20] 陈跃军. 碳素吸附材料吸油特性的研究[D]. 西南交通大学,2002.

[21] 杨丽娜. 膨胀石墨对染料吸附脱色作用的研究[D]. 河北师范大学,2006.

[22] 吴翠玲,翁文桂,陈国华. 膨胀石墨的多层次结构[J]. 华侨大学学报(自然科学版),2003,24(2): 147-150.

[23] 阎万明. 膨胀石墨的性质及应用[J]. 内蒙古石油化工,1994(19):54-56.

[24] 赵正平. 可膨胀石墨及其制品的应用及发展趋势[J].中国非金属矿工业导刊,2003(1):7-9.

[25] 兆恒,周伟,曹乃珍,等. 膨胀石墨的孔隙结构及其在液相吸附/吸着时的变化[J]. 材料科学与工程, 2002,20(2):153-155,159.

[26] 周伟,董建,兆恒,等.膨胀石墨结构的研究[J]. 炭素技术,2000(4):26-30.

[27] 刘占荣. 石墨层间化合物的合成及其催化性能的研究[D]. 河北师范大学,2006.

[28] 任京成,沈万慈,杨赞中,等.膨胀石墨—种新型环境材料[J]. 中国非金属矿工业导刊,1999(3):25, 26,33.

[29] BEATA TRYBA, ANTONI W. MORAWSKI, et al . Exfoliated Graphite as a New Sorbent. for Removal of En-gine Oils from Wastewater[J]. Spill Science & Technology Bulletin, 2003,8(5-6):569-571.

[30] Savos'kin M V,Yaroshenko A P,et al . Sorption of Industrial Oil by Expanded Graphite[J]. Russian Journal of Applied Chemistry,2003,76(6):906-908.

[31] 沈万慈,曹乃珍,温诗铸,等. 膨胀石墨吸附重油后再生问题的研究[J]. 碳素,1996(1):1-3.

[32] 裴凯栋,黎维彬.水溶液中六价铬在碳纳米管上的吸附[J].物理化学学报,2006,22(12):1543-1546.

[33] 史鸿鑫,王农跃,项斌,等. 化学功能材料概论[M]. 北京:化学工业出版社,2006.

[34] 沈曾民,张文辉,张学军,等. 活性炭材料的制备与应用[M]. 北京:化学工业出版社,2006.

[35] 韩道丽,赵元黎,朱双美,等. 浓硝酸处理碳纳米管对4-硝基苯酚的吸附性能研究[J]. 光散射学报, 2006,18(4):319-322.

[36] Kunio E,Fusheng L,Yoshihiro A,et al. Pore distribution effect of activated carbon in adsorbing organic mi-cropollutants from natural water[J]. Wat Res, 2001 , 35(1):167.

[37] Traci P, Cail M B, Marit J, et al. Investigating the effect of carbon shape on virus adsorption[J]. Environ Sci Technol,2000 , 34(13):2779.

[38] 杨全红. 纳米碳管的表面、孔隙及其与储氢性能关系[R]. 沈阳:中国科学院金属研究所,2001.

[39] 赵远,等. 石墨烯及其复合材料的制备及性能研究进展[J].重庆理工大学学报,2011.

[40] Wang Y,Huang Y,Song Y,et al. Room temperature fer-romagnetism of graphene[J]. Nano Lett,2009,9: 220-224.

[41] 韩啸. 氧化石墨烯及其复合材料的制备和性能研究[D]. 哈尔滨工业大学,2011.

[42] 方明. 石墨烯基纳米复合材料的制备及性能[D]. 复旦大学,2011.

# 第2章　轻质碳基复合材料的制备及性能测试分析

虽然轻质碳材料具有比表面积大、密度小、稳定性好、耐热、耐腐蚀、耐热冲击、导电性好和高温强度高等一系列特点,但为了进一步扩大其应用范围,有时还需要将其与其他材料一起制备不同的功能复合材料。

复合材料就是由两种或两种以上物理和化学性质不同的物质组合而成的一种多相固体材料。在复合材料中,通常有一相为连续相,称为基体,另一相为分散相,称为增强材料。分散相是以独立的相态分布在整个连续相中,两相之间存在着相界面。

复合材料中各个组分虽然保持其相对独立性,但复合材料的性质却不是各个组合性能的简单加和,而是在保持各个组分材料的某些特性基础上,具有组分间协同作用所产生的综合性能,由于复合材料各组分间"取长补短",充分弥补了单一材料的缺点,产生了单一材料所不具备的新性能,开创了材料设计的新局面。

轻质碳基复合材料是指以轻质碳材料为基材,采用物理方法或化学方法与磁性金属或其合金、导电性良好的过渡金属元素、稀土金属元素等复合获得的系列材料,其不仅具有优良的碳质材料的本征特性,而且还具有较高的电磁波吸收和光吸收等功能特性。

## 2.1　轻质碳基复合材料的制备方法

### 2.1.1　直接填充法

直接填充纳米粉体在基体材料中混合而成纳米复合材料的方法称为直接填充法。其中混合的形式可以是溶液、乳液,也可以是熔融等共混。这种方法的优点是简单可行,可供选择的纳米材料种类多,基体与分散相材料的几何参数和体积分数等便于控制。但这种方法存在一定的缺陷,即所得复合体系的纳米单元空间分布参数一般难以确定,且纳米微粒易于团聚,纳米相在基体中产生相分离,影响复合材料的物理性能,当然,通过对纳米颗粒表面改性,可以改善纳米颗粒的分散性以克服这个缺点,而且还可以提高其表面活性,使表面产生新特性。

表面改性的方法可分为物理吸附方法和化学吸附方法。物理吸附法是采用低分子化合物主要是各种偶联剂改性,如在无机纳米晶相增长时,采用聚磷酸盐或硫醇作为改性剂,通过终止微晶表面而使晶核停止生长,同时可避免微粒团聚。化学吸附方法是通过表面改性剂与微粒表面进行化学反应的方式来完成,一般是先用表面活性剂与纳米微粒预混合,使两者在纳米微粒界面处发生化学变化,在纳米微粒表面形成一层纳米微粒不能团聚增大的单分子或多分子隔离膜,这是纳米微粒表面改性的主要方法。

也可以通过纳米微粒表面的修饰改善其在基体材料中的分散性。修饰的物质可以是无机物、有机物;或是小分子化合物、高分子化合物;或是极性化合物、非极性化合物;或是离子型化合物、中性化合物;等等。不论是何种化合物,其分子结构必须具有易对纳米微粒的表面产生作用的特征基团,这种特征基团可以通过表面活性剂的分子结构设计而获得。例如,强极性基团对强极性的纳米粉体(纳米铁氧化合物等)修饰,弱极性对弱极性粉体(炭黑、石墨粉等)的修饰。高分子量、特定结构的表面改性剂包覆能力强,容易在纳米微粒表面形成一定的空间屏障,防止纳米粉体的聚集、絮凝;梳状、嵌状的高分子改性剂具有更强的修饰效果。

在复合材料制备过程中,纳米微粒的分散是一个复杂的难度较大的工艺操作过程。纳米粒子因特殊的表面结构很容易团聚,形成团聚体。要使微米粒子分散,就必须增加纳米粒子间的排斥作用能:①强化粒子表面对分散介质的浸润性,改变其界面结构,提高溶剂化的强度和厚度,增加溶剂化排斥作用;②增大纳米粒子双电导的电位绝对值,增强纳米粒子间的静电排斥作用;③通过高分子分散剂在纳米粒子表面的吸附,产生并强化立体保护作用。

具体来说,可以采用以下措施来分散纳米粒子:①利用研磨、胶体磨、球磨、高速搅拌等机械力。②利用超声波。超声空化时产生的局部高温、高压或强冲击波和微射流都可以较大幅度地弱化纳米粒子间的纳米作用能,有效地防止纳米粒子团聚而使之充分分散。③高能处理法。通过高能粒子作用,在纳米粒子表面产生活性点,增加表面活性,使之容易与其他物质发生化学反应或附着,对纳米粒子表面改性而达到分散的目的。④化学方法分散。利用纳米粒子的表面基团,与可反应有机化合物产生键接,纳米粒子因表面连有有机化合物支链或基团,有机介质中具有可溶性,从而增强纳米粒子在有机物质中的分散。

## 2.1.2 溶胶—凝胶法

溶胶—凝胶法是湿化学制备材料中新兴起的一种方法。20世纪80年代以来,溶胶—凝胶技术在玻璃、氧化物涂层、功能陶瓷粉料,尤其是传统方法难以制备的复合氧化物材料、高临界温度氧化物超导材料的合成中均得到成功的应用。现在,溶胶—凝胶法已在无机材料的制备中得到广泛的应用。

依据分散介质,溶胶—凝胶法可以分为水介质和醇介质制备体系。金属醇盐在水或醇介质中,以溶液、溶胶、凝胶过程的递变形成复合材料。

**1. 水—金属盐形成的溶胶—凝胶体系**

在这类体系的变化中,第一步是形成的溶液很快溶胶化,伴随着金属离子的水解:

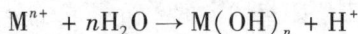

$$M^{n+} + nH_2O \rightarrow M(OH)_n + H^+$$

溶胶制备有浓缩法和分散法两种。浓缩法是在高温下,控制胶粒慢速成核和晶体生长;分散法是使金属离子在室温下过量水中迅速水解。

第二步是凝胶化,它包括溶胶的脱水凝胶化和碱性凝胶化两类过程,脱水凝胶过程中,扩散层中的电解质浓度增加,凝胶化能垒逐渐减少。碱性凝胶化过程比较复杂,可用下式反应式概括其化学变化:

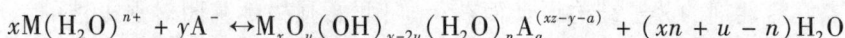

$$xM(H_2O)^{n+} + yA^- \leftrightarrow M_xO_u(OH)_{y-2u}(H_2O)_n A_a^{(xz-y-a)} + (xn + u - n)H_2O$$

式中:$A^-$ 为凝胶过程中所加入的酸根离子(当 $x = 1$ 时,形成聚合物;当 $x > 1$ 时,形成缩合聚合物);$M^{z+}$ 可通过 $O^{2-}$、$OH^-$、$H^+$ 或 $A^-$ 与配体桥联、碱性凝胶化的影响因素,主要是 pH 值(受 $x$ 和 $y$ 影响),其次还有温度、$M(H_2O)^{n+}$ 浓度及 $A^-$ 的性质。

**2. 醇—金属盐形成的体系**

金属醇盐的化学通式为 $M(OR)_n$。$M^{n+}$ 是金属离子,如铝、钛、锆等金属离子,也包括硅等。$M(OR)_n$ 可与醇类、羧基化合物、水等亲核试剂反应。$M(OR)_n$ 的溶胶–凝胶法通常是往金属醇盐–醇体系中加入微量水,促使醇盐体系发生水解,进而产生脱水缩合反应。反应式如下:

第一步 醇盐水解反应。钛醇盐在水中水解:

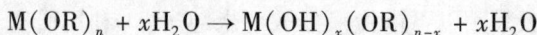

$$M(OR)_n + xH_2O \rightarrow M(OH)_x(OR)_{n-x} + xH_2O$$

第二步 醇盐水解物脱水缩合,并析出醇:

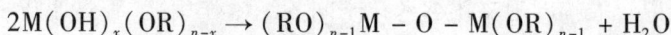

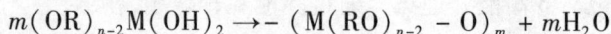

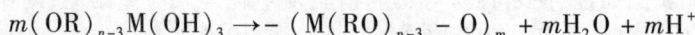

$$2M(OH)_x(OR)_{n-x} \rightarrow (RO)_{n-1}M - O - M(OR)_{n-1} + H_2O$$

$$m(OR)_{n-2}M(OH)_2 \rightarrow -(M(RO)_{n-2} - O)_m + mH_2O$$

$$m(OR)_{n-3}M(OH)_3 \rightarrow -(M(RO)_{n-3} - O)_m + mH_2O + mH^+$$

此外,羟基与烷氧基之间也可以缩合:

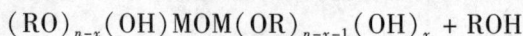

$$(OR)_{n-x}(OH)_{x-1}MOH + ROM(OR)_{(n-x-1)}(OH)_x \rightarrow$$

$$(RO)_{n-x}(OH)MOM(OR)_{n-x-1}(OH)_x + ROH$$

醇盐的水解缩合反应十分复杂,水解和缩合几乎是同时进行的,没有明显的溶胶形成过程。在缩合过程中,可以形成线型缩聚物,也可以形成体型缩聚物。影响醇盐水解的因素很多,也很复杂。在实际工作中,通过选择适当催化剂、螯合剂、温度等参数来控制水解和缩合。例如,硅酸盐的水解反应,以酸或碱为催化剂,一般是使用过量的水,才能进行比较彻底的水解。如果在低温下,严格控制好水解,则有可能得到均匀透明、氧含量严格按化学计量的凝胶。对一些水解速度较快的金属醇盐,由于水解反应速度快于缩合反应速度,容易产生沉淀而不出现凝胶。在这种情况下,可通过加入金属离子螯合等一些有效手段,遏制水解反应速度,如锆醇盐的水解与缩合反应,以乙酰丙酮或乙酰乙酸乙酯等二羰基化合物为螯合剂,使锆离子与螯合剂反应,形成金属烷基螯合物,将锆离子的水解与缩合反应逐渐同步化,最后形成凝胶。

### 3. 影响纳米微粒前驱体水解、缩聚的影响因素

(1)催化剂。溶胶—凝胶过程所产生的无机物网络结构和形态强烈地依赖于催化剂的性质,尤其是反应体系的 pH 值。对普通的硅氧烷,其水解 pH 值较其缩聚时的 pH 值要高一些,酸性催化剂对反应初期,很容易形成线型或像长链聚合物的水解产物,从而在反应体系中形成高密度、低维数结构。pH 值较大时,缩聚反应速度较快,易导致产生团簇进而形成胶团粒子化结构,甚至造成粒子的聚沉,在聚合物中的网络结构中造成相分离,得到的不再是纳米级复合材料。从溶胶—凝胶过程的两个步骤的反应机理来看,酸性催化剂的浓度大小,决定了反应初期的反应时间,酸性催化剂浓度大,硅氧烷的水解速度快,反应时间缩短,与末端活性大的聚合物的自缩聚相适应,不会造成这种聚合物的相分离,末端活性小的聚合物却不能适应。硅氧烷快速的水解和自身的缩聚,易造成无机相二氧化硅的相分离,不利于纳米复合材料的形成。酸性催化剂浓度小,对末端活性小的聚合物有利,无机组分的前驱体缓慢水解,能够与聚合物共缩聚均匀形成复合材料。因此,酸性催化剂应依据具体的反应体系作适当的调整,依据反应机理,控制好反应步骤。

(2)金属离子的相对活性。溶胶—凝胶体系中,多组分金属烷氧化合物参与的反应,最终产物的结构和形态不仅依赖于体系的 pH 值,而且与金属烷氧化合物的各自的化学活性有关。如果活性相差较大,易造成金属化合物族相分离。所以合理选择金属烷氧化合物、控制其化学活性的一致性,才能够达到预先设计的无机材料结构的目的。

金属离子的水解能力不仅与其亲和性有关,更重要的是与其饱和度$(N-Z)$有关,这里的 $N$ 为金属离子形成配位物时的配位数,$Z$ 是金属稳定氧化物的氧化数。

可采取一些措施来平衡不同金属离子的化学活性,防止相分离的产生,其中的一种方法是使用化学添加剂,如乙二醇、有机酸等,这些螯合剂与金属烷氧化合物形成络合物时,金属烷氧化合物不易水解,从而降低金属烷氧化合物缩聚的速度。另外一种方法是控制体系水的含量,达到控制水解和缩聚的速度。

(3)溶胶—凝胶的介质。利用溶胶—凝胶的介质达到全面溶解溶质、形成稳定溶液的目的。常用的介质是水、醇、酰胺类、酮、卤代烃等。它们有的既是溶剂,又是参与反应的组分。溶剂对溶胶—凝胶过程中无机组分的近程有序也会产生影响。

(4)硅烷偶联剂。硅烷偶联剂在溶胶—凝胶体系中有着非常广泛的应用,它可以影响无机相粒子的数量、粒径及其分布、界面状态等,最终影响纳米复合粒子的力学等性能。

### 2.1.3　化学镀

化学镀(electroless plating)是一种不加外电源,利用合适的还原剂使溶液中的金属离子有选择地在经催化剂活化的表面上还原析出形成金属镀层的一种化学处理方法,其实质是氧化还原反应,有电子转移、无外电源的化学沉积过程。

化学镀技术自 1944 年 A. Brenner 和 G. Riddell 成功进行了第一次化学镀试验以来,经过 60 多年的发展,目前已广泛应用于电子、航空、汽车、机械制造、石油、化工等领域。欧美国家已开始进入大规模、自动化生产阶段,我国对化学镀的研究起步较晚,开始于 20 世纪 70 年代末。

化学镀如果用电化学进行说明,有金属离子 $M^{n+}$ 被还原的阴极反应和还原剂被氧化的阳极反应:

阴极反应:$M^{n+} + ne \rightarrow M$

阳极反应:$R \rightarrow O + ne$

式中:R 为还原剂;O 为氧化剂。

化学镀与电镀相比,虽然具有一定的不足,如所使用的溶液稳定性较差且溶液的维护、调整和再生都较复杂,成本较高,但具有更多的优势:

(1) 无需外加直流电源,设备简单。

(2) 在同等厚度下,化学镀镀层比电镀层致密,孔隙率低得多。

(3) 无镀液分散能力问题,可在形状复杂的表面上沉积出均匀的镀层。

(4) 适用的基体材料范围广,可在金属、半导体、以及非金属材料,如塑料、陶瓷、玻璃、木材、树叶、纤维及复合材料上沉积。

(5) 容易制取非晶态合金和某些特殊功能薄膜,如磁学、光学、电学功能陶瓷。

从化学镀定义可知,化学镀的前提条件是基体表面必须具有催化活性,这样才能引发化学沉积反应,根据对化学镀过程有无催化活性,基体材料可以分为以下几类。

(1) 本征催化活性的材料,如铁、钴、镍等,可以直接进行化学镀。

(2) 无催化活性的活泼金属,如铝、镁等,它们的电极电位较低,其新鲜表面上的金属原子可以置换沉积镀液中的金属离子。

(3) 无催化活性的惰性金属,如铜、黄铜、不锈钢等,一般用活泼金属在镀液中与之接触,形成原电池,活泼金属为负极易失去电子,镀液中的金属离子在基体表面得到电子被还原,形成初始沉积层,进而诱发化学沉积。

(4) 无机非金属材料,如陶瓷、玻璃等,一般不能自动催化化学沉积反应,必须经过粗化 – 敏化 – 活化的预处理使其表面粗糙不平具有抛锚作用,并在其表面预沉积一层本征催化活性的初始沉积层,使其表面具有催化活性之后才能引发化学沉积得到结合力较好的镀层。

随着新材料的不断出现,许多非金属表面也要进行金属化处理。例如,汽车、

44

家电行业中广泛使用的塑料镀件,许多采用碳纤维和尼龙纤维制备复合材料的场合也需要对纤维先进行表面化学镀改性处理,在提高粉末储氢材料性能时要对超细的陶瓷粉进行化学镀改性,因此,要获得与非金属结合力良好的化学镀层最重要的就是对基体材料表面进行预处理,其中最关键的是预处理中的敏化－活化处理。本研究选用的膨胀石墨属于无机非金属材料,其表面不具备催化活性,必须通过表面预处理在其表面预沉积一层催化活性金属层以诱发化学沉积反应。

化学镀是一个多相催化的反应过程,其中包含了很多复杂的步骤,如金属离子和还原剂在溶液中向镀覆基体表面扩散、还原剂在镀覆基体表面的吸附和催化脱氢、金属离子的还原析出等。此外,一些副反应还经常伴随发生,析出氢气等。

化学镀过程最大的特点是在同一电极电位下在具有催化活性的基体表面同时进行氧化剂的还原和还原剂的氧化反应,由于化学镀过程是根据不同还原剂发生的自催化过程,所以反应机理也不尽相同。因此为了使一种统一的反应历程适应多种还原剂的情况,Van den Meerakker 在 1981 年进行氢的同位素跟踪试验后提出了一种通用解释。在这种解释下,无论还原剂是次磷酸盐、甲醛,还是硼氢化物,其反应过程都可以表示如下:

$$RH \rightarrow R_{ad} + H_{ad}$$

表示还原剂于镀覆基体表面的催化脱氢过程,其中 R 为还原剂。

$$R_{ad} + OH^- \rightarrow ROH + e$$

表示还原剂在脱氢后释放电子被进一步氧化的过程。

$$H_{ad} + H_{ad} \rightarrow H_2$$

表示镀覆基体表面吸附的氢原子重新结合生成氢气的过程。

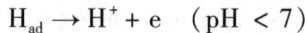

$$H_{ad} \rightarrow H^+ + e \quad (pH < 7)$$
$$H_{ad} + OH^- \rightarrow H_2O + e \quad (pH > 7)$$

表示酸/碱性条件下吸附的氢原子释放电子被进一步氧化的过程。

$$M^{n+} + ne \rightarrow M$$

表示金属离子获得电子后在基体表面还原析出的过程,式中 $M^{n+}$ 为金属离子。

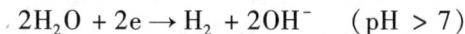

$$2H^+ + 2e \rightarrow H_2 \quad (pH < 7)$$
$$2H_2O + 2e \rightarrow H_2 + 2OH^- \quad (pH > 7)$$

表示酸/碱性条件下氢气的析出过程。

因此由上述反应过程可以看出,还原剂首先脱氢的反应可随沉积用的溶液体系、pH 值等的不同而发生三种可能的反应,形成的分别是 $H_2$、$H_2O$ 和 $H^+$:

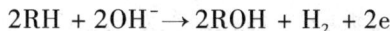

$$2RH + 2OH^- \rightarrow 2ROH + H_2 + 2e$$
$$RH + 2OH^- \rightarrow ROH + H_2O + 2e$$
$$RH + OH^- \rightarrow ROH + H^+ + 2e$$

由上述三式可以看出,无论吸附的 $H_{ad}$ 以何种形式存在,其所达到的还原效果是相同的,但还原剂的利用率却不一样。因为同样释放出 1mol 电子来还原金属,其所需的还原剂摩尔数却不一样。Van den Meerakker 机理能解释所有还原剂的氧化过程,因此视为化学镀的统一机理。

**1. 常用的化学镀活化方法**

目前应用较广的化学镀活化法可分为两种:一种是分步活化法;另一种是胶体钯活化法。

(1)敏化—活化法。该方法分为两步,又称两步法:先用氯化亚锡的酸性溶液敏化基体表面,使表面吸附一层亚锡离子,在随后的水洗过程中,亚锡离子水解为 $Sn_2(OH)_3Cl$;然后在 2% ~4% 的 $PdCl_2$、$AuNO_3$ 或 $AgNO_3$ 的水溶液进行活化处理,活化的实质是在基体表面植入对次磷酸氧化和金属离子还原具有催化活性的金属粒子。目前最广泛使用的是氯化钯法,其反应方程式为

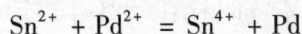

$$Sn^{2+} + Pd^{2+} = Sn^{4+} + Pd$$

敏化—活化法的敏化—活化液配制较容易,效果好,特别适用于陶瓷材料,但是成本高,工艺复杂,工序间需用蒸馏水反复清洗,敏化液稳定性差,一般在实验室或小批量生产中多用此法。

(2)胶体钯活化。1961 年 Shipley 发明的敏化—活化一步法称为第二代活化法,习惯又称胶体钯活化法。目前国内应用的胶体钯溶液一般是按下述方法配制的:

A 液:$PdCl_2$ 1g/L、HCl 200mL/L、$SnCl_2 \cdot 2H_2O$ 2.5g/L、$H_2O$ 100 mL/L

B 液:HCl(37%) 100 mL/L、$SnCl_2 \cdot 2H_2O$ 70g/L、$Na_2SnO_3 \cdot 7H_2O$ 7g/L

配制 A 液时氯化亚锡需要最后加入,从加入氯化亚锡时开始计时,将 A 液搅拌反应 12min 后,将 B 液慢慢加入至 A 液中,把配制好的胶体钯溶液置于 45℃ ± 5℃ 的水溶液中保温 2h,再加去离子水稀释至 1L,即可得到性能优良的胶体钯活化液。保温不仅可以提高钯微粒的催化活性,还可以延长活化液的寿命。胶体钯活化液的活性和稳定性取决于 A 液中 $Sn^{2+}$ 与 $Pd^{2+}$ 的浓度比值,$Sn^{2+}$ 与 $Pd^{2+}$ 的浓度比为 2:1 时,所得的活化液活化性能最好。

使用胶体钯活化非金属时,溶液温度为 18 ~30℃,活化时间一般为 3 ~10min,活化后将样品经水洗后浸入盐酸的水溶液中解胶,解胶的作用是将钯颗粒周围的二价锡离子脱去,露出具有催化活性的金属钯颗粒。

**2. 化学镀活化方法的研究进展**

为了经过表面预处理后在非金属材料表面获得具有较好催化活性金属层,降低化学镀成本,获得高质量镀层,在活化处理方法上作了较多的改进和创新。

(1)贵金属活化法的改进。Severin 等在敏化 - 活化两步法的基础上加以改进,试验了三步活化法,其工艺为:$SnCl_2$ 酸性溶液敏化 - 水洗 - $AgNO_3$ 溶液活

化 – $PdCl_2$ 溶液活化,并且认为 Ag 可以促进钯在基体表面的均匀成核,因此,三步活化法的活化效果更好,可以获得更均匀催化活性层,提高镀层质量。但是该方法的工艺过程更加繁琐,因而不适宜工业化应用。

袁高清等改进了塑料表面的活化工艺:先把氯化钯溶解于乙二醇丁醚中,依次加入适量乙酸、水,在不断搅拌下继续加入烷基酚聚氧乙烯醚和醋酸丁酯,待完全溶解后继续搅拌 20 ~ 30min 即可。ABS 塑料上述活化工艺为:ABS 塑料 – 除油 – 水洗 – 常温下活化 30min – 水洗。其中乙二醇丁醚是作为氯化钯的载体,利用其对塑料表面的润湿、渗透作用,使 $PdCl_2$ 牢牢吸附在基体表面而不至于带入镀液。烷基酚聚氧乙烯醚和醋酸丁酯可以粗化基体表面,使镀层结合更牢固。

吴国卉等在 $PdCl_2$ 的盐酸溶液中加入有机物制成清漆,并使用醋酸纤维素调节黏度制得活化剂,对陶瓷表面的局部涂抹后在 773K 下高温活化,可以使陶瓷表面具有较好的催化活性。

(2)非贵金属活化法。以上所述的非金属化学镀的活化工艺均采用的是贵金属,国家每年都要因此消耗大量的银和钯。为了节约贵金属,研究以非贵金属代替贵金属的活化工艺,降低生产成本,已经成为一个很有意义的课题。

湘潭大学高德淑等控制不同反应条件,配制钴、镍、铜等金属的氢氧化物胶体溶液活化 ABS 基体,它们都具有不同程度的催化活性,其中铜 – 镍组成的混合胶体溶液的活化效果最好。当该胶体溶液中 $Cu^{2+}/Ni^{2+} = 1 ~ 2$,$pH = 6.0 ~ 8.0$,在室温下活化 ABS 塑料,用 $NaBH_4$ 还原后化学镀铜效果较好,但是镀层结合力差,包覆不均匀完整,活性低于钯盐制成的活化剂。

使用 n 型半导体氧化物(如 $SnO_2$、$Ni_2O_3$、$MgO$ 和 $ZnO$ 等)代替贵金属银、钯作制备活化剂,通过 PVD、CVD、涂抹等方法使活化剂吸附在材料表面,该活化剂半导体氧化物的催化活性对于化学镀铜效果较好,对于化学镀镍则效果较差,并且工艺复杂,镀层结合力较差。

重庆大学的李兵等人用镍盐、适量氨水、稳定剂和蒸馏水配制成 pH 值为 8.0 左右的镍盐活化液活化陶瓷或玻璃基体。该活化液的有效成分为易吸附和分解的镍盐,氨水和稳定剂的作用是和 $Ni^{2+}$ 络合,使浓度较高的镍盐溶液能长期保持稳定,并且能促进活化液对基体表面的润湿和渗透。将基体在活化液中活化 20min,然后在 200 ~ 250℃下热处理 20min,镍盐在基体表面分解为金属镍和少量氧化镍,清洗之后,即可进行化学沉积。实验证明该活化方法活化效果好,镀层均匀完整。

### 3. 化学镀银

银是导电性最好的金属材料,室温下银块材的电阻率为 $1.60 \times 10^{-3}$ $\mu\Omega \cdot m$,银在常温下不氧化,但能溶于硝酸,易溶于热的浓硫酸,微溶于热的稀硫酸;在盐酸和“王水”中表面生成氯化银薄膜;与硫化物接触时,会生成黑色硫化银。银的标准电位 $\varphi_0 = +0.7991V$,所以银离子极易被还原剂还原,化学镀银的反应速度也很快。由于银具有导电性好、化学性能稳定、还原反应容易等优点,故通过化学镀银制得的粉末有望在电磁波屏蔽和吸波材料中作为作用剂而应用。

（1）化学镀银反应机理。$Ag^+$ 在化学镀过程中的还原机理目前仍有争议。一种解释是 $Ag^+$ 的沉积与化学镀 Ni、Fe、Co 不同，它是非自催化过程，Ag 的沉积发生在溶液本体中，由生成的胶体微粒 Ag 凝聚而成的。此说法的依据是在未经活化的表面上也能沉积出 Ag，而且有时能观察到诱导期。另一种解释则认为 Ag 的沉积过程仍然有自催化作用，只是其自催化能力不强。其依据是在活化过的镀件表面立即沉积上 Ag，镀浴只在 $10 \sim 30min$ 内稳定。银与多数络合体生成的络合物都不及银氰络合物稳定，但由于氰化物多带有毒性，所以一般不选用氰化物作为络合剂，而用稳定性仅次于其的氨络合物（$pK_d = 7.2$）来减缓本体反应。反应过程如下：

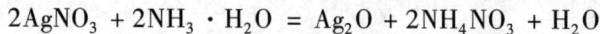

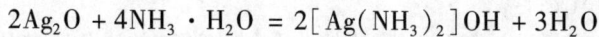

$$2AgNO_3 + 2NH_3 \cdot H_2O = Ag_2O + 2NH_4NO_3 + H_2O$$

$$2Ag_2O + 4NH_3 \cdot H_2O = 2[Ag(NH_3)_2]OH + 3H_2O$$

化学镀银浴不稳定的原因，正是由于银的标准电位很高，从而与还原剂的电位差较大，使 $Ag^+$ 容易从溶液本体中还原。更稳定的络合物体系有利于减缓本体反应。

（2）化学镀银液的基本组成。

① 主盐。一般均用 $AgNO_3$ 作主盐，其作用是供给 $Ag^+$。

② 络合剂。作用是与溶液中的银离子形成络合物，提高镀液的稳定性及镀层质量。常用的络合剂有氨水和氰化物，$Ag^+$ 在镀液中以 $Ag(NH_3)_2^+$ 或 $Ag(CN)_2^-$ 的形式存在，其不稳定常数 $pK_d$ 分别为 7.2 和 21，后者因过于稳定且有毒用得不多。

③ 还原剂。由于 $Ag^+$ 电位较高，许多还原剂都可以使用。常用的有甲醛、右旋葡萄糖、酒石酸钾钠、硫酸肼、乙二醛、硼氢化物、二甲基胺硼烷、内缩醛、三乙醇胺、丙三醇及米吐尔等十余种试剂。

④ pH 值调节剂。一般来说，稀硝酸用来调低镀液的 pH 值；而氢氧化钠用来调高镀液的 pH 值。

⑤ 稳定剂。化学镀银浴不稳定，寿命短，需加入稳定剂防止出现混浊而发生分解。常用的稳定剂有明胶、碘化物、$Cu^{2+}$、$Ni^{2+}$、$Fi - Ni^{2+}$、$Hg^{2+}$ 及 $Pb^{2+}$ 等的无机盐、含硫化合物有硫脲、硫代硫酸盐等。最近又研究了胱氨酸、半胱氨酸、二甲基二硫甲氨酸醋、十二烷基醋酸铵、二碘酪氨酸等。

⑥ 阻聚剂。当镀液中用甲醛作为还原剂时，由于甲醛在低温下易生成白色絮状多聚甲醛沉淀，所以为了避免多聚甲醛的产生，产品中都要加入阻聚剂。一般常用的阻聚剂为乙醇或甲醇。

（3）化学镀银工艺的影响因素。

pH 值、装载量、镀液浓度、还原剂的选择（甲醛、水合肼等）、还原剂滴加速度、反应时间都会对化学镀银的镀覆效果产生影响，pH 值高则银离子的析出率高，但

48

同时也可能产生银镜现象,温度升高的作用效果同 pH 值。

① 银离子浓度。溶液中银离子浓度过大,镀液稳定性下降,易析出单质银;镀液使用寿命缩短,镀层粗糙、灰暗。

② pH 值。沉积速度随 pH 值增加而增大,但 pH 值过高时,金属离子的氧化趋势加大,沉积速度也会下降。施镀过程中,pH 值波动很大,镀液常会因此而分解,故为维持正常沉积的进行,要随时检测、调整镀液的 pH 值。

③ 混合方式。由于化学镀银液化学性能很活泼,需要分别配置还原液和主盐液,再将该两种溶液混合,混合方式会对镀覆结果产生影响。通常是将还原液与基体材料相混合,滴加主盐液,如果滴加速度过快,则局部银离子的浓度高,容易使银单质在溶液中析出;如果滴加速度过慢,则会影响镀覆反应的效率。

### 4. 化学镀铁钴镍

金属镍、铁、钴易被磁化而产生磁性,具有软磁性的特点,对于在电磁波屏蔽及吸波方面,镍、铁、钴既能够利用磁涡流损耗而消耗电磁波能量,同时又能利用导电性金属的电损耗而屏蔽电磁场,防止电磁波的穿入。根据文献资料报道,镍、铁、钴是通常所采用的导磁性粉末的镀覆原料。

镍铁钴合金是一种很好的磁性材料。坡莫合金是最常见的镍铁钴合金,其含镍量的范围很广,为 35% ~ 90%,饱和磁感应强度一般为 0.6 ~ 1.0T。它最大的特点是具有很高的弱磁场磁导率和初始磁导率,这一特性使得其对电磁波吸收特别敏感。目前大量应用的坡莫合金是在镍铁钴的基础上添加一些其他元素,如铝、铜等。添加这些元素的目的是增加材料的电阻率,以控制做成铁芯后的涡流损失。同时,添加元素也可以提高材料的硬度,这尤其有利于作为磁头等有磨损的应用。但是对于电磁波吸收材料来说,合金硬度并不是一个主要参数,所以无需添加其他金属材料来增加合金的硬度。

(1) 化学镀镍铁钴反应机理。长期以来,化学镀镍的机理被深入研究,人们从不同角度解释沉积 $Ni - P$ 中出现的一些问题。人们还继续研究沉积动力学,催化及成核过程和 $H_2PO_2^-$ 的氧化问题,以补充完善化学镀镍机理。由于镀镍铁钴反应,是在镀镍液中添加 $Fe^{2+}$、$Co^{2+}$、还原剂、络合剂、缓冲剂、pH 调节剂等均同镀镍反应,故此处介绍一下化学镀镍的反应机理探讨。

一般认为化学镀镍可分为脱氢、氧化、磷析出等步骤:

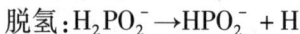

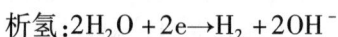

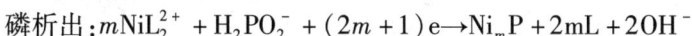

脱氢:$H_2PO_2^- \rightarrow HPO_2^- + H$

氧化:$HPO_2^- + OH^- \rightarrow H_2PO_3^- + e$

再结合:$H + H \rightarrow H_2$

氧化:$H + OH^- \rightarrow H_2O + e$

金属析出:$Ni^{2+} + 2e \rightarrow Ni$

析氢:$2H_2O + 2e \rightarrow H_2 + 2OH^-$

磷析出:$mNiL_2^{2+} + H_2PO_2^- + (2m+1)e \rightarrow Ni_mP + 2mL + 2OH^-$

金属镍的化学电位 $\varphi_0 = -0.25V$，金属铁的化学电位 $\varphi_0 = -0.44V$，金属钴的化学电位 $\varphi_0 = -0.28V$，以次亚磷酸钠作为还原剂，酒石酸钾钠、柠檬酸钠等作为络合剂控制离子的稳定性，调节温度、pH 值等参数，只要镀液中还原剂的还原电位高于镍铁钴金属的化学电位，化学镀的过程就能顺利进行，由于预处理粉末和镀银粉末表面皆吸附有一定金属，具有催化活性，故镍铁钴金属就能顺利沉积于基体粉末表面。

（2）化学镀镍铁钴工艺的影响因素。和化学镀银一样，在化学镀的过程中，pH 值、温度、装载量、镀液浓度、还原剂用量、络合剂用量、反应时间、镀液混合方式都会对化学镀镍铁钴的镀覆效果产生影响，pH 值高则镍铁钴粒子的析出率高，但同时也可能产生镍镜现象，温度升高的作用效果同 pH 值。络合剂对反应速度、镀液稳定性产生影响，还原剂会对最终镍铁钴的析出量产生影响。

### 2.1.4　沉淀法

沉淀法是在原料溶液中添加适当的沉淀剂，使得原料溶液中的阳离子形成各种形式的沉淀物（其颗粒大小和形状由反应条件控制），然后经过过滤、洗涤、干燥，有时还需要加热分解等工艺而得到纳米颗粒。沉淀法有直接沉淀法、共沉淀法、均匀沉淀法和水解法。

直接沉淀法就是使溶液中的某种金属离子发生化学反应而形成沉淀物，但由于这种方法有较大的局限性，目前使用的很少。

如果原料中有多种成分的金属离子，由于它们以均相存在于溶液中，所以经沉淀反应后，就可以得到各种成分均匀的沉淀，这就是均匀沉淀法。沉淀剂通常是氢氧化物或水合氧化物，但也可以是草酸盐、碳酸盐。它是制备含有两种以上金属元素的复合纳米粉粒的重要方法。为了沉淀的均匀性，通常是将含有多种阳离子的盐溶液加到过量的沉淀剂中并进行剧烈的搅拌，使所有沉淀离子的浓度大大超过沉淀的平衡浓度，尽量使各组分按比例同时沉淀出来，从而得到均匀的沉淀物。

一般的沉淀过程是不平衡的，但如果控制溶液中沉淀剂的浓度，使之慢慢地增加，则可以使溶液中的沉淀处于平衡状态。在沉淀法中，为避免直接添加沉淀剂所产生的局部浓度不均匀，可在溶液中加入缓释剂，使之通过溶液中的化学反应，缓慢生成沉淀剂，只要控制好沉淀剂的生成速度，就可以避免浓度的不均匀现象，使过饱和度被控制在适当范围内，从而控制粒子的生长速度，获得凝聚少、纯度高的纳米复合材料，这就是均匀沉淀法。缓释剂的代表是尿素，其水溶液在 70℃ 左右发生分解反应所产生的氨水起到沉淀剂的作用。

水解法中一个重要的方法是金属醇盐水解法，它是利用一些有机醇盐能溶解于有机溶剂并可能发生水解，生成氢氧化物或氧化物沉淀的特性，制备纳米复合粒子的方法。

## 2.1.5　微乳液法

微乳液是两种互不相溶的液体形成的热力学稳定的、各向同性的、外观透明或半透明的分散体系,微观上由表面活性剂使界面稳定的一种或两种液体组成。与乳状液相比,微乳液分散相的粒径更小(小于100nm)。微乳技术用于纳米粒子制备时通常包括纳米反应器和微乳聚合两种技术。纳米反应器通常是指 W/O 型微乳液,由于 W/O 型微乳液能提供一个微小的水核,水溶性的物质在水核中反应可以得到所需的纳米粒子,W/O 微乳液由油连续相、水池、表面活性剂与助表面活性剂组成的界面三相构成。微乳液的结构参数包括颗粒大小和表面活性剂平均聚集度等。当微乳体系确定后,纳米微粒的制备是通过混合两种含有不同反应的微乳液实现的。

用反相微乳液法制备的纳米微粒很多,主要是一些功能性强、附加值较高的产品,包括纳米磁性复合材料、半导体纳米材料等。

## 2.1.6　化学气相沉积法

化学气相沉积法(CVD)是以挥发性金属化合物或有机金属化合物等蒸气为原料,通过化学反应生成所需的物质,在保护气体环境下快速冷凝,从而制备各类物质的纳米颗粒。

化学气相沉积法是在远高于热力学计算临界反应温度条件下,反应产物蒸气形成很高的过饱和蒸气压,使其自动凝聚形成大量的晶核。这些晶核在加热区不断长大,聚集成颗粒。随着气流进入低温区,颗粒生长、聚集、晶体过程停止,最终在收集室收集得到纳米复合微粒。该方法可通过选择适当的浓度、流速、温度和组成配比等工艺条件,实现对粉体组成、形状、尺寸、晶相等控制。化学气相反应法是利用高温裂解原理,采用直流等离子、微波等离子或激光作热源,使前驱体发生分解,反应成核并长大成纳米复合微粒,该方法能获得粒径均匀、尺寸可控以及小于50nm 的纳米微粒。

化学气相沉积法的原料多采用容易制备、蒸气压高、反应性也比较好的金属氧化物、金属氢氧化物、金属醇盐、烃化物和羰基化合物及其混合物等。加热的方式除了通常的电阻炉外,还有化学火焰、等离子体、激光等,尤其是后两种加热方式应用更多。

# 2.2　复合材料的表征技术

复合材料的化学组成及其结构是决定其性能和应用的关键因素,特别是在纳米尺度上对复合材料的表征更显得非常重要。

复合材料的表征技术可分为结构表征和性能表征。结构表征主要是指复合体系各组分相的结构形态与形貌、粒径大小及分布、物相组成等,而性能表征则是复合体系性能的描述。只有在准确地表征和认识材料的各种精细结构的基础上,才能实现复合体系结构的有效控制,从而可按性能要求,设计、合成各类复合材料。

复合材料各组元结构特征(包括表面原子层结构)可以采用 X 射线衍射光电子能谱(XPS)、俄歇电子能谱(AES)、离子能量损失谱(ILS)等来表征。而界面结构及相互作用表征技术很多,X 射线光电子能谱、俄歇电子能谱、激光拉曼光谱、红外光谱等,可用于研究和表征纳米粒子/高聚物的相互作用等;而高聚物界面层的性质可以用热分析法、介电谱等表征。

## 2.2.1 电子显微技术

### 1. 扫描电子显微技术(SEM)

SEM 是在 20 世纪 30 年代发明的一种扫描电子显微镜基础上发展起来的技术,其分辨率小于 6nm,成像立体感强,视场大。它的成像原理与光学显微镜和透射电镜不同,不用透镜放大成像,而是以电子束为照明源,将聚焦很细的电子束以光栅扫描方式照射到试样上,产生各种与试样性质有关的信息,然后加以收集、处理而获得微观形貌的放大像。主要用于观察微粒的形貌、粒子在基体中的分布情况等,常用于复合材料中的纳米相粒子的聚集状态的观测,反映聚集态的纳米粒子的大小。一般只能提供微米的聚集粒子大小及形貌的信号。

相对于透射电镜和光学显微镜而言,扫描电镜有其独特的优势,包括以下几个方面。

(1)高的分辨率。近年来,随着超高真空技术的发展和场发射电子枪的应用,扫描电镜的分辨率得到进一步提高,现代先进的扫描电镜的分辨率可达到 0.6nm。

(2)放大倍数高且可连续可调。

(3)景深大,成像富有立体感,可直接观察各种试样凹凸不平表面的细微结构。

(4)多功能化。配上波长色散 X 射线谱仪或能量色散 X 射线谱仪,在进行显微组织形貌观察的同时,还可以对试样进行微区成分分析。

(5)试样制备简单。块状或粉末、导电或不导电的样品不经处理或略加处理,就可以直接放到扫描电镜中进行观察,比透射电镜的制样简单,且得到的图像更接近于样品的真实状态。

### 2. 透射电子显微技术(TEM)

以电子束作照明源,由电磁透镜聚集成像的电子光学分析技术,称为透射电子显微技术。其分辨率大约为 1nm,用于研究纳米材料的结晶情况,观察微粒的形貌、分散情况及测量和评估微粒的粒径,是常用的纳米复合材料的微观结构表征技术之一。它可观测到微粒的聚集态结构,甚至单个纳米粒子的分布情况。TEM 技术与图像处理技术相结合可用于确定纳米粒子的形状、尺寸及其分布和粒子间距以及分形维数的确定。

在透射电镜显微分析中,试样制备是极为重要的。由于电子束的穿透能力比较低,用于透射电镜分析的样品必须很薄,除粉末外,试样都要制成薄膜,即试样的厚度对电子束来说应是"透明"的。根据样品的原子序数大小不同,一般用于透射电镜观察的试样薄区的厚度为 50 ~ 100nm。如果要对粉体样品进行较好的观察,需要使超细粉体的颗粒分散开来,各自独立而无团聚。对于超细粉体试样,粒径一般都小于铜网孔径,因此不能直接放在铜网上,需要用带支持膜的铜网来承载,常用的支持膜有塑料膜、碳膜等。

**3. 电声显微技术**

电声显微技术是把现代电子光学技术、电声技术、压电传感技术、弱信号检测和图像处理技术以及计算机技术融为一体的一种新型的无损分析和显微成像技术。它的独特成像机理是基于材料的微观电学和热弹性能的变化,用它能获取目前其他技术无法得到的信息。它可以原位观察试样的二次电子像、电声像、热释电像等,是一种把材料的微区物理性能研究(热学、声力学、电学、磁学等)、非破坏内部缺陷检测(气孔、杂质、分层、微裂纹、位错等)和不需要对试样进行预处理的结构分析(晶粒、晶界、畴)融合在一起的一种多功能性综合性显微术。

电子显微技术在复合材料结构表征中得到了广泛的应用。例如,碳纳米管是由饭岛通过扫描电镜首次发现的,迄今有关 CNTs 结构的表征研究,主要也是利用 SEM、TEM、HRTEM 等技术进行观测的。SEM 主要用于碳纳米管表面形态结构的观察,而 TEM 则不但可以观察到碳纳米管的结构形态而且还能得到其内部结构的一些信息。利用 HRTEM 可以清楚地观察到多壁碳纳米管的层数和催化剂在管中的位置(CVD 制得的碳管)等重要的信息,这对于碳纳米管结构的研究以及碳纳米管的生产制备具有重要的意义。

## 2.2.2 热分析技术

热分析技术是在规定的气氛中测量样品的性质随时间或温度的变化,并且样品的温度是程序控制的一类技术。热分析技术是通用型分析测试技术,在测定纳米复合材料的热稳定性方面有其特点

样品可在很宽的温度范围进行温度变化条件下的研究,反应样品的稳定性程度;复合材料的物理形态可以是任意的,包括固态、液态或凝胶状态;样品的量很少,一般为 $0.1\mu g$ ~ 10mg;实验的时间很短,可从几分钟到几小时;获得的信息较多等特点。其中常用的热分析技术有热失重分析法(TG)、示差扫描量热法、动态力学分析法等。

**1. 热失重分析法**

热失重分析法是在程序温度下测量试样的重量与温度或时间关系的一种方法。温度程序包括升温、降温或某一温度下的恒温。影响试验结果准确性的因素

有升温速度、气氛、样品状态等。

许多物质在加热过程中常伴随质量的变化,利用热失重分析法有助于研究晶体性质的变化,如熔化、蒸发、升华和吸附等物质的物理性质,也有助于研究物质的脱水、解离、氧化、还原等物质的化学现象。

**2. 示差扫描量热法**

示差扫描量热法是在程序控温下测量输入样品和参比物的功率差与温度关系的技术。此法对于复合材料的 $T_g$ 和 $T_m$ 的测定有积极意义,纳米微粒的存在对聚合物链段的热运动有一定的限制作用,往往导致样品的 $T_g$ 和 $T_m$ 升高。

影响此方法量热曲线的主要因素有下列几个方面。

(1)样品因素。样品量少,样品的分辨率高,但灵敏度下降,一般根据试样热效应大小调节样品量,一般为 3～5mg。另外,样品量多少对所测转变温度也有影响。

除了样品量外,样品粒度也会影响量热曲线。值得注意的是,样品的几何形状对量热曲线的影响也很显著。

(2)升温速率。通常采用的升温速率范围为 5～20℃/min。一般来说,升温越快,灵敏度越高,但分辨率下降。灵敏度与分辨率是一对矛盾,人们一般选择较慢的升温速率来保持好的分辨率,而通过适当增加样品量的方法来提高灵敏度。

(3)气氛。一般使用惰性气体,如氮气、氩气等,就不会产生氧化反应峰,同时可以减少样品挥发物对监测器的腐蚀,但气流速度应恒定。

还要注意的是气体性质对测定有显著影响。

利用示差量热法可以测定试样的比热容、焓变、纯度等。

## 2.2.3 光谱与波谱技术

随着对复合材料表征技术研究的不断深入,一系列的光谱与波谱技术相继得到了应用,主要包括核磁共振技术、激光拉曼散射技术、傅里叶变换红外光谱技术和 X 射线衍射技术等。

**1. 核磁共振**

核磁共振谱是由具有磁矩的原子核受电磁波辐射而发生跃迁所形成的吸收光谱。当用一定频率的电磁波对样品进行照射时,使特定化学结构环境中的原子核实现共振跃迁,在照射扫描中记录发生共振时的信号位置和强度,就得到核磁共振谱,其信号位置反映样品分子的局部结构(如官能团和分子构象),信号强度则反映有关原子核在样品中存在的量。迄今为止,经常为人们所利用的原子核有 $^1H$、$^{11}B$、$^{13}C$、$^{17}O$、$^{19}F$、$^{31}P$ 等。

利用核磁共振谱,并结合红外、元素分析等方法,可以较好地鉴别一个有机化合物的结构的构型。X. – P. Tang 等利用 $^{13}CNMR$ 研究了单壁碳管的电子结构,得到了两种不同的自旋晶格弛豫速度,弛豫快的组分为具有金属性质的碳管,而弛豫慢的组分为具有半导体性质的碳管。徐敏等利用固体核磁技术对接枝了 ODA 的可溶多壁碳管进行了表征,通过 $^{13}$C CP/MAS 实验对接枝在碳管上的 ODA 链的聚集态结构进行了相关的研究。M. Schmid 等人利用质子核磁共振($^1$H – NMR)实验对载有高压氢的单壁碳管的储氢能力进行了一系列的研究。由于在制备碳纳米管中引入的金属催化剂和碳管本身引起的顺磁性,核磁共振技术在对碳管的研究中存在着一定的困难,但是对于改性后接有其他物质的碳管或者碳管与高聚物的复合物这些体系,核磁共振技术仍有着相当广泛的应用前景。

**2. 红外光谱技术**

红外吸收光谱是分子振动光谱,其所涉及的是分子间化学键振动而引起的能级跃迁。当分子受到红外光的辐射,产生振动能量的跃迁,在振动时伴有偶极矩改变的就是吸收红外光子,形成红外吸收光谱。其振动频率与分子中特定基团有显著的特征性,除光学异构外,每种化合物都有自己的红外吸收光谱,它的谱带复杂而精细,所提供的结构信息较为丰富。

红外吸收光谱法在材料表征中的应用有如下。

(1)分子结构基础研究。应用红外吸收光谱测定分子的键长和键角,以推断出分子的立体构型。

(2)根据所得的力常数可以知道化学键的强弱,则简正频率来计算热力学函数等。

(3)化学组成分析。根据光谱中吸收峰的位置和形状来推断未知物结构,依照特征吸收峰的强度来测定混合物中各组分的含量。

无机化合物的红外吸收光谱图比有机化合物的简单,谱带数较少,并且很大部分是在 $1000\text{cm}^{-1}$ 以下低频处。无机化合物在中红外区的吸入主要是由阴离子(团)的晶格振动而引起的,它的吸收谱位置与阳离子的关系较少,通常当阴离子的原子序数增大时,阴离子团的吸收位置将向低频率方向做微波的位移,因此在鉴别无机化合物的红外光谱图时,主要着重于阴离子团的振动频率。

根据红外吸收光谱,可以确定碳材料表面基团的种类及数量,以及改性后表面基团变化的情况。如碳纳米管中碳原子主要是以 $sp^2$ 杂化成键的,在对碳管进行氧化提纯处理以及化学改性时,常常在碳管的表面引入羧基和羟基等极性官能团,可利用红外光谱对这些处理过的碳管进行表征。

**3. X 射线衍射技术**

X 射线照射到晶体上产生的衍射花样,除与 X 射线有关外,主要受晶体结构的影响。通过对衍射花样的分析,就可以测定晶体结构并研究与结构相关的一系列问题。

根据 X 射线衍射原理而研制的专用仪器 X 射线衍射仪已广泛使用,它具有方便、快速、精确等优点,是进行晶体结构分析的主要设备,可用来研究晶粒的大小、取向及原子在晶胞中的位置。

利用 X 射线衍射法可以进行晶体材料的物相分析,包括定性分析和定量分析,即确定物质是由哪些相组成及各组成相的含量。

例如,利用 X 射线衍射技术可以观测碳纳米管的结晶程度,也可以用来研究碳纳米管反应过程中和产品中的催化剂相态情况。陈萍等通过 X 射线衍射实验发现,以 $CH_4$ 或 CO 为碳源制得的两类 CNTs 均具有类似石墨的体相结构,但 X 射线衍射特征峰稍宽,表明这些纳米结构的长程有序度不如石墨的高;较高的反应温度有利于产物体相石墨化程度的提高。A. Bougrine 等则利用 X 射线衍射技术对提纯后的碳纳米管中的催化剂进行了相关的表征和研究工作。

还有其他现代分析技术可以表征复合材料的结构和性能,在此就不再一一列举。

尽管不同分析表征方法的分析原理及具体的检测操作过程和相应的检测分析仪器不同,但各种方法的分析和检测过程均可大体分为信号发生、信号检测、信号处理及信号读出等几个步骤。相应的分析仪器则由信号发生器、检测器、信号处理器与读出装置等几个部分组成。信号发生器是使样品产生(原始)分析信号,检测器则将原始分析信号处理器放大、运算、比较等后由读出装置转变为可被人读出的信号,被记录或显示出来。依据检测信号与材料的特征关系,分析和处理读出信号,即可实现材料分析、表征的目的。

## 参 考 文 献

[1] 徐国财,张立德. 纳米复合材料[M]. 北京:化学工业出版社,2001.

[2] 李风生,杨毅,等. 纳米功能复合材料及应用[M]. 北京:国防工业出版社,2003.

[3] 廖晓玲. 材料现代测试技术[M]. 北京:冶金工业出版社,2010.

[4] 李宁,屠振密. 化学镀实用技术[M]. 北京:化学工业出版社,2004:134 – 147.

[5] 黄少强,邱文革. 表面工程的进展和现状[J]. 表面工程学,2005.

[6] 姜晓霞,沈伟. 化学镀理论及实践[M]. 北京:国防工业出版社,2000.

# 第3章 轻质碳材料及其复合材料
# 在环境保护中的应用

活性炭等轻质碳材料作为具有高比表面积的吸附性材料在工业、农业等许多领域中都有十分广泛的应用。最初活性炭是作为防毒面具的吸附性材料出现在生活中的,那时的活性炭的比表面积不高,吸附性能也比较差,但随着对活性炭吸附原理的深入研究,采用新的制备工艺后,活性炭的比表面积和吸附性能大幅度地提高,和改性碳材料或各种性能优异的碳基复合材料一起,在各个领域中发挥着更为重要的作用。本章将主要介绍碳基材料及其复合材料在处理国防环境保护领域中的一些工业和特种污染物的应用。

## 3.1 $TiO_2$/多孔碳材料复合材料处理偏二甲肼废水

目前,液体推进剂在军事和航天领域应用还十分广泛,偏二甲肼是其中很重要一种燃烧剂。

偏二甲肼(Unsymmetrical Dimethylhydrazine,UDMH)是一种易燃、易挥发的无色或黄色透明液体,具有类似于氨的强烈鱼腥味,分子式为$(CH_3)_2NNH_2$,相对分子质量为60.11,沸点63℃,凝固点为 −57.2℃,密度为0.7911g/$cm^3$,可与水混溶,具有良好的亲水性,能和汽油、酒精以及其他有机溶剂混合使用。

按国际化学品的毒性分级标准,偏二甲肼属于三级中等毒物,略偏高一些。研究证明,偏二甲肼可以使动物诱变肿瘤。Roger 等人通过对大鼠的胃内给药试验,发现肠癌的死亡率和发病率与给药量有关。Yu F Sasaki 和 Ayako Saga 证明 UDMH 是啮齿类动物结肠致癌物质,具有器官专有基因毒性。oru – Tamura 证明 UDMH 是具有诱导肿瘤作用的基因毒性致癌物质。经研究发现 UDMH 还对肝脏和肾脏引起不同程度的伤害,致病机理主要是由于偏二甲肼的侵入引起人体内的维生素 $B_6$ 的缺乏造成的。UDMH 还能对人的呼吸系统会引起不良影响。

偏二甲肼一般是通过皮肤渗透、吸入、吞入三条途径进入人体,引起中毒。偏二甲肼沸点低、挥发快,皮肤吸收的程度很低,它的职业中毒危险性主要来自吸入中毒。

由于偏二甲肼毒性明显,国家规定其在水中最高允许浓度为 0.1mg/L,在空气中最大允许浓度为 0.5mg/L。美国国家科学院和国家研究委员会建议短期接触的限量值为 25℃、100kPa 条件下:50mg/L 为 16min,25mg/L 为 30min,15mg/L

为 60min。

在偏二甲肼的生产、运输、转注、储存、使用等过程中,都可能产生大量的废液、废水,如不经处理后向环境直接排放就可造成环境污染。偏二甲肼对水体的污染主要来源于两种途径:一是偏二甲肼洞库中储罐和管道的跑、冒、滴、漏,储罐和管道的冲洗,槽罐检修的洗消;二是火箭发射过程中,偏二甲肼和四氧化二氮的燃烧产物通过消防冷却水进入导流槽中,以及试车过程中未燃烧的偏二甲肼随消防水进入导流槽,从而产生偏二甲肼污水。

偏二甲肼污水排入环境后,废水中不仅含有偏二甲肼,还将在自然界氧化分解作用下产生偏腙、四甲基四氮烯、硝基甲烷、一甲胺、二甲胺、甲醛、氰化物以及亚硝胺(二甲基亚硝胺、二乙基亚硝胺、二丙基亚硝胺、二丁基亚硝胺、亚硝胺呱啶、亚硝基吡咯烷、亚硝基吗啉等),这些产物中有的毒性比偏二甲肼更大,如亚硝胺、氰化物等。

因此,偏二甲肼废水所带来的一系列问题引起人们的极大关注,世界上许多国家都在致力于研究偏二甲肼废水的处理方法。目前,关于偏二甲肼废水的处理已经提出比较多的方法,如物理法、化学处理法、生物处理法等,但每种方法都存在一些缺陷,致使在投入实际使用的过程中,受到了限制。要快速、经济、彻底地处理偏二甲肼废水,存在一定的难度,目前还没有找到十分合适的方法。表 3.1 为现有各种处理方法的优缺点。

表 3.1　常用偏二甲肼处理方法的优缺点

| 处理方法 | 优点 | 缺点 |
|---|---|---|
| 自然净化法 | 有效、经济、适用、简便、节能 | 处理时间长,过程需消耗大量能量,在污水处理池的液面上方会产生氨气及少量肼类的挥发物 |
| 活性炭吸附法 | 不产生新的有毒物质 | 原污水中浓度不能大于 100mg/L,活性炭需 200℃热空气脱附再生,耗能大,在工程运用上还存在很多缺陷 |
| 离子交换法 | 处理过程中不产生二次污染 | 离子交换树脂的再生以及再生产物所造成的二次污染问题仍是困扰这一方法得到广泛应用的瓶颈 |
| 臭氧氧化法 | 臭氧氧化能力很强 | 产生的硝基甲烷、甲醛、二甲基亚硝胺等有毒物质难以除去 |
| $TiO_2$ 光催化氧化 | 处理效率高,简单,方便,成本低 | $TiO_2$ 的固载技术还不成熟 |
| 压缩空气催化氧化法 | 处理简单,费用低 | 处理后,偏二甲肼残余浓度较高,处理过程中还产生甲醛等有毒物质 |

近年来,多相光催化在环保领域获得了广泛的应用,在已知的光催化剂中,$TiO_2$ 光催化剂是迄今为止最有效的一种新型光催化剂。它除了可用于空气、水中有害有机污染物的光催化分解外,还可对一些无机物进行光催化氧化,使其转化成无害或活性很小的无机成分。$TiO_2$ 光催化剂具有安全、无毒、稳定、催化效率高、无二次污染的特点,并且可以无选择地矿化各种有机污染物,越来越受到人们的重视,具有广阔的应用前景。在 $TiO_2$ 的应用方面,已经有了很多的研究成果,将 $TiO_2$ 应用于偏二甲肼废水的处理,也已经开展了相关的研究工作,取得了不错的效果。不过,目前已经取得的研究成果,主要是针对粉末状的 $TiO_2$ 进行的研究,而粉末状的 $TiO_2$ 在资源回收及光催化剂的再利用上都存在一定的问题,从而影响了这项技术的推广。

活性炭、活性碳纤维、膨胀石墨等轻质碳材料普遍具有微孔含量多、比表面积大及良好的选择吸附性能等优点,因此,除被广泛应用于气体分离、环境保护、纺织、化学、电子、医疗、食品、原子能等行业外,它还是一种良好的载体,可以负载一些小颗粒物质,制成具有固定形状的复合材料,以方便材料的使用,特别是回收利用。

综合考虑上述的三个方面,充分利用轻质碳材料良好的吸附性能及作为载体两个方面的优点,把 $TiO_2$ 光催化剂负载到多孔碳材料基体上,制备成固定形状的复合光催化剂 $TiO_2$/多孔碳材料,应用于偏二甲肼废水的催化降解处理。一是可以很好地解决 $TiO_2$ 负载难的问题,有利于 $TiO_2$ 光催化剂的回收利用;二是在催化降解处理偏二甲肼模拟废水的过程中,多孔碳材料还可以对模拟废水中偏二甲肼起到吸附作用,增加偏二甲肼的局部浓度,从而提高光 $TiO_2$ 对偏二甲肼催化降解的效率,同时也可以起到对偏二甲肼的吸附去除作用。

### 3.1.1 $TiO_2$/多孔碳材料复合材料的制备

轻质碳材料的前处理如下:

(1) 活性炭的前处理。置一定量的活性炭于烧杯中,加入去离子水,加热煮沸,倒掉上层浊液,反复三次,过滤,以去除活性炭在制备过程中可能带入的杂质,80℃烘干,置于干燥器中备用。

(2) 活性炭纤维的前处理。将活性炭纤维裁剪成 2cm×3cm 的长方形小块(活性炭纤维可根据实验需要,裁剪成合适的形状),用浓度为 1mol/L 的硝酸浸泡,在 60℃的恒温水浴锅中,处理 1h,去除活性炭纤维制备过程中的一些残留杂质,蒸馏水洗至中性。在 80℃的恒温干燥箱中干燥 3h,置于干燥器中备用。

(3) 膨胀石墨的前处理。将可膨胀石墨置于马弗炉中 1000℃膨胀。待膨胀石墨冷却后,置于干燥器中备用。

### 3.1.2　复合光催化剂的制备

**1. 未掺杂复合光催化剂的制备**

未掺杂复合光催化剂制备过程的流程图如图3.1所示。

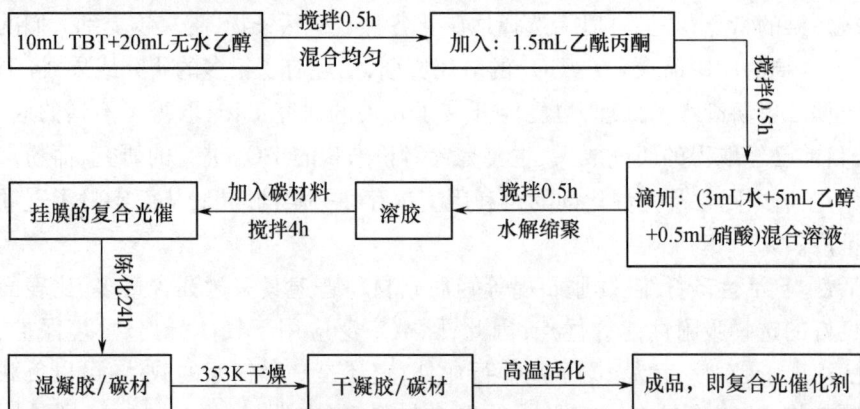

图3.1　复合光催化剂制备过程流程图

具体步骤如下,各试剂的用量视实际情况而变。

(1) 取20mL乙醇,搅拌条件下滴入10mL的钛酸四丁酯(TBT),继续搅拌30min,使钛酸四丁酯溶解完全。加入1.5mL的乙酰丙酮,搅拌30min。

(2) 取3mL去离子水、5mL乙醇、0.5mL硝酸混合均匀,搅拌的同时,将其缓慢滴加到步骤(1)的溶液,继续搅拌30min,即得黄色溶胶。

(3) 在搅拌的条件下,向(2)制备的溶胶中,缓慢加入所需量的干燥后的碳材料,继续搅拌4h,密封,静置。在室温下陈化24h,后在80℃下干燥12h。

(4) 根据实验需要,干燥后的材料可以按上述步骤进行二次或多次负载。最后,将材料在一定温度下活化2h即制得所需负载型$TiO_2$光催化剂。

**2. 掺银复合光催化剂的制备**

制备掺银复合光催化剂的过程与上述流程一致,只是在步骤(2)中,先将3mL去离子水、5mL乙醇、0.5mL硝酸混合均匀后,加入$0.5gAgNO_3$,搅拌,使其充分溶解。再进行后续步骤。

### 3.1.3　复合光催化剂的表征

**1. 复合光催化剂的 SEM 分析**

(1) $TiO_2/AC$ 及 $Ag-AC/TiO_2$ 复合光催化剂的 SEM 分析。$TiO_2/AC$ 及 $Ag-TiO_2/AC$ 的扫描电镜图如图3.2所示。

图3.2(a)是没有负载$TiO_2$的活性炭扫描电镜图,基本上看不到活性炭的表面有其他物质的附着,图中出现的小白点,应该是活性炭中的一些杂质小颗粒,同

60

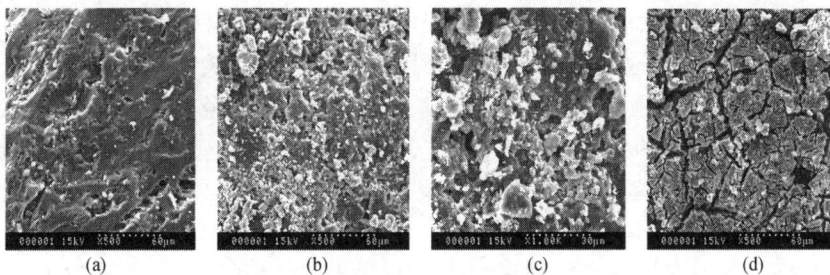

图 3.2　$TiO_2/AC$ 及 $Ag - TiO_2/AC$ 的扫描电镜图

(a) SEM(500 倍,AC); (b) SEM(500 倍,$TiO_2/AC$,一次负载);

(c) SEM(1000 倍, $TiO_2/AC$,两次负载); (d) SEM(500 倍,$Ag - TiO_2/AC$)。

时也可以看到表面孔结构;图 3.2(b)是活性炭负载了一次 $TiO_2$ 的扫描电镜图,可以明显看到白色物质 $TiO_2$(用 X 射线能谱仪扫描及 X 射线衍射仪可以证明)已基本上覆盖了活性炭基体的整个表面,$TiO_2$ 颗粒较小,其中一些大颗粒应该是在材料的制备过程中,少部分的 $TiO_2$ 发生了团聚的结果;图 3.2(c)是活性炭负载二次 $TiO_2$ 的扫描电镜图,与一次负载的相比,负载的 $TiO_2$ 颗粒明显要多,但同时也易发生团聚及堆积现象;图 3.2(d)是掺杂 Ag 的复合光催化剂的扫描电镜图,活性炭表面被一层物质覆盖,已经看不到活性炭原有的表面结构,附着的物质出现了龟裂的情况,这有可能是因为银掺杂的影响。

(2) $TiO_2/ACF$ 复合光催化剂的 SEM 分析。对 $TiO_2/ACF$ 复合光催化剂进行扫描电镜分析,结果如图 3.3 所示。

图 3.3　$TiO_2/ACF$ 复合光催化剂扫描电镜图

(a) SEM(ACF);(b)SEM($TiO_2/ACF$,一次负载); (c) SEM($TiO_2/ACF$,两次负载);(d) SEM($Ag - TiO_2/ACF$)。

61

图 3.3(a)是束状活性炭纤维的扫描电镜图,可以看出活性炭纤维的表面没有其他物质的附着以及表面的孔缝结构;图 3.3(b)是活性炭纤维负载一次 $TiO_2$ 的扫描电镜图,可以看到,柱状的活性炭纤维的表面已经有了白色颗粒状物质($TiO_2$)的附着,颗粒的直径比较小,通过 XRD 分析,其平均晶粒度 3.9nm,为纳米级,不过,由于颗粒的粒度过小,出现团聚现象;图 3.2(c)是活性炭纤维二次 $TiO_2$ 负载的扫描电镜图,与一次负载的情形相比,只是负载的 $TiO_2$ 的量要多一些,但由于团聚过多,附着在活性炭纤维表面的 $TiO_2$ 出现了龟裂的现象;图 3.3(d)掺杂 Ag 的复合光催化剂的扫描电镜图,与活性炭作载体时的情形大致相同,也是 $TiO_2$ 层覆盖了活性炭纤维的柱状表面,出现了一定程度的龟裂,这应该也是由于掺杂银后,材料的性质发生一些改变所引起的。

(3) $TiO_2/EG$ 复合光催化剂的 SEM 分析。对 $TiO_2/EG$ 复合光催化剂进行扫描电镜分析,结果如图 3.4 所示。

图 3.4  $TiO_2/EG$ 复合光催化剂扫描电镜图

图 3.4(a)是膨胀石墨的扫描电镜图。单颗的膨胀石墨呈蠕虫状,其表面较粗糙,比表面积较大,因此膨胀石墨是很好的吸附材料,特别是在吸附有机大分子方面。在膨胀石墨凹下去的地方,可以很清楚地看到其中的孔隙结构,这样的结构有利于其作为载体而发挥优势。图 3.4(b)是负载 $TiO_2$ 的膨胀石墨的扫描电镜图。膨胀石墨的外观形态没有发生大的改变,但在其表面可以看到有颗粒状物质 $TiO_2$ 的附着,但其在膨胀石墨表面的覆盖不是很均匀,只有较少的部分 $TiO_2$ 有附着,负载量不如活性炭及活性炭纤维的多。

**2. 复合光催化剂的 X 射线能谱分析**

$TiO_2/AC$ 及 $Ag-AC/TiO_2$ 复合光催化剂的 X 射线能谱分析如图 3.5 所示。图 3.5(a)中的两个峰是钛元素 K 层的两个电子 Ka、Kb 的激发峰,说明在 $TiO_2/AC$ 复合光催化剂的表面存在钛元素;同理,从图 3.5(b)可以得出复合光催化剂的表面有银元素的存在。

$TiO_2/ACF$、$TiO_2/EG$ 复合光催化剂的 X 射线能谱图与活性炭的能谱分析图差别不大,同样可以证明有钛元素、银元素存在。

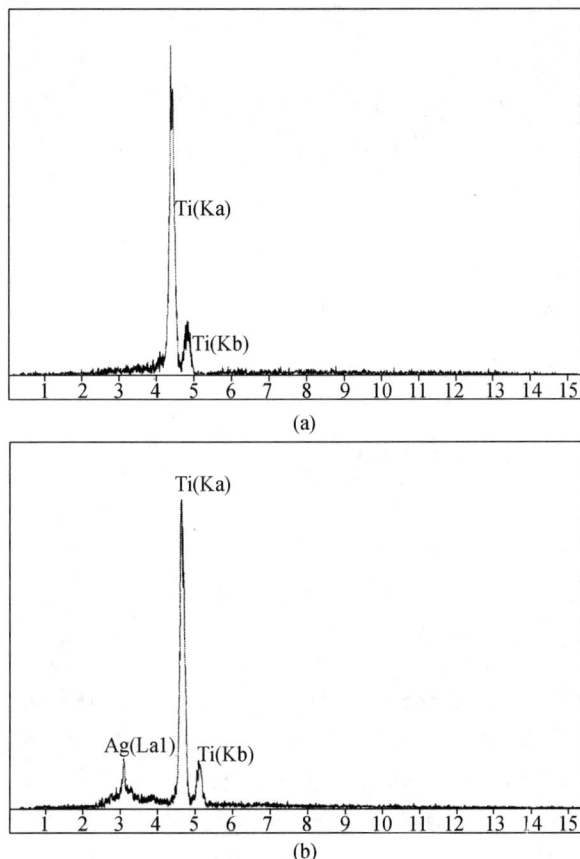

图 3.5　$TiO_2/AC$ 及 $Ag-AC/TiO_2$ 复合光催化剂的 X 射线能谱图

（a）$TiO_2/AC$；（b）$Ag-AC/TiO_2$。

### 3. 复合光催化剂的 XRD 分析

$TiO_2$ 的晶型与其活化温度有关,只有在较高温度下活化的 $TiO_2$ 才有可能成为催化性能较好的锐钛矿型。为了验证活化温度与 $TiO_2$ 晶型的关系,在用 XRD 对样品进行检测时,选择了 100℃、400℃下活化制备的光催化剂作为比较,测试结果如图 3.6 所示。

在图 3.6(a)的 XRD 图中,曲线呈杂乱无章的状态,能表征 $TiO_2$ 为锐钛矿型的 $2\theta$ 角上,没有明显的衍射,说明在 100℃下活化制得的 $TiO_2$ 是无定型状态。图 3.6(b)是 400℃是活化的复合催化剂的衍射图,从曲线上可以看到有几处明显的衍射峰,对比 $TiO_2$ 的标准图谱知道是锐钛矿型 $TiO_2$ 的衍射峰,所以 400℃活化制得的 $TiO_2$ 是锐钛矿型的。并且通过溶胶－凝胶法制得的 $TiO_2$ 晶粒度较小,通过检测可知图 3.6(b)中的 $TiO_2$ 的平均晶粒度为 3.9nm,属于纳米晶体。

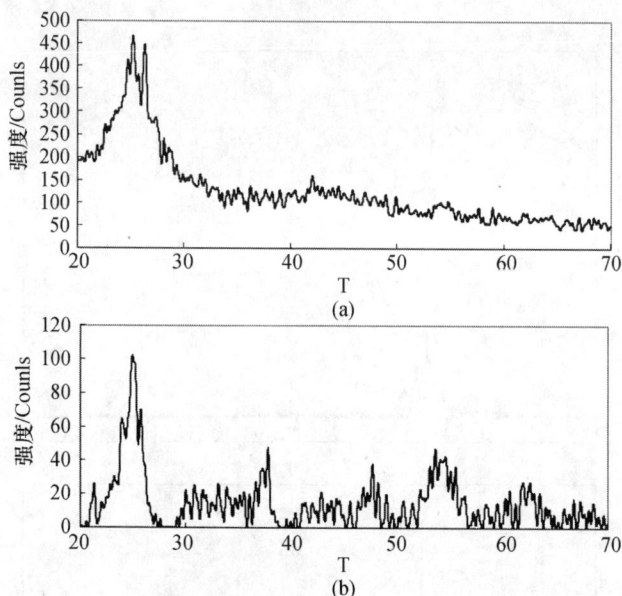

图 3.6　复合催化剂的 XRD 图

(a) TiO₂/AC,100℃活化;(b) TiO₂/AC,400℃活化。

在有氧的条件下,温度较高时,活性炭纤维会被氧化,从而失去了载体的作用。实验中研究得知,当温度超过 300℃时,活性炭纤维的结构开始发生变化,当温度超过 350℃时,活性炭纤维完全氧化,转变成白色粉末。因此,用活性炭纤维负载的复合催化剂只能在 300℃以下的温度活化,这样的温度还不能使 TiO₂ 转变为锐钛矿型,其 X 射线衍射图谱与图 3.6(a)基本相同。

膨胀石墨耐高温,制备的 TiO₂/EG 复合催化剂可以在 400℃条件下活化,所以其 X 射线衍射图谱与 3.6(b)基本相同。但是从 SEM 图上可以看出,膨胀石墨负载 TiO₂ 时,负载量较为有限,也不及活性炭负载的均匀,因此会影响到后续的光催化效果。

### 3.1.4　偏二甲肼废水处理效果

液体推进剂废水的成分比较复杂,除了含有推进剂本身的组分原形外,还含有各种推进剂组分的降解产物。例如,偏二甲肼推进剂废水中,除了偏二甲肼本身外,还含有偏腙、甲醛、氰化物和亚硝酸胺类化合物等 15 种成分。

在用光催化剂处理偏二甲肼模拟废水时,除了测定水样中偏二甲肼浓度外,还对废水处理的中间产物中比较具有代表性的、毒性比较大的两种污染物质甲醛和氰根进行了测定,另外,还测定了废水化学需氧量 COD 值的变化。

**1. 实验步骤**

(1) 配制 500mg/L 的偏二甲肼模拟废水。用减量法准确称量 0.5g 偏二甲肼于 1000mL 容量瓶中,用蒸馏水稀释至刻度,摇匀,置于避光处保存备用。正常条件下,该模拟废水能保存一周左右时间。

(2)单纯吸附实验。实验中,负载 $TiO_2$ 所用的载体均为多孔碳材料,对偏二甲肼会有吸附作用,考虑到这一影响,在光催化处理模拟废水之前,取同样质量的碳材料,加入相同体积的偏二甲肼模拟废水,考察各种碳材料对偏二甲肼的吸附能力。

(3)光催化处理。实验中,取同样体积的偏二甲肼模拟废水于小烧杯中,加入不同条件下制备的光催化剂,在紫外线照射下,分别于 20min、40min 及 1h 时取样,测定样品中偏二甲肼的浓度,计算其中偏二甲肼的降解率。实验过程中,采用氨基亚铁氰化钠分光法测定偏二甲肼的含量(0.01~1.0mg/L);图 3.7 为偏二甲肼的标准工作曲线。用乙酰丙酮法测定甲醛含量;用吡啶-巴比妥酸光度法测定氰根离子;用重铬酸钾法测定 COD。

废水偏二甲肼的降解率通过下式计算:

$$D = \frac{C_0 - C_t}{C_0} \times 100\%$$

式中:$C_0$ 为偏二甲肼废水的初始浓度;$C_t$ 为降解 $t$ 时间后偏二甲肼废液中偏二甲肼的浓度;$D$ 为降解率。

**2. 处理结果**

(1)三种多孔碳材料对偏二甲肼的吸附效果。各取 2.5g 活性炭、活性炭纤维、膨胀石墨于小烧杯中,加入浓度为 500mg/L 的偏二甲肼模拟废水 25mL,进行碳材料的纯吸附实验。20min、40min 及 1h 后取样,测定样品中偏二甲肼浓度的变化。通过偏二甲肼浓度下降的多少来比较三种碳材料吸附效果。实验结果如图3.7 所示。

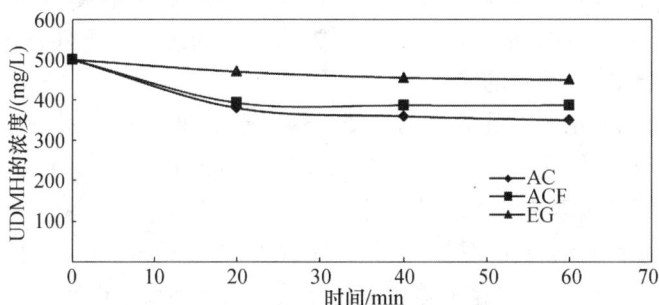

图 3.7　三种碳材料对偏二甲肼的吸附效果比较

可以看出,三种碳材料对偏二甲肼都有一定的吸附能力,但不能达到排放标准。膨胀石墨的吸附效果比活性炭及活性炭纤维的吸附效果要差,而且活性炭及活性炭纤维对偏二甲肼的吸附主要是在前 20min 内完成,吸附比较迅速,吸附过程能在较短时间内完成。

（2）三种多孔碳材料负载的复合光催化剂处理结果。取同样质量的三种光催化剂于小烧杯中，加入 500mg/L 的偏二甲肼模拟废水 25mL，在紫外线照射下光催化降解。20min、40min 及 1h 后取样，测定样品中的偏二甲肼浓度。实验结果如图 3.8 所示。

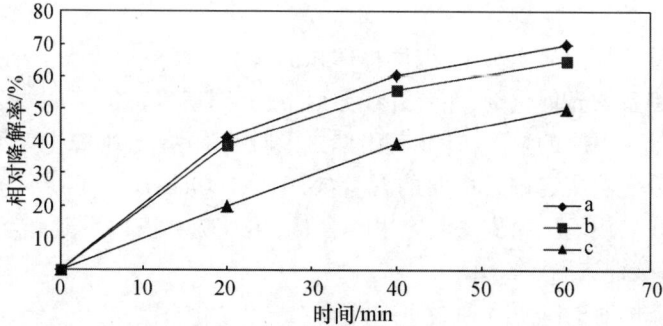

图 3.8　三种催化剂对偏二甲肼废水的降解效果比较
a— TiO₂/AC；b—TiO₂/ACF；c—TiO₂/EG。

可以看出，三种光催化剂对偏二甲肼模拟废水都有催化降解能力，但相比较而言，活性炭及活性炭纤维为载体的光催化剂的催化效果要明显好于以膨胀石墨为载体的，两者中又以活性炭为载体的光催化效果最好。出现这样的结果是因为各碳材料 TiO₂ 的负载量不同所造成的。活性炭及活性炭纤维对 TiO₂ 的负载量要比膨胀石墨的多，而且其颗粒上粒径也要明显小。另一方面，膨胀石墨对偏二甲肼的吸附效果要比活性炭及活性炭纤维差，这就造成在光催化降解处理偏二甲肼模拟废水时，与催化剂表面接触的局部偏二甲肼浓度，膨胀石墨的要比另外两种碳材料的低，同时膨胀石墨的颗粒较两者要小而且轻，特别是在水溶液中，容易团聚，造成的光利用率下降。所以，诸多因素造成了膨胀石墨为载体的光催化剂对偏二甲肼的处理效果要比另外两者的差。

（3）复合光催化剂的重复利用。碳材料上负载 TiO₂ 制成的光催化剂可以有效地解决粉末状光催化剂易凝聚、难分离和回收的问题，但其前提是 TiO₂ 有一定的负载强度，不易被液体的流动及光催化剂相互间的摩擦所冲刷。

实验中，进行三组对比实验。在每组实验中，将使用过的催化剂用蒸馏水洗净并晾干，然后按照相同的实验步骤多次光催化降解处理偏二甲肼模拟废水，先比较每种光催化剂在各次使用的过程中，对偏二甲肼催化效率的变化，然后再比较相互之间的实验结果。结果如图 3.9 所示。

可以看出，活性炭为载体的催化剂每次对偏二甲肼模拟废水的相对降解率都在 70% 左右，活性炭纤维为载体的催化剂为 65% 左右，膨胀石墨为载体的催化剂为 50% 左右。实验结果表明三种催化剂对偏二甲肼废水催化能力及催化效果基

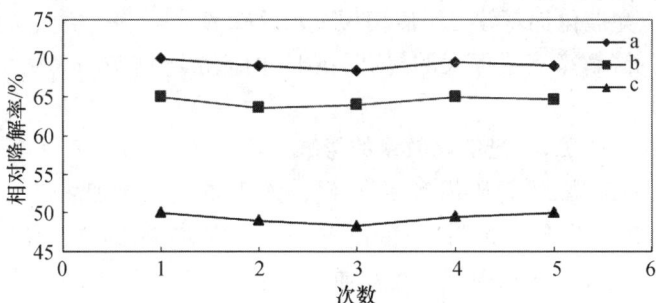

图 3.9　催化剂的重复利用

a— TiO$_2$/AC；b—TiO$_2$/ACF；c— TiO$_2$/EG。

本不变,这说明:一是催化剂负载的二氧化钛的量没有发生大的变化,二氧化钛与载体结合得非常牢固,在使用过程中不会轻易脱落;二是二氧化钛的催化活性没有发生大的变化,1h 后的降解效果,在考虑误差允许的前提下,几乎没有发生变化。因此可以说这三种复合光催化剂均可以重复利用,这为其实际应用提供了一个经济基础。

## 3.1.5　影响复合光催化剂处理效果因素分析

对下列三组不同处理条件进行对照实验:活性炭(AC);活性炭负载的 TiO$_2$(TiO$_2$/AC);紫外线 + 活性炭负载的 TiO$_2$(UV + TiO$_2$/AC),在相同的条件下分别处理偏二甲肼模拟废水 25mL,浓度 500mg/L。处理过程中,分别于 20min、40min、1h 时取样分析,实验效果如图 3.10 所示。

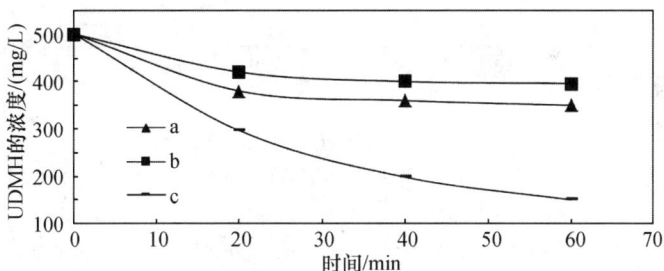

图 3.10　偏二甲肼在几种空白实验中的降解效果

a—AC ;b—TiO$_2$/AC;c—UV + TiO$_2$/AC。

曲线 a 及曲线 b 分别是单纯活性炭及负载了 TiO$_2$ 的活性炭对模拟废水中偏二甲肼的处理效果。从曲线上的数据可以看出,在 1h 内,单纯的活性炭能吸附模拟废水中 30% 的偏二甲肼,这一数据要比负载 TiO$_2$ 后的复合光催化剂要好(22%),出现这样的结果,可能是因为活性炭负载了 TiO$_2$ 之后,活性炭本身的部分孔结构被 TiO$_2$ 填充,从而影响了活性炭的吸附效果。曲线 c 反映的是活性炭负载

了 $TiO_2$ 的复合光催化剂对偏二甲肼模拟废水的降解效果,从曲线上的数据可以看出,偏二甲肼的降解率有了很大的提高,在 1h 内能被降解 70% 以上,光催化作用效果比较明显。

**1. 活化温度对 $TiO_2$ 光催化效率的影响**

$TiO_2$ 有三种晶型:锐钛矿相、金红石相、板钛矿相。对于加热过程中 $TiO_2$ 的结构转变机制和动力学已开展了广泛的研究,金红石相稳定,即使在高温下也不发生转化和分解,而锐钛矿相和板钛矿相在加热过程中发生不可逆的放热反应,转变为金红石相。一般认为,锐钛矿型的 $TiO_2$ 具有较高的活性,但简单地认为纯锐钛矿型的 $TiO_2$ 的催化活性要比金红石相的要高,也不十分严谨,它们的活性受其晶化过程的一些因素影响。在同等条件下无定形 $TiO_2$ 结晶成型时,金红石通常会形成大的晶粒以及较差的吸附性能,由此导致金红石的活性较低;如果在结晶时能保持与锐钛矿同样的晶粒尺寸及表面性质,金红石活性也较高。

进行三组对比实验:三种 $TiO_2/AC$ 复合光催化剂质量均为 2.5g,分别在 100℃、200℃、300℃下活化,在相同的条件下分别处理偏二甲肼模拟废水 25mL 浓度 500mg/L。实验结果如图 3.11 所示,可以看出 400℃ 活化的催化剂的催化降解能力要明显好于 100℃(未活化)及 200℃ 的。

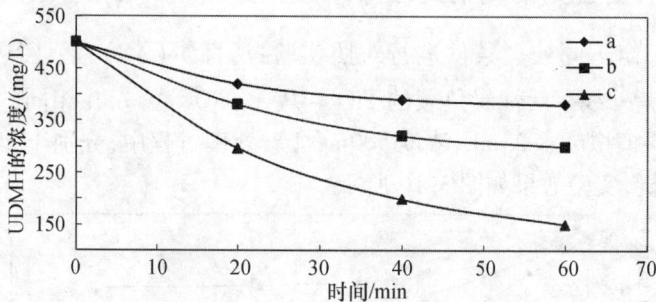

图 3.11　活化温度对光催化效率的影响

a—$TiO_2/AC$(100℃,未活化);b—$TiO_2/AC$ (200℃活化);c—$TiO_2/AC$ (400℃活化)。

在复合光催化剂的制备过程中,通过溶胶-凝胶制得的光催化剂是一种无定型的状态。在一定温度活化之后,催化活性较高的锐钛矿型及金红石型的催化剂逐渐生成。但由于作为载体的活性炭是一种碳材料,在空气氛围下活化,过高的温度会破坏活性炭结构。实验中发现温度超过 400℃ 时,$TiO_2$ 与基体结合的紧密度及活性炭结构都有一定的影响,从而不利于复合光催化剂的利用,特别是回收利用。因而复合光催化剂以 400℃ 活化为宜。

**2. 负载次数对 $TiO_2$ 光催化效率的影响**

用溶胶-凝胶法制备 $TiO_2$ 时,经常通过多次负载来提高 $TiO_2$ 的负载量,特别是在制备薄膜状 $TiO_2$ 的研究中,经常用到多次提拉来增加 $TiO_2$ 薄膜的厚度,以此来提高光催化能力。

进行两组对比实验:一次及两次负载的 $TiO_2/AC$ 复合光催化剂各取 2.5g,在相同条件下处理偏二甲肼模拟废水 25mL,浓度为 500mg/L。实验结果如图 3.12 所示。

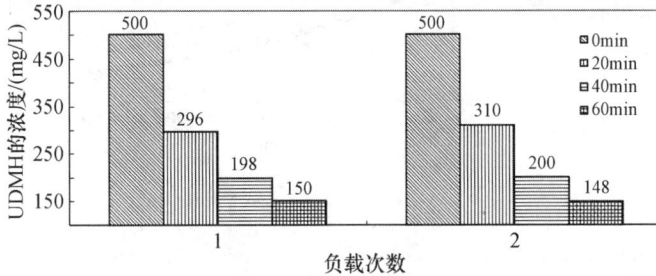

图 3.12 负载次数对光催化效率的影响

从图 3.12 可以看出,一次负载和两次负载的复合光催化剂对偏二甲肼模拟废水的催化降解效果差别很小,负载次数对 $TiO_2$ 光催化效率影响不大,1h 后偏二甲肼的降解率都在 70% 左右。出现这样的结果,主要是因为在一次负载及两次负载的复合光催化剂降解偏二甲肼时,实际上起催化作用 $TiO_2$ 粒子在数量没有很大的差别。一次负载时 $TiO_2$ 已基本上占据了活性炭的整个表面,二次负载时只是增加 $TiO_2$ 层的厚度,能够被紫外线照射到的 $TiO_2$ 颗粒在数量上并没有增加,并且 $TiO_2$ 颗粒的团聚占据了活性炭大量的孔道,降低了活性炭的吸附效果,这两方面因素的作用产生了实验所示的结果。

**3. pH 值对 $TiO_2$ 光催化效率的影响**

反应液的 pH 值对半导体催化剂粒子在反应液中的颗粒聚集度、价带、导带的带边位置及表面电荷和有机物在半导体表面的吸附等都有较大的影响。研究表明,$TiO_2$ 非均相反应体系中固液界面(即双电层)的性质是随着溶液 pH 值的变化而变化的。因此,电子 - 空穴对的吸附 - 解吸过程也会受到 pH 值的明显影响。而且当光解对象不同时,pH 值的变化也会产生不同的影响。

取六组 25mL 浓度为 500mg/L 的偏二甲肼模拟废水,调节其 pH 值分别为 3 ~ 8,在相同的条件下进行光催化处理。实验结果如图 3.13 所示。

从图 3.13 可以看出,当 pH 值在 4 ~ 6 范围内时 $TiO_2$ 的光催化效率差别不大。但当超过这一范围时,pH 值的变化就影响光催化效率。当 pH = 3 或者 pH = 7 时,偏二甲肼 1h 后的降解率为 64%,而当 pH = 8 时,这一数值为 40%,这两个数据都要比 pH = 4、5、6 时的要小。

在光催化体系中 $\cdot OH$ 是主要的自由基。下列表示了 $\cdot OH$ 产生机理:

$e^- + O_2 \rightarrow O_2^- \cdot$

$O_2^- \cdot + H^+ \rightarrow HO_2 \cdot$

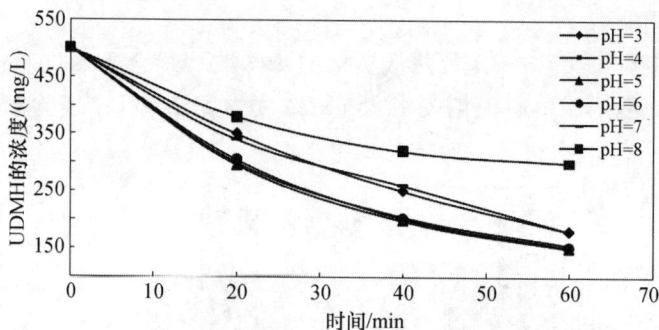

图 3.13　pH 值对光催化效率的影响

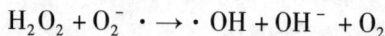

$$2HO_2 \cdot \rightarrow O_2 + H_2O_2$$
$$H_2O_2 + O_2^- \cdot \rightarrow \cdot OH + OH^- + O_2$$

很明显,pH 值增大不利于·OH 的生成。当 pH 值小于 $TiO_2$ 的等电点时,偏二甲肼在 $TiO_2$ 表面的吸附随 pH 值的增大而增大,吸附对光催化降解反应有促进作用,因而在 pH 值为 4～6 附近时,光催化降解偏二甲肼的效率没有明显的变化,但当 pH 值继续增大,·OH 的产生和偏二甲肼在 $TiO_2$ 表面的吸附都迅速降低,从而光催化降解速率也逐渐降低。

从实验的结果来看,偏二甲肼模拟废水的 pH 值应控制在 5～6 为宜,通常情况下,偏二甲肼废水的 pH 值都在这一范围之内,不需要通过外加条件来改变溶液的 pH 值。

**4. 偏二甲肼模拟废水初始浓度的影响**

配制浓度分别为 100mg/L、200mg/L、500mg/L、600mg/L、800mg/L、1000mg/L 的六组偏二甲肼模拟废水,均取 25mL,分别用 2.5g $TiO_2/AC$ 复合光催化剂在相同的条件下光催化降解。实验结果如图 3.14 所示。

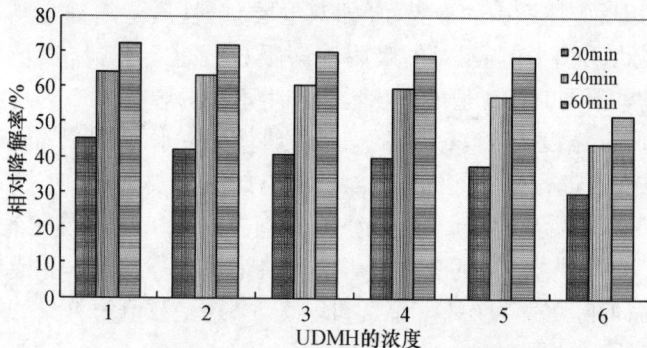

图 3.14　不同偏二甲肼浓度的相对降解率
（横坐标为样品号,代表不同的初始浓度）

从图 3.14 中可以看出,当偏二甲肼的浓度小于 600mg/L 时,偏二甲肼在各个时段内的相对降解率基本保持不变,偏二甲肼的降解量与其浓度成比例关系;当模拟废水中的偏二甲浓度大于 800mg/L 时,偏二甲肼的降解率就会随着偏二甲肼的浓度增加而减小。考虑到这一结果,模拟废水的浓度就控制在 800mg/L 以下。

**5. 催化剂投加量的影响**

进行五组对比实验:$TiO_2/AC$ 复合光催化剂的投加量分别为 1g、1.5g、2.5g、3g、3.5g,偏二甲肼模拟废水的浓度为 500mg/L,模拟废水体积均为 25mL。其余条件相同,实验结果如图 3.15 所示。

从图 3.15 可以看出,在催化剂小于 2.5g 的范围内,随着催化剂投加量的增加,模拟废水中偏二甲肼的浓度变化得更快;而当催化剂的投加量大于 2.5g 时,偏二甲肼浓度虽有一定的变化,但下降的幅度并不十分明显。尤其是投加 3.0g 与 3.5 催化剂,偏二甲肼的降解效果基本没有区别,降解曲线几乎重合在一起。

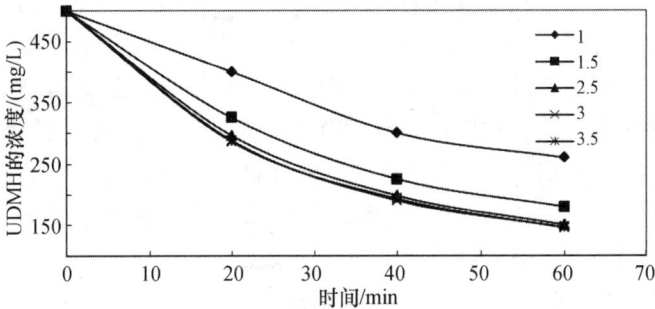

图 3.15 催化剂的投加量对光催化效率的影响

当复合光催化剂的投加量增加时:一是增加了复合光催化剂的吸附能力;二是增加了 $TiO_2$ 量,在紫外线照射的条件下,其产生的电子 – 空穴对也必然相应增加,氧化能力增强,从而加快对偏二甲肼的催化氧化降解。由于复合光催化剂的吸附能力已大为减弱,所以主要是第二个因素起作用。

同时,也可以看到有一个饱和的光催化剂投加量,此值与容器容量有关。当超过饱和投加量时,投加的光催化剂会堆集到一起,影响了光催化剂效率。

**6. Ag 掺杂的影响**

分别取 2.5g 掺银及不掺银的复合光催化剂,偏二甲肼模拟废水体积 25mL,浓度 500mg/L。在相同的条件下光催化降解,实验结果如图 3.16 所示。

图 3.16 中曲线 a 表示是未掺杂的复合光催化剂的降解结果,曲线 b 表示的是掺杂后的结果。可看出当复合光催化剂进行银掺杂后,偏二甲肼的降解效果有了明显的提高。

由于 $Ag^+$ 的半径(约 0.126nm)远大 $Ti^{4+}$ 的半径(约 0.068nm),故 $Ag^+$ 不能进入 $TiO_2$ 的晶格,但在烧结过程中会逐渐扩散到 $TiO_2$ 晶粒的表面,经光照和热还原

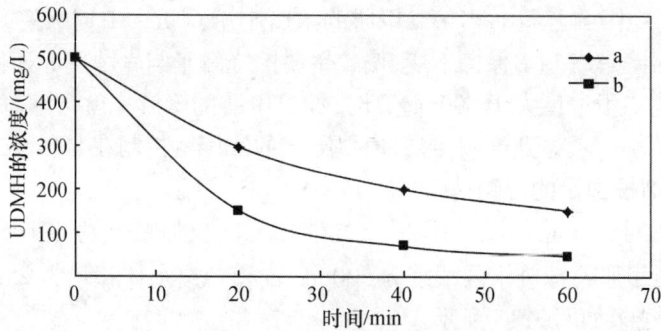

图 3.16    银掺杂对 $TiO_2$ 光催化效率的影响

a—$TiO_2/AC$；b—$Ag-TiO_2/AC$。

后这些 $Ag^+$ 可能先形成岛状 $Ag^+$ 扩散层(厚度 $0.1 \sim 1nm$)或 $Ti-O-Ag$ 键,然后形成片状金属粒子分散在 $TiO_2$ 晶粒的表面,尤其是 $TiO_2$ 晶粒的边界上,这样烧结过程中 $TiO_2$ 晶粒表面 Ti 和 O 原子的重排受阻。另外,由于部分边界接触点可能被金属 Ag 粒子占据,较小 $TiO_2$ 晶粒相互间的接触聚集也会受到一定的影响。最终使 $TiO_2$ 晶粒的粒径减小、$TiO_2$ 的禁带宽度增大,光催化氧化-还原能力提高;掺杂的 Ag 还提高了电荷向薄膜所吸附物质的转移能力,使薄膜表面参与 $TiO_2$ 光催化氧化反应的·OH 的浓度提高,薄膜的光催化氧化反应速率加快。故掺杂适量的 $Ag^+$ 可以提高 $TiO_2$ 的光催化活性。

**7. 外加氧化剂的影响**

分别配制 25mL 浓度均为 500mg/L 的三份偏二甲肼模拟废水,三份中均加入复合光催化剂 2.5g,然后分别加入 0.1mL、0.2mL、0.3mL 的 $H_2O_2$,在紫外线照射的情况下,进行光催化反应。于 20min、40min、1h 时取样,测定样品中偏二甲肼的浓度,另外,同时分析降解后样品的 COD 值,实验结果如图 3.17 所示。

图 3.17(a)是废水中偏二甲肼浓度的变化曲线,图 3.17(b)是 COD 值的变化曲线。可以看出,添加 $H_2O_2$ 对 $TiO_2$ 光催化降解偏二甲肼模拟废水有着比较大的影响,降解速度和相对降解率均随添加 $H_2O_2$ 的增加而增大,但 COD 的相对降解率增加值没有偏二甲肼的大。这是因为偏二甲肼分子在被 $TiO_2$ 光催化氧化降解的过程中,并不是直接地被氧化成 $CO_2$、$H_2O$ 等无机小分子,而是首先会被氧化成偏腙、四甲基四氮烯等有机大分子,这些大分子均能在 COD 值体现出来,然后才逐步被氧化成无机小分子。

虽然增加 $H_2O_2$ 的量,有助于提高 $TiO_2$ 的光催化降解效率,但过高的 $H_2O_2$ 的浓度:一是会影响偏二甲肼的检测(过量的 $H_2O_2$ 会对氨基亚铁氰化钠产生影响);二是在测定 COD 的过程中,过量的 $H_2O_2$ 也会对 COD 值的测定产生影响。另外,也有文献研究表明,$H_2O_2$ 浓度的增大导致有更多的·OH 产生和更为有效的降解作用,但 $H_2O_2$ 的用量有一最佳值,过量的 $H_2O_2$ 则降低光催化氧化效率。

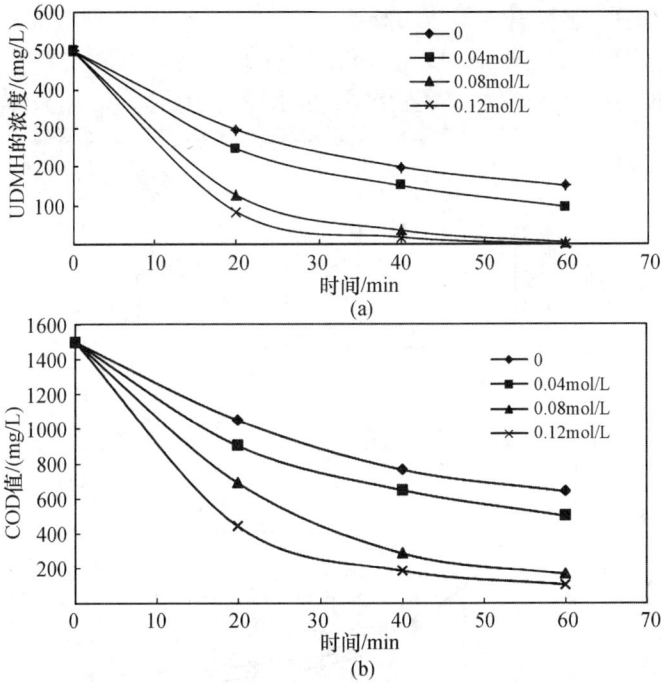

图 3.17　添加 $H_2O_2$ 对 $TiO_2$ 光催化效率的影响

（a）偏二甲肼浓度变化曲线；（b）COD 值变化曲线。

在 $TiO_2$ 光催化降解污染物的过程中,紫外线激发产生的电子－空穴对起着很重要的作用。根据半导体粒子光催化氧化反应机理,在半导体粒子表面,光激发产生电子和空穴之后,存在着捕获和复合两个相互竞争的过程。对光催化反应来说,光生空穴的捕获并与给体或受体发生作用才是有效的。如果没有适当的电子或空穴捕获剂,分离的电子和空穴可在半导体粒子内部或表面复合并放出热能。如果将有关电子受体或给体(捕获剂)预先吸附在催化剂表面,界面电子传递和被捕获过程就会更有效,更具有竞争力,在不外加氧化剂的情况下,溶液中的溶解氧、水分子及有机物分子等都可以作为电子或空穴的捕获剂。但这些物质数量有限,反应活性也一般,从而影响到 $TiO_2$ 的光催化效率。而如果额外加入 $H_2O_2$、$O_2$、过硫酸盐等电子捕获剂,用来捕获光生电子、降低电子和空穴复合的机率,从而提高光催化效率。

$H_2O_2$ 是电子的良好接受体,在 $TiO_2$ 光催化体系中,它捕获光致电子的能力很强,在捕获电子后,能产生氧化能力很强的·OH;另一方面,在紫外线照射下,$H_2O_2$ 本身也可产生强氧化性的·OH,反应如下:

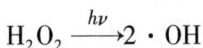

$$H_2O_2 + e^- \rightarrow \bullet\, OH + OH^-$$

$$H_2O_2 \xrightarrow{h\nu} 2 \cdot OH$$

## 8. 银掺杂与 $H_2O_2$ 共同作用的影响

在 500mg/L 偏二甲肼模拟废水 25mL 中投加掺杂银的复合光催化剂 2.5g 和 $H_2O_2$ 使其浓度达到 0.12mol/L,实验结果如图 3.18 所示。

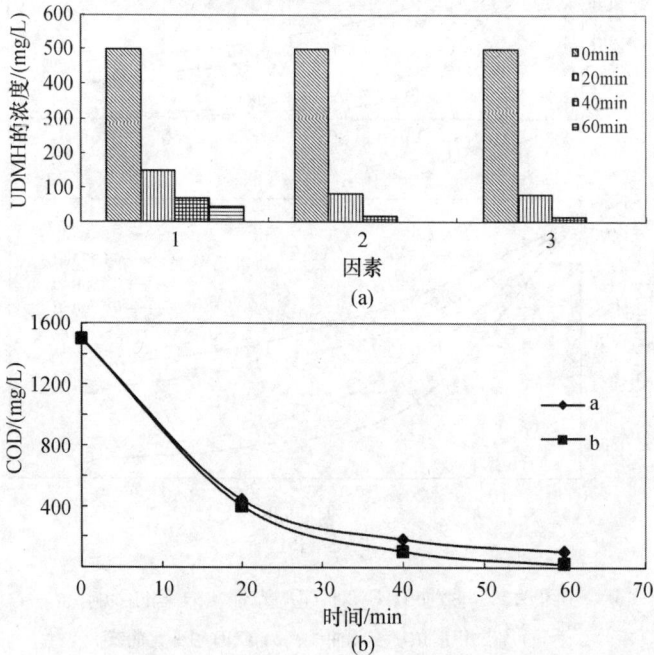

(a)

(b)

图 3.18　银掺杂与 $H_2O_2$ 共同作用对 $TiO_2$ 光催化效率的影响

（a）偏二甲肼浓度变化图；（b）COD 值变化曲线。

1—Ag 掺杂;2—添加 $H_2O_2$;3—银掺杂与 $H_2O_2$ 共同作用;

曲线 a—添加 $H_2O_2$;曲线 b—银掺杂与 $H_2O_2$ 共同作用。

从图中可看出,就偏二甲肼的浓度变化而言,两者共同作用与 $H_2O_2$ 单独作用的效果差别不大。但在两者的共同作用下,废水的 COD 值在 1h 后可以达到 20mg/L,这一数值要比 $H_2O_2$ 单独作用时的105mg/L 小得多,这说明两者共同作用所发挥的作用要大得多。出现这样的结果,是由于银离子在整个过程中所起的作用,虽然添加 $H_2O_2$ 后,整个复合光催化剂体系表现很强的氧化能力,偏二甲肼分子在这个过程中已基本被分解,但在模拟废水中,还存在一些比较难以氧化降解的物质,这其中也包括偏二甲肼降解的一些中间产物,单独添加 $H_2O_2$,还不足以将所有的物质在短时间内完全氧化。当复合光催化剂进行银掺杂后,银离子本身是一种良好的催化剂,它可以使某些反应的活化能降低,使反应能更容易或者更快地进行,所以 COD 的降解效果也就更好。

## 9. 降解过程中甲醛及氰根离子的变化规律

据研究偏二甲肼的主要降解中间产物中以甲醛、氰根离子毒性大、含量高,而

74

且存在时间长。

甲醛带刺激性,易溶于水,存在于许多工业废水中。在偏二甲肼废水中,未处理前甲醛含量较低,随着反应的进行,甲醛作为偏二甲肼光催化氧化降解的一种中间产物,其浓度也会发生变化。

配制 500mg/L 偏二甲肼模拟废水 25mL,投加相应量的掺银的复合光催化剂及 $H_2O_2$(浓度为 0.12mol/L),然后进行紫外线降解。甲醛变化规律的实验结果如图 3.19 所示。

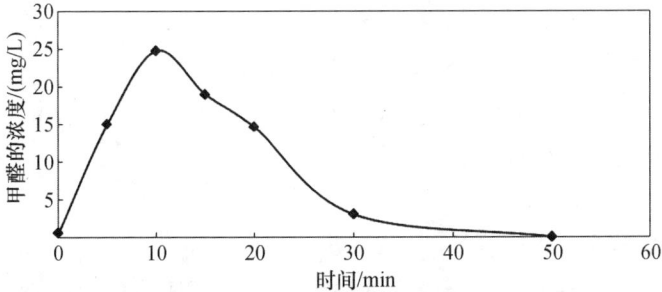

图 3.19　甲醛浓度变化曲线

从图 3.19 可看出,随着反应的进行,偏二甲肼逐步光解,甲醛的浓度也随之发生变化。反应一开始,甲醛就迅速生成,含量呈直线上升,反应进行到 10min 的时候,溶液中的甲醛浓度就到达峰值,此后,甲醛浓度开始逐渐下降,到 30min 左右时,溶液中甲醛浓度达到 5mg/L 以下,反应进行了 50min 时,溶液中已经难以检测到甲醛的存在。实验结果说明两个问题:一是甲醛是 $TiO_2$ 光催化偏二甲肼的一种中间产物;二是甲醛在其迅速生成后又能在 30min 内降解,说明了整个光催化体系不仅能对废水中的偏二甲肼进行光催化降解,而且能对甲醛等其他进行光催化降解,这也说明了 $TiO_2$ 催化作用的无选择性。

氰根离子的变化规律如图 3.20 所示。

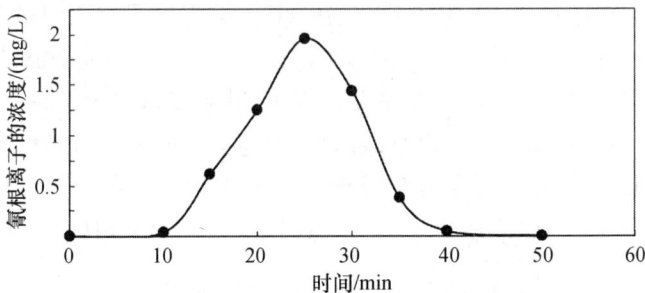

图 3.20　$CN^-$ 浓度的变化曲线

从图 3.20 上看,氰根的变化不像甲醛变化那样,在反应的初始阶段就马上产生并迅速增加,在前 10min 内,溶液中基本上检测不到氰根的存在,而是当反应进行了 10min 后,溶液中的氰根有一个浓度急速上升的过程,在 25min 左右浓度达到最大值 1.98mg/L,然后又随着反应的进行,CN－离子又迅速地被氧化,在反应进行到 40min 以后,CN－离子已经很难被检测到。

### 3.1.6 偏二甲肼降解动力学研究

用 $TiO_2$ 光催化降解有机废水时,其过程是一个自由基反应历程:偏二甲肼先与自由基反应生成活泼的中间体,中间体再逐步被降解为小分子物质。

(1) UDMH 与 •OH 反应生成活泼中间体 $(CH_3)_2N=N$:

$$(CH_3)_2NNH_2 + \bullet OH \rightarrow (CH_3)_2NNH + H_2O$$

$$(CH_3)_2NNH + \bullet OH \rightarrow (CH_3)_2N^+ = N^- + H_2O$$

并在水溶液中存在如下平衡:

$$(CH_3)_2N^+ = N^- + H_2O \rightarrow (CH_3)_2N^+ = NH + OH^-$$

(2) 活泼中间体 $(CH_3)_2N=N$ 进一步分解机理如下:

$$2(CH_3)_2N^+ = N^- \rightarrow (CH_3)_2N^+ = NCH_3 + CH_3N = N^-$$

$$(CH_3)_2N^+ = NCH_3 \rightarrow (CH_3)_2NN = CH_2 + H^+$$

$$CH_3N = N^- + H^+ \rightarrow CH_4 + N_2$$

(3) 生成的 $(CH_3)_2NN=CH_2$ 发生如下反应:

$$(CH_3)_2NN = CH_2 + \cdot OH \rightarrow (CH_3)_2NH + CO_2 + H_2O + N_2 + NO_x$$

生成的 $(CH_3)_2NH$ 等最后被降解成小分子物质。

可以把以上的偏二甲肼降解历程简化为

$$UDMH \underset{k'_1}{\overset{k_1}{\rightleftharpoons}} UDMH^* \overset{k_2}{\longrightarrow} P$$

其中:$UDMH^*$ 表示降解中间产物,是一种活泼的中间体;P 为降解产物;$k_1$、$k'_1$、$k_2$ 为反应速率。

在生成 $UDMH^*$ 及由 $UDMH^*$ 到产物的两个步骤,都是有 •OH 参与的反应,而 $UDMH^*$ 是一种活泼的中间体,其从产生到再生成新物质,是一个很快的过程,也就是这一中间体存在的时间较短,在整个过程中,其浓度可视为不发生变化。因此,在求解偏二甲肼降解动力学方程时,可以采用稳态近似法,此时设 $UDMH^*$ 的浓度保持不变,即 $UDMH^*$ 的生成的速率等于被消耗的速率,所以

$$k_1[UDMH] = k'_1[UDMH^*] + k_2[UDMH^*]$$

$$[UDMH^*] = \frac{k_1}{k'_1 + k_2}[UDMH]$$

用产物 P 的生成速率来表示反应速率,有

$$r = k_2[UDMH^*]$$

从而可得

$$r = k_2 [\,UDMH^*\,] = \frac{k_1 k_2}{k'_1 + k_2} [\,UDMH\,]$$

从上式可看出,偏二甲肼的光催化降解反应是一级反应,反应速率与偏二甲肼的浓度成正比。

选取偏二甲肼模拟废水浓度为 500mg/L,复合光催化剂为 $TiO_2/AC$,溶液 pH = 5 时所得到的实验数据来建立速率方程。实验数值见表 3.2。

表 3.2　反应动力学结果

| 时间/min | 0 | 10 | 20 | 30 | 40 | 50 | 60 |
|---|---|---|---|---|---|---|---|
| UDMH 浓度/(mg/L) | 500 | 380 | 296 | 242 | 198 | 171 | 150 |
| $r/(\mathrm{mg \cdot L^{-1} \cdot min^{-1}})$ | — | 6.69 | 5.32 | 4.48 | 3.47 | 2.94 | — |
| $\ln C_{UDMH}$ | 6.21 | 5.94 | 5.69 | 5.48 | 5.28 | 5.14 | 5.01 |
| $\ln r$ | — | 1.90 | 1.67 | 1.50 | 1.24 | 1.08 | — |

在所述实验条件下,影响偏二甲肼降解过程的因素包括紫外线照射、$H_2O$、$OH^-$、溶解氧及偏二甲肼浓度等,其中变化的是偏二甲肼浓度,其余可视为常数,因此可用指数速率模型来确定速率方程,即令

$$r = kC_{UDMH}^n$$

式中:$C_{UDMH}$ 为偏二甲肼的适时浓度。

对表 3-2 中的数据按上式公式进行回归处理,可以得到 $n = 1.0231$,$k = 0.0157$,为一级反应,符合理论推导。

将偏二甲肼的降解过程近似看作一级反应,则可以求出反应的半衰期 $t_{1/2}$

$$t_{1/2} = \frac{\ln 2}{k} = 44(\mathrm{min})$$

## 3.2　$TiO_2/ACF$ 复合光催化剂降解 TNT 研究

TNT(trinitrotoluene)学名 2,4,6 - 三硝基甲苯,又名对称三硝基甲苯,是由甲苯经过三段硝化而制成的,其分子式为 $C_7H_5N_3O_6$,相对分子质量 227.13,结构式为

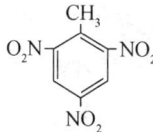

TNT 于 1863 年首先由韦尔布兰德(J. Willbrand)制成,爆炸性质到 1891 年才被发现,于 1905 年代替苦味酸作为军用炸药。

TNT 是一种白色或苋色、无臭的针状结晶,工业品呈黄色,经制片的为鳞片状

物,有吸湿性,不溶于水,微溶于乙醇,溶于苯、芳烃、丙酮,其密度 1.65g/cm³,熔点80.9℃,爆发点 290~295℃,爆速 6800m/s。在阳光的作用下色泽变暗,但不影响爆炸。TNT 对撞击、摩擦感度迟钝,枪弹贯穿通常不燃烧也不爆炸。在空气中点燃冒浓烟,但不爆炸,如数量很大(200kg 以上)或在密闭的空间燃烧时,就可能由燃烧转化为爆炸。处理与保管时比较安全,但有毒,属高度危害毒物,能引起亚急性中毒、慢性中毒,给身体造成不可逆的损害。其中毒的临床症状包括头晕、恶心、呕吐、腹痛、神志不清、大小便失禁、瞳孔散大、角膜反射消失,甚至可因呼吸麻痹而死亡。

TNT 的生产工艺比较成熟,反应平稳易于控制,设备简单,不需要真空高压等设备,可以间断也可以持续生产,容易进行自动控制。在 TNT 的生产、加工、运输、装卸、堆积和销毁过程会产生大量 TNT 废水,导致严重的环境污染。

TNT 废水主要分为生产废水和拆弹废水。生产废水主要有酸性废水和碱性废水两类。

(1)酸性废水:是指煮洗酸性 TNT 的废水,包括亚硫酸钠法精制前煮洗粗制TNT,或硝酸精制法洗涤精制 TNT 的废水。洗涤废药、干燥工房的冲洗水也可归入到酸性废水中。

洗涤酸性 TNT 废水是黄色的水溶液,水温 80℃以上,俗称黄水,其中带有悬浮的 TNT。酸性废水中硝化物的种类与洗涤的 TNT 有关,如果是洗涤硝酸精制后的TNT,废水中的硝化物主要是 TNT;洗涤粗制 TNT 的废水中,除了 TNT 和二硝基甲苯外,还有硝基苯甲酸、多硝基甲酚、多硝基苯、多硝基酚、多硝基水杨酸,以及少量的四硝基甲烷和未知物。

(2)碱性废水:用亚硫酸钠溶液精制 TNT 以及洗涤 TNT 的红水,以及亚硫酸钠处理后洗涤 TNT 产生的废水为碱性废水,具有 pH 值、有机物浓度、$COD_{Cr}$、色度等较高、成分特别复杂、有毒、可生化性差等特点。

此外,报废炮弹拆开后,炸药被取出收集起来,但在炮弹弹壳的内壁上总要黏附一些炸药,为彻底清除,采用水蒸气冲洗内壁、再用清水冲洗的工艺,蒸气凝结水和冲洗水汇在一起,便构成了弹药销毁废水。出于国防安全考虑,炮弹的存储与销毁作业点较分散,规模也有所差别,产生的弹药销毁废水水量也不尽相同,不便于集中管理;并且弹药销毁作业一般有季节性,多在夏季完成。资料表明,我军炮弹中炸药的主要成分仍然是 TNT,弹药销毁废水中的主要污染成分也是 TNT,拆弹废水 TNT 浓度约为 60mg/L,$COD_{Cr}$ 约为 120mg/L,pH = 7.2 左右。

据我国 1979 年粗略统计,排放火炸药废水约 2500 万 t,其中梯恩梯废水45 万 t,随废水流入环境的芳香硝基化合物约 110t,硝化棉 1200t。目前我国兵器工业水污染物排放标准——火炸药工业水污染物排放标准见表 3.3。

表 3.3　火炸药工业水污染物排放标准

| 类别<br>企业<br>投产时间 | 排水量<br>/(m³/t) | 污染物最高日均排放浓度(单位:mg/L,色度、pH 值除外) | | | | | | pH |
|---|---|---|---|---|---|---|---|---|
| | | 色度(稀释倍数) | 悬浮物(SS) | 生化需氧量(BOD₅) | 化学需氧量(CODcr) | 梯恩梯(TNT) | 二硝基甲苯(DNT) | |
| 建成投产在规定时间之前 | 4.0 | 80 | 70 | 60 | 150 | 10 | | 6~9 |
| 建成投产在规定时间之后 | 2.5 | 50 | 70 | 30 | 100 | 5.0 | | |
| 注:规定时间为 2003 年 7 月 1 日 | | | | | | | | |

火炸药废水的处理一般有物理、化学及生物技术。物理法主要有吸附法、萃取法、膜分离法、絮凝法及蒸发法、反渗透法、浮选法等,化学法主要有 Fenton 试剂法、臭氧及组合臭氧氧化法、液中放电法、光催化氧化法及等离子法、焚烧法、水解法、铁还原法等,生物法有活性污泥法、白腐菌生化法、厌氧法及生物膜法、细菌好氧法、生物转盘法等。

物理处理技术操作简单,反应快速,但是材料成本高,二次污染严重。例如,吸附法的效果稳定可靠,但对于吸附了炸药的吸附剂的处理问题尚未完全解决;絮凝法处理效率高,但其工艺流程复杂,且操作费用高,不适宜工业化。

化学处理技术处理速率快,耐受污染浓度高,但能源消耗大,工业化难度大。

生物处理技术操作安全,运行成本低,能实现污染物完全矿化,但也存在微生物耐受污染浓度低、降解速率慢、特效菌种的筛选培养等问题。

TNT 废水的治理方法很多,但将负载改性的 TiO₂ 光催化剂以及活性炭纤维负载 TiO₂ - Fenton 在紫外线和自然光下对 TNT 废水进行降解研究还鲜有报道。我们利用活性炭纤维负载金属离子掺杂改性的 TiO₂ 光催化剂在紫外线及自然光条件下对 TNT 模拟废水进行光催化降解,研究复合光催化剂的光催化活性以及对 TNT 模拟废水的降解效率,探讨 Fenton 助 TiO₂/ACF 紫外线及自然光催化降解 TNT 模拟废水的最佳组合模式,制备出对 TNT 废水可达到快速、高效降解的复合光催化剂。

## 3.2.1　负载型二氧化钛的制备与表征

与 TiO₂/多孔碳材料复合材料制备方法类似,采用凝胶及浸渍 - 提拉法制备 TiO₂/ACF 光催化剂,其中掺杂金属有 $Ag^+$ 和 $Cu^{2+}$。

对制备的光催化剂进行表征,其电镜扫描图如图 3.21 所示,虽然二氧化钛出现了团聚现象,但颗粒依然较小。

从 X 射线能谱分析结果可以看到银及铜掺杂 TiO₂ 也是成功的。

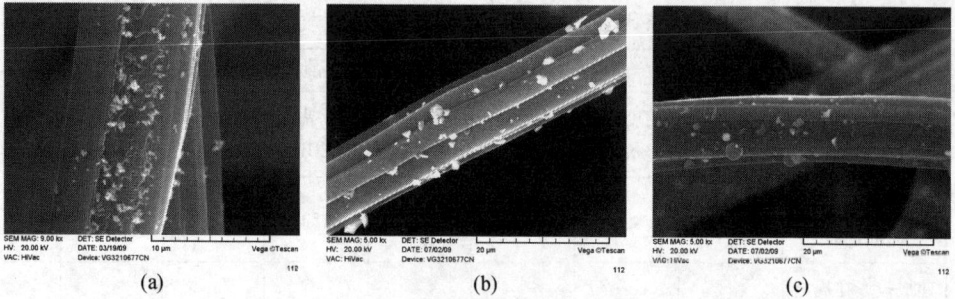

图 3.21　复合光催化剂电镜扫描图

(a) TiO$_2$/ACF,9000 倍;(b) Ag$^+$ – TiO$_2$/ACF,5000 倍;(c) Cu$^{2+}$ – TiO$_2$/ACF,5000 倍。

### 3.2.2　复合光催化剂降解 TNT 废水的影响因素

TNT 废水的降解实验按以下步骤进行:

(1) 称取 0.50g 精制纯 TNT,先溶于 3mL 浓硫酸中,缓慢加水溶解后过滤,移入 1000mL 容量瓶中,并用水稀释至标线,并测定其浓度。

(2) 取同样体积(50mL)的 TNT 模拟废水于小烧杯中,加入不同条件下制备的光催化剂,在不同光源照射下,分别于一定时间取样,测定样品中 TNT 的浓度,计算其中 TNT 的降解率,降解率通过下式计算:

$$D = \frac{D_0 - C_t}{C_0} \times 100\%$$

式中:$C_0$ 为 TNT 废水的初始浓度;$C_t$ 为降解 $t$ 时间后 TNT 废液中 TNT 的浓度;$D$ 为降解率。

其中利用分光光度法测定 TNT。如果废水水质硬度较大,需用乙二胺四乙酸二钠溶液(EDTA)及调节水样 pH 值消除钙镁的干扰。采用重铬酸钾法测定 COD。

**1. TiO$_2$ 负载量的影响**

配制相同浓度的 TNT 模拟废水 50mL,在室温条件下用六组不同负载率的复合材料对模拟废水进行紫外线催化降解 90min,取样测定 TNT 含量及 COD。实验结果如图 3.22 所示。

如图 3.22 所示,随着负载量的增加,TNT 去除率及 COD 去除率并非随之增大,这是因为 TiO$_2$ 负载量过大时,活性炭纤维部分微孔被 TiO$_2$ 微粒堵塞,使得 TNT 分子不易扩散到活性炭纤维内表面,因而阻碍了被活性炭纤维吸附的 TNT 分子向 TiO$_2$ 的迁移。而且 TiO$_2$ 负载量过大时,粒子产生堆积现象使得 TiO$_2$ 的活性位点减少,过多的 TiO$_2$ 对紫外线会产生屏蔽作用,大大影响了光的利用率从而使光催化效果下降。从图 3.22 中可以看出,当负载量大于 55% 时,虽然 TNT 的降解率有所下降,但 COD 的降解率反而有所上升,推测原因可能是因为负载量过大,粒子堆积团聚现象明显,进而影响到 TiO$_2$ 的光催化效果,紫外线照射下 TNT 分子结构虽然被破坏了,但中间产物矿化率减小,因此体系的 COD 值反而有所上升。但负载量太小又发挥不出 $TiO_2$ 的光催化效能,最佳负载率为 20% 左右。

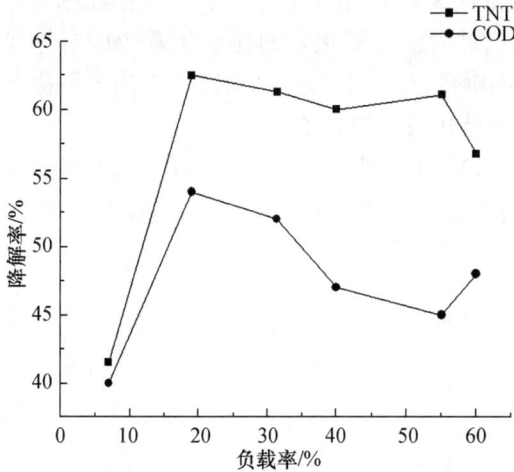

图 3.22　$TiO_2$ 不同负载率的光催化降解 TNT 效率

## 2. TNT 初始浓度的影响

分别配制 100mg/L、200mg/L、300mg/L TNT 模拟废水各 50mL,各加入同质量、同负载率的 $TiO_2$/ACF 在室温条件下进行紫外线催化降解,每 30min 取样测定体系中 TNT 浓度。实验结果如图 3.23 所示。

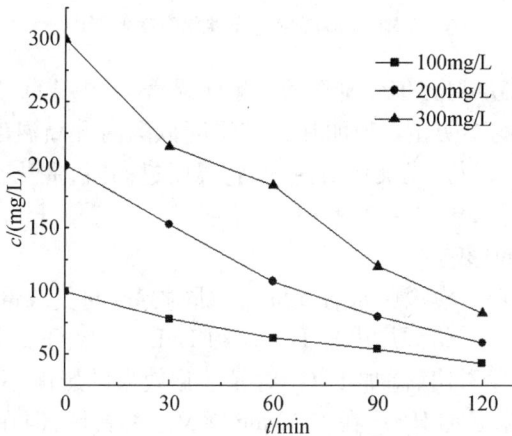

图 3.23　TNT 初始浓度对光催化效率的影响

从图 3.23 可以看出,不同 TNT 初始浓度对 $TiO_2$/ACF 光催化降解 TNT 模拟废水有着较显著的影响。TNT 初始浓度 300mg/L 时紫外线催化 2h TNT 去除率可达 73%;TNT 初始浓度为 100mg/L 紫外线催化降解 2hTNT 去除率为 57%。同时,在降解初期 TNT 降解速率较快,在降解中后期,不同 TNT 初始浓度的光催化降解速率差别不大。这是因为,在降解初期,TNT 的降解主要以活性炭纤维的吸附为主,而二氧化钛的光催化效能在此过程中发挥的不明显,随着活性炭纤维吸附 TNT 分子的数量增多,在活性炭纤维内部的 TNT 分子浓度随之增大,同时,活性炭纤维的吸附效果逐渐降低,此阶段二氧化钛的光催化效能逐渐体现出来,随着 TNT 模拟废水中 TNT 浓度的降低,体系中 TNT 的去除速率趋于平稳。

**3. 反应温度对光催化效率的影响**

配制相同浓度的 TNT 模拟废水 50mL,用同质量、同负载率的 $TiO_2/ACF$ 分别于 20℃、40℃、60℃下进行光催化降解,每 30min 取样测定体系 TNT 浓度值。实验结果如图 3.24 所示。

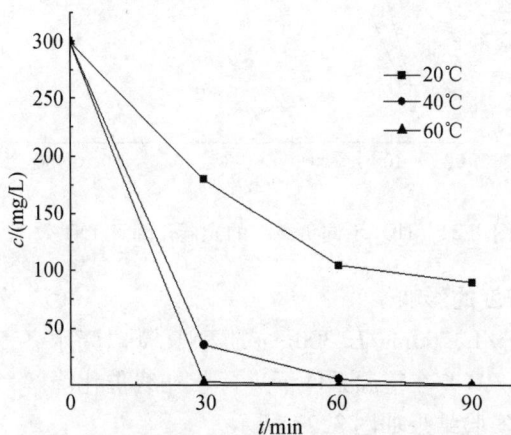

图 3.24 反应温度对光催化效率的影响

可以看出反应温度对光催化降解效率影响显著,其中 40℃ 为较适宜的反应温度,60℃时,温度影响不明显。说明在一定温度范围内升高温度有利于光催化剂表面的氧化还原反应进行,光催化活性升高;温度过高时,催化剂表面的吸附量下降,溶解氧的浓度降低,导致降解效率变化不明显。

**4. 添加 $H_2O_2$ 的影响**

取相同浓度的 TNT 模拟废水各 50mL,取同质量、同负载量的复合材料,在室温下进行光催化降解,一组添加少量 $H_2O_2$(约 1mL),一组不添加 $H_2O_2$,实验结果如图 3.25 所示。可以看出,添加 $H_2O_2$ 对光催化效果的影响不显著,从降解曲线来看,添加 $H_2O_2$ 比未添加 $H_2O_2$ 在前 30min 降解速率要慢,但在随后的反应中,添加后的降解速率要好于未添加的降解速率,但总体来看,添加 $H_2O_2$ 对光催化效果影响不大。

**5. 光源的影响**

分别在紫外线和自然光下对相同反应条件的两组体系进行光催化降解。实验结果如图 3.26 所示。可以看出,相同反应条件下紫外线催化降解 TNT 效率要优于自然光催化。自然光催化降解 TNT 模拟废水 2h TNT 去除率为 46%,紫外线催

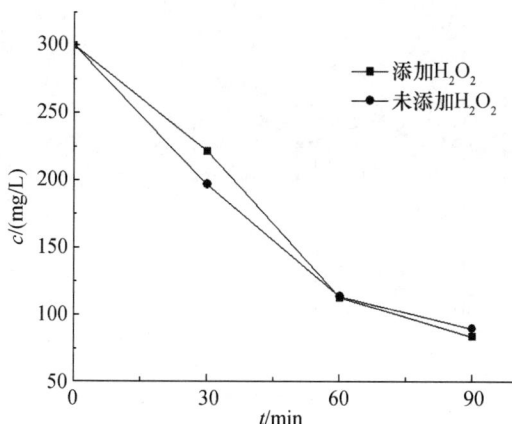

图 3.25　添加 $H_2O_2$ 对光催化效率的影响

化降解 TNT 模拟废水 2h TNT 去除率为 57% 。同时可以发现,在降解初期,两者对 TNT 的降解速率差别不大,在降解中后期,紫外线降解效率优于自然光降解,这是因为在降解初期,体系对 TNT 的去除主要以活性炭纤维的吸附为主,此时光源对体系的影响不大,由于自然光中紫外线成分仅有 3% ,因此,在中后期二氧化钛光催化降解 TNT 的阶段,自然光催化降解 TNT 的速率明显放缓,而此时活性炭纤维内部 TNT 浓度下降变化缓慢,活性炭纤维对模拟废水中 TNT 的吸附也明显放缓。紫外线催化降解体系中,活性炭纤维吸附的 TNT 分子在二氧化钛的光催化作用下,TNT 分子结构被破坏的速率要显著许多:一方面得以快速去除 TNT,另一方面,为活性炭纤维的继续吸附提供了更多空间。

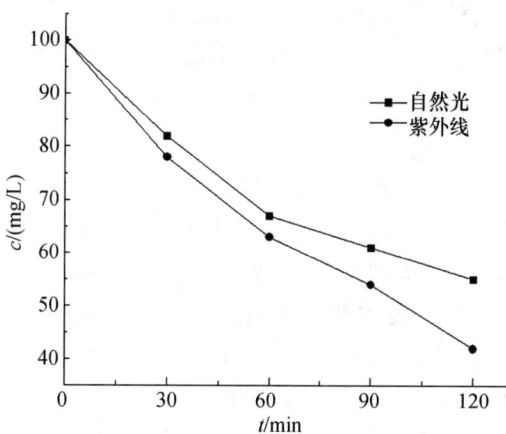

图 3.26　光源对光催化效率的影响

### 6. 催化剂重复利用次数的影响

将用过的复合催化剂取出,蒸馏水洗净并烘干,在相同条件下,多次对 TNT 模拟废水进行光催化降解。实验结果如图 3.27 所示。

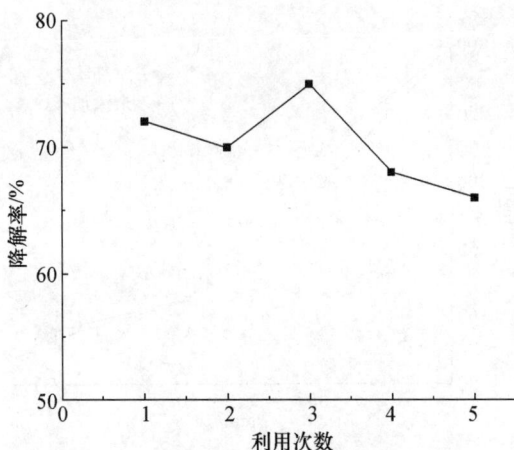

图 3.27　催化剂重复利用对光催化效率的影响

可以看出，催化剂可以重复利用，每次的降解率变化不大，在使用五次后，同样可达到 65% 以上，说明二氧化钛与载体结合得非常牢固，在使用过程中不会轻易脱落。

### 3.2.3　Fenton 试剂对 $TiO_2/ACF$ 光催化降解 TNT 的作用

近来研究表明，用 Fenton 试剂均相光化学高级氧化技术和多相光催化氧化法联合体系处理废水具有很大优势，可以克服 $H_2O_2$ 利用率低、有机污染物降解不完全、简单的 Fenton 反应必须在 pH < 3 的强酸性介质中进行的弊端。

**1. 紫外线条件下不同反应体系的光催化效率**

在 UV/Fenton 氧化反应体系中，发生如下的反应：

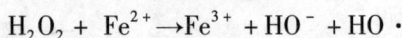

$$H_2O_2 + Fe^{2+} \rightarrow Fe^{3+} + HO^- + HO\cdot$$

$$H_2O_2 + h\gamma \rightarrow 2HO\cdot$$

此体系中所产生的 HO· 具有很强的氧化能力（氧化还原电位为 2.80V），可使污染物完全矿化或部分分解，对 C—H 或者 C—C 键有机物质的反应速率常数一般都很大，甚至可以接近扩散速率控制的极限。而在此氧化体系中，紫外线和 $Fe^{2+}$ 是催化产生自由基的必要条件。在 $TiO_2$ 光催化体系中，半导体材料受到能量大于其禁带的光照射时，发生电子跃迁，在半导体的表面形成电子 – 空穴对，此空穴对可以吸附水分子或氢氧根离子产生 HO·。

配制相同浓度的 TNT 模拟废水 50mL，分别形成以下四种反应体系：UV/Fenton/ $TiO_2/ACF$、UV/Fenton/ACF、UV/Fenton/ $TiO_2$ 以及 UV/Fenton，在紫外线条件下进行光催化降解，每 30min 取样测定各体系 TNT 浓度，其中 Fenton 试剂条件为：0.05mL $H_2O_2$、0.01g $FeSO_4 \cdot 7H_2O$。

实验结果如图 3.28 所示。可以看出，在降解前 30min，UV/Fenton/ $TiO_2/ACF$

及 UV/Fenton/ACF 的降解效率明显优于 UV/Fenton/ TiO₂ 及 UV/Fenton 的降解效率,UV/Fenton/ TiO₂ 及 UV/Fenton 的降解效率差别不大,这是因为在反应初期,ACF 发挥了其强吸附的特性,而 UV/Fenton/ TiO₂ 及 UV/Fenton 体系中,Fenton 体系的催化反应占据主导地位,以 TiO₂ 表面的光催化反应处于次要地位,这主要是受到 TNT 分子从液相中扩散到 TiO₂ 表面缓慢的影响。在反应中后期,UV/Fenton/ TiO₂/ACF 的降解效率明显优于 UV/Fenton/ACF,这是因为 ACF 的强吸附为 TiO₂ 的光催化提供了高浓度的反应环境,加快了反应速度,实现了对 TNT 的快速降解,在 120min 对 TNT 的降解率可达 80% 以上。同时,在反应中后期,UV/Fenton/ TiO₂ 的降解效率优于 UV/Fenton,这是因为随着反应时间的增加,TiO₂ 光催化的特性越来越显著,其降解速率要比 UV/Fenton 快很多。

综上所述,在紫外线条件下,各种光催化剂对 TNT 的降解效率顺序为 UV/Fenton/TiO₂/ACF > UV/Fenton/ACF > UV/Fenton/TiO₂ > UV/Fenton。

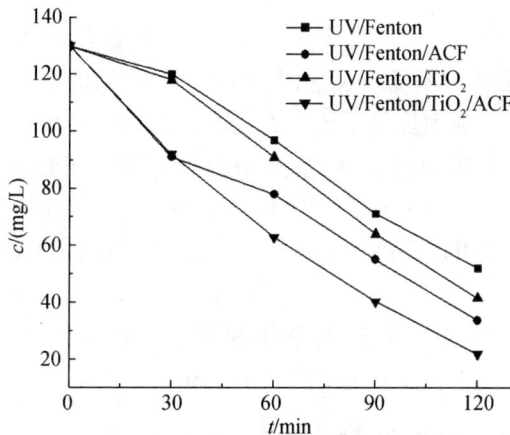

图 3.28　紫外线条件下降解效率对比图

### 2. 自然光条件下光催化效率的分析

在 Fenton 体系中 $H_2O_2 + Fe^{2+} \rightarrow Fe^{3+} + HO^- + HO\cdot$ 可产生 $HO\cdot$,因此在自然光条件同样有较强的氧化能力,并且自然光中有 3% 左右的紫外线成分,所以 TiO₂ 光催化体系同样也可发挥光催化作用。

配制相同浓度的 TNT 模拟废水 50mL,分别形成以下四种反应体系:Fenton/TiO₂/ACF、Fenton/ACF、Fenton/ TiO₂ 以及 Fenton,在自然光条件下进行光催化降解(六月中旬中午,室外温度 37℃),每 45min 取样测定各体系 TNT 浓度。实验结果如图 3.29 所示。

可以看出,在反应前一阶段,Fenton/TiO₂/ACF 及 Fenton/ACF 的降解效率明显优于 Fenton/ TiO₂ 及 Fenton 的降解效率,此结论与紫外线条件下相同。在反应中后期,随着 TNT 浓度降低,Fenton/TiO₂/ACF 及 Fenton/ACF 的降解速率减小,但

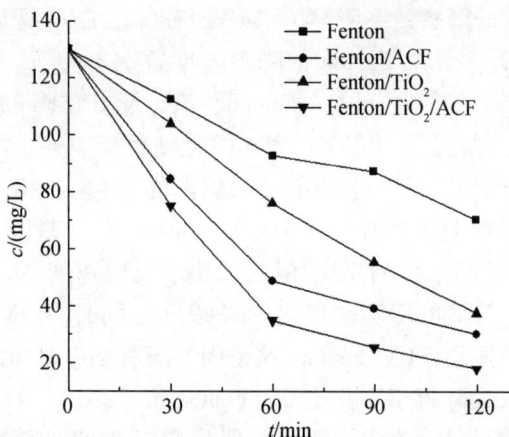

图 3.29　自然光条件下降解效率对比图

Fenton/ TiO$_2$/ACF 的催化效率要优于 Fenton/ACF,这是因为在 Fenton/TiO$_2$/ACF 体系中,TiO$_2$ 的光催化效率随着反应时间的增加显著加强,再将 ACF 吸附的 TNT 矿化的同时为 ACF 的吸附提供了更多的孔隙,在 Fenton/ACF 体系中,随着 TNT 浓度的降低以及 ACF 的吸附饱和,吸附速率明显降低。同紫外线条件相比,Fenton 的降解效率低于 UV/Fenton 体系,而 Fenton/TiO$_2$/ACF 的降解效率要优于 UV/ Fenton/ TiO$_2$/ACF,这可能是因为在此反应体系中反应温度的影响比光源的影响更显著。

综上所述,在自然光条件下,各催化剂对 TNT 的降解效率的顺序为 Fenton/ TiO$_2$/ACF > Fenton/ACF > Fenton/ TiO$_2$ > Fenton。

## 3.2.4　改性 TiO$_2$/ACF 光催化降解 TNT 废水

为了改善二氧化钛的光催化性能,增加其对太阳光的利用率,人们使用多种手段对 TiO$_2$ 进行改性,其中包括贵金属修饰、半导体复合、染料敏化和过渡金属离子掺杂等。过渡金属离子掺杂可在 TiO$_2$ 晶格中引入缺陷位置或改变结晶度,从而影响电子与空穴的复合,某些金属离子的掺入还可以扩展光吸收波长的范围,近年来被广泛研究。目前,用于掺杂纳米 TiO$_2$ 的金属离子研究得较多的有 Fe$^{3+}$、Cu$^{2+}$、Zn$^{2+}$、Ni$^{2+}$、Ag$^+$、Cr$^{3+}$、Co$^{2+}$ 以及稀土元素离子等,但由于光催化反应影响因素较多,光催化剂的制备方法多样以及所采用的降解对象的不同,使得研究的结果相差很大,有的甚至得出了相反的结论,而且人们对过渡金属离子掺杂改性的机理还未达成共识,有必要对其做进一步研究。

### 1. 掺杂量对光催化效率的影响

离子掺杂量是影响纳米 TiO$_2$ 光催化性能的一个重要参数。据文献报道,掺杂离子的浓度一般存在一个最佳值,当浓度低于最佳值时,半导体中没有足够的载流子捕获陷阱,光催化活性随着掺杂离子的浓度增加而增大;当超过最佳掺杂量时,随着捕获位间平均距离的缩短,复合速率增加;同时,由于掺杂离子在 TiO₂ 中的溶解度有限,较高的掺杂量可导致掺杂离子在催化剂表面的富集,这种不均匀相的生成也可使光催化活性降低,因此离子掺杂量均有一最佳值,使 TiO₂ 的光催化性能最高。

取相同浓度的 TNT 模拟废水各 50mL,分别取 0.01%、0.05%、0.1%、0.3% 银、铜离子掺杂量的 TiO₂/ACF 各四组,在室温下进行紫外线和自然光光催化降解,实验结果如图 3.30、图 3.31 所示。

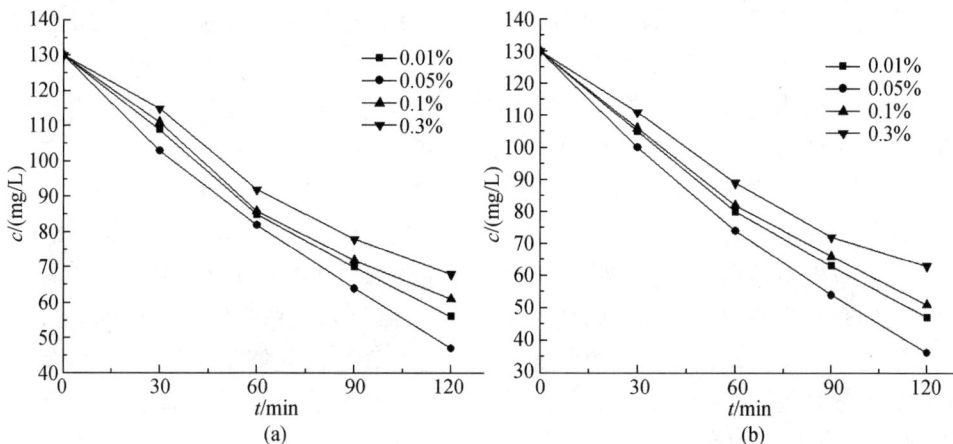

图 3.30 不同掺杂量掺杂 TiO₂/ACF 紫外线催化降解 TNT 曲线图

(a) Ag 掺杂;(b) Cu 掺杂。

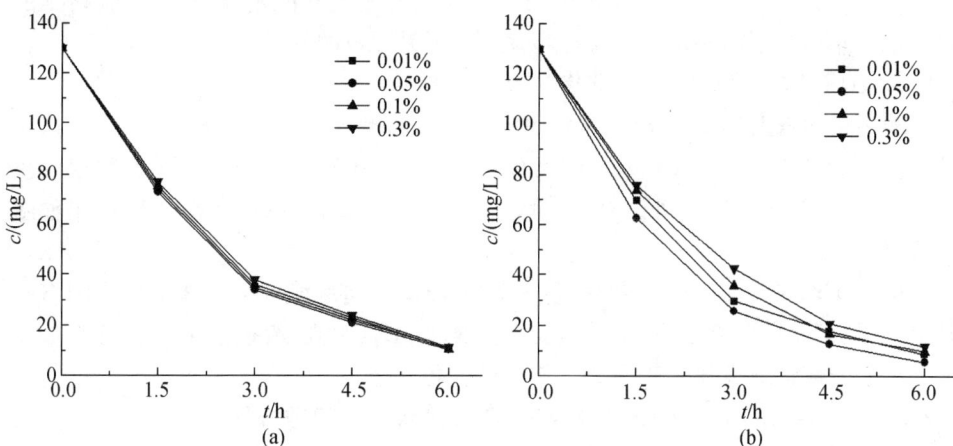

图 3.31 不同掺杂量掺杂 TiO₂/ACF 自然光催化降解 TNT 曲线图

(a) Ag 掺杂;(b) Cu 掺杂。

可以看出，$Ag^+$、$Cu^{2+}$掺杂$TiO_2$光催化剂的性能均存在一个最佳掺杂量，其值均为 0.05%；就掺杂的两种金属离子来说，光催化性能对$Cu^{2+}$的掺杂量更为敏感。这可能是因为铜离子掺杂可作为电子 – 空穴对的捕获位，同时捕获电子和空穴，降低了电子和空穴的复合率，而铜离子捕获电子和空穴的能力要优于银离子，另外铜离子掺杂样品的光吸收性能由可见光区到紫外线区的阶跃式增长较银离子更加明显，存在明显的吸收带边，铜离子较银离子更能保持$TiO_2$半导体光催化剂的光敏性质。

从图中还可以看出，掺杂的$TiO_2$粉体负载于活性炭纤维后，对TNT的光催化效率有明显提高：0.05% $Ag^+$ – $TiO_2$/ACF紫外线催化降解TNT模拟废水 2h，TNT去除率可接近 65%，0.05% $Cu^{2+}$ – $TiO_2$/ACF紫外线催化降解TNT模拟废水 2h，TNT去除率可达到 73%，这是因为活性炭纤维虽然自身没有分解TNT的能力但它的强吸附为金属离子掺杂的$TiO_2$光催化剂提供了高浓度的反应环境，从而提高了$TiO_2$光催化剂的光催化效率，加快了反应速度，实现了对TNT的快速降解。

从图中还可以看出，$TiO_2$/ACF掺杂不同量的$Ag^+$、$Cu^{2+}$在自然光催化降解TNT的降解效率差别不大，6h对TNT的光催化降解去除率均大于 90%，这是因为活性炭纤维在降解初期的强吸附能力为$TiO_2$光催化剂的光催化降解提供了一个高浓度的反应环境，银、铜离子的微量掺杂拓宽了$TiO_2$的光催化吸收频带，提高了对自然光的利用率，从而在高浓度的反应环境下$TiO_2$的光催化效能得以显著提高，实现了对TNT的完全降解。

由此可见，将改性后的$TiO_2$粉体负载于活性炭纤维之上，协同发挥了活性炭纤维的强吸附性和$TiO_2$的光催化性，在紫外线和自然光条件下，对TNT的光催化效率均有显著提高，同时，一方面解决了单纯炭材料吸附降解TNT废水脱附难的问题，另一方面，也解决了$TiO_2$粉体易流失、不易回收的问题。

**2. 改性$TiO_2$负载量对光催化效率的影响**

配制相同浓度的TNT模拟废水 50mL，在室温条件下用六组不同负载率（掺杂量均为 0.05%的$Ag^+$ – $TiO_2$/ACF及$Cu^{2+}$ – $TiO_2$/ACF）的复合材料（负载率依次增大）对模拟废水进行紫外线催化降解 120min，取样测定TNT含量，实验结果如图 3.32 所示。

从图 3.32 中可以看出，银、铜离子改性$TiO_2$不同负载量对光催化效率均有明显影响，且存在最佳负载量，随着负载率的增加，TNT的降解率反而下降，而且铜离子掺杂的光催化效率要优于银离子掺杂的光催化效率。

**3. $Cu^{2+}$ – $TiO_2$/ACF光催化降解TNT废水紫外图谱分析**

配制 100mg/L浓度的TNT模拟废水 50mL，在室温条件下用 0.05%铜离子掺杂、16% $Cu^{2+}$ – $TiO_2$负载率的$Cu^{2+}$ – $TiO_2$/ACF的复合材料对模拟废水进行紫外线催化降解，每 30min取样进行紫外 – 可见吸收光谱检测，通过图谱分析对$Cu^{2+}$ – $TiO_2$/ACF的光催化效率进行研究。实验结果如图 3.33 所示。

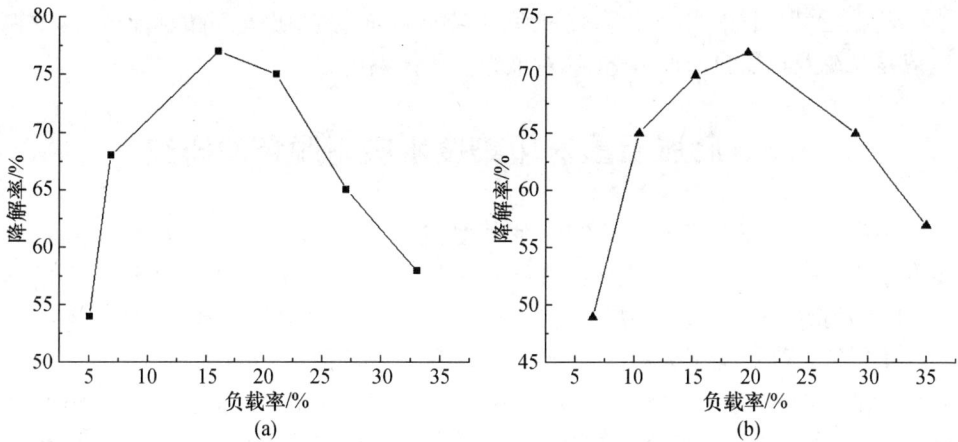

图 3.32　改性 TiO$_2$ 不同负载量对光催化效率的影响

（a）Ag$^+$ 掺杂；（b）Cu$^{2+}$ 掺杂。

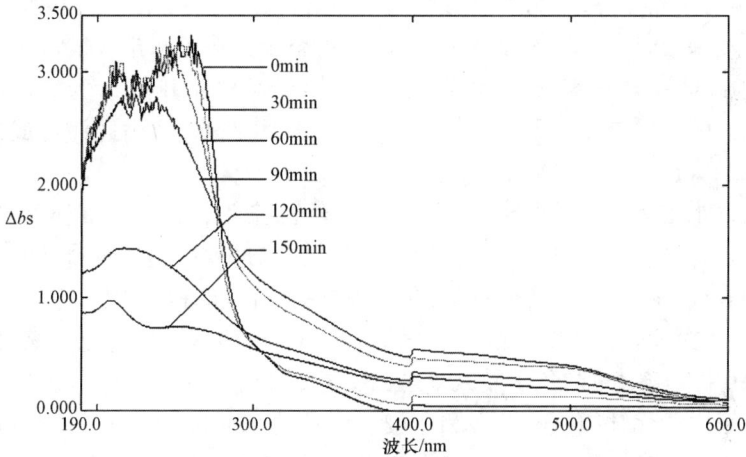

图 3.33　Cu$^{2+}$ - TiO$_2$/ACF 紫外线条件下降解 TNT 的紫外图谱

从图可以看出,未进行光催化降解的 TNT 模拟废水在 B 带有一个多重的吸收峰($\lambda_{max} = 260.50$nm),这是 TNT 苯环上的 P→p$^*$ 跃迁引起的,在光催化降解过程中,随着苯环的不断破坏,TNT 浓度的降低,在此位置的吸收峰逐渐减弱,同时,由于硝基取代基的存在以及降解过程苯环被破坏后的中间产物的存在,使得体系紫外图谱发生红移,且吸收峰值减弱,这是因为光催化过程中,TNT 中苯环被破坏后形成的共轭体系化合物中的 P→p$^*$ 跃迁带由于能量降低而发生红移,且中间产物被不断地光催化降解,使得体系中可吸收光子浓度降低而产生了减色效应。在光催化降解中后期,TNT 苯环被不断破坏以及中间产物的不断被矿化,使得体系中含有双键或共轭双键的中间产物浓度大大降低,紫外吸收减弱,而当体系中 TNT 或中间产物浓度过低时,由于极性溶剂(水)使得体系紫外吸收带产生严重红移,从

89

而无法在近紫外区检测到。降解过程中 400.50nm 处的吸收,可能是由于系统误差或是光源及仪器自身原因造成,对该光催化体系无影响。

## 3.3 膨胀石墨对印染废水吸附脱色的研究

染料是一类在水或其他溶剂中,使其他物质用染色方式着色的有色物质,一般是有机物,主要用于纺织品印染,占染料总消耗量的 60% ~ 80%;非纺织品用染料,主要是指应用于皮革、毛皮、食品等行业着色,占染料总消耗量的 20% ~ 40%。

染料按化学结构可分为偶氮染料、硝基和亚硝基染料、芳甲烷染料(分子中含有二芳基甲烷和三芳基甲烷结构)、蒽醌染料、靛族染料(含有靛蓝或类似结构)、酞菁染料(含有酞菁金属络合物结构)、硫化染料(用硫或多硫化钠的硫化作用制成)、菁系染料(含有聚甲炔结构)、杂环染料(含有五元、六元杂环等结构)等;如按应用分类则可分为酸性染料、直接染料、阳离子染料、金属络合染料、活性染料、氧化染料、硫化染料、媒染染料、还原染料、分散染料、油溶与醇溶性染料等十多种。

纺织印染业是工业废水排放的大户,约占整个工业废水排放量的 35%。我国是纺织印染的第一大国,据不完全统计,我国印染废水排放量为 $3 \times 10^6 \sim 4 \times 10^6 \mathrm{m}^3/$天。印染厂每加工 $100\mathrm{m}$ 织物,会产生 $3 \sim 5\mathrm{t}$ 废水,故由此而造成的生态环境破坏及经济损失是不可估量的。

印染废水主要产生于退浆、煮练、漂白、丝光、染色、印花、后整理等工序,排放的废水中含有纤维素原料本身的夹带物,以及加工过程所用的浆料、油料、染料和化学助剂等,废水数量大,成分复杂,含有浓重的色泽和有毒物质,具有色度高、pH值变化大、水温变化大、水质变化大、化学需氧量(COD)较高、生化需氧量($\mathrm{BOD_5}$)相对较小(生化需氧量与化学需氧量之比小于 0.2)、可生化性差等特点。

近年来由于化纤织物的发展和印染后整理技术的进步,使 PVA 浆料、新型助剂等难生化降解有机物大量进入印染废水,给处理增加了难度。原有的生物处理系统大都由原来的 70% COD 去除率下降到 50% 左右,甚至更低。因而印染废水处理具有一定的难度,常用的方法有物理处理法(吸附法)、化学处理法(混凝法、氧化法、电解法)、生物处理法等。实际上应用时常需采用物理、化学、生物等多种方法组合进行。目前,国内的印染废水处理手段以生化法为主,有的还将化学法与之串联,国外也是基本如此。

脱色是印染废水处理的重要环节,也是印染废水处理效果的重要指标。印染废水中造成色度的主要因素是染料。全世界纺织用染料年产为 40 多万 t,印染加工过程中有 10% ~ 20% 染料进入废水而排入水体环境中。废水中的染料能吸收光线,降低水体透明度,影响水生生物和微生物的生长,不利于水体自净,其降解产物多为联苯胺类等一些致癌的芳香类化合物,同时造成视觉上的污染,因此,脱色方法的研究成为印染废水处理的重要课题。目前,印染废水的脱色方法研究较多,主要有物理法、化学法和生物法。物理法主要有吸附法、膜分离法、萃取法。化学处理法主要有混凝法、氧化法、还原法、电化学法。生物法主要有好氧生物处理、厌氧生物处理、厌氧－好氧处理、高效降解菌法、工程菌法。但由于印染废水的水质十分复杂，单一脱色技术往往不能达到理想的效果，特别是对于含多种类型染料的印染废水，因此需要不断开发、研究适用范围广的脱色剂和脱色工艺。

到目前为止，各种脱色方法从经济性、技术性、实用性考虑都有一定的缺陷。近年来所开发的许多新型染料由稳定的环状有机物组成，可生化性差，生化法脱色效果比不上物化法，因此一般采用物化法进行脱色。物化法中吸附法是一种重要的方法，因为费用原因，我国很少采用吸附法，这与吸附脱色在发达国家的普及和流行形成鲜明的对比。吸附法尽管费用高，但运转可靠，处理效果显著。当对出水水质有较高要求，尤其是要求水回用的场合，最好用吸附法。同时，水的回用对工艺的高费用可以达到一定的补偿。但目前使用的吸附剂往往存在吸附量不够，或再生不容易的缺点。

膨胀石墨为网络状孔隙结构，其中多数孔为狭缝或由其衍生形成的多边型柱孔或楔型孔。表面孔一般为开放孔，内部互连孔有开放孔、封闭孔及半封闭孔 3 种情况。膨胀石墨表面和内部的孔径分布较宽，可在 10~1000nm 数量级之间，以大孔和中孔为主，这就决定了膨胀石墨适合吸附大分子物质。理论上可能将印染废水中的染料大分子吸附除去而使其脱色，目前已有的研究已证明了这点。

我国石墨矿资源相当丰富。全国 20 个省(区)有石墨矿产出，探明储量的矿区有 91 处，总保有储量矿物 173Mt，居世界第一位[19]（世界上 2/3 的储量在我国），但关于膨胀石墨的研究要比国外晚许多。膨胀石墨作为一种新型材料，由于其优良的理化形态，在生活生产的各个领域会有越来越多的应用机会。目前国际膨胀石墨产业销售额达数十亿美元，我国如能发挥好作为石墨资源第一大国的优势，开拓应用领域，将会有显著的经济效益。

### 3.3.1 染料标准储备液的配制及膨胀石墨的制备

准确称取经过干燥的 1.0g 染料，用蒸馏水溶解后，移入 1000mL 容量瓶，定容。该储备液浓度为 1.0g/L，作为模拟印染废水。

实验中采用以下 4 种染料，其名称与结构式如下：

（1）酸性橙 II。分子式为 $C_{16}H_{11}N_2O_4S \cdot Na$，相对分子量为 350.33，金黄色粉末，易溶于水，结构式如下：

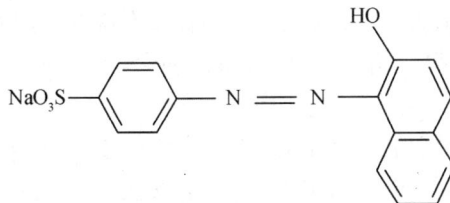

（2）直接黄 R。有机高分子,其单体分子式为 $C_{14}H_8N_2O_7S_2 \cdot 2Na$,易溶于水的棕色粉末,结构式如下:

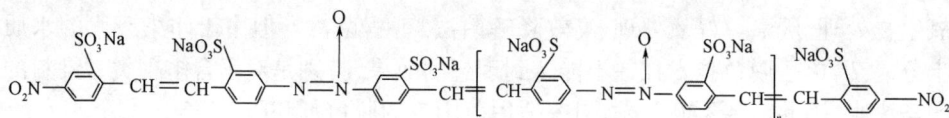

（3）阳离子红 X – GRL。分子式 $C_{18}H_{21}N_6 \cdot ZnCl_3$,相对分子量 493.13,为易溶于水的暗红色粉末,结构式如下:

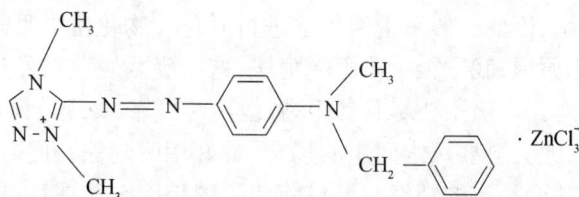

（4）直接混纺黄 D – 3RNL。分子式 $C_{68}H_{48}N_{16}O_{26}S_8 \cdot 8Na$,相对分子量 1945.61,为易溶于水的米黄色粉末,结构式如下:

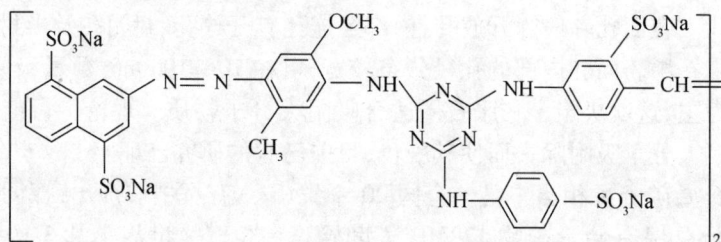

将染料配成 10mg/L 的溶液,分别用 UV – 1601 型紫外 – 可见分光光度计在 300~800nm 波长范围内扫描,选取最大吸收波长($\lambda_{max}$)作为工作波长。在此波长下,测定标准系列的吸光度,并以吸光度 $A$ 对浓度 $C$ 作图,所得直线即为工作曲线。染料的脱色率用其相应波长下吸光度的变化率衡量。

将四种可膨胀石墨分别在 900℃ 恒温的马弗炉充分膨胀,待用。

### 3.3.2　膨胀石墨的脱色效果

在实验中对 4 种有代表性的染料进行了研究,但限于篇幅和研究内容的相似性,只列出酸性橙Ⅱ和直接黄 R 的脱色结果。

**1. 对酸性橙Ⅱ染料的脱色研究**

（1）吸附平衡时间。图 3.34 是将 0.2g 膨胀石墨加入浓度为 0.3g/L 的酸性橙Ⅱ染料溶液中实验结果。可以看出,四种膨胀石墨在 5h 后,吸附都已达到平衡,可以确定平衡时间为 5h。并且膨胀石墨的粒径越小,膨胀倍数越大,吸附速率越快。

（2）膨胀石墨用量对脱色率的影响。图 3.35 是将不同量的膨胀石墨加入浓度为 0.3g/L 的酸性橙Ⅱ溶液中的实验结果曲线图。

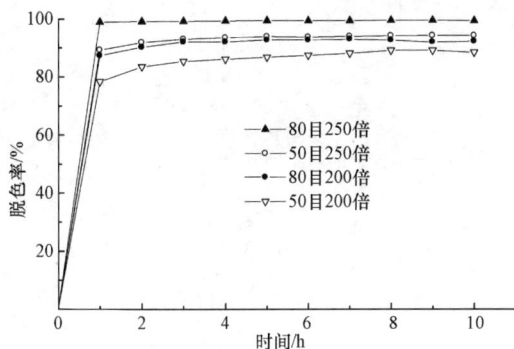

图 3.34　膨胀石墨对酸性橙 Ⅱ 的吸附平衡

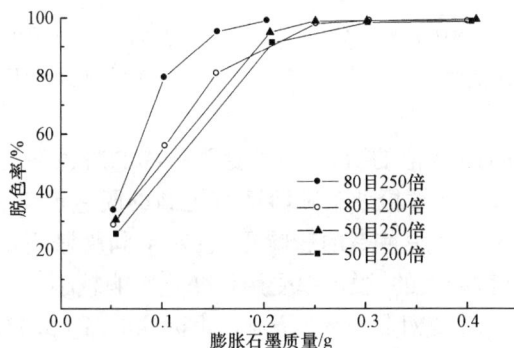

图 3.35　膨胀石墨用量和脱色率的关系

由图可见,随膨胀石墨用量的增大,脱色率均是增大。而且相同质量的膨胀石墨加入相同浓度的染料溶液中,膨胀倍数大、粒径小的脱色率高,吸附量大:实验所用的各规格膨胀石墨中,以 80 目 250 膨胀倍数的效果最佳。但随着用量的增大,各种膨胀石墨对酸性橙 Ⅱ 的脱色率及吸附量差别越来越小。

(3)膨胀石墨用量和 pH 值对脱色率的影响。图 3.36 ~ 图 3.39 是将不同质量的膨胀石墨加入浓度为 0.3g/L、pH 值不同的酸性橙 Ⅱ 溶液中的实验结果。

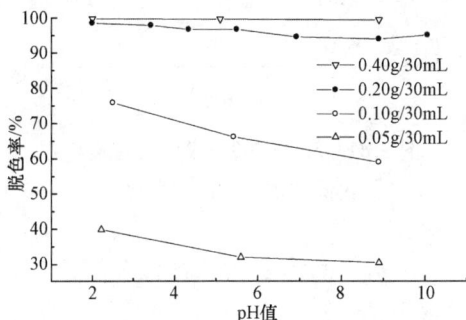

图 3.36　50 目 250 倍膨胀石墨脱色率随用量、pH 值的变化脱色率

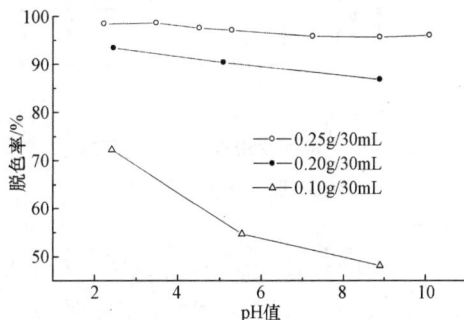

图 3.37　50 目 200 倍膨胀石脱色率随用量、pH 值的变化

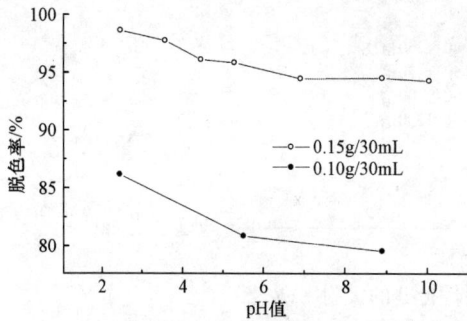

图 3.38　80 目 250 倍膨胀石墨脱色
率随用量、pH 值的变化

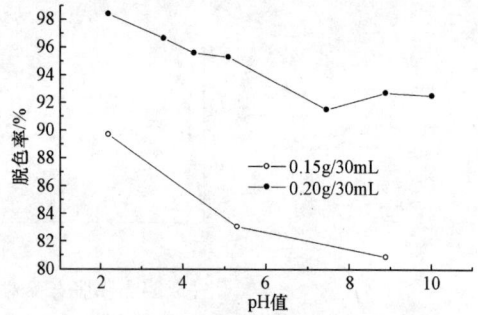

图 3.39　80 目 200 倍膨胀石墨脱色
率随用量、pH 值的变化

由图可以看出随着 pH 值的增大,各种膨胀石墨的脱色率均是减小。因此,在酸性条件下,膨胀石墨对酸性橙 Ⅱ 染料溶液有更高的脱色能力。对同一种膨胀石墨,随用量减小时,pH 值对脱色率的影响更大;对不同膨胀石墨,相同的 pH 值变化,粒径越小,膨胀倍数越大的,脱色率受用量变化影响越小。

（4）初始浓度和 pH 值对脱色率的影响。图 3.40 ~ 图 3.43 是将 0.1g 的膨胀石墨加入浓度分别为 0.1g/L、0.2g/L、0.3g/L,pH 值为 2 ~ 9 的酸性橙 Ⅱ 染料溶液中的实验结果。

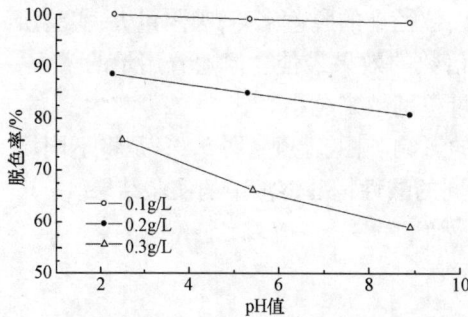

图 3.40　50 目 250 倍膨胀石墨脱色
率随浓度、pH 值的变化

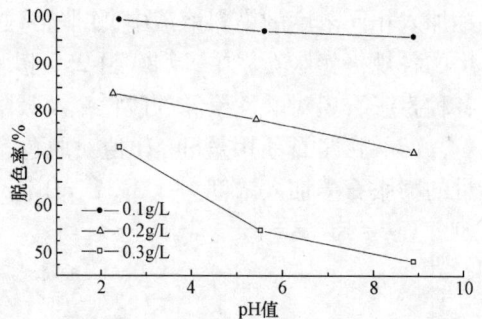

图 3.41　50 目 200 倍膨胀石墨脱色
率随浓度、pH 值的变化

由图可看出,相同质量的膨胀石墨加入等体积不同浓度的酸性橙 Ⅱ 溶液中,pH 值对脱色率的影响趋势一致:随 pH 值的减小,脱色率均是增强。但影响的程度不一样,对同一种膨胀石墨,溶液浓度越大,受 pH 值影响越大;对不同的膨胀石墨,相同的 pH 值变化,膨胀倍数越大,粒径越小的受浓度的影响越小。

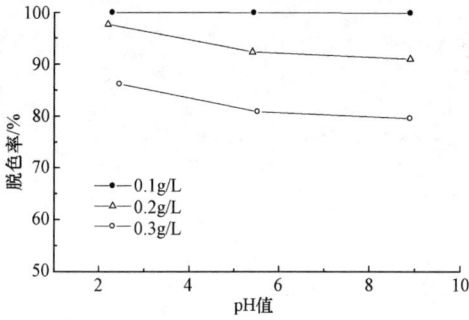

图 3.42　80 目 250 倍膨胀石墨脱色
率随浓度、pH 值的变化

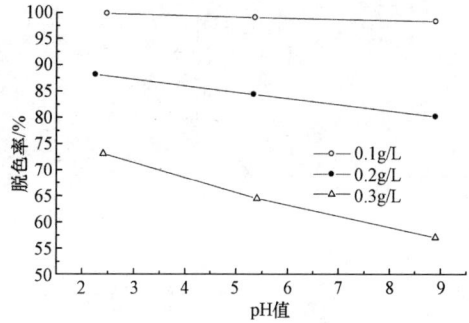

图 3.43　80 目 200 倍膨胀石墨脱
色率随浓度、pH 值的变化

（5）初始浓度、膨胀石墨用量对吸附量的影响。表 3.4 是将 0.1g、0.2g 的膨胀石墨加入浓度分别为 0.1g/L、0.2g/L、0.3g/L，pH 值均为 2.0 酸性橙 Ⅱ 染料溶液中的实验结果。随着染料浓度的增大，膨胀石墨的吸附量均是增大；随膨胀石墨用量的增大，吸附量均是减小。

表 3.4　不同用量及规格的膨胀石墨对不同初始浓度染料的吸附量

| 膨胀石墨规格 | 膨胀石墨用量/g | 染料初始浓度/（g/L） | | |
|---|---|---|---|---|
| | | 0.1 | 0.2 | 0.3 |
| 80 目 250 倍 | 0.10 | 0.02964 | 0.05769 | 0.07663 |
| | 0.15 | | | 0.05824 |
| 80 目 200 倍 | 0.10 | 0.02918 | 0.05190 | 0.06447 |
| | 0.20 | | | 0.04401 |
| 50 目 250 倍 | 0.10 | 0.02970 | 0.05226 | 0.06555 |
| | 0.20 | | | 0.04387 |
| 50 目 200 倍 | 0.10 | 0.02970 | 0.05226 | 0.06555 |
| | 0.20 | | | 0.04387 |

由于在溶液中膨胀石墨不仅吸附染料，而且对溶剂水也有吸附。因此通常测定的膨胀石墨对染料的吸附量实际上是表观吸附量，对同一染料而言，此吸附量受膨胀石墨自身粒度、膨胀倍数、加入质量和染料溶液浓度等多种因素的影响。

（6）温度对吸附量的影响及吸附等温线。取 0.1g 膨胀石墨分别加入 30.0mLpH = 2.0 的 0.1g/L、0.15g/L、0.2g/L、0.25g/L、0.3g/L 溶液中恒温 30℃、50℃，计算平衡浓度（$C_e$）和平衡吸附量（$Q_e$），以平衡浓度对吸附量作图，如图3.44 所示。由图可见，膨胀石墨吸附酸性橙 Ⅱ 染料，随温度升高，吸附量减小，但总体来说受温度影响不大。

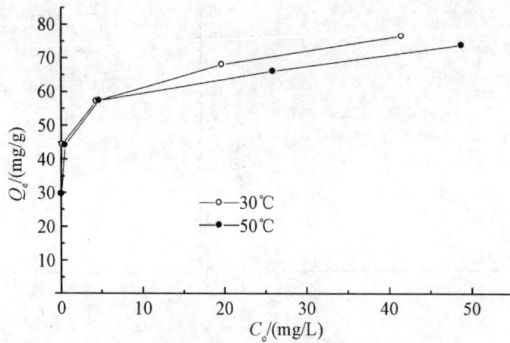

图 3.44　30℃、50℃吸附等温线

## 2. 膨胀石墨对直接黄 R 染料的吸附脱色作用

（1）吸附平衡时间。将 0.1g 膨胀石墨加入浓度为 0.1g/L 的直接黄 R 染料溶液中,三种膨胀石墨在 8h 后,吸附都已达到平衡,实验结果如图 3.45 所示。

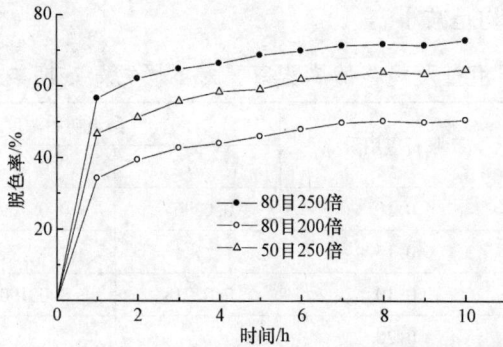

图 3.45　膨胀石墨对直接黄 R 染料吸附曲线

由图可见,膨胀石墨对直接黄 R 吸附的快速吸附阶段和一个慢吸附阶段比较明显。开始时在较短时间内曲线迅速上升,然后变化趋于平缓。这主要是因为直接黄 R 与酸性橙 II 结构上的不同造成的。同时也可看出,对相同质量的膨胀石墨,粒度越小,膨胀倍数越大的,吸附速率更快,但 8h 后基本达到吸附平衡。

（2）膨胀石墨用量对脱色率的影响。取不同量的膨胀石墨加入浓度为 0.1g/L 的直接黄 R 溶液,调节 pH 值 2.0,实验结果如图 3.46 所示。

由图 3.46 可以看出:随着膨胀石墨用量的增多,脱色率越来越大,但吸附量都是减小的。但随着用量的相同变化,对粒度相同的膨胀石墨,膨胀倍数小的,脱色率增加较快:80 目 250 倍与 80 目 200 倍比较,80 目 200 倍随用量的增多,脱色率变化较大;对膨胀倍数相同的膨胀石墨,粒径大的脱色率增加较快:80 目 250 倍与 50 目 250 倍比较,50 目 250 倍随用量的增多,脱色率变化较大。但随着用量的增大,膨胀石墨对直接黄 R 的脱色率及吸附量差别越来越小。

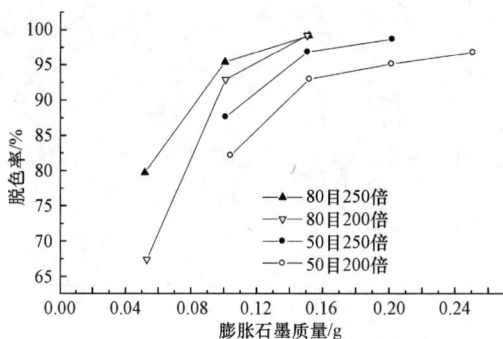

图 3.46 膨胀石墨用量和脱色率的关系

（3）膨胀石墨用量和 pH 值对脱色率的影响。取 30mL 浓度为 0.1g/L，pH 值不同的染料溶液，加入 0.1g 的不同种类的膨胀石墨，振荡达 4h，实验结果如图 3.47所示。

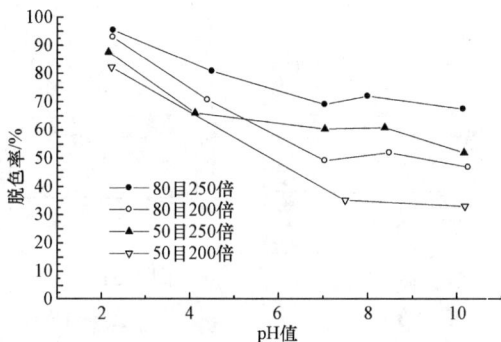

图 3.47　膨胀石墨脱色率随 pH 值的变化

由图可见：随着 pH 值的增大，膨胀石墨的脱色率均是减小，酸性条件脱色率较大，到 pH 值为 7 以后，脱色率变化不大；对粒度相同的膨胀石墨，膨胀倍数小的脱色率受 pH 值影响较大；对膨胀倍数相同的膨胀石墨，粒度大的脱色率受 pH 值影响较大。

（4）初始浓度和 pH 值对脱色率的影响。取 30mL 浓度分别为 0.1g/L、0.2g/L、0.3g/L 直接黄 R 染料溶液，调节不同 pH 值，加入 0.1g 的膨胀石墨，振荡 4h，实验结果如图 3.48～图 3.51 所示。

由图可见各膨胀石墨的变化趋势是一致的。对 0.1g/L 的直接黄 R 溶液，加入 0.1g 的膨胀石墨，其脱色率随 pH 值的变化比 0.2g/L、0.3g/L 的直接黄 R 都要大，与前面的酸性橙Ⅱ的规律似乎不同。但事实上由于对 0.2g/L、0.3g/L 直接黄 R 溶液，加入 0.1g 的膨胀石墨的质量均太小，即使 pH 值变化膨胀石墨吸附量变化很大，由于溶液浓度太大，脱色率也不会有很大的变化；而对 0.1g/L 的直接黄 R 溶液，0.1g 膨胀石墨相对适量，因此，随 pH 值变化，膨胀石墨的吸附量的变化就能

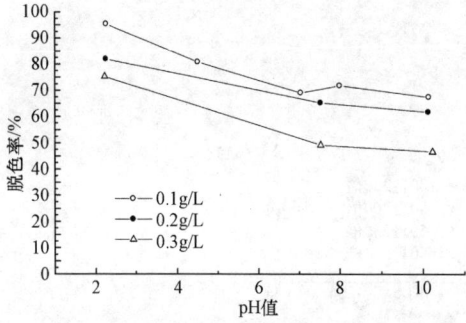

图 3.48 80 目 250 倍膨胀石墨脱
色率随浓度、pH 值的变化

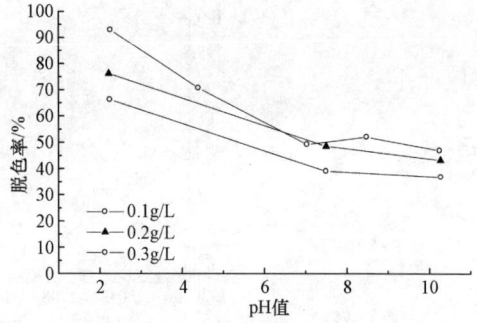

图 3.49 80 目 200 倍膨胀石墨脱
色率随浓度、pH 值的变化

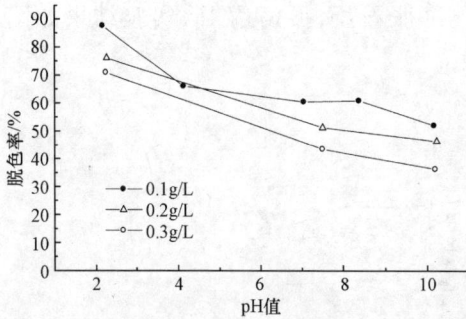

图 3.50 50 目 250 倍膨胀石墨脱
色率随浓度、pH 值的变化

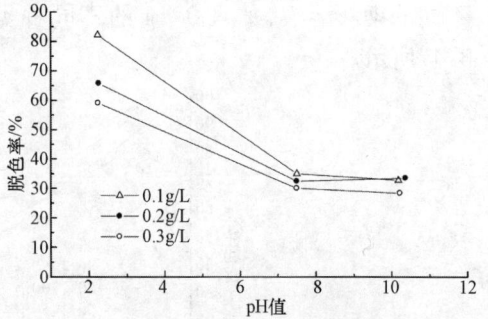

图 3.51 50 目 200 倍膨胀石墨脱
色率随浓度、pH 值的变化

很好地反映在脱色率上。

（5）初始浓度、膨胀石墨用量对吸附量的影响。取 30mL 浓度分别为 0.1g/L、0.2g/L、0.3g/L 直接黄 R 染料溶液,调节 pH 值为 2.0,加入 0.1g、0.2g 的膨胀石墨,振荡达 4h,实验结果见表 3.5。

由表中可见,随着染料浓度的增大,膨胀石墨的吸附量均是增大;随膨胀石墨用量的增大,吸附量均是减小。对相同质量的膨胀石墨,随着浓度的增大,吸附量的差别逐渐增大。对相同浓度而言,随着用量的增大,吸附量的差别减小。

表 3.5 不同用量及规格的膨胀石墨对不同初始浓度染料的吸附量

| 膨胀石墨规格 | 膨胀石墨用量/g | 染料初始浓度/(g/L) | | |
| --- | --- | --- | --- | --- |
| | | 0.1 | 0.2 | 0.3 |
| 80 目 250 倍 | 0.05 | 0.04609 | | |
| | 0.10 | 0.02842 | 0.04773 | 0.06109 |
| | 0.15 | 0.01960 | 0.03871 | |
| | 0.20 | | | 0.04364 |
| | 0.30 | | | 0.02879 |

98

| 膨胀石墨规格 | 膨胀石墨用量/g | 染料初始浓度/(g/L) | | |
|---|---|---|---|---|
| | | 0.1 | 0.2 | 0.3 |
| 80目200倍 | 0.05 | 0.03806 | | |
| | 0.10 | 0.02760 | 0.04340 | 0.05660 |
| | 0.15 | 0.01975 | 0.03832 | 0.04793 |
| | 0.20 | | | 0.04135 |
| 50目250倍 | 0.10 | 0.02600 | 0.04337 | 0.05710 |
| | 0.15 | 0.01925 | 0.03538 | 0.04647 |
| | 0.20 | 0.01466 | | |
| | 0.25 | | | 0.03364 |
| 50目200倍 | 0.10 | 0.02368 | 0.03790 | 0.05075 |
| | 0.15 | 0.01834 | 0.02747 | |
| | 0.20 | 0.01416 | | 0.03527 |
| | 0.25 | 0.01158 | | |
| | 0.30 | | | 0.02879 |

（6）温度对吸附量的影响及吸附等温线。取 0.1g 的膨胀石墨分别加入 30.0mL pH = 2.0 的 0.1g/L、0.15g/L、0.2g/L、0.25g/L、0.3g/L 溶液中恒温 30℃、50℃,达平衡时测定吸光度,计算平衡浓度和平衡吸附量,以平衡浓度对吸附量作图,如图 3.52 所示。由图可见膨胀石墨吸附直接黄 R 染料溶液受温度影响较大,随温度升高,吸附量增大。

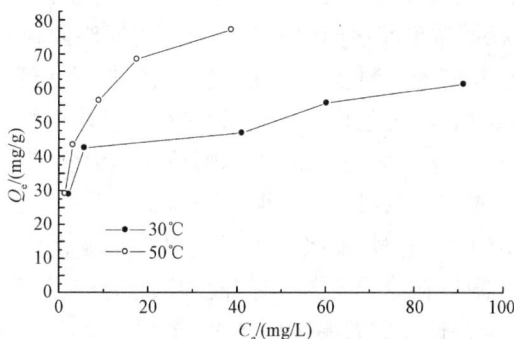

图 3.52　30℃、50℃吸附等温线

### 3.3.3　膨胀石墨的脱色机理探讨

膨胀石墨对有机大分子良好的吸附性能源自于它的结构特点。膨胀石墨具有发达的网状孔形结构,使其具有较高的比表面积($50\sim200\text{m}^2/\text{g}$),高的表面活性和非极性,而且膨胀石墨的结构与常见的多孔材料的结构有较大的区别,它主要以大孔和中孔为主,孔径为 10 ~ 1000nm,其中多数孔为狭缝或由其衍生形成的多边型柱孔或契形孔;表面孔一般为开放孔,内部互连孔有开放孔、封闭孔及半封闭孔,这就决定了膨胀石墨在吸附大分子物质方面有优势。

膨胀石墨对油类的吸附机理已有报道,但对染料吸附脱色机理目前还没有系统全面的统一认识。由前面的实验可知,膨胀石墨脱色率受膨胀石墨的粒度、膨胀体积、用量、吸附时间、染料的结构、溶液初始浓度、pH 值、吸附温度等多种因素的影响,在诸多影响因素中,温度的影响较小。

**1. 膨胀石墨的膨胀倍数、粒度对脱色率的影响**

对其他因素完全相同的染料溶液,膨胀石墨膨胀倍数越大、粒径越小,吸附效果越好,受其他因素的影响也越小。原因是由于等质量的膨胀石墨,膨胀倍数和粒径决定比表面积和孔径分布:膨胀倍数越大、粒径越小,膨胀的体积就越大,可膨胀石墨层间扩张的越开,比表面积和大中孔所占比例也越大,染料与吸附剂接触的面积增大,单位质量的膨胀石墨吸附量增加。所以,膨胀倍数大、粒径小的膨胀石墨对染料的吸附脱色效果也越好。

**2. 膨胀石墨的用量对脱色率的影响**

对其他因素完全相同的染料溶液,膨胀石墨用量越大,吸附效果越好,受其他因素的影响也越小。对于膨胀倍数和粒度相同的膨胀石墨,随着用量的增多,吸附脱色效率会增加。但是,单位质量的膨胀石墨随用量的增多,吸附量会减小。原因是吸附剂的量增多时就会增加吸附剂之间的相互作用,使单位质量吸附剂的可用面积变小,从而单位质量的吸附剂吸附量减小。因此,为了充分利用膨胀石墨的吸附脱色性能,膨胀石墨的用量并不是越多越好。

**3. 染料溶液的初始浓度和吸附时间对膨胀石墨吸附脱色效果的影响**

对其他因素完全相同的染料溶液,在膨胀石墨的吸附达到平衡之前,吸附时间延长,膨胀石墨吸附量增大,脱色率增大,达到平衡后基本保持不变;随着初始浓度的增大,膨胀石墨的脱色率一般是降低,但吸附量是增大。膨胀石墨对染料溶液的吸附受染料浓度和吸附时间的影响。膨胀石墨对染料分子和溶剂水分子均有吸附吸附,当染料的初始浓度增大时,膨胀石墨对染料分子吸附更多,因此表观吸附量增大。当膨胀石墨吸附染料分子时,染料溶液的浓度也是其吸附的推动力,染料浓度越大,染料分子就能快速地向石墨表面扩散,形成表面吸附,这一过程吸附速率很快。随着吸附的进行,即时间的延长,浓度差逐渐降低,吸附变得缓慢,此时染料分子又向膨胀石墨的孔中扩散。因此达到平衡之前,随着时间的延长,脱色率是增大的。当达到平衡之后,脱色率基本保持不变。

**4. 染料结构对脱色率的影响**

对其他因素完全相同的膨胀石墨,不同的染料溶液,其吸附量和脱色率也不尽相同。对同样条件的膨胀石墨而言,研究所用的四种染料溶液,其脱色率和吸附量的大小顺序为直接混纺黄、酸性橙Ⅱ、阳离子红、直接黄R。由此可见,膨胀石墨对大分子的吸附也有一定的限度,并不是分子量越大,吸附越好,但与活性炭相比,膨胀石墨吸附大分子的优越性是明显的。活性炭对酸性橙Ⅱ的吸附量虽然超过了等量的膨胀石墨,但对直接黄R的吸附只有吸附性最差的50目200倍膨胀石墨吸附量的1/3。它们之间的差别与染料分子的大小有关系。膨胀石墨含有丰富的孔隙结构,当某些染料分子与孔径相符时,染料分子能够进入孔径,吸附量就较大,而过大或过小的染料分子不能长期滞留在孔径内,吸附量相对较小。膨胀石墨的孔隙主要以大中孔为主,活性炭主要以微孔和中孔为主,所以相同质量的膨胀石墨与活性炭,往往活性炭的比表面积要大许多,因此对分子量较小的染料分子而言,膨胀石墨不如活性炭。但对分子量较大的染料分子,活性炭的孔径太小限制了大分子进入,因此,膨胀石墨吸附量远远超过活性炭。

**5. 溶液的 pH 值对脱色率的影响**

pH 值对吸附的影响因染料的不同而异,每种染料一定条件下都有适宜的 pH 值。可以看出,溶液的 pH 值变化对脱色率的影响实际上是与染料的结构密切相关的。其原因是在一定 pH 值时,膨胀石墨能吸附 $H^+$ 或 $OH^-$,它们可能与染料分子的官能团产生作用,从而产生吸附;或者是因为 $H^+$ 或 $OH^-$ 与染料分子形成竞争吸附,膨胀石墨对 $H^+$ 或 $OH^-$ 的吸附使本身没极性的膨胀石墨带有一定的电荷,更利于带异性电荷的染料显色基团的吸附。如酸性橙Ⅱ,由结构可以看出,在水溶液中易电离产生带负电的阴离子(显色基团),溶液中的 $OH^-$ 易与其形成竞争吸附。当溶液中的碱性增强时,膨胀石墨因吸附 $OH^-$ 而使表面带上负电荷,对带负电的酸性橙Ⅱ显色基团产生排斥,随 pH 值的增大,吸附的 $OH^-$ 越多,对带负电的酸性橙Ⅱ显色基团的吸附就会减少,因此随 pH 值的增大,膨胀石墨对酸性橙Ⅱ溶液的吸附量、脱色率均减小。当溶液中的酸性增强时,膨胀石墨因吸附 $H^+$ 而使表面带上正电荷,随 pH 值的减小,吸附的 $H^+$ 越多,对带负电的酸性橙Ⅱ显色基团的由于异性电荷相吸吸附会更多,因此随 pH 值的减小,膨胀石墨对酸性橙Ⅱ溶液的吸附量增大、脱色率增强。同样的道理,对阳离子红,在水溶液中电离出的是阳离子显色基团,膨胀石墨对它的吸附性能是随着 pH 值的增大而增强的。当染料结构中有多个官能团时,在随 pH 值变化时,不同官能团在不同 pH 值时的主导地位会发生变化,所以膨胀石墨对所有的染料溶液的吸附性能随 pH 值变化并不是单调递增或递减的。

## 3.3.4　膨胀石墨吸附染料的分形分析

近年来的研究表明,Mandelbrot、Feder 提出和发展的分形几何(fractal geometry)理论为描述自然界各种颗粒物如岩石颗粒、土壤颗粒、蛋白质、絮体、催化剂颗粒等的各向异性(heterogenizaton)提供了有力的工具,而且发展很迅速。Avnir D、Pfeifer P、Fumiaki Kano 等将分形几何成功地应用于表面吸附体系,结果表明,大多数材料的表面是分形体,用非整数分形维数去描述表面不规则性的一种有效的量度是适宜的。

**1. 固体表面吸附的分形理论**

一般而言,分形是指一类无规则、混乱而复杂,但其局部与整体有相似性的体系、组成部分以某种方式与整体相似的形体。该体系维数的变化是连续的,可以是分数,称为分维。

稀水溶液中分形吸附等温线模型可以用下式表示

$$\Gamma = \Gamma_m \cdot C_e^{1/m} / (b^m + C_e^{1/m})$$

式中:$\Gamma$ 为单位质量颗粒的吸附量(mg/g);$\Gamma_m$ 为单位质量颗粒的饱和吸附量(mg/g);$C_e$ 为吸附平衡浓度(mg/L);$b$ 为常数;$m$ 为 1 个吸附质分子平均占据的吸附活性位数目。

根据 Avnir D 等的研究,$m$ 与吸附质分子的截面积或半径有下式成立

$$m \propto \alpha_0^{D_s/2-1} \propto r_0^{D_s-2}$$

则:$\lg m = \lg k_1 + (D_s/2 - 1)\lg a_0 = \lg k_2 + (D_s - 2)\lg r_0$

式中:$a_0$ 为吸附质分子的截面积(nm²);$r_0$ 为吸附质分子的回转半径(nm);$D_s$ 颗粒的表面分形维数。

另外,Kopelman R 等的研究表明,非均相反应过程并不遵守经典的动力学规律,相应的反应速率常数 $k$ 将不再是与时间无关的常数,而表现出随时间 $t$ 变化的行为,有下式成立

$$k(t) = k_0 t^{-h}$$

$$h = 1 - d_s/2$$

式中:$h$ 为描述颗粒介质的区域非均匀程度的参数;$k_0$ 为与时间 $t$ 无关的参数;$d_s$ 为分形子谱维数,是描述分形结构中动力学行为的重要参数。

分形子谱维数的定义为

$$P \propto t^{-d_s/2}$$

式中:$P$ 为无规行走者在 t 时间后返回出发地的概率。

**2. 膨胀石墨吸附染料的分形分析**

膨胀石墨表面分形维数的确定如下:

(1)染料吸附质分子的截面积。染料分子的截面积可以通过分子的表面积求出。研究表明,一阶分子连接性指数$^1\chi$与分子的总表面积(TSA)和截面积($a_0$)有很好的相关性,相应的关系式为

$$TSA = 24.6^1\chi + 57.7 \quad R^2 = 0.9139$$

$$TSA = 4a_0 = 4\pi r_0 2$$

三种染料分子的$^1\chi$及截面积数据见表 3.6。

(2)膨胀石墨的表面分形维数。用分形吸附等温线模型对酸性橙Ⅱ、阳离子

102

红、直接混纺黄三种染料在 80 目 250 倍膨胀石墨上的等温吸附数据进行拟合,结果见表 3.6。从相关系数看出,稀溶液中的分形吸附等温线模型都能较好地符合三种染料在膨胀石墨上的吸附过程。

表 3.6　三种染料的计算分子截面积($a_0$)和分形吸附参数

| 编号 | 染料名称 | 一阶分子连接性指数 | 分子截面积 $\alpha_0/nm^2$ | 分形吸附等温线 | |
|---|---|---|---|---|---|
| | | | | $1/m$ | $R^2$ |
| 1 | 酸性橙Ⅱ | 10.8022 | 0.8086 | 0.3024 | 0.9894 |
| 2 | 阳离子红 | 11.6311 | 0.8596 | 0.3066 | 0.9306 |
| 3 | 直接混纺黄 | 53.9676 | 3.4633 | 0.2597 | 0.8473 |

根据吸附等温线的拟合结果,用 $\lg m$ 与 $\lg a_0$ 作图 3.53,得出直线斜率 $K$ 为 0.1113,据此可计算膨胀石墨的表面分形维数:$D_s = 2K + 2 = 2.2226$。

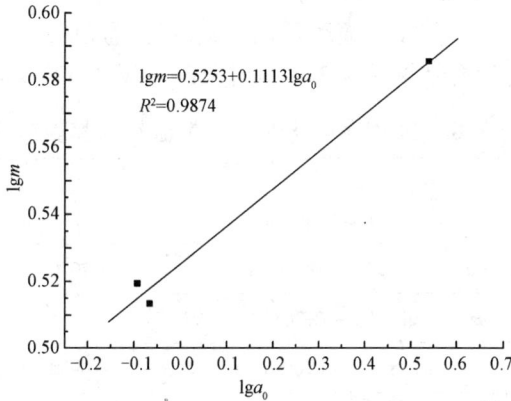

图 3.53　$\lg m$ 与 $\lg a_0$ 之间的线性关系

### 3. 膨胀石墨类分形吸附动力学

80 目 250 倍膨胀石墨吸附染料过程中染料的质量浓度与吸附时间的数据按下式经验方程进行拟合,结果见表 3.7。

表 3.7　四种染料吸附动力学曲线的拟合结果

| 染料名称 | 经验方程拟和结果 | $R^2$ |
|---|---|---|
| 酸性橙Ⅱ | $C = 3.6934\exp(-0.1486t)$ | 0.9978 |
| 阳离子红 | $C = 12.7524\exp(-0.0844t)$ | 0.9111 |
| 直接混纺黄 | $C = 17.5823\exp(-0.1961t)$ | 0.9573 |
| 直接黄 R | $C = 43.9411\exp(-0.0627t)$ | 0.9436 |

$$C = C_1 \exp(-k't)$$

式中:$C$ 为某一吸附时刻下层清液中染料的浓度(mg/L);$t$ 为相应的吸附时间(h);$k'$、$C_1$ 为常数。

表中各方程的相关性均较好,说明染料吸附过程符合一级反应动力学规律。

上述拟合方程表征了某一吸附时刻下层清液染料的浓度与相应的吸附时间之间的关系,由此可得出吸附量与吸附时间的关系:

$$q = q_0[1 - \exp(-k't)]$$

式中:$q$ 为吸附量(mg/g);$t$ 为吸附时间(h);$q_0$ 为经验常数;$k'$ 为速率常数($h^{-1}$)。

对于吸附时间与其吸附量的数据按类似于一级动力学规律进行逐时吸附反应速率系数 $k$ 的计算,可得

$$\ln(q_1/q_2) = k(t_1 - t_2)$$

式中:下标1、2 表示相邻的吸附时刻。

根据以上公式,计算出了一系列不同时刻的逐时反应速率 $k$,并对 $\lg k \sim \lg t$ 的关系进行线性拟合,拟合结果见表3.8 和图3.54 ~ 图3.57。

表3.8　四种染料吸附动力学曲线的模拟结果

| 染料名称 | 拟合结果 | | |
|---|---|---|---|
| | 拟合方程结果 | $h$ | $R^2$ |
| 酸性橙 II | $\lg k = -2.5550 - 0.7046 \lg t$ | 0.7046 | 0.9031 |
| 阳离子红 | $\lg k = -0.9341 - 2.3674 \lg t$ | 2.3674 | 0.8795 |
| 直接混纺黄 | $\lg k = -0.8537 - 1.6950 \lg t$ | 1.6950 | 0.9704 |
| 直接黄 R | $\lg k = -0.5535 - 1.5846 \lg t$ | 1.5846 | 0.8059 |

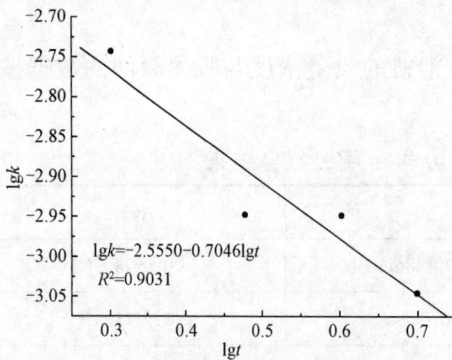

图3.54　膨胀石墨吸附酸性橙 II $\lg k$ 与 $\lg t$ 之间的线性关系

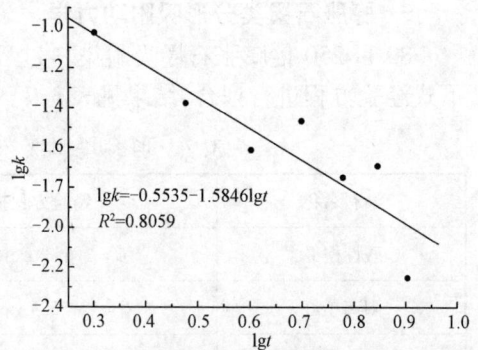

图3.55　膨胀石墨吸附阳离子红 $\lg k$ 与 $\lg t$ 之间的线性关系

104

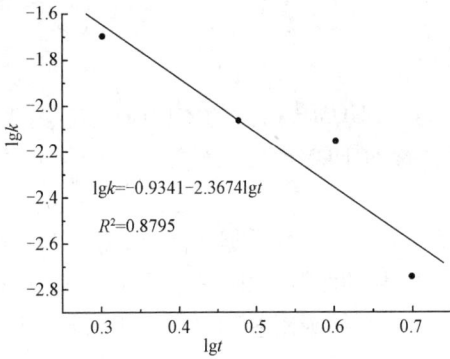

图 3.56　膨胀石墨吸附直接黄 Rl$\lg k$ 与 $\lg t$ 之间的线性关系

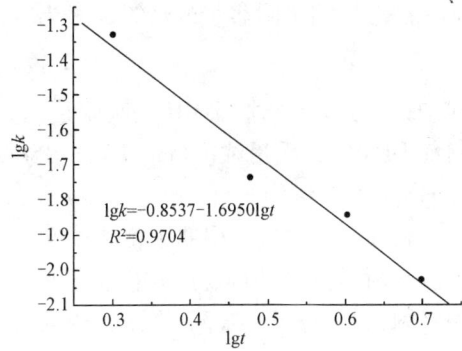

图 3.57　膨胀石墨吸附直接混纺黄 $\lg k$ 与 $\lg t$ 之间的线性关系

通过分析可知四种染料在膨胀石墨上的吸附过程中其逐时速率系数与反应时间之间较好地符合分形等温式的关系,说明膨胀石墨吸附染料动力学过程具有类分形特征。

# 3.4　多壁碳纳米管对偏二甲肼的吸附性能研究

碳纳米管具有巨大的比表面积,吸附性能优于传统吸附剂,目前已在储氢、去除二恶英等有机废气、吸附重金属离子等方面取得了良好的研究效果,但仍有很多应用领域尚待开发和研究。本工作采用多壁碳纳米管(MWNTs)研究其对偏二甲肼废水溶液的吸附性能,探讨其吸附条件,为碳纳米管在偏二甲肼废水处理方面的应用提供依据。

## 3.4.1　碳纳米管对偏二甲肼溶液的吸附性能

### 1. 静态平衡吸附容量

在 6 个 50mL 锥形瓶中各加入 0.05g 碳纳米管,然后分别加入 25mL 浓度为 40mg/L、70mg/L、100mg/L、140mg/L、160mg/L、190 mg/L 的偏二甲肼(UDMH)溶液,在 301K 下静置 10h,滤出碳纳米管,采用氨基亚铁氰化钠分光法测定残留液中偏二甲肼的含量(0.01~1.0mg/L)。其静态吸附实验数据见表 3.9。

表 3.9　静态吸附实验数据

| 样品 | 1 | 2 | 3 | 4 | 5 | 6 |
|---|---|---|---|---|---|---|
| UDMH 浓度/(mg/L) | 40 | 70 | 100 | 130 | 160 | 190 |
| UDMH 平衡浓度/(mg/L) | 6.00 | 13.58 | 22.78 | 36.00 | 50.82 | 70.09 |
| 静态平衡吸附量/(mg/g) | 17.00 | 28.21 | 38.61 | 47.00 | 54.59 | 59.95 |

静态平衡吸附容量的计算公式为

$$q_e = V(C_0 - C_e)/W$$

式中:$q_e$ 为 CNTs 对 UDMH 的吸附量(mg/g);$V$ 为 UDMH 溶液的体积(L);$C_0$ 为吸附前 UDMH 的质量浓度(mg/L);$C_e$ 为吸附平衡时 UDMH 的质量浓度(mg/L);$W$ 为 CNTs 的质量(g)。

将表 3.9 中偏二甲肼平衡浓度和其对应的平衡吸附量数据作图,如图 3.58 所示。吸附等温线可直观反映碳纳米管对偏二甲肼的吸附性能。由图可见,此为 I 型吸附,属单分子层吸附,在所讨论的浓度范围内平衡吸附量随着偏二甲肼初始浓度的增大而增大。

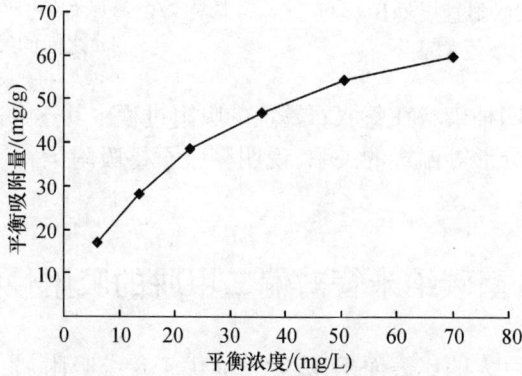

图 3.58  MWNTs 对 UDMH 的吸附等温线

(1) Langmuir 吸附等温线拟合。Langmuir 认为,在吸附剂表面与吸附物质之间起作用的结合力是由弱的化学吸附力所造成的,固体具有吸附能力是因为吸附剂表面的原子力场没有饱和,有剩余价力。吸附结合力的作用范围是单分子层的厚度,超过这个范围就不会发生吸附,并且被吸附的分子之间不互相影响,表面是均匀的。这种模型称为单分子层吸附模型,可以用 Langmuir 吸附等温式表示

$$q_e = \frac{q_m K_b C_e}{1 + K_b C_e}$$

上式可变形为线性表达式

$$\frac{1}{q_e} = \frac{1}{q_m} + \frac{1}{q_m K_b C_e}$$

式中:$q_e$ 为吸附量(mg · g$^{-1}$);$q_m$ 为饱和吸附量(mg · g$^{-1}$);$K_b$ 为结合常数(L · mg$^{-1}$);$C_e$ 为平衡浓度(mg · L$^{-1}$)。

以 $1/q_e$ 为纵坐标、$1/C_e$ 为横坐标,将实验数据点绘在坐标图中,用 Langmuir 方程对偏二甲肼的等温吸附曲线进行拟合,如图 3.59 所示,其拟合方程式如下

$$1/q_e = 0.2761 \ (1/C_e) + 0.0135 \qquad (r = 0.9984)$$

106

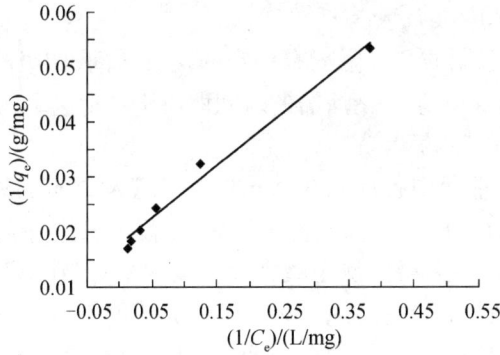

图 3.59  Langmuir 型线性回归曲线

（2）Freundlich 吸附等温线拟合。Freundlich 等温吸附方程是经过大量的实验数据进行分析而总结出的经验方程,描述物质在能量分布不均一表面的吸附现象,吸附热随吸附量呈对数形式降低,方程的表达形式为

$$q_e = kC_e^{1/n}$$

对上式两边取对数,得

$$\ln q_e = \ln k + \frac{1}{n}\ln C_e$$

式中:$n$、$k$ 为常数,其他同 Langmuir 等温式。

以 $\ln q_e$ 为横坐标、$\ln C_e$ 为纵坐标,对实验数据进行作图,如图 3.60 所示,并进行数据拟合,得到如下的方程式

$$\ln q_e = 0.518 \ln C_e + 1.963 \qquad (r = 0.9933)$$

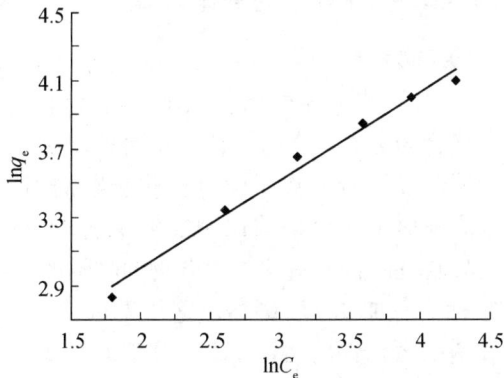

图 3.60  Freundlich 型线性回归曲线

拟合结果表明,Freundlich 和 Langmuir 等温线都能够较好地符合碳纳米管对偏二甲肼的吸附行为,相关系数在 0.99 以上。

### 2. 吸附平衡时间

在吸附过程中,吸附质与吸附剂有一定的接触时间,使吸附反应接近于平衡,以充分利用吸附能力。吸附平衡所需的时间取决于吸附速率,吸附速率越高,达到吸附平衡所需的时间就越短。

在6个50mL锥形瓶中各加入0.05g碳纳米管及25mL浓度为105.14 mg/L的偏二甲肼溶液,调节pH值为7,充分振荡,于室温下分别静置1h、2h、3h、4h、5h、6h、10h后,取0.5mL上层清液,测定吸光度。碳纳米管吸附偏二甲肼的平衡时间实验结果如图3.61所示。在室温,溶液pH值为7的条件下,碳纳米管对偏二甲肼的吸附平衡时间约为6h,此时碳纳米管的吸附量达到其静态吸附容量的98%以上。继续增加吸附时间,吸附量变化不大。

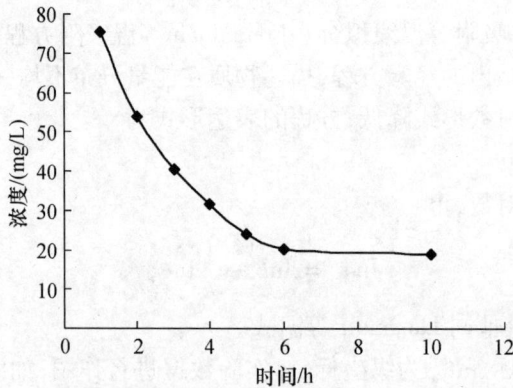

图3.61　吸附时间与偏二甲肼浓度关系曲线

## 3.4.2　碳纳米管对偏二甲肼吸附的影响因素

### 1. pH值对吸附的影响

在废水处理中,pH值是影响可离子化有机化合物吸附行为的一个重要因素。因为在水溶液中,这类化合物有离子态与非离子态两种存在形式,这两种形态化合物的吸附行为不同。pH值控制着可离子化有机化合物的离解度和溶解度,改变pH值会使水溶液中这两种形态化合物的比例发生变化;此外,改变溶液pH值还会影响固体吸附剂的表面特性,进而对这类化合物的吸附产生影响。

在6个50mL锥形瓶中各加0.05g碳纳米管及25mL浓度为114 mg/L的偏二甲肼废水,用柠檬酸和磷酸氢二钠将溶液pH值分别调至2、4、6、8、10、12,待吸附平衡后测浓度,其实验结果如图3.62所示。

可以看出,在酸性条件下偏二甲肼的平衡吸附量较小,随着pH值的增大,吸附量逐渐增大,当pH值大于7时,吸附量基本不变。这是因为偏二甲肼具有弱碱性,在水溶液中存在平衡$(CH_3)_2NNH_2 + H_2O \rightarrow (CH_3)_2NNH_3^+ + OH^-$,在酸性条件下平衡向右移动,偏二甲肼分子大量电离,而不易被碳纳米管吸附;在碱性条件

108

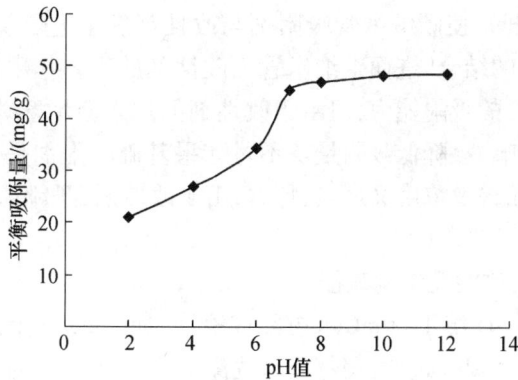

图 3.62　pH 值对吸附的影响

下平衡左移,偏二甲肼主要以分子形式存在,而偏二甲肼分子是碳纳米管吸附的主要形式。

**2. 碳纳米管吸附剂投加量对静态吸附效果的影响**

在 6 个 50mL 锥形瓶中分别投加 0.08g、0.12g、0.16g、0.20g、0.24g、0.30g 碳纳米管,然后加入 50mL 浓度为 160mg/L 的偏二甲肼溶液,待吸附完全后,测定溶液中偏二甲肼的浓度。实验结果如图 3.63 所示。在偏二甲肼量一定的情况下,当吸附剂投加量小于 0.2g 时,偏二甲肼去除率随碳纳米管投加量的增加而迅速增加;在投加量为 0.2g 时,偏二甲肼去除率可达 95% 以上;继续增加其投加量对提高偏二甲肼去除率的影响很小。因此,碳纳米管静态吸附最佳投加量为 0.025g(CNTs)/mg(UDMH)。

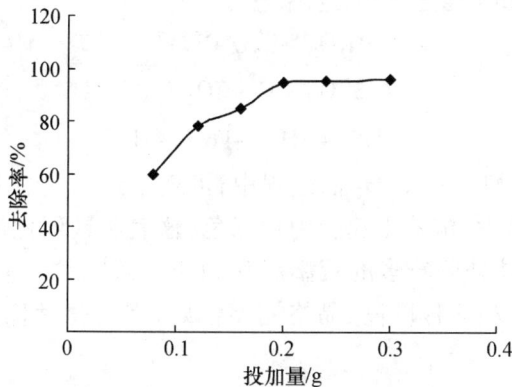

图 3.63　碳纳米管投加量对吸附效果的影响

### 3.4.3　改性碳纳米管对偏二甲肼的吸附性能

碳纳米管具有在常温下易吸附物质的吸附能力,是一种万能吸附剂,它既起吸附剂的作用又起化学药剂的多孔性载体的作用,因此碳纳米管可以通过添加适当的化学试剂（改性剂），使碳纳米管吸附剂与改性剂发生电子偶合作用，改性剂在吸附剂上得到稳定的结合，进而碳纳米管因改性剂的吸附作用使孔道和表面得到改善，提高碳纳米管的吸附能力，但由于改性剂的加入会堵塞碳纳米管的孔隙，微孔表面积会受到影响，会降低吸附量。不过如果基础吸附剂是一种孔隙度适宜的碳纳米管，改性剂品种及浓度又适当，那么，由于改性剂和吸附剂的协同效应，也可提高改性碳纳米管的吸附能力。

**1. 碳纳米管的改性及结构表征**

（1）取 20g NaOH 溶于 60mL 水中配成溶液，加入 5g 多壁碳纳米管，搅拌，超声波振荡 0.5h，静置 12h，过滤，用蒸馏水洗涤至滤液呈中性，在烘箱中 110 下干燥 12h。记为 MWNTs - 2，原碳纳米管记为 MWNTs - 1。

（2）将 1g 多壁碳纳米管浸泡在体积分数为 30% 双氧水中，浸泡时间为 72h。除去管束表面的非晶碳以及包裹在催化剂颗粒上的碳石墨层片。加入浓盐酸，除去铁催化剂颗粒。蒸馏水清洗至洗液呈中性。在 100℃ 下烘干，即获得纯净的多壁碳纳米管。记为 MWNTs - 3。

（3）将 0.5g 多壁碳纳米管浸泡在体积分数为 30% 双氧水中 24h。加入浓盐酸静置 1h，过滤，蒸馏水清洗至洗液呈中性。加入 1mol/L FeCl$_3$ 溶液，在磁力搅拌器下搅拌 2h，过滤，在 120℃ 下烘干。记为 MWNTs - 4。

多壁碳纳米管形貌采用扫描电子显微镜（SEM）表征，表面官能团采用美国 Nicolet 公司的 NEXUS 670 型 FT - IR 分析仪进行分析，表面物理结构采用 Micromeritics ASA P2000 进行分析。

采用 H$_2$O$_2$ 和 HCl 纯化处理工艺原理为

$$H_2O_2 \rightarrow H_2O + [O]$$
$$2[O] + C \rightarrow CO_2 \uparrow$$
$$Fe + 2H^+ \rightarrow Fe^{2+} + H_2 \uparrow$$

多壁碳纳米管浸泡在 H$_2$O$_2$ 的过程中，可观察到在碳纳米管表面产生大量气体。加入浓 HCl 后，溶液迅速变为黄绿色，这表明铁催化剂颗粒已被氧化为 Fe$^{2+}$。产物中，晶体缺陷较多的石墨层片和非晶碳颗粒容易被 H$_2$O$_2$ 氧化，多壁碳纳米管则由于晶化程度高、晶格完整性好，因而化学稳定性好，而在处理中保存下来。

用透射电镜观察显示用 H$_2$O$_2$ 浸泡 24h 后，大部分催化剂颗粒已被去除，但在多壁碳纳米管束表面存在一些囊状的纳米碳颗粒，这是由于包覆在催化剂颗粒表面的非晶碳部分被氧化，催化剂颗粒被盐酸溶解后而残留下来的，而在 H$_2$O$_2$ 中浸泡 72h 后，产物中几乎看不到杂质颗粒。

采用 Micromeritics ASA P2000 对碳纳米管的表面物理结构进行了表征，测得各碳纳米管的比表面积和平均孔径见表 3.10。

表 3.10　比表面积与平均孔径的比较

| 吸附剂 | 比表面积/(m²/g) | 平均孔径/nm |
|---|---|---|
| MWNTs-1 | 503 | 7.6 |
| MWNTs-2 | 675 | 9.8 |
| MWNTs-3 | 626 | 16.4 |

从表 3.10 中可以看出,改性后的碳纳米管较未改性的比表面积均有较大的提高,$H_2O_2$ 改性过的碳纳米管比表面积略低于 NaOH 改性后的碳纳米管;改性后碳纳米管的平均孔径变大,原因是经活化处理后碳纳米管内壁受到刻蚀,微孔结构减少。

通过扫描电镜(图 3.64),可见未处理的多壁碳纳米管管子较长,分散性差,并且缠绕在一起,造成多壁碳纳米管的表面被覆盖,降低了多壁碳纳米管的比表面积(图 3.64(a))。NaOH 是一种很好的改性剂,它同多壁碳纳米管中的部分有机官能团反应,不仅避免了由于官能团过多而导致的团聚现象,而且生成的物质也具有一定的表面活性,使多壁碳纳米管和其他碳纳米颗粒有效分开,表面积增大(图 3.64(b))。$H_2O_2$ 改性的多壁碳纳米管在处理过程中:一方面氧化了无定形炭、碳纳米颗粒等杂质;另一方面由于多壁碳纳米管本身存在拓扑类缺陷(五元环、七元环),多壁碳纳米管也会受到氧化,造成多壁碳纳米管开口,管径变大,甚至被截断(图 3.64(c))。CNTs-3 的 IR 谱(图 3.65)中 3428cm$^{-1}$ 处的峰比未处理的碳纳米管要宽,说明表面引入了 –OH,在 1702cm$^{-1}$ 和 1629cm$^{-1}$ 处出现吸收峰,是由于引入了 >C＝O 和 –COOH。

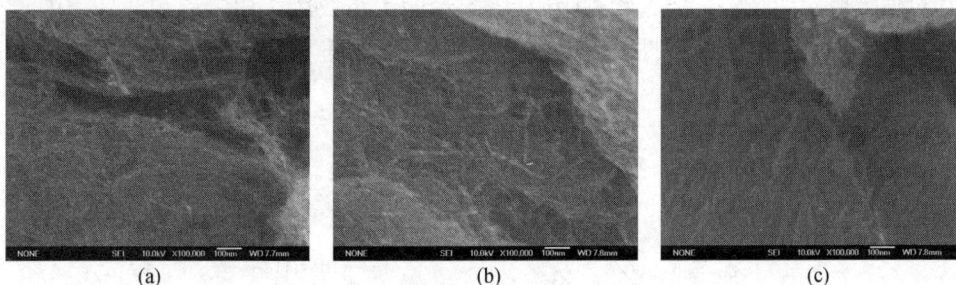

图 3.64　碳纳米管的扫描电镜观察
(a) 未改性;(b) NaOH 改性;(c) $H_2O_2$ 改性。

**2. 不同改性碳纳米管对偏二甲肼的吸附性能**

向 6 个 50mL 锥形瓶中各加入 0.05g NaOH 改性多壁碳纳米管,然后分别加入 40mg/L、70mg/L、100mg/L、130mg/L、160mg/L、190mg/L 的偏二甲肼溶液 25mL,振摇后于 301K 恒温水浴下吸附 10h,过滤后测滤液的浓度并求出其吸附量。再分别取 $H_2O_2$ 改性多壁碳纳米管和原多壁碳纳米管重复上面的实验步骤。

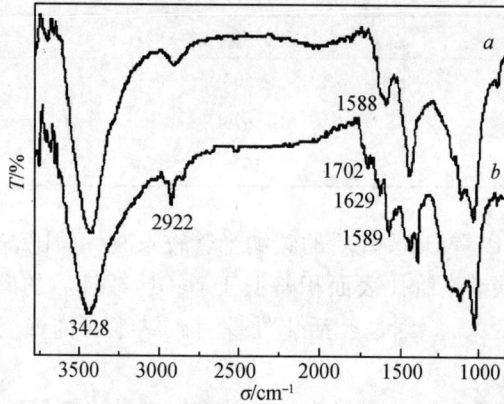

图 3.65　CNTs - 1(a)及 CNTs - 3(b)的 IR 谱

取 12 个 50mL 锥形瓶分为两组,向两组中分别加入 42.06mg/L、73.60mg/L、105.14mg/L、136.68mg/L、168.22mg/L、199.76mg/L 的偏二甲肼溶液 25mL,然后第一组各加入 0.05g NaOH 改性多壁碳纳米管,第二组各加入 0.05g $H_2O_2$ + $FeCl_3$ 改性多壁碳纳米管,振摇后于 313K 恒温水浴下吸附 10h,过滤后测滤液的浓度并求出其吸附量。

原多壁碳纳米管、NaOH 改性多壁碳纳米管和 $H_2O_2$ 改性多壁碳纳米管在 301K 下吸附偏二甲肼的实验数据如图 3.66 所示。由图可见,原多壁碳纳米管吸附量最小,NaOH 改性的次之,$H_2O_2$ 改性的吸附量最大。其原因是原多壁碳纳米管对偏二甲肼的吸附主要是物理吸附,吸附量的大小取决于比表面积和孔容的大小。原多壁碳纳米管分散性较差并且缠绕在一起,降低了其比表面积,所以吸附量

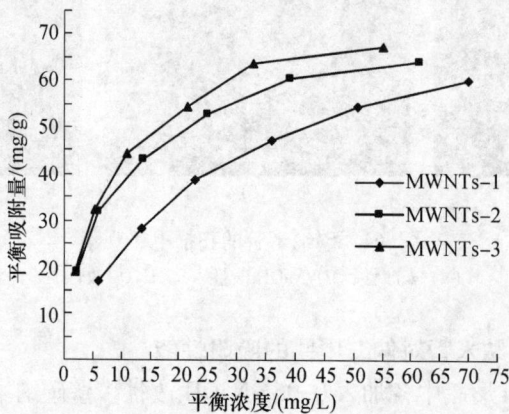

图 3.66　MWNTs 对 UDMH 的吸附等温线

112

较小。NaOH 改性多壁碳纳米管的吸附效果优于原多壁碳纳米管,原因是 NaOH 是一种很好的分散剂,它同多壁碳纳米管中的部分有机官能团反应,不仅避免了由于官能团过多而导致的团聚现象,而且生成的物质也具有一定的表面活性,使多壁碳纳米管和其他碳纳米颗粒有效分开,使表面积增大,吸附量增大。$H_2O_2$ 改性多壁碳纳米管吸附效果最好,这可能是因为多壁碳纳米管经 $H_2O_2$ 氧化改性后表面引入羟基(—OH)、羰基($>C=O$)、羧基(—COOH)等酸性官能团,它们和显弱碱性的偏二甲肼发生了酸碱作用,羰基($>C=O$)也可能与偏二甲肼发生亲核加成反应,产生了化学吸附,碳纳米管表面的酸性基团是化学吸附的吸附中心。另外,经 $H_2O_2$ 氧化改性后,碳纳米管比表面积和平均孔径都有一定程度的增大,这都有利于吸附。

NaOH 改性多壁碳纳米管和 $H_2O_2 + FeCl_3$ 改性多壁碳纳米管在 313K 下吸附偏二甲肼的实验数据分别如图 3.67 所示。可以看出,NaOH 改性多壁碳纳米管比 $H_2O_2 + FeCl_3$ 改性多壁碳纳米管吸附偏二甲肼的量稍大。原因是多壁碳纳米管经 $H_2O_2 + FeCl_3$ 改性后,在其表面覆盖了一层 $Fe^{3+}$,其堵塞了多壁碳纳米管的部分微孔,其吸附量反而减少。由此可见,$Fe^{3+}$ 改性不利于多壁碳纳米管对偏二甲肼的吸附。

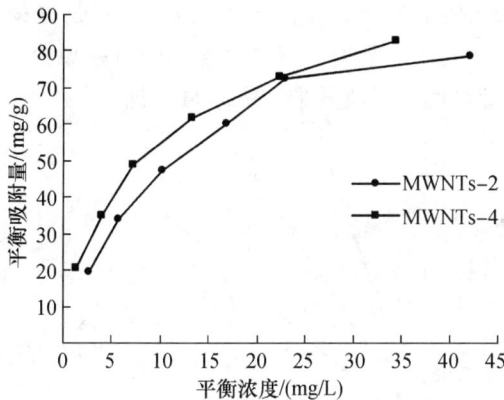

图 3.67　MWNTs 对 UDMH 的吸附等温线

向 6 个 50mL 锥形瓶中各加入 0.05g NaOH 改性多壁碳纳米管,然后分别加入 44.51mg/L、77.89mg/L、111.27mg/L、144.65mg/L、178.03mg/L、211.41mg/L 的偏二甲肼溶液 25mL,振摇后分别于 296K、303K 恒温水浴下吸附 10h,过滤后测滤液的浓度并求出其吸附量。以平衡吸附量 $q_e$ 为纵坐标、平衡浓度 $C_e$ 为横坐标,绘制出 296K、303K、313K 三种温度下 NaOH 改性多壁碳纳米管对偏二甲肼的吸附等温线,如图 3.68 所示。可以看出,在相同的平衡浓度时,NaOH 改性多壁碳纳米管吸附偏二甲肼的量随着温度的升高,吸附量增加,说明 NaOH 改性多壁碳纳米管在实

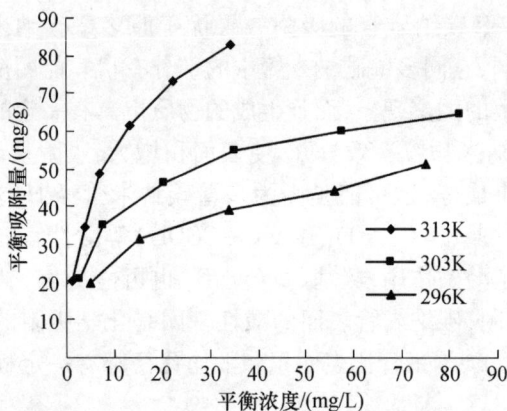

图3.68  改性 MWNTs 在不同温度下的吸附等温线

验所测定的温度范围内对偏二甲肼的吸附过程是吸热的。

为了进一步分析偏二甲肼在碳纳米管上的吸附热力学行为,下面对等温吸附方程和吸附热力学函数进行研究。首先以 Langmuir 和 Freundlich 等温吸附方程对碳纳米管吸附偏二甲肼的等温吸附线进行分析。

图 3.68 的吸附等温线按 Langmuir 方程回归后的曲线如图 3.69 所示,相应的回归方程及相关系数 $r$ 列于表 3.11。由表可以看出,回归方程的相关系数都大于 0.98,线性相关度较高,表明该吸附过程是可逆吸附且是单分子层吸附。此外随着温度的增加,碳纳米管对偏二甲肼的饱和吸附量增加。

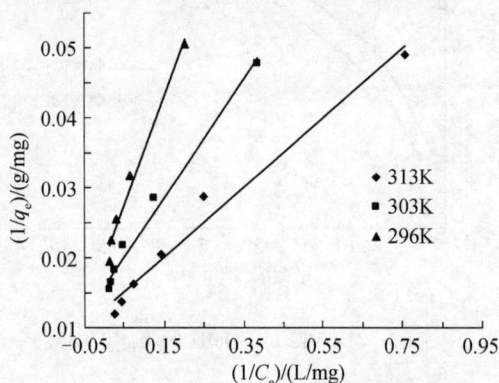

图 3.69  Langmuir 线性回归曲线

表 3.11  MWNTs 吸附 UDMH 的 Langmuir 等温吸附方程

| $T/K$ | 回归方程式 | $q_m/mg \cdot g^{-1}$ | $r$ |
|---|---|---|---|
| 296 | $q_e = 6.3735\, C_e/(1 + 0.12556\, C_e)$ | 50.76 | 0.9920 |
| 303 | $q_e = 11.8765\, C_e/(1 + 0.19002\, C_e)$ | 62.50 | 0.9937 |
| 313 | $q_e = 20.0803\, C_e/(1 + 0.25301\, C_e)$ | 79.365 | 0.9888 |

114

不同温度下偏二甲肼在多壁碳纳米管吸附的 Freundlich 回归曲线如图 3.70 所示,回归方程、常数 $k$ 和 $n$ 以及相关系数 $r$ 列在表 3.12。由表 3.12 和图 3.70 可见,相关系数 $r$ 都大于 0.98,说明不同温度下多壁碳纳米管对偏二甲肼的等温吸附线都能较好地符合 Freundlich 方程。$n$ 都大于 2,表明多壁碳纳米管对偏二甲肼的吸附很容易进行,属于"优惠吸附"。

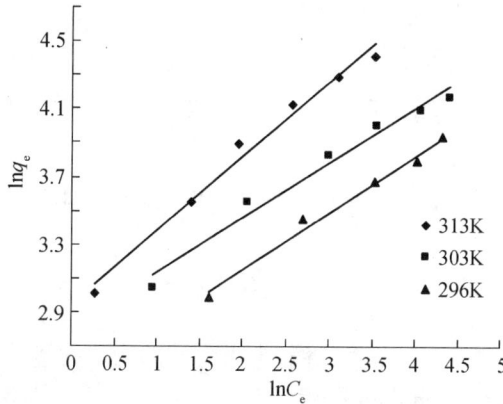

图 3.70　Freundlich 线性回归曲线

表 3.12　MWNTs 吸附 UDMH 的 Freundlich 等温吸附方程

| $T/K$ | 回归方程 | $k$ | $n$ | $r$ |
|---|---|---|---|---|
| 296 | $\ln q_e = 2.4754 + 0.3367 \ln C_e$ | 11.8865 | 2.9700 | 0.9941 |
| 303 | $\ln q_e = 2.8156 + 0.3214 \ln C_e$ | 16.7032 | 3.1114 | 0.9878 |
| 313 | $\ln q_e = 2.9475 + 0.4356 \ln C_e$ | 19.0582 | 2.2957 | 0.9929 |

### 3. 吸附热力学函数计算

(1) 吸附焓变 $\Delta H$ 的计算。吸附焓变 $\Delta H$ 可由 Clausius – Clapeyron 方程式求得。

Clausius – Clapeyron 方程式

$$\ln C_e = \frac{\Delta H}{RT} + K$$

式中:$C_e$ 为吸附平衡时的浓度($mg \cdot L^{-1}$);$T$ 为热力学温度(K);$R$ 为理想气体常数;$\Delta H$ 为等量吸附焓变($kJ \cdot mol^{-1}$);$K$ 为常数。

通过测定不同温度下多壁碳纳米管对偏二甲肼的吸附等温线,再由吸附等温线作出不同等吸附量时的吸附等量线 $\ln C_e - T^{-1}$,如图 3.71 所示。用线性回归法求出各吸附量所对应的斜率,计算出不同吸附量时偏二甲肼的等量吸附焓变。

(2) 吸附吉布斯自由能函数变 $\Delta G$ 的计算。吸附吉布斯自由能函数变 $\Delta G$ 可以通过以下的 Gibbs 方程从吸附等温线得到

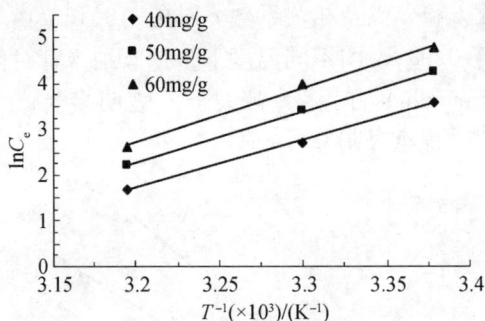

图 3.71  MWNTs 吸附 UDMH 的吸附等量线

$$\Delta G = - RT \int_0^x q_e \frac{\mathrm{d}x}{x}$$

式中：$q_e$ 为吸附量（$\mathrm{mol \cdot g^{-1}}$）；$x$ 为溶液中吸附质的物质的量分数。

如果 $q_e$ 和 $x$ 符合 Freundlich 方程，即

$$q_e = kx^{1/n}$$

代入 Gibbs 方程式得

$$\Delta G = - nRT$$

从该式得到吸附吉布斯自由能函数变 $\Delta G$ 与 $q$ 无关。

**4. 吸附熵变的计算**

吸附熵变可按 Gibbs – Helmholtz 方程计算

$$\Delta S = (\Delta H - \Delta G)/T$$

表 3.13 给出了不同吸附量下的等量吸附焓变 $\Delta H$、吸附吉布斯自由能函数变 $\Delta G$ 以及吸附熵变 $\Delta S$ 的计算结果。

从表 3.13 中的热力学数据可以看出，$\Delta H$ 大于 0，表明此多壁碳纳米管对偏二甲肼的吸附过程是吸热的，其可能的原因是，NaOH 改性多壁碳纳米管具有极大的表面活性，在偏二甲肼稀溶液中多壁碳纳米管同时吸附水分子和偏二甲肼分子。但吸附水分子的速率比吸附偏二甲肼分子的速率快得多，导致水分子一开始就被多壁碳纳米管所吸附。当该多壁碳纳米管吸附偏二甲肼分子时，同时要解吸水分子。偏二甲肼的相对分子质量是水的 3 倍多，其结构比水分子要大，因此，吸附一个偏二甲肼分子到多壁碳纳米管上就需要占据较大的空间，同时，还必须解吸较多的水分子。由于解吸过程是吸热的，而吸附过程通常是放热的，所以多壁碳纳米管吸附偏二甲肼应是一个放热过程，但由于吸附一个偏二甲肼分子需要解吸较多的水分子，这就导致解吸过程吸收的热量大于吸附过程放出的热量，最终导致吸附偏二甲肼的全过程为吸热过程。

116

表 3.13　MWNTs 吸附 UDMH 的热力学函数

| $q_e/(\mathrm{mg} \cdot \mathrm{g}^{-1})$ | $\Delta H/(\mathrm{kJ} \cdot \mathrm{mol}^{-1})$ | $\Delta G/(\mathrm{kJ} \cdot \mathrm{mol}^{-1})$ | | | $\Delta S/(\mathrm{J} \cdot \mathrm{mol}^{-1})$ | | |
|---|---|---|---|---|---|---|---|
| | | 296K | 303K | 313K | 296K | 303K | 313K |
| 40 | 85.834 | −7.309 | −7.838 | −5.974 | 314.672 | 309.149 | 293.316 |
| 50 | 93.084 | −7.309 | −7.838 | −5.974 | 339.166 | 333.076 | 316.479 |
| 60 | 98.995 | −7.309 | −7.838 | −5.974 | 359.135 | 352.584 | 335.364 |

吸附焓变 $\Delta H$ 随吸附量的增加而有所增加,这可能是由多壁碳纳米管表面不均匀性引起的。因为实验所用偏二甲肼溶液的浓度是模拟推进剂污水中的偏二甲肼浓度,浓度较低,此时吸附质与吸附剂之间的作用主要是吸附质与吸附剂之间的直接作用,多壁碳纳米管表面不均匀性使偏二甲肼优先占据能量的有利位置,因此随着多壁碳纳米管吸附偏二甲肼的吸附量增加,吸附焓变 $\Delta H$ 增加。吸附吉布斯自由能函数变 $\Delta G$ 是吸附驱动力和吸附优惠性的体现,从表中的数据可以看出,$\Delta G$ 小于0,说明多壁碳纳米管对偏二甲肼的吸附过程是自发进行的,即偏二甲肼容易被多壁碳纳米管吸附。

吸附熵变 $\Delta S$ 大于0,表明该吸附反应是熵变增加的反应。该吸附过程的总熵变由两部分组成,根据吸附交换理论,对于固－液交换吸附,溶质分子由溶液相吸附交换到固－液界面会失去一部分自由度(包括平动和转动),这是熵减少的过程;另外,在多壁碳纳米管吸附偏二甲肼分子的同时,有大量水分子被解吸下来,由于水分子的体积较小,对其来说解吸过程是原来在多壁碳纳米管上的整齐、紧密排列到解吸后的自由运动,其熵变必然很大,因此上述两者熵变总和,最终为正值,即多壁碳纳米管吸附偏二甲肼的过程是一个熵增加的过程。

### 3.4.4　改性多壁碳纳米管对偏二甲肼的动态吸附及解吸性能

动态吸附和解吸是指吸附剂在流动相中与吸附质进行吸附或解吸作用,这种吸附和解吸过程的速度及吸附量或解吸量的大小是研究吸附解吸分离过程的重要参数,是评价吸附剂能否用于工业过程的重要依据。动态吸附过程受到诸多因素的影响和限制,这些因素包括相应的工艺条件,即温度、压力、浓度、进料流速以及吸附剂的性能结构表面性质和吸附柱的结构及吸附剂的填充状况等。这些可变因素的影响用理论计算的方法来描述是极其困难的。因此工业为了得到所需的工艺设备设计数据和推断吸附剂优劣,经常用实验的方法,用模拟工艺条件的吸附装置来得到必要的综合性数据。通常用动态吸附和解吸透过曲线来表示。

**1. 流速的影响**

称取 0.8g NaOH 改性多壁碳纳米管填充于 $\phi22\mathrm{cm}$ 的吸附柱中,填充柱柱长 3cm。用浓度为 $156\mathrm{mg} \cdot \mathrm{L}^{-1}$ 的偏二甲肼溶液在温度为 300K 时进行穿透实验,控制流速分别为 $8.2\mathrm{mL} \cdot \mathrm{min}^{-1}$、$5.1\mathrm{mL} \cdot \mathrm{min}^{-1}$、$2.1\mathrm{mL} \cdot \mathrm{min}^{-1}$。每隔若干体积后取

流出液用紫外分光光度法测定浓度,直到流出液浓度保持不变为止。

图 3.72 给出了 3 种流速下的穿透曲线。可以看出,随着流速的减慢,穿透体积分别为 100mL、150mL、225mL,饱和体积分别为 250 mL、290 mL、300 mL,为了有效地进行吸附,操作时必须保证固液两相有充分的接触时间,即液相流速不应太快,否则液相中的吸附质与固相吸附剂接触时间短,来不及交换吸附,使穿透曲线被拉平;但是流速太慢也会使操作周期延长,增加处理成本。

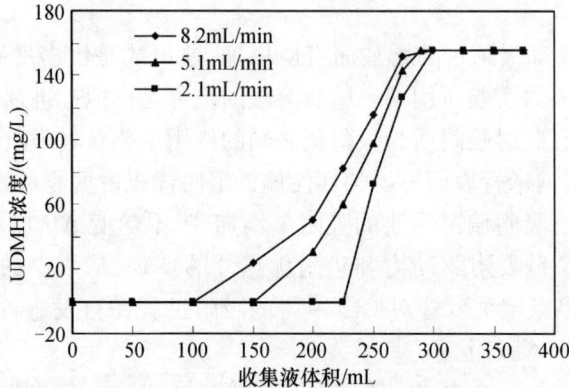

图 3.72　不同流速下的穿透曲线

**2. 原液浓度的影响**

称取 0.8g NaOH 改性多壁碳纳米管填充于 $\phi22cm$ 的吸附柱中,填充柱柱长 3cm。用浓度分别为 156mg·$L^{-1}$、105mg·$L^{-1}$、42mg·$L^{-1}$ 的偏二甲肼溶液在温度为 300K 时进行穿透实验,控制流速为 4.5mL·$min^{-1}$。每隔 25mL 取流出液用紫外分光光度法测定浓度,直到流出液浓度保持不变为止。

图 3.73 给出了不同浓度下的穿透曲线。当流出液浓度达到相关标准规定的排放浓度时,此点即为穿透点。而当出水溶质浓度达到进水浓度的 90% ~ 95% 时,可认为吸附柱的吸附能力已经耗竭,此点即为吸附终点。将图中的穿透曲线从开始吸附至穿透点和吸附终点分别进行积分计算,得到柱后流出液中剩余的偏二甲肼质量 $m_1$,将模拟废水中的偏二甲肼总量 $m$ 减去 $m_1$,得到被多壁碳纳米管吸附的偏二甲肼质量,与多壁碳纳米管的质量 $M$ 相比,即可得到该实验条件下多壁碳纳米管的穿透容量和饱和容量。从图计算得出,三种原液浓度下,穿透容量分别为 34.13mg·$g^{-1}$、29.56mg·$g^{-1}$、14.44mg·$g^{-1}$,饱和容量分别为 53.63mg·$g^{-1}$、38.06mg·$g^{-1}$、15.75mg·$g^{-1}$。穿透容量和饱和容量都随浓度的降低而减小。从理论上说,动态吸附容量比静态吸附容量大,这是由于偏二甲肼在缓慢的流动中能更好地与微孔接触,同时充分利用浓度梯度,增加了吸附的推动力。

**3. 碳纳米管的再生**

价格高是限制碳纳米管广泛应用的一个主要因素,所以如吸附饱和的碳纳米管能实现再生,重新恢复其吸附活性,在工业应用中具有重大的意义。再生也可浓

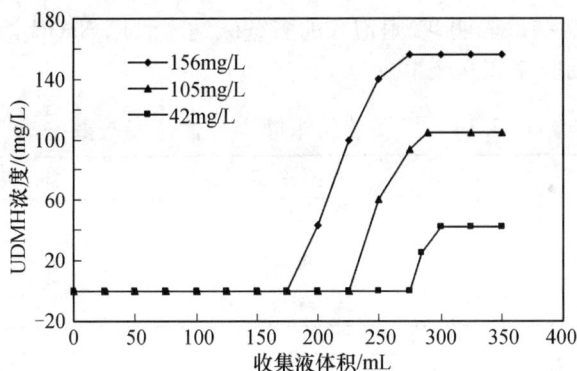

图 3.73　不同浓度下的穿透曲线

缩偏二甲肼废水。因此,应该用尽量少的洗脱剂得到体积小、浓度高的高纯洗脱液。解吸技术因吸附质的特性而不同,一般来说,溶剂洗脱、热蒸汽吹脱和高温加热等再生方法都可以使碳纳米管吸附性能得到恢复。在本实验研究中,综合以上各项实验结果,并考虑到操作的简便性以及工业成本问题,选用 NaOH 溶液作为洗脱剂。

对吸附饱和的吸附柱,用蒸馏水将柱中未吸附的偏二甲肼全部洗去,然后用 $0.1mol \cdot L^{-1}$ 的 NaOH 溶液方法流经柱子解吸,控制流速为 $1mL \cdot min^{-1}$。收集流出液测定其中偏二甲肼含量。对解吸再生的碳纳米管再进行静态吸附操作。

图 3.74 是 NaOH 改性多壁碳纳米管动态吸附 $156mg \cdot L^{-1}$ 的偏二甲肼溶液达饱和后的解吸曲线。从图中可以看出,50mL NaOH 溶液就能将几乎所有的偏二甲肼解吸下来,通过积分可得解吸液中偏二甲肼质量浓度为 $3.1g \cdot L^{-1}$,比吸附前的 $156mg \cdot L^{-1}$ 提高了 19.9 倍。

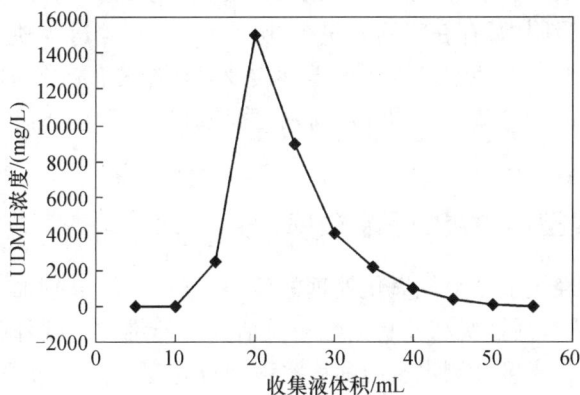

图 3.74　解吸曲线

对解吸再生的多壁碳纳米管,用蒸馏水洗至中性,于120℃烘干,用初始浓度为 156mg/L 的偏二甲肼溶液进行静态吸附实验,分别测定了 2 次吸附 – 再生实验

119

数据,见表3.14。结果表明,吸附饱和的多壁碳纳米管用 NaOH 溶液再生后,吸附容量基本不变,回收率在90%以上。

表3.14  多壁碳纳米管再生性能实验数据

| 再生次数 | 回收率/% | 静态吸附容量/(mg/g) |
|---|---|---|
| 0 | — | 52.2 |
| 1 | 92.4 | 53.9 |
| 2 | 90.2 | 49.1 |

**4. 与活性炭的吸附效果对比**

往两个50mL锥形瓶中分别加入0.05g碳纳米管和0.05g颗粒活性炭,然后各加入25mL浓度为156mg/L的偏二甲肼溶液,于28℃下静置10h,过滤后测定偏二甲肼浓度。实验数据见表3.15。计算可得,碳纳米管的静态吸附容量是活性炭的5.4倍。在相同条件下的吸附能力远大于颗粒活性炭。

表3.15  两种吸附剂的吸附效果对比

| 吸附剂 | UDMH 浓度/(mg/L) | UDMH 平衡浓度/(mg/L) | 静态平衡吸附量/(mg/g) |
|---|---|---|---|
| 碳纳米管 | 156 | 51.69 | 52.16 |
| 活性炭 | 156 | 136.7 | 9.65 |

# 3.5  活性炭及改性活性炭对偏二甲肼的吸附性能研究

在偏二甲肼废水处理中,活性炭吸附法是其中重要的一种。针对目前市售活性炭在偏二甲肼吸附中,存在吸附容量少、吸附热大、易穿透等缺点,通过浸渍法、微波法及高温还原法对活性炭表面化学性质及表面结构的改性研究,得到更适用于偏二甲肼吸附的一种或几种活性炭材料,为该方法的工程化研究设计及推广应用奠定技术基础。

## 3.5.1  不同类型活性炭的脱色效率

取一定量的经过加速空气氧化处理的偏二甲肼试样,分别加入适量经预处理的颗粒活性炭、粉末活性炭和柱状活性炭及活性碳纤维,搅拌吸附直至平衡,在一定的波长处用分光光度计测定吸附前后溶液的吸光度变化,求得脱色率,四种类型活性炭脱色效率如图3.75 所示。

由图3.75 可知,在相同实验条件下,纤维活性炭对偏二甲肼溶液中发黄物质的吸附效果明显好于其他活性炭;其次是粉末活性炭,而柱状活性炭的脱色效率最低。这主要跟各种活性炭的比表面积及孔隙结构有关。从上面的比表面积测量结

120

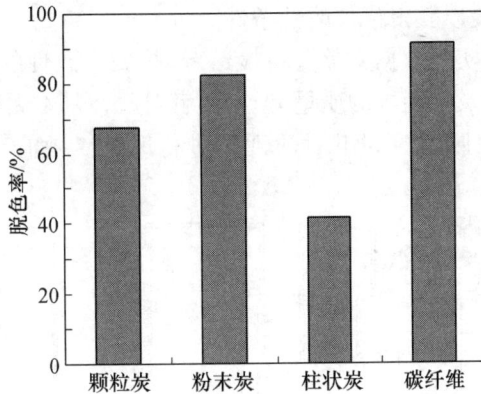

图 3.75　不同类型活性炭脱色效果图

构可以看到,四种活性炭的比表面积大小顺序为活性碳纤维 > 粉末活性炭 > 颗粒活性炭 > 柱状活性炭,脱色效果的顺序与其相同。

　　但在具体的实际应用中,在选用活性炭时还应参考其他因素如活性炭价格、操作条件等,全面衡量。

### 3.5.2　活性炭的表面改性

#### 1. 活性炭的改性

　　为了进一步提高活性炭对偏二甲肼的吸附能力,对选用的活性炭进行了相应的改性,其工艺流程如图 3.76 所示,为了提高改性的效果,需要对活性工艺进行优化。

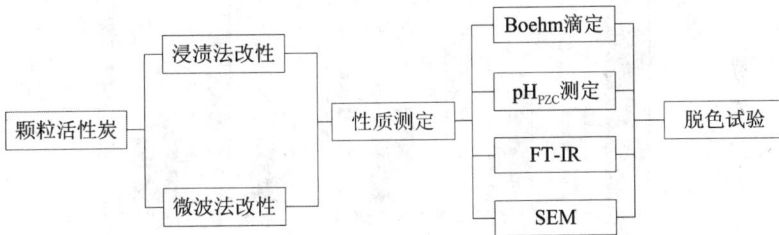

图 3.76　活性炭改性工艺流程图

　　(1) 浸渍法改性实验。浸渍法对活性炭改性可以采用的溶剂可以是多种,这里选择浓氨水、氢氧化钠溶液。分别选用一定浓度的浓氨水和 NaOH 溶液为浸渍液。取上述溶液各 100mL 及 20g 活性炭加入到 250mL 锥形瓶中,用橡胶塞密封瓶口。将锥形瓶放入恒温振荡器,在一定温度下恒温振荡若干时间,处理完后用蒸馏水洗至中性,放入鼓风干燥箱内,调节温度到合适范围,处理一定时间后取出,用磨口玻璃瓶盛装,置于干燥器中备用。

　　活性炭的改性与溶液的浓度、反应温度和时间以及后处理条件都有一定的关系,需要进行优化试验以获得最佳改性条件。

（2）微波法改性实验。据文献资料报道,影响微波改性的主要因素包括微波功率、时间、载气流量及活性炭的质量,但后两者对改性基本无影响,因此主要考虑在不同的微波功率和照射时间下对活性炭进行改性。微波改性装置如图3.77所示。

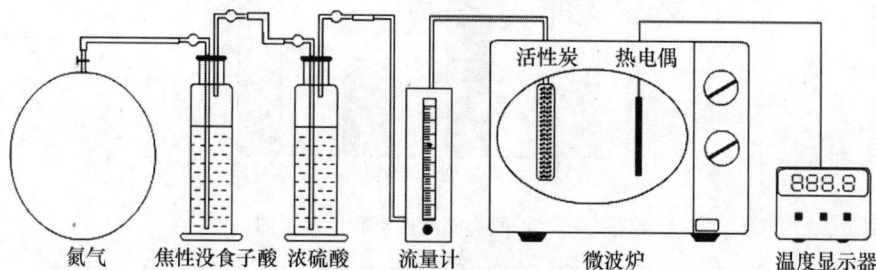

图 3.77　微波改性装置

## 2. 改性活性炭表面化学性质分析

按照 Boehm 提出的方法,根据酸碱中和原理,用 $NaHCO_3$ 中和活性炭表面的羧酸基,$Na_2CO_3$ 中和羧酸基和内酯基,NaOH 中和酚羟基,内酯基和羧酸基,测定结果如图3.78所示,其中纵坐标为活性炭样品的含氧官能团含量及碱性官能团含量(用 HCl 中和量表示)。

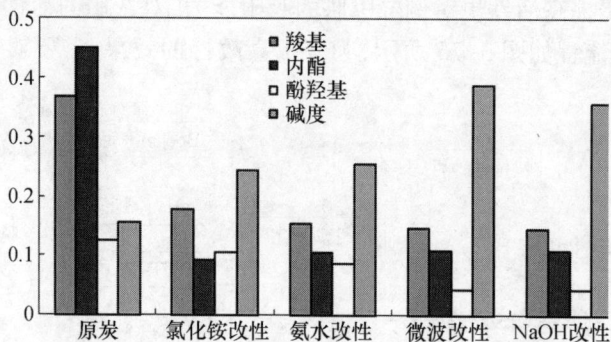

图 3.78　各种活性炭表面官能团含量变化图

由图可知,改性后的活性炭表面的含氧基团羧基,内酯基及酚羟基都有明显的减少;而碱性基团都明显增加,尤其是微波改性和 NaOH 改性后的活性炭。

微波改性使得含氧基团减少,含氮基团增多。主要是由于微波加热时,使得活性炭在较短的时间内温度达到较高的值(微波功率为 600W 时,最高温度可达1000℃)。在 600～800℃ 范围内,羧基和内酯基等官能团就会发生分解,释放出$CO_2$;而在 1000℃ 左右时,羰基和酚羟基等官能团也会发生分解释放出 CO,从而减少了含氧官能团的数量,其过程如图3.79所示。并且在 $N_2$ 气氛下,高温使得氮原

122

子能添加到含氧官能团分解产生的活性炭新的活性中心上,从而使的含氮官能团数量增加。

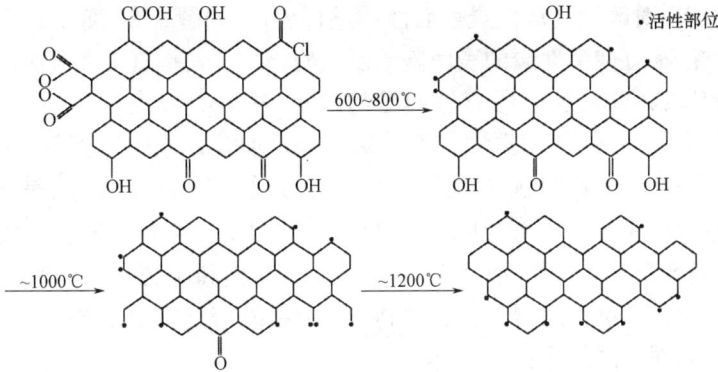

图 3.79　微波改性过程中含氧官能团分解后产生的活性中心示意图

NaOH 浸渍改性使活性炭表面含氧官能团减少,碱性官能团增加的原因主要是由于氢氧根离子的强碱性中和了活性炭表面的酸性官能团,使得活性炭表面呈碱性状态。

氨水和氯化铵改性活性炭表面含氧官能团减少,碱性官能团增加的原因是:N 原子具有高的电负性(3.0),在 $NH_3$ 分子及 $NH_4^+$ 中的 H 原子受到了强烈的静电吸引,可与内酯基和羧酸基中的羧基和羰基形成氢键($N-H\cdots O-C$ 或 $N-H\cdots O=C$),这种氢键($N-H\cdots O$)的键能有 11.55kJ/mol。$NH_3$ 通过 H 原子形成氢键优先吸附在活性炭特定的吸附位含氧官能团上,而不是纯的炭表面,使得活性炭表面的含氧官能团数量减少,而含氮官能团数量增多,这在 FT-IR 谱图中能够得到验证,如图 3.80 所示。

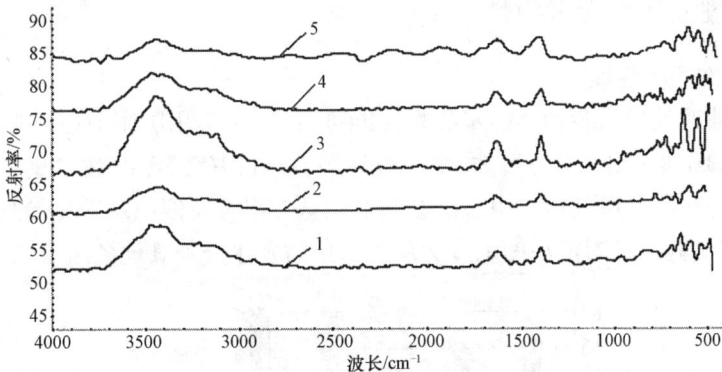

图 3.80　活性炭及改性活性炭 FT-IR 图
1—原炭;2—微波;3—氢氧化钠;4—氨水;5—氯化铵。

使用质量滴定法在一定离子强度下测定等电点 $pH_{PZC}$。等电点 $pH_{PZC}$ 值是表征活性炭表面酸碱性的一个重要参数。微波改性活性炭和 NaOH 改性活性炭的

pH<sub>PZC</sub>值明显要大于原炭的值,说明经过微波改性和 NaOH 改性的活性炭表面含氧官能团的量明显减少。

用 FT – IR 对改性后活性炭表面性质进行表征,如图 3.81 所示。由此可见这几种改性方法都可使活性炭的表面基团发生变化。尤其是氨水和微波改性的活性炭与原炭相比,其含氧官能团有较明显的减小,从 Boehm 滴定结果也可以得到。NaOH 改性后 O – H 的伸缩振动和弯曲振动峰有明显的增大。而氯化铵改性后,含氧官能团有较明显的减小,但在谱图上出现了新的峰,尤其是 $1770cm^{-1}$、$2054cm^{-1}$、$2261cm^{-1}$的峰,在 $2010 \sim 1700cm^{-1}$ 一般是 $NH_4^+$ 的变形振动与扭动的合频,表示氢键强度的变化;而 $2261cm^{-1}$ 处一般为饱和脂肪腈的强吸收峰,说明:氯化铵改性使得氢键作用增强,且脂肪腈基团生成。红外谱图进一步表明了活性炭改性前后表面基团的变化。

利用 SEM 对改性前后活性炭样品表面形貌进行观察,结果如图 3.81 所示。从图中可以看出经改性后,活性炭表面形貌发生了变化,活性炭原有的孔隙结构或多或少遭到破坏。

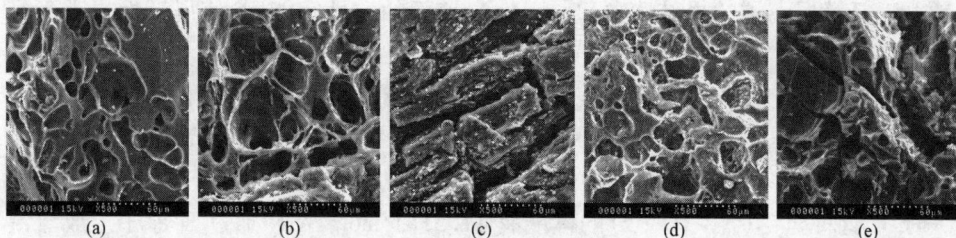

图 3.81　各种活性炭的 SEM 图

(a) 原炭;(b) 微波改性;(c) NaOH 改性;(d) $NH_4Cl$ 改性;(e) $NH_3 \cdot H_2O$ 改性。

### 3.5.3　改性活性炭吸附性能

**1. 静态吸附性能**

对浸渍改性后的各种活性炭吸附性能进行了测定,用吸附效率及脱色效率表示。从实验结果(图 3.82)可知,微波改性的效果最好,浸渍改性中氢氧化钠的为最好。其中吸附量以其对二甲胺、偏腙、亚硝基二甲胺及四甲基四氮烯总的含量变化计算,即实验中吸附前后的浓度为除偏二甲肼及水分外其他各组分浓度之和。

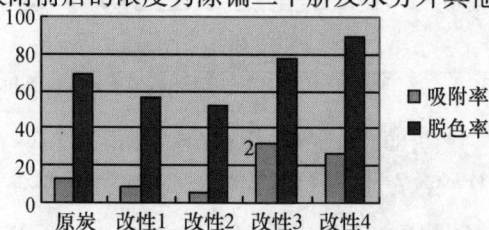

图 3.82　各种活性炭的吸附性能

124

为了进一步检验改性后的活性炭的吸附性能,用活性炭原炭(YT)、NaOH 改性活性炭(NT)及微波改性活性炭(WT)对某偏二甲肼溶液进行了吸附测试,得到了其吸附等温线图及其相应的拟合曲线,如图 3.83 ~ 图 3.85 所示。

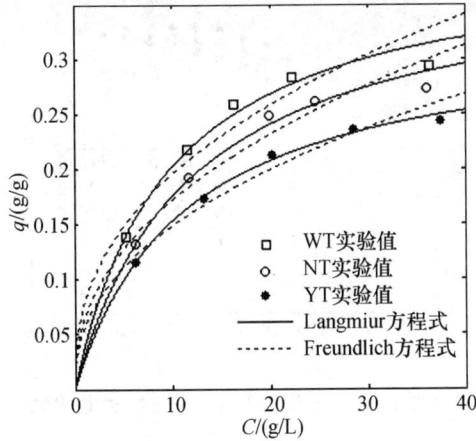

图 3.83　不同类型活性炭的吸附等温线及拟合图

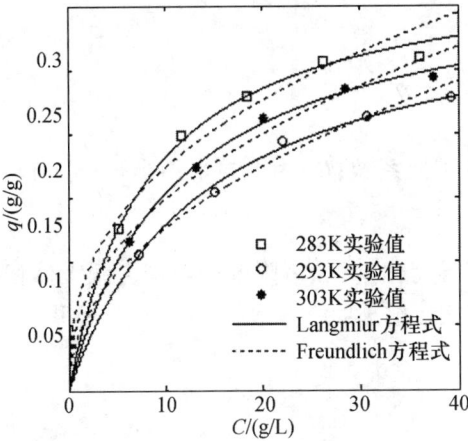

图 3.84　YT 吸附等温线及拟合图

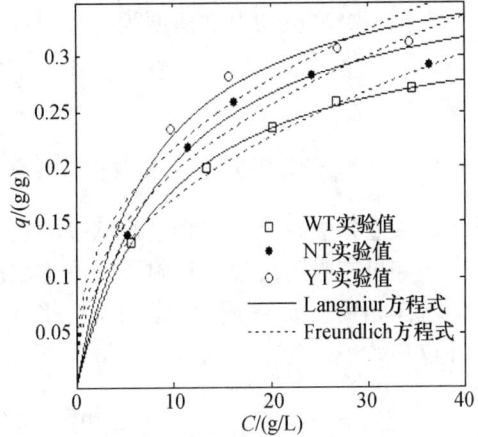

图 3.85　WT 吸附等温线及拟合图

从图中可看出,在所研究的浓度范围内,偏二甲肼中氧化杂质在活性炭上的吸附等温线属于 $L_2$ "优惠型"吸附等温线。

与 YT 相比,经改性处理的活性炭的平衡吸附量都有了明显的提高。改性后的活性炭的 $q_m$ 和 $1/n$ 值均大于原活性炭,且微波改性的活性炭的增大更为明显。而且随着温度的升高,活性炭 YT 和 WT 的吸附量减小,说明吸附过程是一个放热过程,低温有利于吸附过程的进行,温度越低,吸附量越大。

**2. 动态吸附性能**

测定了不同温度下,相同浓度的某偏二甲肼中溶液在活性炭原炭上的吸附动力学曲线,结果如图3.86所示。可以看出温度越高,偏二甲肼中杂质在活性炭上的吸附速率越快,达到吸附平衡所需的时间也越短。

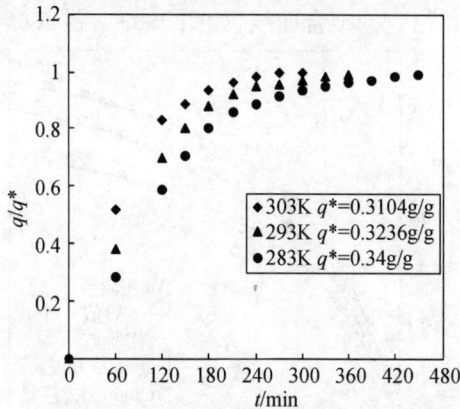

图3.86　不同温度下偏二甲肼中氧化杂在活性炭上的吸附动力学曲线

对图3.86的实验数据进行拟一级反应和拟二级反应吸附速率模型拟合,并在此基础上计算不同温度下的传质系数 $k_f$,进而求得有效扩散系数 $D_e$。

拟一级反应动力学模型为

$$\frac{\partial q}{\partial t} = k_f(q^* - q)$$

式中: $k_f = \dfrac{15D_e}{R_p^2}$ 为吸附速率常数; $D_e$ 为有效扩散系数; $R_p$ 为颗粒平均半径; $q^*$ 为与气相或液相吸附质浓度相平衡的吸附量。

如果在吸附过程中吸附质相主体浓度维持恒定,如吸附剂颗粒与无限大体积的流体相接触或与浓度恒定的流动相流体相接触,则 $q^*$ 为常数,对上式进行积分,并取初始条件为 $t=0,q=0$,可得

$$\ln\left(\frac{q^* - q}{q^*}\right) = -k_f t$$

以时间 $t$ 对 $\ln\left(\dfrac{q^* - q}{q^*}\right)$ 作图得过原点的直线,由斜率即可求出传质系数 $k_f$。

拟二级反应动力学模型为下式:

$$\frac{\partial q}{\partial t} = k_{fⅡ}(q^* - q)^2$$

式中: $k_{fⅡ}$ 为拟二级反应动吸附速率常数,同样如果在吸附过程中流体相浓度维持恒定, $q^*$ 为常数,取初始条件为 $t=0,q=0$,对上式进行积分,可得

$$\frac{1}{1 - \dfrac{q}{q^*}} = 1 - k_{fⅡ} q^* t$$

126

以时间 $t$ 对 $\dfrac{1}{1-\dfrac{q}{q^*}}$ 作图得直线,由斜率即可求出传质吸数 $k_{fⅡ}$。

拟一级反应吸附速率模型拟合的结果如图 3.87 所示。拟二级反应吸附速率模型的拟合结果如图 3.88 所示。可以看出,拟一级反应吸附速率模型较拟二级反应吸附速率模型能更好地描述偏二甲肼中氧化杂质在活性炭上的吸附动力学行为。

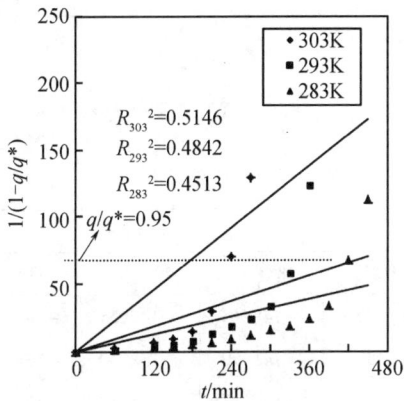

图 3.87　拟一级反应速率模型拟合曲线　　　　图 3.88　拟二级反应速率模型拟合曲线

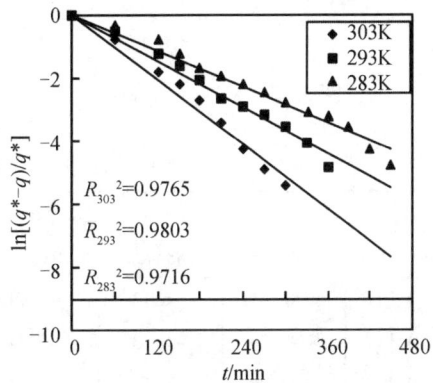

利用拟一级反应吸附动力学模型可以求出其传质系数 $k_f$,并根据速率模型给出的 $k_f = 15D_e/R_p^2$ 可估算出有效扩散系数 $D_e$。由不同温度下的扩散系数,再根据 Arrhenius 方程可求出吸附过程的活化能及指前因子。

Arrhenius 方程式如下:

$$D_e = D_0 \exp(-E_a/RT)$$

式中:$E_a$ 为体系的活化能;$D_0$ 为指前因子。

**3. 等量微分吸附热及各热力学函数的计算**

根据拟合的 Freundlich 方程算出同一吸附量在不同温度下对应的平衡浓度,根据 Clausius – Clapeyron 方程,以 $\ln c - 1/T$ 作图得到不同吸附量时的吸附等量线,如图 3.89、图 3.90 所示,求出吸附量所对应的斜率,计算出不同吸附量时的等量吸附熵。

由图可见,相同吸附量下,低温下的平衡浓度低于高温下的平衡浓度。同一吸附量下,$\ln c$ 和 $1/T$ 呈直线关系;且随着吸附量的增大,直线斜率的绝对值有所增大,相应所计算出的等量微分吸附热的绝对值也增大。不同吸附量条件下的等量微分吸附热焓及其他各热力学函数见表 3.16 和表 3.17,由此可知:

(1) 活性炭吸附偏二甲肼中氧化杂质的吸附热焓 $\Delta H < 0$,表明吸附过程为一放热过程,与吸附平衡结果相同。

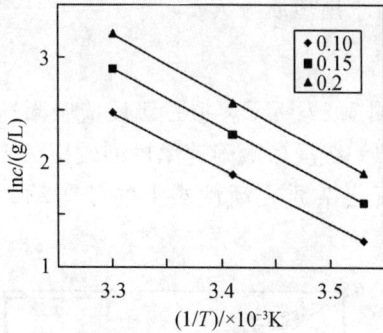

图 3.89　YT 吸附等量线

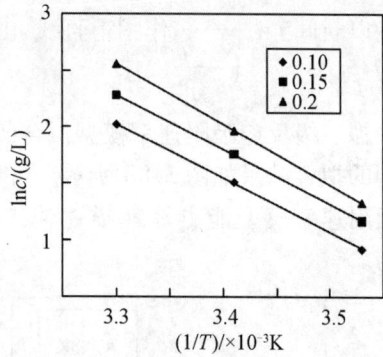

图 3.90　WT 吸附等量线

表 3.16　活性炭 YT 的吸附热及热力学参数

| $q$ /(g/g) | $\Delta H$ /(kJ/mol) | $\Delta G$/(kJ/mol) | | | $\Delta S$/(J/mol) | | |
|---|---|---|---|---|---|---|---|
| | | 283(K) | 293(K) | 303(K) | 283(K) | 293(K) | 303(K) |
| 0.10 | −48.05 | −6.13 | −5.71 | −5.38 | −148.13 | −144.51 | −140.92 |
| 0.15 | −46.26 | −6.13 | −5.71 | −5.38 | −141.80 | −138.40 | −134.92 |
| 0.20 | −44.09 | −6.13 | −5.71 | −5.38 | −134.13 | −131.00 | −127.75 |

表 3.17　活性炭 WT 的吸附热及热力学参数

| $q$ /(g/g) | $\Delta H$ /(kJ/mol) | $\Delta G$/(kJ/mol) | | | $\Delta S$/(J/mol) | | |
|---|---|---|---|---|---|---|---|
| | | 283(K) | 293(K) | 303(K) | 283(K) | 293(K) | 303(K) |
| 0.10 | −44.46 | −6.42 | −6.17 | −6.14 | −134.42 | −130.68 | −126.47 |
| 0.15 | −40.13 | −6.42 | −6.17 | −6.14 | −119.12 | −115.90 | −112.18 |
| 0.20 | −39.77 | −6.42 | −6.17 | −6.14 | −117.84 | −114.67 | −111.00 |

（2）吸附热熵的绝对值随着吸附量的增大逐渐减小，即吸附热随着覆盖度的增大而减小，这是由于活性炭表面的不均匀性所致。在吸附开始时，吸附质首先吸附在活性炭表面吸附中心最活跃的活性位上，吸附位的活性越高，放出的热量越大，随着吸附的进行，吸附热随覆盖度的增加缓慢降低，降到一定值后吸附热的变化将趋于平缓，这时吸附发生在活性较低的吸附位上，即在吸附质分子间协同作用下开始了微孔填充吸附，这时吸附热比较小，表明吸附质之间的相互作用力小于吸附质与活性位间的作用力。

（3）当吸附量为 0.1g/g、0.15g/g、0.20g/g 时，吸附热熵的绝对值最大为 48.05kJ/mol，大于物理吸附的吸附热 40kJ/mol，但比化学吸附的吸附热要小得多，为物理吸附和化学吸附的过渡态，可以认为是非活性的化学吸附，这种化学吸附可以瞬间完成且吸附仍是可逆的。而造成吸附热大于物理吸附吸附热的主要原因可能是由于活性炭表面的含氧官能团与偏二甲肼中各成分的相互作用,这可以从两种活性炭吸附热的大小看出。微波改性活性炭表面的含氧官能团小于原炭表面的含氧官能团数量,其吸附热焓也较原炭小。因此,表面改性在提高了吸附性能的同时降低了吸附热,有利于活性炭表面改性的实际应用。

(4)$\Delta G$ 均小于零,说明偏二甲肼中氧化杂质在活性炭上吸附过程是自发进行的。随着温度的升高,$\Delta G$ 的绝对值减小,说明升高吸附温度不利于吸附的进行。

(5)$\Delta S$ 小于零,说明吸附过程为熵减过程。随着吸附的进行,体系混乱度减小。而且,随着温度的升高,$\Delta S$ 的绝对值略有下降,这是因为温度的升高不利于吸附的进行,吸附量减小,体系的混乱度增加造成的。

**4. 吸附热的微量量热计测定**

用 MicroDSC Ⅲ 微量量热仪测定了活性炭 YT 吸附偏二甲肼中氧化杂质的吸附热。测试温度为 25℃ ±0.001℃;吸附平衡时间大于等于 30min;吸附反应在氮气保护下进行。测试结果根据平衡吸附量换算成标准单位见表 3.18。

表 3.18　微量量热仪测定的吸附热数据

| $q/(g/g)$ | 0.15 | 0.2 |
|---|---|---|
| $\Delta H/(kJ/mol)$ | 62.23 | 56.55 |

从测试结果可以看出,随着平衡吸附量的增大,吸附热呈减小的趋势,与等量吸附量热所得趋势一致。但是其热量的数值远大于计算得到的等量吸附热,这也是由于微量量热仪所测得的是总的热量,它包含了浸润热及液体的蒸发热等。由于活性炭表面的不均匀性,使得活性炭在与偏二甲肼接触时,将产生大量的润湿热,而由于偏二甲肼较低的沸点,这些热量将会使偏二甲肼挥发。因此,针对这一现象,在进行动态吸附试验时,一定要利用夹套对系统进行预冷进料。

## 3.6　活性炭纤维对偏二甲肼溶液的吸附研究

由于活性炭纤维有良好的特性,有一定的机械强度,克服了 GCF、PAC 在操作过程中易形成沟流和沉积的问题,且无二次污染,ACF 正替代颗粒活性炭、粉末活性炭,在治理、净化环境等广阔领域内应用,并作为一种基础性材料受到广泛的关注。本工作利用活性炭纤维的结构特性,研究其对偏二甲肼的吸附性能,为其偏二甲肼废水处理方面的应用提供技术依据。

### 3.6.1　吸附等温线的测定

配制初始浓度为 1000mg·L$^{-1}$ 的 UDMH 溶液。取 100mL 该溶液于 250mL 锥形瓶中,加入一定量的活性炭纤维处理,达到吸附平衡后,过滤,采用氨基亚铁氰化钠分光光度法(GB 18063—2000)测 UDMH 含量。

准确称取 0.6g 的活性炭纤维于具塞锥形瓶中,分别加入 100mL 初始浓度为 1000mg/L、500mg/L、250mg/L、125mg/L 的 UDMH 溶液试样置于恒温振荡器中恒温振荡 3h 以上,使吸附达到平衡,测定吸附残液中偏二甲肼的浓度 $C$,并根据下式计算其吸附量,最后求得在 298K、308K 和 318K 时的吸附等温线。

$$q = \frac{(c_0 - c)V}{W}$$

式中:$q$ 为吸附量(mg/g);$c_0$、$c$ 分别为吸附前和吸附后溶液中偏二甲肼的浓度(mg/L);$V$ 为吸附液的体积(L);$W$ 为活性炭纤维的用量(g)。

以 $q$-$c$ 做图,求得不同温度下偏二甲肼在 ACF 上的吸附等温线,如图 3.91 所示。

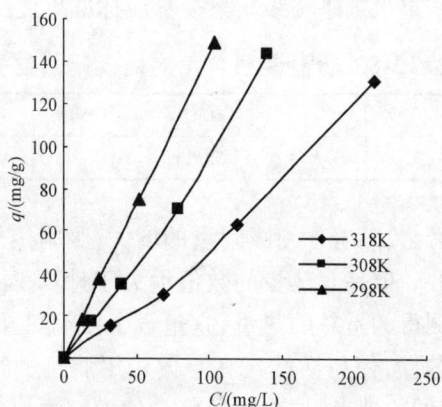

图 3.91　不同温度下的吸附等温线

从图中可以看到,偏二甲肼在 ACF 上的吸附等温线近似为直线,可认为属于 I 型等温线,随着温度的升高其吸附量降低,说明吸附为放热过程。

用 Freundlich 吸附等温式 $q = K_f C^{1/n}$ 对所测的数据进行拟合。将公式线性化得到下式:

$$\ln q = \ln K_f + \frac{1}{n}\ln C$$

以 $\ln q$ 为纵坐标、$\ln C$ 为横坐标做图,并通过最小二乘法回归,曲线如图 3.92 所示,回归后各温度下的相关系数及各参数值见表 3.19。

从表 3.19 可以看到,各温度下吸附等温线式的回归曲线的相关系数均大于 0.99,表明 ACF 吸附水中微量偏二甲肼的试验与 Freundlich 吸附模型有较好的符合性,属"优惠型"吸附,AFC 对偏二甲肼的吸附较易进行,并且适合于不同浓度溶液的吸附。

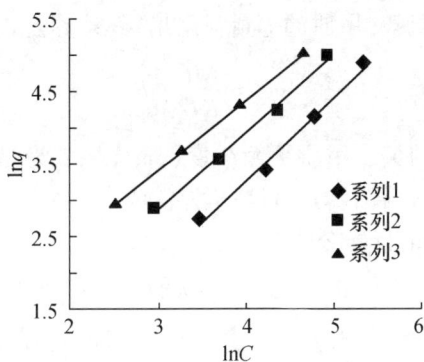

图 3.92　$\ln q - \ln C$ 线形回归曲线

表 3.19　Freundlich 模型回归后的相关系数及方程中的参数值

| 温度/K | 相关系数 $R^2$ | $K_f$ | $n$ |
|---|---|---|---|
| 298 | 0.9994 | 1.616 | 1.028 |
| 308 | 0.9955 | 0.746 | 0.949 |
| 318 | 0.9916 | 0.269 | 0.874 |

## 3.6.2　吸附热力学函数的计算

根据图 3.91 的吸附等温线,以 $\ln C - 1/T$ 做等吸附量下的吸附等量线,得图 3.93。可以看出,$\ln C$ 与 $1/T$ 有较好的线性关系。

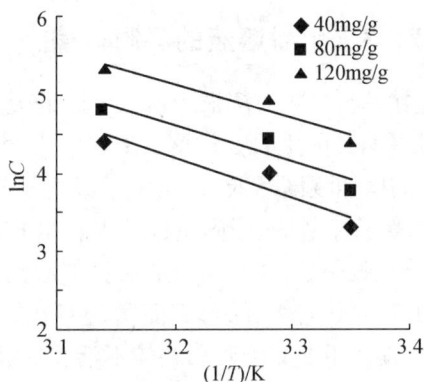

图 3.93　活性炭纤维处理偏二甲肼溶液的吸附等量线

根据 Clausius – Clapeyron 方程式

$$Q = PT^2 \left( \frac{\partial \ln P}{\partial T} \right)_n$$

由不同等吸附量时的吸附等量线 $\ln C - 1/T$ 求出吸附量所对应的斜率,计算出不同

131

吸附量时活性炭纤维对偏二甲肼的等量吸附焓,其计算公式为

$$\ln c = \frac{\Delta H}{RT} + K$$

式中:$C$ 为吸附平衡时的偏二甲肼平衡浓度(mg/L);$T$ 为热力学温度(K);$R$ 为理想气体常数;$H$ 为等量吸附焓(kJ/mol);$K$ 为常数。

其吸附自由能 $\Delta G$ 的计算公式为

$$\Delta G = -nRT$$

式中:$\Delta G$ 为吸附自由能(kJ/mol);$n$ 为 Freundlich 方程中的常数;$T$ 为热力学温度(K)。

其吸附熵 $\Delta S$ 的计算公式为

$$\Delta S = \frac{\Delta H - \Delta G}{T}$$

各热力学函数计算所得数据见表 3.20。

表 3.20　ACF 吸附溶液中偏二甲肼的各热力学函数数值

| $q$ /(mg/g) | $\Delta H$ /(kJ/mol) | $\Delta G$/(kJ/mol) | | | $\Delta S$/(J/mol) | | |
| --- | --- | --- | --- | --- | --- | --- | --- |
| | | 298(K) | 308(K) | 318(K) | 298(K) | 308(K) | 318(K) |
| 40 | −41.91 | −2.55 | −2.43 | −2.31 | −132.08 | −128.18 | −132.89 |
| 80 | −38.52 | −2.55 | −2.43 | −2.31 | −120.70 | −117.18 | −113.87 |
| 120 | −35.55 | −2.55 | −2.43 | −2.31 | −110.74 | −107.53 | −104.53 |

### 3.6.3　活性炭纤维对偏二甲肼溶液的吸附规律

从表 3.20 中的数据可知,ACF 对溶液中偏二甲肼的吸附具有如下的规律:

(1) ACF 吸附溶液中偏二甲肼的吸附焓 $\Delta H < 0$,表明吸附过程为放热过程。同时吸附焓随着吸附量的增加逐渐降低,这是由于吸附量与活性炭纤维的活性吸附位的覆盖率 $\theta$ 成正比,覆盖率越大,吸附量也越大。ACF 表面存在许多能量较高的吸附中心,偏二甲肼最先吸附在 ACF 表面最活泼的吸附中心上,这时所需要的吸附活化能较小,放出的吸附热较大,随着表面覆盖率 $\theta$ 的不断增大,ACF 表面活泼的吸附中心逐渐减少,偏二甲肼只能吸附在较不活泼的吸附中心上,此时所需的吸附活化能增大,放出的热量变小。另外,随着偏二甲肼在 ACF 上的表面覆盖率 $\theta$ 的不断增大,偏二甲肼分子之间的相互排斥作用也是造成吸附热变小的原因之一。虽然活性炭类吸附剂为憎水性吸附剂,但对水也会有相应的吸附,从而占据了部分活性吸附位,因此在吸附后期也存在偏二甲肼分子与水分子之间的相互排斥,也会使吸附热变小。

(2) 吸附自由能 $\Delta G$ 为负值,说明吸附过程为自发的不可逆过程,同时随着温

度的升高吸附自由能的绝对值略有减小,说明温度的升高不利于吸附。

(3) 吸附熵 $\Delta S$ 为负值,这是因为对于固-液交换吸附,溶质分子在吸附过程由液相吸附交换到固-液界面,分子的自由度减小,整个体系的混乱度变小。同时随着温度的升高,吸附熵的绝对值减小,也是由于温度的升高不利于吸附过程的进行,ACF 对偏二甲肼的吸附量减小,使整个体系的混乱度增加。

## 参 考 文 献

[1] Izumi I, Dunn W W, Wllboum K O, et al. Heterogeneous photocatalytic oxidation of hydrocarbons on platinized $TiO_2$ powders[J]. J. Phys Chem, 1980, 84:3207 – 3208.

[2] Michael A, Gonzalez, Garry Howell. Photocatalytic selective oxidatioin of hydrocarbons in the aqueous phase [J]. Journal of Catalysis, 1999,183:159 – 162.

[3] Selli E. Role of Humic Acids in the $TiO_2$ – photocatalyzed Degradation of Tetrachloroethene in Water[J]. Wat. Res. ,1999, 33(8):1827 – 1836.

[4] Chen D. Photodegradation Kinetics of 4 – nitrophenol in $TiO_2$ Suspension[J]. Wat. Res. ,1998,32(11): 3223 – 3234.

[5] 黄徽,杜玉扣,戴兢陶,等. $TiO_2$ / ACF 的制备及光催化降解四氯乙烯性能[D]. 感光科学与光化学, 2007,25:124 – 128.

[6] 王占修. 活性炭负载 $TiO_2$ 光催化降解偶氮废水研究[D].西安建筑科技大学,2006.

[7] Franke R, Franke C. Model rector for Photocatalytic degradation of persistent chemicals in ponds and wastewater [J]. Chemosphere, 1999, 39(6):2651 – 2659.

[8] Maira A J, Yeung K L, Lee C Y, et al. Size effects in gas – phase photo – oxidation of trichloroethylene using nanometer sized $TiO_2$ catalysts [J]. Journal of Catalysis,2000, 192:185 – 196.

[9] Cao Lixin, Huang Aimin, Spiess Franz – Josef, et al. Gas – Phase Oxidation of 1 – Butene Using Nanoscale $TiO_2$ Photocatalysts [J]. Journal of Catalysis,1999,188:48 – 57.

[10] 侯付彬. ACF 负载 $TiO_2$ 光催化氧化处理室内空气污染物的研究[D]. 武汉大学,2005.

[11] 王锡琴. $TiO_2$ / ACF 光催化的空气净化装置研究[D]. 四川大学,2005.

[12] 沈伟韧.光催化反应及其在废水处理中应用[J].化学进展,1998, 10(4):354 – 364.

[13] 赵秀峰,张志红,孟宪锋,等. Mo 掺杂 $TiO_2$/AC 负载膜的制备及光催化活性[J]. 应用化学,2003,20 (4):355 – 359.

[14] 蔡乃才,王亚平,曹银良. 负载型 Pt – $TiO_2$ 光催化剂的研究[J]. 催化学报,1999,20(2):177 – 180.

[15] 张素香,屈撑囤,王新强.光催化剂改性及固定化技术的研究进展[J].工业水处理,2002,22(7): 12 – 15.

[16] 程小苏,曾令可,黄浪欢,等. $TiO_2$ 光催化剂的制备过程与配方优化[J].华南理工大学学报,2002,31 (2):14 – 18.

[17] Liu X S, Lu K K, Thomas J K. Preparation, Characterization and Photoreactivity of Titanium(IV) Oxide Encapsulated in Zeolites [J]. J. Chem. Sci. Faraday Trans. , 1993, 89(11):1861 – 1865.

[18] 沈曾民,张文辉,张学军.活性炭材料的制备与应用[M]. 北京:化学工业出版社, 2006: 1.

[19] 翟会杰. 活性炭纤维的吸附性能及在处理模拟焦化废水中的研究[D]. 重庆大学,2003.

[20] 王茂章,贺福. 碳纤维的制造、应用及性质[J].鞍山钢铁学院学报,1984(3): 217 – 234.

[21] 国防科工委后勤部.火箭推进剂监测防护与污染治理[M].长沙:国防科学技术大学出版社,1993:

780 – 788.

[22] 李毅. UV – Fenton 法处理偏二甲肼废水研究[D]. 第二炮兵工程学院,2007.

[23] 梁亮. 多孔碳材料负载 $TiO_2$ 光催化降解偏二甲肼废水研究[D]. 第二炮兵工程学院,2008.

[24] 何海兰. 染料[M]. 北京:化学工业出版社,2004.

[25] 杨丽娜. 膨胀石墨对染料吸附脱色作用的研究[D]. 河北师范大学,2004.

[26] 王毅力,杨君,于富玲,等. 不同染料化合物在颗粒活性炭上的分形吸附规律[J]. 环境化学,2005,24(3):334 – 337.

[27] 左藤 T,鲁赫 R J. 聚合物吸附对胶态分散体稳定性的影响[M]. 北京:科学出版社,1988.

[28] 李冀辉,刘淑芬. 膨胀石墨孔结构及其吸附性能研究[J]. 非金属矿,2004,27(4):44 – 45.

[29] 初茉,李华民,任守政. 膨胀石墨与活性炭对煤焦油吸附性的对比研究[J]. 中国矿业大学学报(自然科学版),2001,30(3):307 – 310.

[30] 吴翠玲,翁文桂,陈国华. 膨胀石墨的多层次结构[J]. 华侨大学学报(自然科学版),2003,24(2):147 – 150.

[31] Michio Inagaki,Masahiro Toyoda,KANG Fei – yu,et al. Pore structure of exfoliated grapHite[J]. 新型炭材料,2003,18(4):241 – 249.

[32] 王明福,陈亮,赖宇翔,等. 膨胀石墨对高分子吸附的研究[J]. 广东化工,2003(2):19 – 21.

[33] Avnir D,Frin D,Pfeifer P. Molecular fractal surface[J]. Nature,1984,308(15):261 – 263.

[34] 赵旭,王毅力,郭瑾珑,等. 颗粒微界面吸附模型的分形修正——郎格缪尔(Langnuir)弗伦德利希(Frundelich)和表面络合模型[J]. 环境科学学报,2005,25(1):52 – 57.

[35] 杨云玲. 膨胀石墨对印染废水吸附脱色的研究[D]. 第二炮兵工程学院,2006.

[36] Kazemimoghadam M,Pak A,Mohammadi T. Dehydration of water/1 – 1 – Dimethylhydrazine Mixtures by Zeolite Membranes[J]. Microporous Mesoporous Mater,2004,70:127 – 134.

[37] Mollah Abdul H,Robinson Campbell W. Pentachlorophenol adsorption and desorption characteristics of Ganular Activated Carbon I[J]. Isotherms. Wat. Res. 1996,30(12):2901 – 2906.

[38] Mollah Abdul H,Robinson Campbell W. Pentachlorophenol adsorption and desorption characteristics of Granular Activated Carbonw II[J]. Kinetics. Wat. Res,1996,30(12):2907 – 2913.

[39] Pelekani Costas,Snoeyink Vernon L. A kinetic and equilibrium study of competitive adsorption between atrazine and Congo red dye on activated carbon:the importance of pore size distribution[J]. Carbon,2001,39:25 – 37.

[40] Li Y H,Xu C L,Wei B Q,et al. Self – organized Ribbonsoft Aligned Carbon Nanotubes[J]. Chem Mater,2002,14(2):483 – 485.

[41] 周振华,武小满,王毅. 氢气在碳纳米管基材料上的吸附 – 脱附特性[J]. 物理化学学报,2002,18(8):692 – 698.

[42] Long R Q,Yang R T. Carbon nanotubes as superior sorbent for dioxinremoval[J]. J Am Chem Soc.,2001,123:2058,2059.

[43] 裴凯栋,黎维彬. 水溶液中六价铬在碳纳米管上的吸附[J]. 物理化学学报,2006,22(12):1543 – 1546.

[44] 朱光威. 碳纳米管吸附偏二甲肼性能研究[D]. 第二炮兵工程学院,2008.

[45] 姜军清,黄卫红,陆晓华. 活性炭纤维及其应用研究进展[J]. 工业水处理,2001,21(6):4 – 6.

[46] 王海荣,刘秉涛,邵坚. 活性炭纤维处理苯酚废水的静态吸附性能研究[J]. 郑州大学学报(理学版),2006,38(1):88 – 91.

[47] 余子锐,沈明,邹惠仙. 活性炭纤维去除水中微污染物的研究[J]. 重庆环境科学,2003,25(5):24 – 26.

[48] 郭照冰,唐登勇,郑正,等. 活性炭纤维在水处理中的应用研究新发展[J]. 净水技术,2003,22(5):23 – 25.

134

# 第4章 轻质碳材料及复合材料在电磁吸波材料中的应用

吸波材料是指有效吸收入射的电磁波、将电磁能转化为热能而消耗或使电磁波干涉相消,从而使目标的回波强度显著减弱的一类电磁功能材料。吸波材料的研制始于20世纪30年代,第二次世界大战期间进入实验阶段,到了20世纪80年代有了突破性发展,代表性的成果有F-117隐身飞机、B-2型隐身轰炸机等。

随着航空电子技术的迅速发展,未来的各种武器都面临着严峻的考验,隐身技术作为提高武器系统生存和突防能力的有效手段,已经成为集陆、海、空、天、电磁五位一体的立体化现代战争中最重要和最有效的战争技术手段。吸波材料是隐身技术中重要的组成部分。高性能吸波材料可以用四个字代表,即"宽、薄、强、轻"。"宽"指材料吸收电磁波的合格带宽大;"薄"指在满足一定吸波性能要求的前提下材料的厚度尽可能小;"强"指吸波材料的衰减性能和力学性能优异;"轻"指材料的密度小、质量轻。

我国吸波材料技术虽然已经研究开发二三十年,但同国外吸波材料的研究现状相比,差距非常明显。目前广泛研究、使用的吸波材料主要是传统的磁性纳米金属和铁氧体微粉材料。传统的铁氧体、磁性金属粉体和陶瓷吸波材料吸收频带窄、吸收波段单一、密度大,已难以满足现代实际应用的要求。在现有吸波材料技术的基础上,积极开展新种类、新概念、新技术途径的吸波材料的探索研究显得十分必要。吸波材料的发展趋势主要体现在以下几个方面。

(1) 材料组成复合化。单一组分吸波材料很难满足"宽、薄、强、轻"的要求。利用复合材料的协同效应和电磁参数可调的优点,考虑密度、阻抗匹配和物理化学综合性能,将不同吸收频段、不同损耗机制(电阻型损耗、介电型损耗、磁损耗)的材料进行多元复合,有可能实现宽频、轻质、强吸收、微波红外多波段电磁波吸收兼容的要求,但复合材料的制备工艺、优化设计、各组元相容性是必须解决的关键问题。其中,波阻抗渐变、电磁参数渐变利于阻抗匹配和电磁吸收的梯度功能复合吸波材料是一项重要内容。

(2) 材料形态上的低维化。一些低维材料具有特殊的电、磁、光效应,吸收效能远高于常规材料,高效吸收也利于减轻质量。目前纳米颗粒、纳米纤维、纳米管、纳米薄膜、纳米多层膜等低维吸波材料日益受到人们的重视,此类材料具有吸收频带宽、多波段兼容、吸收强、重量轻、综合性能较好等特点,有很大的发展潜力。

(3) 材料吸收功能宽频化。随着各种先进探测设备的问世,厘米波雷达吸波材料已不适应技术上的需求。目前,吸波材料正朝着能够兼容米波、厘米波、毫米波、红外、激光等多波段、多频谱、强吸收、轻质的方向发展。

(4) 材料开发新型化。新型吸波材料目前已突破传统材料的框架,各种新概念、新吸收机制的隐身材料已逐渐涌现出来。智能隐身材料、手性隐身材料、纳米复合隐身材料等就是新近出现的新型电磁波吸收材料,可能还会出现其他新型吸波材料。

本章将着重介绍轻质碳材料及其复合材料在电磁吸波隐身中的应用。碳基复合材料是指以轻质碳材料(导电石墨粉、膨胀石墨、碳纤维、碳纳米管等)为基材,采用物理方法或化学方法与磁性金属或其合金、导电性良好的过渡金属元素、稀土金属元素等复合,获得的系列轻质碳基复合材料。碳基复合材料具有优良的本征特性,如密度小、稳定性好、耐热、耐腐蚀、耐热冲击、导电性好和高温强度高等一系列综合性能,同时具有较高的电损耗和磁损耗吸波机制,电磁波吸收性能优良。碳材料轻质微观结构如图4.1所示。其显著优点主要表现为:①复合密度低,易于得到轻质复合材料;②对电磁波的吸收强,且吸波频率宽;③在达到较高吸波性能的同时,可大幅提高复合材料的力学性能。这是研制新一代"宽、薄、强、轻"吸波隐身材料的重要方向之一。

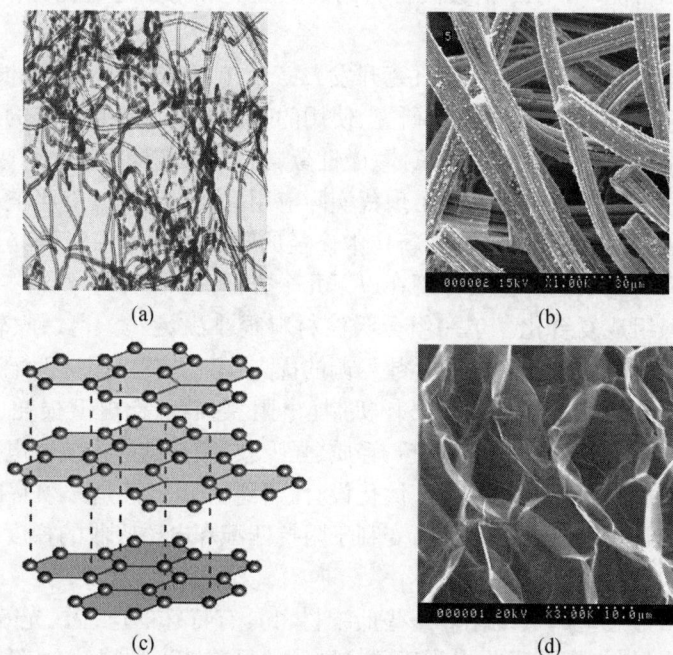

图4.1　部分纳米碳基复合材料多孔微结构

(a) 碳纳米管;(b) 膨胀石墨多孔结构;(c) 石墨层状结构;(d) 化学镀金属的碳纤维。

# 4.1 膨胀石墨/Fe/Co/Ni 复合材料及其吸波性能

磁性微波吸收材料如过渡金属及其氧化物成为微波吸收材料的主要组元,但由于过渡金属及其氧化物共有的缺点就是密度大,不适合直接运用。膨胀石墨作为一种新型无机非金属材料,所具备的一些独特、优良的物理化学性能,如轻质、柔软、抗腐蚀、导电性好、价格低廉等,因此将膨胀石墨与磁性金属复合,使得在电磁损耗型复合吸波材料方面将有着广阔的应用前景。

传统的制备磁性膨胀石墨采用共沉淀、溶液浸泡、化学插层等方法,但所得复合材料中磁性物质少,磁性材料与基材结合力弱,分布不均匀,限制了磁性膨胀石墨在吸波隐身领域的应用。

化学镀方法在复合材料制备中具有独特的优点,利用化学镀方法对膨胀石墨进行金属化改性,可以制备性能较佳的金属–膨胀石墨系列复合材料,协同发挥磁性金属与膨胀石墨的优势,降低复合材料的密度,兼具导电导磁性,满足"宽、薄、强、轻"吸波材料的要求。

## 4.1.1 膨胀石墨/Fe/Co/Ni 复合材料的制备

### 1. 膨胀石墨的预处理

膨胀石墨由于独特的微孔纳米孔结构,且表面没有使化学镀自催化的活性基团,因此要想获得在膨胀石墨表面均匀的镀层金属,对膨胀石墨表面进行预处理至关重要,其工艺过程如下:

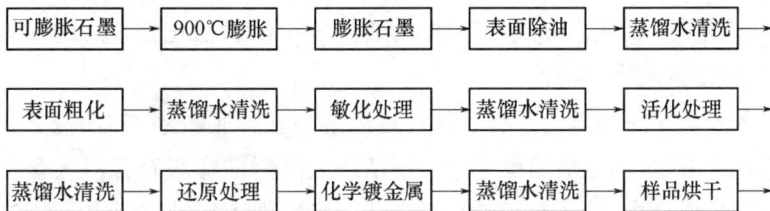

（1）除油。取一定量膨胀石墨(一次约取 0.3g)投入烧杯中,然后加入 100mL 浓度为 15% 的 NaOH 溶液,置于超声波振动器中进行振动除油 20min,然后在水浴锅里加热(60℃)搅拌除油 20min,冷却至室温。将除油后的膨胀石墨经抽滤,再用蒸馏水洗涤至中性。

（2）粗化。粗化是为了使膨胀石墨表面呈现微观的粗糙,增大金属镀层与膨胀石墨的接触面积,以增加金属离子与膨胀石墨之间的结合力,否则镀覆金属层易脱落。

将经除油后的膨胀石墨加入到含 $K_2Cr_2O_7$ 100g/L、$H_2SO_4$ 400g/L 的粗化液中,置于超声波振动器中进行室温(23℃)下振动粗化 30min,将粗化后的膨胀石墨经抽滤,再用蒸馏水洗涤至中性。应注意粗化时间过长,将影响膨胀石墨粉末尺寸。

(3)敏化。敏化处理是为了使膨胀石墨表面吸附一层易氧化的物质。在敏化处理时,敏化剂被还原而留在膨胀石墨的表面,使以后的化学镀可以在这些表面上进行。敏化剂的反应:

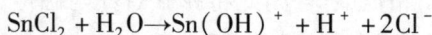

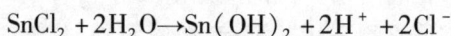

$$SnCl_2 + H_2O \rightarrow Sn(OH)^+ + H^+ + 2Cl^-$$

$$SnCl_2 + 2H_2O \rightarrow Sn(OH)_2 + 2H^+ + 2Cl^-$$

反应生成的 $Sn(OH)Cl$ 和 $Sn(OH)_2$ 结合,生成微溶于水的凝胶状物 $Sn_2(OH)_3Cl$ 吸附于膨胀石墨的表面。

将粗化处理后的膨胀石墨浸入含盐酸(37%)60mL/L、$SnCl_2 \cdot 2H_2O$ 30g/L 的敏化液中,置于超声波振动器中进行室温下振动敏化 30min,将敏化后的膨胀石墨经抽滤,再用蒸馏水洗涤至中性。

(4)活化。活化的目的是使膨胀石墨表面生成一层具有催化活性的贵金属层。活化处理是将经过敏化处理后的膨胀石墨浸入含有催化活性的贵金属化合物的溶液中,使膨胀石墨表面生成一层具有催化活性的贵金属层,与敏化一样,活化时必须进行超声波振动,使膨胀石墨得到均匀的活化处理,保证后续的镀层均匀、无漏镀,活化剂的反应:

$$Pd^{2+} + Sn^{2+} \rightarrow Sn^{4+} + Pd$$

将敏化处理后的膨胀石墨浸入含盐酸(37%)10mL/L、$PdCl_2$ 0.5g/L 的活化液中,置于超声波振动器中进行室温下振动活化 30min,将活化处理后的膨胀石墨经抽滤,再用蒸馏水洗涤至中性。

(5)还原。还原的目的是将活化处理后残存在膨胀石墨表面的氯化钯还原,防止其带入镀液,影响镀液的稳定性。将活化处理后的膨胀石墨浸入含次亚磷酸钠 25g/L 的还原液中,置于超声波振动器中进行室温下振动还原 10min,将还原处理后的膨胀石墨经抽滤,再用蒸馏水洗涤至中性。

**2. 化学镀制备膨胀石墨/Fe/Co/Ni 复合材料**

化学镀溶液主要由主盐、还原剂、络合剂、缓冲剂、稳定剂、加速剂、表面活性剂及光亮剂等组成。

根据化学镀液各组成部分之间的关系,首先以镀镍为例进行镀液配方设计,其他镀镍、钴;镀镍、铁;镀镍、铁、钴的镀液配方设计与设计镀镍的类似,只改变主盐的含量及种类,其他条件不变。镀镍的镀液配方设计见表 4.1。

138

表 4.1　化学镀液配方设计（g/L）

| 组成 | A1 | B1 | B2 | B3 | B4 | C1 | C2 | C3 |
|---|---|---|---|---|---|---|---|---|
| 硫酸镍 | 32 | 32 | 28 | 28 | 28 | 28 | 28 | 28 |
| 次亚磷酸钠 | 20 | 20 | 20 | 20 | 20 | 20 | 20 | 20 |
| 酒石酸钾钠 | 42 | 10 | 42 | | | 10 | 42 | |
| 丁二酸 | | | | 16 | 16 | | 8 | |
| 柠檬酸钠 | | 29.4 | 29.4 | | 29.4 | 16 | | |
| 氨基乙酸 | | | | | | 18 | 18 | 18 |
| 苹果酸 | | | | 24 | | | | 2 |
| 硫脲 | | 0.001 | 0.001 | | | | | |
| 十二烷基硫酸钠 | 0.03 | 0.03 | | | | | | |
| 温度/℃ | 80 | | | 85 | | 70 | 80 | 90 |
| pH 值 | 9 | | | 10 | | | 11 | |

| 组成 | D1 | D2 | D3 | E1 | E2 | E3 | F1 | F2 | F3 | G1 | G2 | G3 |
|---|---|---|---|---|---|---|---|---|---|---|---|---|
| 硫酸镍 | 28 | 28 | 28 | 28 | 28 | 28 | 28 | 28 | 28 | 28 | 28 | 28 |
| 次亚磷酸钠 | 20 | 20 | 20 | 20 | 20 | 20 | 20 | 20 | 20 | 20 | 20 | 20 |
| 酒石酸钾钠 | 5 | | | | 42 | | | 5 | | | 5 | |
| 丁二酸 | | 8 | | | | 8 | 4 | | | 4 | 4 | 8 |
| 柠檬酸钠 | 26 | 26 | 26 | 10 | | | 18 | 18 | 18 | | | 18 |
| 氨基乙酸 | 4 | | | | 4 | | 10 | 10 | 4 | 10 | 9 | |
| 苹果酸 | | | 6 | 21 | 21 | 21 | 3 | | 10.5 | 11.5 | 11.5 | 10.5 |
| 硫脲 | | | | | | | | | | | 0.001 | 0.001 |
| 温度/℃ | 50 | 70 | 85 | 60 | 70 | 85 | | | 80 ~ 85 | | | |
| pH 值 | | | 9 | | | | | | 10 | | | |

根据对化学镀液配方的研究,最终确定对膨胀石墨表面化学镀金属镍、镍 – 钴、镍 – 铁、镍 – 铁 – 钴的最佳配方分别见表 4.2。

表 4.2　各镀液的最佳配方（g/L）

| 镀液类型 | 主盐 | | 还原剂 | | 配位剂 | | 缓冲液 | | pH 调节剂 | |
|---|---|---|---|---|---|---|---|---|---|---|
| | 组成 | 含量 | 组成 | 含量 | 组成 | 含量 | 组成 | 含量 | 组成 | 含量 |
| 镍镀液 | 硫酸镍 | 28 | 次亚磷酸钠 | 20 | 柠檬酸钠 | 29.4 | 氯化铵 | 20 | 氨水 | 适量 pH≈10 |
| 镍 – 钴镀液 | 硫酸镍 | 28 | 次亚磷酸钠 | 20 | 柠檬酸钠 | 29.4 | 氯化铵 | 20 | 氨水 | 适量 pH≈10 |
| | 硫酸钴 | 12 | | | 酒石酸钾钠 | 42.4 | | | | |
| 镍 – 铁镀液 | 硫酸镍 | 28 | 次亚磷酸钠 | 20 | 柠檬酸钠 | 29.4 | 氯化铵 | 20 | 氨水 | 适量 pH≈10 |
| | 硫酸亚铁铵 | 12 | | | 酒石酸钾钠 | 42.4 | | | | |
| 镍 – 铁 – 钴镀液 | 硫酸镍 | 28 | 次亚磷酸钠 | 20 | 柠檬酸钠 | 44 | 氯化铵 | 20 | 氨水 | 适量 pH≈10 |
| | 硫酸亚铁铵 | 12 | | | 酒石酸钾钠 | 42.4 | | | | |
| | 硫酸钴 | 12 | | | | | | | | |

采用配方设计制得的碱性化学镀液,将预处理后的膨胀石墨放入碱性化学镀液中,采取间歇振荡搅拌或气体间歇搅拌,可加快化学沉积速度,防止镀液局部过热引起分解,同时有利于金属在膨胀石墨表面沉积。反应时间约45min,温度控制在85℃左右,反应过程中滴加0.5mol/L的氨水溶液调节反应体系的 pH 值在 10左右。反应结束后,经冷却、洗涤、抽滤、干燥,可得 Ni – P、Ni – Fe – P、Ni – Co – P、Ni – Fe – Co – P 包覆膨胀石墨产品。实验装置如图4.2 所示。

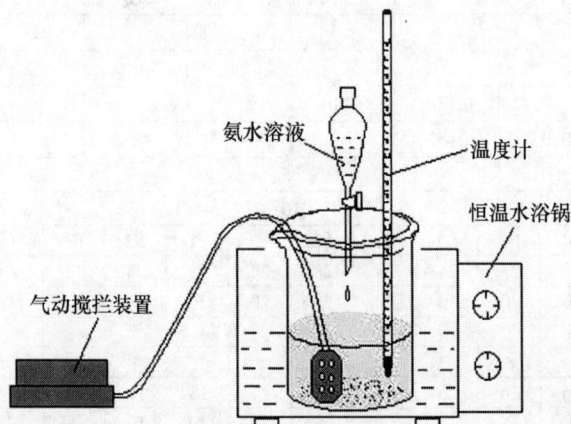

图4.2　化学镀装置图

## 4.1.2　复合材料的性能表征

采用 XL – 30E 扫描电子电镜(荷兰 Philips 公司)对化学镀包覆前后的膨胀石墨进行形貌观察;采用 DX – 4 能量色散 X 射线谱仪(荷兰 Philips 公司)对样品进行 EDS 能谱分析;采用 D/MAX – 3C 型 X 射线衍射仪(日本理学株式会)对样品进行组织分析。

**1. 复合材料的形貌**

图4.3 为膨胀石墨镀覆金属前后及热处理后的 SEM 图片,其中图(a)为未镀覆金属前的膨胀石墨,从图(a)可以看出,膨胀石墨是表面粗糙疏松、多孔而卷曲,比表面积大的一种蠕虫状的物质。图(b)、(c)、(d)、(e)分别为表面镀上金属镍、镍 – 钴、镍 – 铁、镍 – 铁 – 钴的膨胀石墨。从图中可以看出,膨胀石墨表面均匀的包覆了一层金属物质,镀层较为连续光滑,镀层金属部分呈球形。外表面上的球形物质可能是由于膨胀石墨前期预处理中的活化效果不好,导致少量的膨胀石墨的表面曲率较大,引起镀覆的金属以球形颗粒的形式沉积下来。镀层金属的粒径为60 ~ 70nm,镀层厚度为 70 ~ 150nm,属于纳米级包覆。图(f)、(g)、(h)、(i)分别对应为图(b)、(c)、(d)、(e)的已镀覆金属膨胀石墨在 400℃氢气保护下热处理 1h后的 SEM 图片,从图中可以看出,在热处理后,表面的球形金属明显减少,镀层金属变的更为连续、致密、光滑。镀后的膨胀石墨表面金属是以非晶态的合金形式存

140

在的,随着热处理的进行,磷原子扩散、迁移,引起晶格畸变,达到一定阶段时,固溶体脱溶分解,均匀弥散分布,增加了镀层的塑变抗力,镀层得以强化。

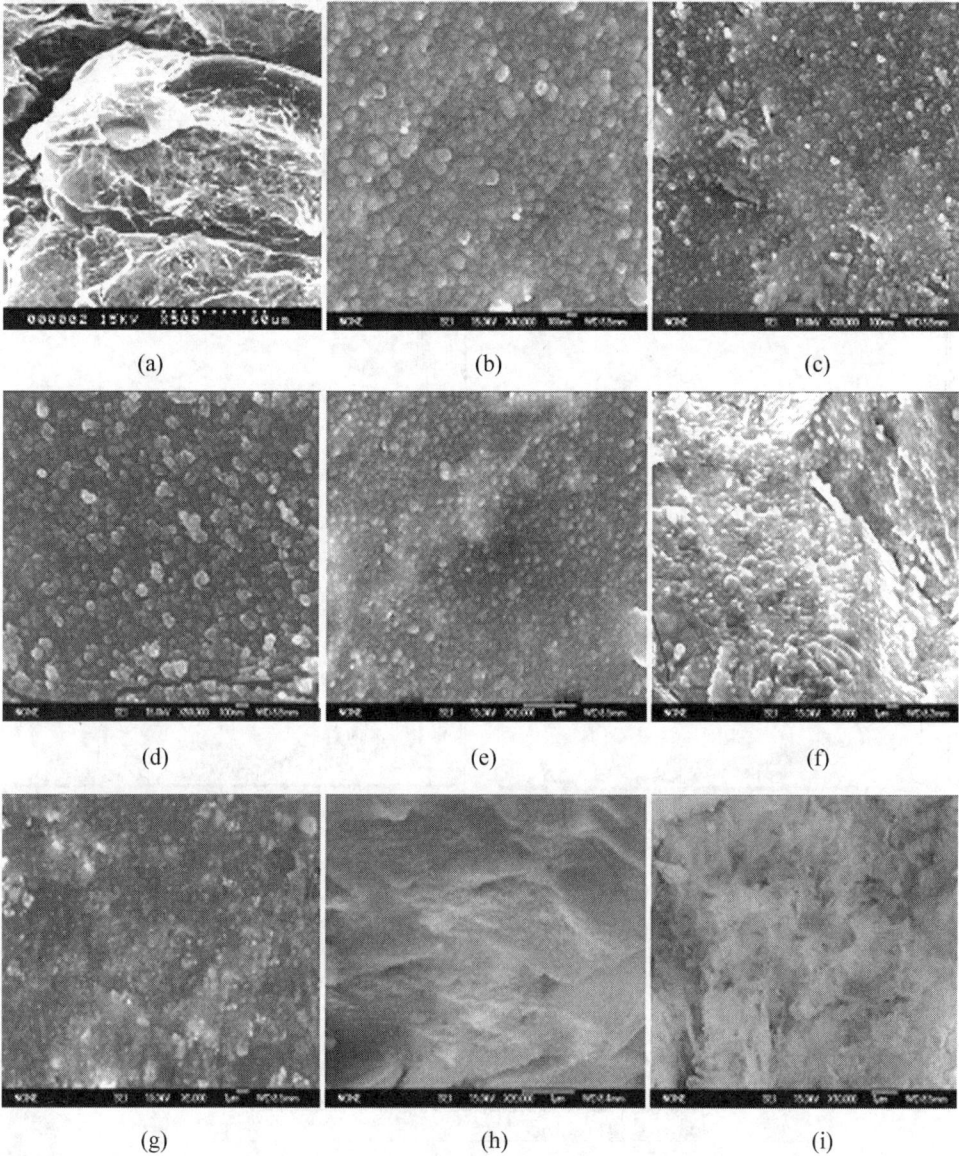

图 4.3　镀覆金属前后膨胀石墨的 SEM 图

（a）未镀覆金属前的膨胀石墨;（b）、（c）、（d）、（e）表面镀上金属镍、
镍－钴、镍－铁、镍－铁－钴的膨胀石墨;（f）、（g）、（h）、（i）图(b)、（c）、（d）、（e）的
已镀覆金属膨胀石墨在400℃氢气保护下热处理1h后的 SEM 图片。

通过对制备的金属－膨胀石墨系列样品微观形貌的研究发现,利用化学镀方法可以在膨胀石墨表面均匀沉积一层均匀致密的连续金属镀层,经过400℃热处理1h后,镀层变得更加连续。该方法与传统掺杂、共沉淀等方法获得的磁性膨胀石墨复合材料相比,具有磁性金属含量增大、结合力增强、分布均匀等优点。

**2. 复合材料的场发射能谱EDS分析**

为了定量分析膨胀石墨被金属粒子包覆后复合材料的成分及含量,对化学镀前后的膨胀石墨进行EDS能谱分析,其结果如图4.4所示。

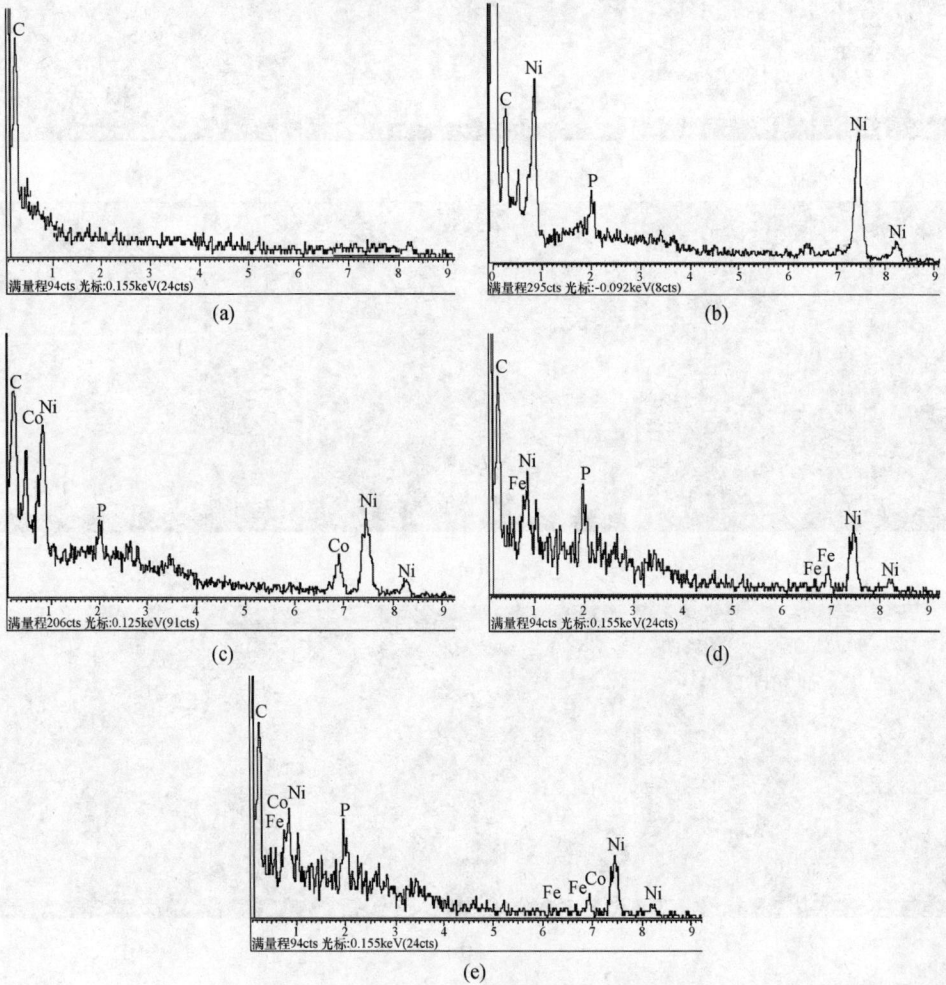

图4.4　镀覆金属前后膨胀石墨的EDS谱图

(a) 镀覆前的膨胀石墨谱图;(b) 膨胀石墨表面镀覆金属镍;
(c) 膨胀石墨表面镀覆金属镍－钴;(d) 膨胀石墨表面镀覆镍－铁;
(e) 膨胀石墨表面镀覆镍－铁－钴的图谱。

图 4.4 为膨胀石墨镀覆金属前后的 EDS 谱图,其中图(a)为镀覆前的膨胀石墨谱图,可以看出,镀覆前的膨胀石墨较为纯净,只含有 C 元素,不含其他杂质。图(b)、(c)、(d)、(e)分别为表面镀覆金属镍、镍-钴、镍-铁、镍-铁-钴的膨胀石墨图谱,可以得出,膨胀石墨表面确实镀上了预期的金属层。其中都含有磷元素是因为实验所使用的还原剂为次亚磷酸钠的原因。对于镀覆金属镍:Ni、P 的质量分数分别为 45.76%、3.28%,对于镀覆金属镍-钴:Ni、Co、P 的质量分数分别为 30.26%、21.45%、3.66%,对于镀覆金属镍-铁:Ni、Fe、P 的质量分数分别为 35.76%、17.48%、5.68%,对于镀覆金属镍-铁-钴:Ni、Fe、Co、P 的质量分数分别为 28.26%、16.45%、20.14%、4.66%。

**3. 复合材料的 X 射线衍射分析**

采用 D/MAX-3C 型 X 射线衍射仪(日本理学株式会)对化学镀包覆前后的膨胀石墨进行组织分析,其 XRD 图谱结果如图 4.5 所示。

图 4.5 为膨胀石墨镀覆金属前后及 400℃热处理 1h 后的 XRD 谱图。其中图(a)为镀覆前的膨胀石墨谱图,可以看出,$2\theta$ 为 26.56°、44.26°、54.7°处的衍射峰产生于膨胀石墨的六角型石墨结构,为了清晰地显示金属物相的衍射峰,属于膨胀石墨的最强衍射峰(26.56°)没有显示在其他图中。

图(b)为膨胀石墨镀覆金属 Ni 前后及 400℃热处理 1h 后的 XRD 谱图,可以看出,膨胀石墨化学镀镍后的 XRD 图谱在 41°~54°之间有一个非晶的馒头峰,结合能谱分析表明为 Ni-P 非晶衍射峰,说明 Ni-P 镀层在镀态下为非晶态。但经 400℃热处理 1h 后,馒头峰消失,谱线中除了膨胀石墨的衍射峰,还出现了新的晶化相 Ni₃P(JCPDS:34-0501)的衍射峰,其位置分别是 $2\theta$=36.3°、41.7°、42.8°、43.7°和46.6°,相应的各衍射晶面指数分别为(031)、(231)、(330)、(112)和(141)。膨胀石墨的衍射峰强度明显减小,这是由于表面镀层金属削弱了膨胀石墨衍射峰衬度。

图(c)为膨胀石墨镀覆金属 Ni-Co 前后及 400℃热处理 1h 后的 XRD 谱图,可以看出,膨胀石墨化学镀 Ni-Co 后的 XRD 图谱在 40°~50°之间有一个非晶的馒头峰,表明 Ni-Co-P 镀层在镀态下为也非晶态。经过 400℃热处理 1h 后,馒头状衍射峰消失,除了膨胀石墨的衍射峰外,出现了很多锐峰,经过标定,证明是 Ni₃P(JCPDS:34-501)和 Co 单质(JCPDS:01-1254)的衍射峰。Ni₃P 衍射峰位置与镀镍一样,Co 的衍射峰位置是 $2\theta$=44.4°、47.3°和51.7°,相应的各衍射晶面指数分别为(111)、(101)和(200)。

图(d)、(e)分别为膨胀石墨镀覆金属 Ni-Fe、Ni-Fe-Co 前后及 400℃热处理 1h 后的 XRD 谱图,从图(d)可以看出,膨胀石墨化学镀 Ni-Fe 后的 XRD 图谱在 40°~53°之间有一个非晶的馒头峰,从图(e)也可以看出,膨胀石墨化学镀Ni-Fe-Co 后的 XRD 图谱在 42°~52°之间有一个非晶的馒头峰,表明金属镀层在镀态下为非晶态。经过 400℃热处理 1h 后,馒头状衍射峰消失,除了膨胀石墨的衍

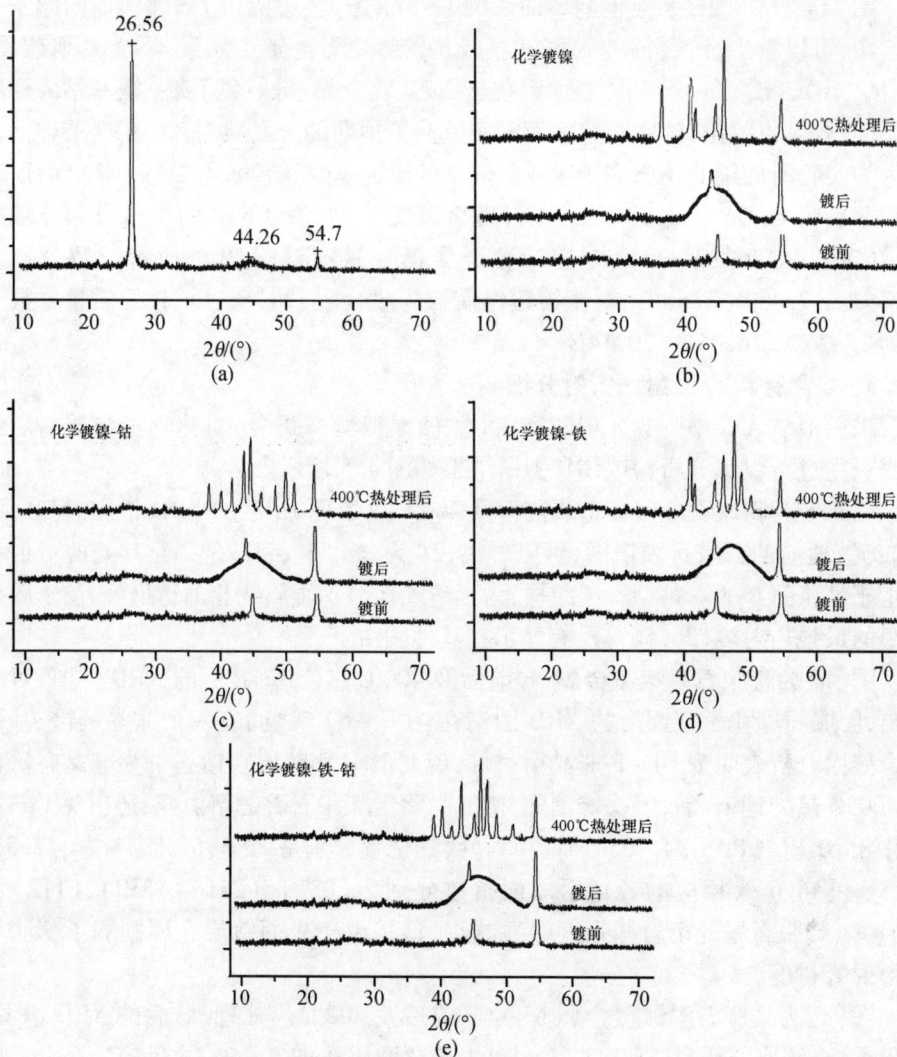

图 4.5　镀覆金属前后膨胀石墨的 XRD 谱图

（a）镀覆前的膨胀石墨谱图；（b）膨胀石墨镀覆金属镍前后 400℃热处理 1h 后的 XRD 谱图；
（c）膨胀石墨镀覆金属镍－钴前后及 400℃热处理 1h 后的 XRD 谱图；（d）、
（e）膨胀石墨镀覆金属镍－铁、镍－铁－钴前后及 400℃热处理 1h 后的 XRD 谱图。

射峰外，同样出现了很多锐峰，经过标定，证明是 Ni$_3$P（JCPDS：34 - 501）、Co 单质（JCPDS：01 - 1254）和 Fe 单质（JCPDS：38 - 419）的衍射峰。

　　通过对膨胀石墨镀覆金属前后及 400℃热处理 1h 后的 XRD 谱图分析，可以表明，在膨胀石墨表面化学镀磁性金属镀层金属镀态为非晶态，经过热处理后镀层金属转化为晶态单质或合金，镀层更加连续致密。

144

**4. 复合材料的磁性能**

膨胀石墨属于无机非金属材料,本身是非磁性材料,在膨胀石墨表面沉积金属粒子后,使膨胀石墨具有一定的磁性能,其应用范围更加广泛。采用 CDJ – 7400 振动样品磁强计对镀覆磁性金属后经过 400℃ 热处理 1h 后的膨胀石墨复合材料进行磁性能测试。

图 4.6 为表面镀覆金属后经过 400℃ 热处理 1h 后的膨胀石墨磁滞回线。可以看出,饱和磁化强度 $\sigma_{S-Ni} = 5.7 \text{emu/g}$、$\sigma_{S-Ni-Co} = 8.5 \text{emu/g}$、$\sigma_{S-Ni-Fe} = 9.4 \text{emu/g}$、$\sigma_{S-Ni-Fe-Co} = 11.3 \text{emu/g}$,表面镀覆磁性金属的膨胀石墨复合材料其磁性能强弱顺序为镀 Ni – Fe – Co > 镀 Ni – Fe > 镀 Ni – Co > 镀 Ni。因此通过化学镀磁性金属后,膨胀石墨表面沉积铁磁性纳米金属微粒,可以增加复合材料的磁性能,表面镀覆金属层的磁性膨胀石墨已变成良好的铁磁性材料。

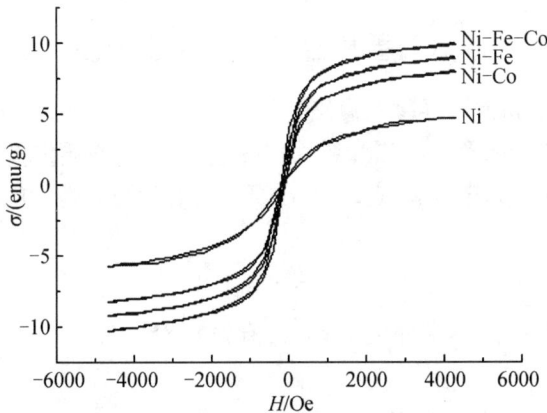

图 4.6 镀覆不同金属后膨胀石墨的磁滞回线

**5. 复合材料的热稳定性研究**

对膨胀石墨表面金属化改性,可以提高复合材料的热稳定性,对于复合材料的实际应用有着重要的意义。因此,对其热稳定性研究十分必要。

在制成的各复合材料中,热稳定性较差的为镀镍的膨胀石墨,其 TG – DSC 热分析曲线如图 4.7 所示。

镀态的 Ni – P 镀层为非晶态结构,非晶态是一种亚稳态,随着热处理温度的升高,镀层中的组织结构将发生转变,磷原子扩散、迁移,形成晶态结构。由 DSC 曲线可见,镀层在 338℃ 附近有一个较小的放热峰,结合产物的 XRD 谱图表明:该镀层在热处理过程中发生非晶态向热力学稳定的晶态结构转变;由 TG 曲线可见,在 548.7℃ 左右的温度范围内样品发生明显的失重,同时样品的 DSC 曲线在对应温度范围出现了一个明显的放热峰,说明复合材料发生了热分解。可以说明,镍/膨胀石墨基复合材料在 500℃ 以前热稳定性很好,这对于复合材料的实际应用有着重要的意义。

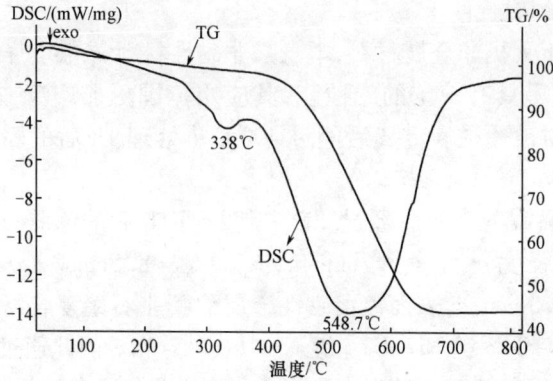

图 4.7  镀覆金属 Ni 后膨胀石墨的 TG – DSC 曲线

### 4.1.3  磁性金属 – 膨胀石墨复合材料的电磁频谱分析

**1. 复介电常数和复磁导率的意义**

（1）复介电常数的意义。当介质处在静电场中时,介质发生极化,单位体积内分子电距的矢量和称为电极化强度,用 $P$ 表示。对各向同性的电介质,$P$ 与外场场强 $E$ 关系如下

$$P = \chi_e \varepsilon_0 E$$

式中:$\chi_e$ 为极化率;$\varepsilon_0$ 为真空介电常数,其值为 $8.85 \times 10^{-12} C^2 \cdot N^{-1} \cdot m^{-2}$。而电位移 $D$ 表示如下

$$D = \varepsilon_0 E + P = (1 + \chi_e) E_0 = \varepsilon_r \varepsilon_0 E$$

式中:$\varepsilon_r$ 为相对介电常数,无量纲,简称介电常数。当外场为交变场时,随外场频率的增加,介质的极化逐渐落后于外场的变化,此时介电常数必须用复数来表示,即

$$\varepsilon_r = \varepsilon' - j\varepsilon''$$

复介电常数的实部代表储存电荷或储存能量的能力,虚部相当于电容器上并联一个等效电阻,代表对能量的损耗。

介质在电场 $E = E_m e^{j\omega t}$ 作用下,单位体积介质的介电损耗功率为

$$P_{电耗} = \frac{1}{2} \omega \varepsilon_0 \varepsilon'' E_m^2$$

（2）复磁导率的意义。磁介质在外磁场中会被磁化,它的磁化强度用 $M$ 描述。静磁场中,大多数各向同性的磁介质内部任何一点的磁化强度 $M$ 和该点的磁场强度 $H$ 成正比,即

$$M = \chi_m H$$

其中:比例系数 $\chi_m$ 为恒量,称为磁化率。介质中的磁感应强度 $B$ 表示为

146

$$B = \mu_0(H + M) = \mu_0(1 + \chi_\mathrm{m})H = \mu_\mathrm{r}\mu_0 H$$

式中:$\mu_0$ 称为真空磁导率,其值为 $4\pi \times 10^{-7}\mathrm{H \cdot m^{-1}}$;$\mu_\mathrm{r}$ 为相对磁导率。

当磁介质在交变电磁场的作用下,由于存在磁滞效应、涡流效应、磁后效、畴壁共振、自然共振等,介质磁化状态的改变在时间上落后于外场的变化,需要考虑磁化的时间效应。当外加交变磁场的振幅为 $H_\mathrm{m}$、角频率为 $\omega$ 时,磁场强度 $H$ 可表示为

$$H = H_\mathrm{m}\cos(\omega t)$$

则相应的磁感应强度 $B$ 也呈周期性变化,但是在时间上落后 $H$ 一个相位差 $\delta$,设其振幅为 $B_\mathrm{m}$,则 $B$ 可表示为

$$B = B_\mathrm{m}\cos(\omega t - \delta)$$

在动态磁化过程中,为表示交变场中的 $B$ 和 $H$ 的关系,必须引入复数磁导率,即

$$\mu_\mathrm{r} = \mu' - \mathrm{j}\mu''$$

将 $B$ 和 $H$ 分别用复数表示如下

$$H = H_\mathrm{m}\mathrm{e}^{\mathrm{j}\omega t}$$
$$B = B_\mathrm{m}\mathrm{e}^{\mathrm{j}\omega t}$$

则可求得复数形式的相对磁导率,即

$$\mu_\mathrm{r} = \frac{B}{\mu_0 H} = \frac{B_\mathrm{m}}{\mu_0 H_\mathrm{m}}\mathrm{e}^{-\mathrm{j}\delta} = \frac{B_\mathrm{m}}{\mu_0 H_\mathrm{m}}(\cos\delta - \mathrm{j}\sin\delta)$$

从而求得

$$\mu' = \frac{B_\mathrm{m}}{\mu_0 H_\mathrm{m}}\cos\delta$$

$$\mu'' = \frac{B_\mathrm{m}}{\mu_0 H_\mathrm{m}}\sin\delta$$

均匀交变场中铁磁体在单位体积内的平均能量损耗为

$$P_{磁耗} = \frac{1}{T}\int_0^T H\mathrm{d}B = \frac{1}{2}\omega H_\mathrm{m}B_\mathrm{m}\sin\delta = \frac{1}{2}\omega\mu_0\mu''H_\mathrm{m}^2$$

磁介质内部储存能量的密度为

$$W = \frac{1}{2}HB = \frac{1}{2}\omega H_\mathrm{m}B_\mathrm{m}\cos\delta = \frac{1}{2}\mu_0\mu'H_\mathrm{m}^2$$

根据复磁导率和复电介质常数的物理意义可知,介质的介电常数 $\varepsilon_\mathrm{r}$ 和磁导率 $\mu_\mathrm{r}$ 随材料的不同,具有不同的电谱和磁谱。$\varepsilon'$、$\varepsilon''$ 和 $\mu'$、$\mu''$ 随着频率的变化,具有不同的值。$\varepsilon_\mathrm{r}$ 和 $\mu_\mathrm{r}$ 的实部 $\varepsilon'$ 和 $\mu'$ 承担着介质对电磁能量的储存功能,而虚部 $\varepsilon''$ 和 $\mu''$ 承担着介质对电磁波的吸收功能。当虚部与实部相比很小,可以忽略时,不能吸

收电磁波,这种介质称为透电波介质;反之,虚部不能忽略时,这种介质具有吸收电磁波的能力。

从介质对电磁波吸收的角度考虑,$\varepsilon''$和$\mu''$越大越好。介质的磁损耗和介电损耗也可用损耗角正切表示:

$$\tan\delta = \tan\delta_e + \tan\delta_m = \frac{\varepsilon''_r}{\varepsilon'_r} + \frac{\mu''_r}{\mu'_r}$$

式中:$\tan\delta_e = \dfrac{\varepsilon''_r}{\varepsilon'_r}$和$\tan\delta_m = \dfrac{\mu''_r}{\mu'_r}$分别表示材料的电损耗角正切和磁损耗角正切。

**2. 微波与吸波材料的作用机理**

微波在自由空间入射到介质上时,在界面处会发生反射和透射现象,界面处微波的反射系数$\varGamma$取决于界面处吸波材料表面的输入阻抗$Z_{in}$与空气的特性阻抗$Z_0 = \sqrt{\mu_0/\varepsilon_0}$的差异,即

$$\varGamma = \frac{Z_m - Z_0}{Z_m + Z_0}$$

根据上式可以将雷达吸波材料的反射率定义为

$$R = -20\lg|\varGamma|$$

根据传输线理论,复合材料与自由空间的分界面的输入阻抗由复合材料的特性阻抗和终端阻抗决定,即

$$Z_{in} = Z_C \frac{Z_L + Z_C\tanh(\gamma d)}{Z_C + Z_L\tanh(\gamma d)}$$

式中:$d$为介质厚度;$h$为普朗克常数;$Z_c$和$Z_L$分别为吸波材料特性阻抗和终端阻抗;$\gamma$为传播常数,表达式如下

$$\gamma = \frac{j\omega}{c}\sqrt{\mu_r\mu_0\varepsilon_r\varepsilon_0} = j\frac{2\pi}{\lambda}\sqrt{\mu_r\varepsilon_r}$$

对于金属基板,假设电导率$\sigma \to \infty$,故$Z_L = 0$。

特性阻抗$Z_c$取决于材料的等效电磁参数,即

$$Z_C = \sqrt{\frac{\mu_r\mu_0}{\varepsilon_r\varepsilon_0}} = Z_0\sqrt{\frac{\mu_r}{\varepsilon_r}}$$

式中:$\varepsilon_r$和$\mu_r$分别为相对复介电常数和复磁导率;$\varepsilon_0$和$\mu_0$分别是真空介电常数和真空磁导率。

从而可得

$$Z_{in} = Z_0\sqrt{\frac{\mu_r}{\varepsilon_r}}\tanh\left(j\frac{2\pi d}{\lambda}\sqrt{\mu_r\varepsilon_r}\right)$$

148

$$R = -20\lg\left|\frac{\sqrt{\mu_r/\varepsilon_r}\tanh\left(j\dfrac{2\pi d}{\lambda}\sqrt{\mu_r\varepsilon_r}\right)-1}{\sqrt{\mu_r/\varepsilon_r}\tanh\left(j\dfrac{2\pi d}{\lambda}\sqrt{\mu_r\varepsilon_r}\right)+1}\right|$$

由以上公式可知,平板吸波材料的设计原则就是尽量保证吸波材料表面的输入阻抗 $Z_{in}$ 与空气的特性阻抗 $Z_0$ 相等,从而达到阻抗匹配。

根据微波理论,用衰减参数 $\alpha$ 来表示单位长度上波的衰减量,其表达式为

$$\gamma = j\frac{2\pi}{\lambda}\sqrt{(\mu'-j\mu'')(\varepsilon'-j\varepsilon'')} = \alpha - j\beta$$

$$\alpha = \frac{\omega}{\sqrt{2}c}\sqrt{\mu''\varepsilon''-\mu'\varepsilon'\sqrt{(\mu'^2+j\mu''^2)(\varepsilon'^2+j\varepsilon''^2)}}$$

式中:$\alpha$ 表征电磁波在介质中的衰减,称为衰减系数;$\beta$ 为相位因子;$\omega$ 为角频率;$\gamma$ 为传播常数。

要满足进入材料内部的电磁波能迅速地几乎全部衰减掉,则必须满足:$\varepsilon''\neq 0$ 或者 $\mu''\neq 0$,或者 $\varepsilon''\neq 0$,且 $\mu''\neq 0$。只有当 $\varepsilon''=0$ 且 $\mu''=0$ 时,$\alpha$ 有极小值 0。

将 $\alpha$ 的表达式对 $\varepsilon'$、$\mu'$ 求一阶导数,并使之为 0,则有

$$\varepsilon''/\varepsilon' = \mu''/\mu'$$

表明 $\alpha$ 的表达式存在极值,如果对 $\varepsilon'$、$\mu'$ 求二阶导数,可知 $\alpha$ 有极小值。但如果 $\varepsilon''/\varepsilon'\neq\mu''/\mu'$,$\alpha$ 就变大,而且两边相差值越大,则 $\alpha$ 值就越大。

由以上的讨论可知,研究吸波材料的实质就是设计材料的组分和结构形式。因电磁波不论在界面处的反射还是在介质中的衰减均与介质材料的电磁参数密切相关,因此需要通过调整材料的电磁参数以达到对入射电磁波的最大吸收。吸收剂就是用来调整材料的电磁参数以增加材料对电磁波的吸收,因此其电磁参数性能至关重要。

**3. 复合材料电磁参数的测试**

通常测试吸收剂电磁参数的方法是按一定质量比将粘合剂和吸收剂混合均匀,制成模型材料,在仪器中进行测试。此时测试出的电磁参数实际上是吸收剂与黏合剂混合物的等效电磁参数。等效电磁参数主要取决于混合物中各组分的含量以及吸收剂的本征电磁参数。当固定黏合剂的种类和含量时,可比较不同吸收剂的电磁参数,对同一吸收剂还可以比较不同吸收剂含量对电磁参数的影响。

利用 HP8722ES 全自动矢量网络分析仪,采用同轴法测定了膨胀石墨表面化学镀金属后的复介电常数和复磁导率。由于化学镀后的膨胀石墨是粉末状的,不适合直接制样进行测量,因此将包覆后的膨胀石墨与黏合剂石蜡按一定质量比例混合均匀,制成内径为 3mm、外径为 7mm、长度为 4mm 的同轴试样进行复介电常数和复磁导率的测量,扫频范围为 2~18GHz,每隔 0.08GHz 测量一次数据。实验中选用石蜡做黏合剂是因为,在对黏合剂石蜡进行复介电常数和复磁导率的测试

时,发现黏合剂石蜡的复介电常数实部很小,不会造成电磁波的大量反射,复介电常数的虚部接近零,黏合剂石蜡属于非磁性材料,对电磁波基本没有损耗,试样测出的复介电常数和复磁导率可近似看成是包覆后的膨胀石墨的复介电常数和复磁导率。

测试样品时固定黏合剂石蜡的含量,对表面化学镀金属镍的膨胀石墨基复合材料吸收剂的不同含量(5%、10%、15%)(质量分数)、对表面化学镀金属镍 – 钴、镍 – 铁、镍 – 铁 – 钴的膨胀石墨基复合材料的固定含量(15%)(质量分数)进行电磁参数测试,根据电磁参数的测试结果,运用 MATLAB 编程进行模拟计算,可计算出反射率($R$)与频率($f$)以及厚度($d$)的关系,研究不同参数对吸波性能的影响,为吸波材料的应用进行优化设计。

(1)镍/膨胀石墨基复合材料的电磁频谱。将表面镀有金属镍的膨胀石墨基复合材料与黏合剂石蜡均匀混合,分别按复合材料的添加量为5%、10%、15%(质量分数)进行复介电常数和复磁导率的测试,其测试结果如图4.8、图4.9所示。

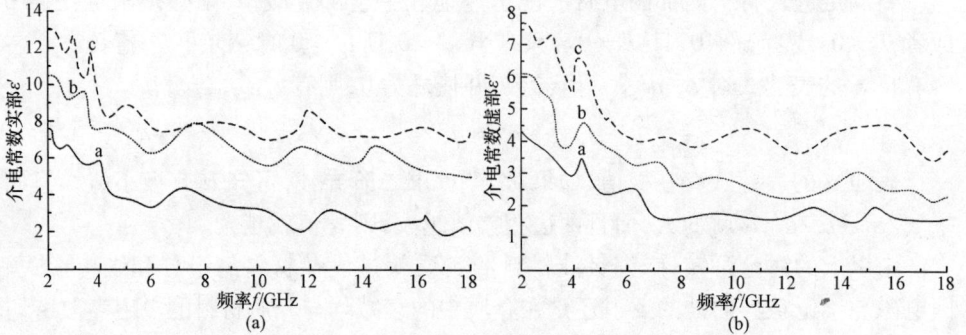

图4.8 镍/膨胀石墨基复合材料的 $\varepsilon' - f$ 和 $\varepsilon'' - f$ 频谱图
a—5%;b—10%;c—15%。

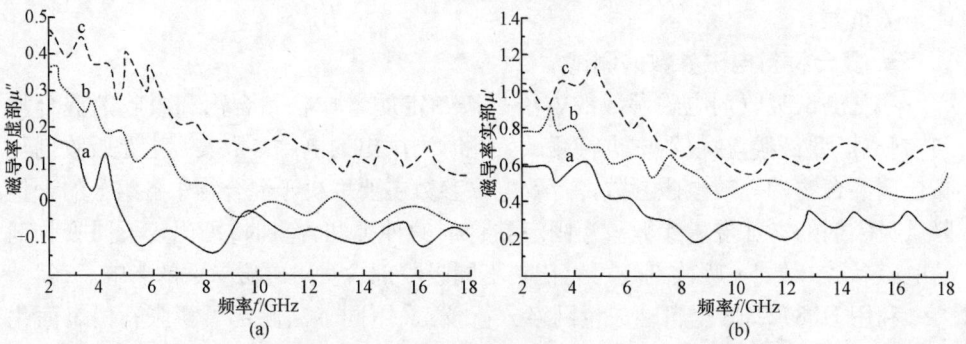

图4.9 镍/膨胀石墨基复合材料的 $\mu' - f$ 和 $\mu'' - f$ 频谱图
a—5%;b—10%;c—15%。

从图4.8可以看出,整体上,镍/膨胀石墨基复合材料的介电常数实部 $\varepsilon'$ 和虚部 $\varepsilon''$ 都随在混合物中的质量分数的增大而增大。介电常数实部 $\varepsilon'$ 和虚部 $\varepsilon''$ 分别在 2 ~ 6GHz 和 2 ~ 8GHz 频率范围内随频率的增大呈减小趋势,介电常数实部 $\varepsilon'$ 和

150

虚部 $\varepsilon''$ 分别在 $6 \sim 18\text{GHz}$ 和 $8 \sim 18\text{GHz}$ 频率范围内基本处在一固定值上下波动。复合材料的磁导率实部 $\mu'$ 和虚部 $\mu''$ 都随在混合物中的质量分数的增大而增大。磁导率实部 $\mu'$ 和虚部 $\mu''$ 分别在 $2 \sim 8\text{GHz}$ 和 $2 \sim 9\text{GHz}$ 频率范围内随频率的增大呈减小趋势,磁导率实部 $\mu'$ 和虚部 $\mu''$ 分别在 $8 \sim 18\text{GHz}$ 和 $9 \sim 18\text{GHz}$ 频率范围内基本处在一固定值上下波动。

由图4.9可以看出,表面镀覆金属镍的膨胀石墨基复合材料的介电常数虚部 $\varepsilon''$ 和磁导率虚部 $\mu''$ 都较大,分别在 $1.5 \sim 7.8$ 和 $-0.15 \sim 0.47$ 范围内。膨胀石墨本身属于无机非金属材料,没有磁性能,而表面镀覆金属镍以后,镍/膨胀石墨基复合材料的磁导率虚部 $\mu''$ 不为零,说明镍/膨胀石墨基复合材料对电磁波具有一定的磁损耗,该复合材料同时具有介电损耗和磁损耗,属于双复介质,另一方面说明,通过对膨胀石墨表面金属化改性来增加其磁损耗是可行的,从而达到制备轻质、宽频的复合吸波材料的目的。

(2)镍–钴/膨胀石墨基复合材料的电磁频谱。将表面镀有金属镍–钴的膨胀石墨基复合材料与黏合剂石蜡均匀混合,按复合材料的添加量为15%(质量分数)进行复介电常数和复磁导率的测试,其测试结果如图4.10所示。

图4.10(a)为镍–钴/膨胀石墨基复合材料介电常数与频率的关系图,可以看出,复合材料的介电常数实部 $\varepsilon'$ 和部 $\varepsilon''$ 整体都随频率 $f$ 的增大而减小,介电常数实部 $\varepsilon'$ 在 $2 \sim 6\text{GHz}$ 范围内变化不大,在 $6 \sim 8\text{GHz}$ 之间有个波峰,在 $8 \sim 12\text{GHz}$ 范围内逐渐减小,在 $12 \sim 18\text{GHz}$ 范围内基本不变化,介电常数虚部 $\varepsilon''$ 在 $2 \sim 6\text{GHz}$ 范围内略有增加,$6 \sim 9\text{GHz}$ 范围内有一波峰,在 $9 \sim 18\text{GHz}$ 范围内基本不变化。图4.10(b)为镍–钴/膨胀石墨基复合材料磁导率与频率的关系图,可以看出,磁导率实部 $\mu'$ 和虚部 $\mu''$ 都在低频段 $2 \sim 7\text{GHz}$ 范围内随频率的增大而快速减小,在 $7 \sim 18\text{GHz}$ 范围内,磁导率实部 $\mu'$ 出现两个波峰,分别在 $11\text{GHz}$ 和 $15\text{GHz}$,而磁导率虚部 $\mu''$ 只在 $11\text{GHz}$ 左右出现一个波峰。

对比图4.9和图4.10可知,镍–钴/膨胀石墨复合材料比镍/膨胀石墨复合材料的介电常数和磁导率都要大。

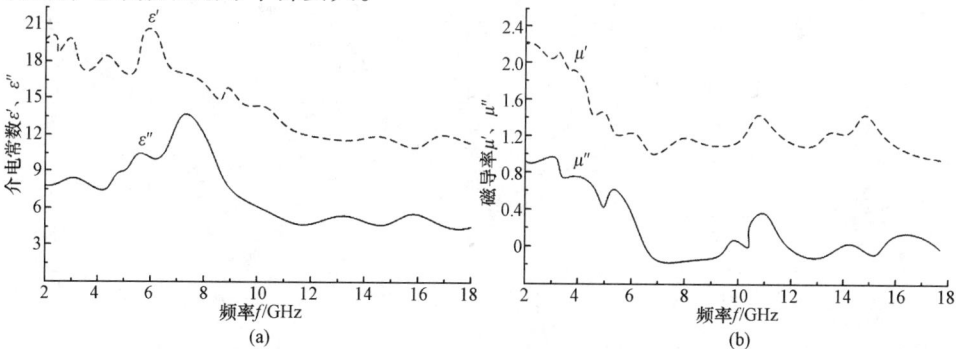

图4.10 镍–钴/膨胀石墨基复合材料的介电常数 $\varepsilon$、磁导率 $\mu$ 与频率 $f$ 关系图

（3）镍－铁/膨胀石墨基复合材料的电磁频谱。将表面镀有金属镍－铁的膨胀石墨基复合材料与黏合剂石蜡均匀混合,按复合材料的添加量为 15%（质量分数）进行复介电常数和复磁导率的测试,其测试结果如图 4.11 所示。

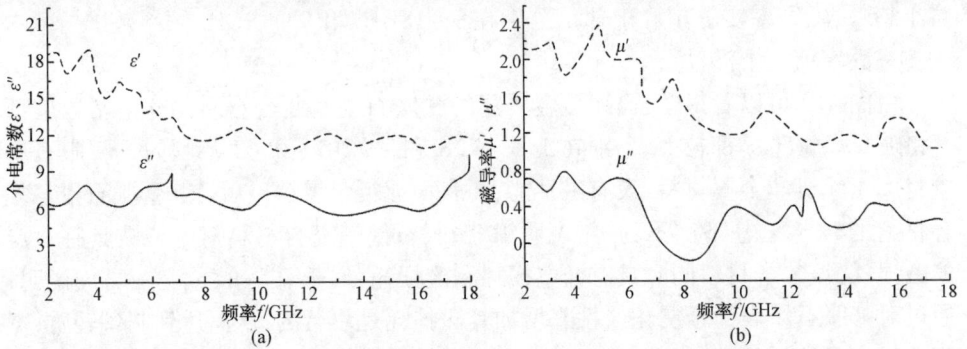

图 4.11　镍－铁/膨胀石墨基复合材料的介电常数、磁导率与频率关系图

图 4.11 为镍－铁/膨胀石墨基复合材料介电常数、磁导率与频率的关系图,从图 4.11(a)可以看出,介电常数实部 $\varepsilon'$ 在 2~8GHz 范围内随频率的增大而减小,在 8~18GHz 范围内变化不大,介电常数虚部 $\varepsilon''$ 在 2~16GHz 范围内整体变化不大,只在 16~18GHz 范围内有所增大。图 4.11(b)为镍－铁/膨胀石墨基复合材料磁导率与频率的关系图,可以看出,磁导率实部 $\mu'$ 整体随频率的增大而减小,磁导率虚部 $\mu''$ 在 2~7GHz 范围内有一波谷。其余波段变化不大。

对比图 4.9、图 4.10 和图 4.11 可知,镍－铁/膨胀石墨基复合材料和镍－钴/膨胀石墨基复合材料的电磁参数相近,比镍/膨胀石墨基复合材料的介电常数和磁导率都要大。

（4）镍/铁/钴－膨胀石墨复合材料的电磁频谱。将表面镀有金属镍－铁－钴的膨胀石墨基复合材料与黏合剂石蜡均匀混合,按复合材料的添加量为 15%（质量分数）进行复介电常数和复磁导率的测试,其测试结果如图 4.12 所示。

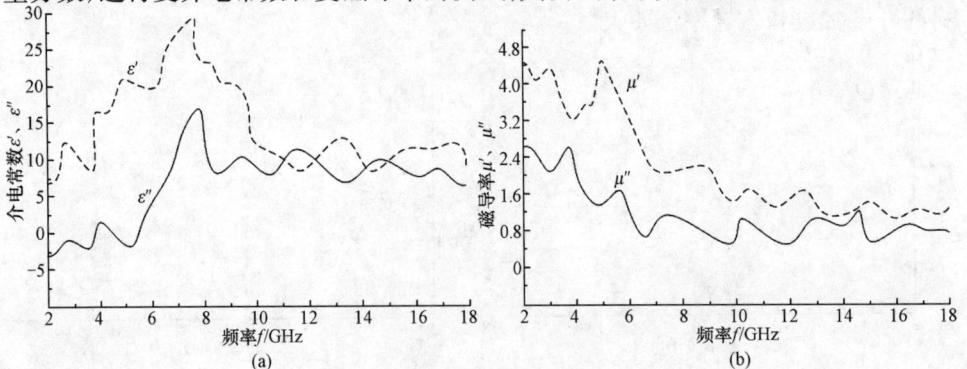

图 4.12　镍－铁－钴/膨胀石墨基复合材料的介电常数、磁导率与频率关系图

152

图 4.12 为镍－铁－钴/膨胀石墨基复合材料介电常数与频率的关系图,从图 4.12(a)可以看出,介电常数实部 $\varepsilon'$ 随频率的增大先增大后减小,最终趋于 10 左右。图 4.12(b)为镍－铁－钴/膨胀石墨基复合材料磁导率与频率的关系图,可以看出,磁导率实部 $\mu'$ 和虚部 $\mu''$ 整体随频率的增大而减小,最终趋于恒定值左右。

对比图 4.9、图 4.10、图 4.11 和图 4.12 看来,镍－铁－钴/膨胀石墨基复合材料的电磁参数比其他三个的都要大,特别是在磁损耗方面,要比其余三个的大得多,这是因为镍－铁－钴/膨胀石墨复合材料中磁性较弱的 Ni 的相对质量分数最少(28%)。

**4. 反射率的理论计算**

根据所得的电磁参数,采用吸收屏理论公式计算材料的反射率

$$R(\mathrm{dB}) = 20\lg\left|\frac{Z_{in} - 1}{Z_{in} + 1}\right|$$

其中:$Z_{in}$ 是归一化输入阻抗,可由下式得到

$$Z_{in} = \sqrt{\frac{\mu}{\varepsilon}}\tanh\left[\mathrm{j}\left[\frac{2\pi}{c}\right]\sqrt{\mu\varepsilon}fd\right]$$

式中:$\varepsilon_r = \varepsilon' - \mathrm{j}\varepsilon''$,$\mu_r = \mu' - \mathrm{j}\mu''$;j 是虚部单位;$d$ 是样品的厚度;$f$ 是频率;$c$ 是光速。

当 $Z_{in} = 1$ 时,材料接近于全吸收。因此材料的吸收性能是由 $\varepsilon'$、$\varepsilon''$、$\mu'$、$\mu''$、$d$ 和 $f$ 6 个阻抗匹配参量确定的。故当测试出样品的 $\varepsilon'$、$\varepsilon''$、$\mu'$、$\mu''$ 数值时,可根据吸收屏公式,运用 MATLAB 编程进行模拟计算,可计算出理论反射率($R$)与频率($f$)以及厚度($d$)的关系。

(1)镍/膨胀石墨基复合材料不同厚度下的反射率。由测试出的镍/膨胀石墨基复合材料的电磁参数,根据吸收屏公式,对测试出的镍/膨胀石墨基复合材料的添加量为 15%(质量分数)的电磁参数进行厚度 $d = 1\mathrm{mm}$、$3\mathrm{mm}$、$4\mathrm{mm}$、$5\mathrm{mm}$ 的模拟计算,以确定最佳匹配厚度,计算结果如图 4.13 所示。

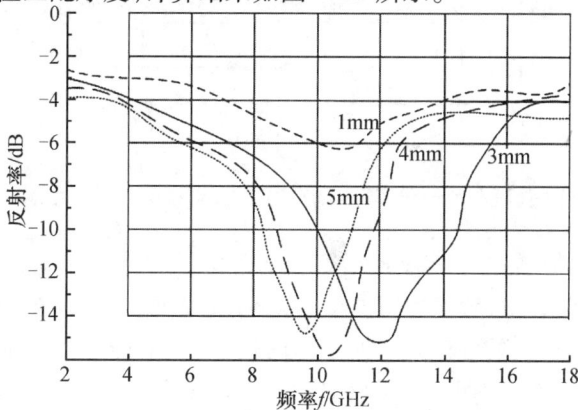

图 4.13　同一粉体不同厚度的反射率与频率关系图

由图 4.13 可以看出,随着频率的增大,反射率先增大,当达到最大值后,又随着频率的增大而减小。当 $d = 1mm$ 时,镍/膨胀石墨复合材料的反射率在 2 ~ 18GHz 范围内整体都比较小,反射衰减的最大值仅为 - 6.3dB,对应的匹配频段为 11GHz。分析其原因,可能是由于复合材料的厚度太薄,吸收剂的粒子间接触较少,无法有效形成一导电网络,从而使得复合材料对电磁波的衰减较少;当匹配厚度 $d > 1mm$ 时,反射衰减最大值在随吸收层匹配厚度的增大,吸收峰向低频方向迁移,且吸收峰有窄化的趋势;当 $d = 3mm$ 时,反射衰减在 12GHz 位置达最大值 - 15.4dB,反射衰减 < - 10dB 的频宽达 4.2GHz;当 $d = 4mm$ 时,反射衰减在 10.3GHz 位置达最大值 - 15.9dB,反射衰减 < - 10dB 的频宽达 3.1GHz;当 $d = 5mm$ 时,反射衰减在 9.5GHz 位置达最大值 - 15dB,反射衰减 < - 10dB 的频宽达 2.7GHz。由此可见,匹配厚度影响着复合材料的吸波性,根据理论模拟计算,其最佳匹配厚度为 $d = 3mm$。从复合材料的电磁参数和理论吸波性分析表明,膨胀石墨表面化学镀金属镍对增加复合材料的磁损耗有着重要的影响,继而增强了复合材料对电磁波的吸波性能。

(2) 镍/膨胀石墨基复合材料不同含量下的反射率。由测试出的镍/膨胀石墨基复合材料的电磁参数,根据吸收屏公式,对测试出的镍/膨胀石墨基复合材料的粉体添加量分别为 5%、10%、15%(质量分数)的电磁参数进行厚度 $d = 3mm$ 模拟计算其反射率,计算结果如图 4.14 所示。

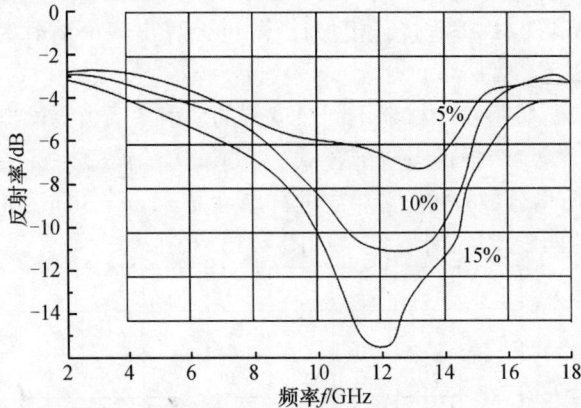

图 4.14  同一粉体不同添加量的反射率与频率关系图

由图 4.14 可以看出,镍/膨胀石墨基复合材料的反射率在 2 ~ 18GHz 范围内只出现一个波峰最大值,随着频率的增大,反射率先增大,当达到最大值后,又随着频率的增大而减小,且随着粉体添加量的增加,反射率最大值有所增加,最大值波峰对应的频率位置变化不大,吸收频带小于 - 10dB 的波段范围也有所增加。当粉体的添加量为 5% 时,镍/膨胀石墨基复合材料的反射率在 2 ~ 18GHz 范围内整体都比较小,反射衰减的最大值仅为 - 7.1dB,对应的匹配频段为 13GHz。分析其原因,可能是由于复合材料的粉体添加量较少,吸收剂的粒子间接触较少,无法有效形成一导电网络,从而使得复合材料对电磁波的衰减较少;当粉体的添加量为10%时,反射衰减在12.5GHz位置达最大值 $-11.2$dB,反射衰减 $<-10$dB 的频宽达2.8GHz;当粉体的添加量为15%时,反射衰减在12GHz位置达最大值 $-15.4$dB,反射衰减 $<-10$dB 的频宽达4.2GHz。

(3)不同复合材料的反射率。由测试出的镀覆金属镍、镍-钴、镍-铁、镍-铁-钴/膨胀石墨基复合材料的电磁参数,根据吸收屏公式,对测试出的不同复合材料的粉体添加量为15%的电磁参数进行厚度 $d=3$mm 模拟计算其反射率,计算结果如图4.15所示。

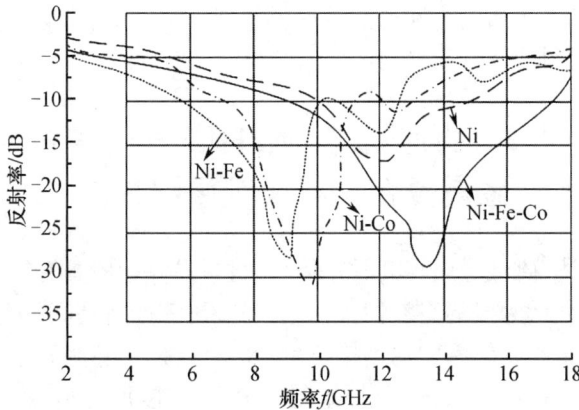

图4.15 不同粉体同一厚度的反射率与频率关系图

由图4.15可以看出,不同镀覆金属粉体膨胀石墨基复合材料在同一厚度 $d=3$mm下模拟计算出的反射率随频率变化曲线不尽相同。其中表面镀覆金属镍/膨胀石墨复合材料的吸波效果整体最差,表面镀覆金属镍-铁-钴/膨胀石墨复合材料的吸波整体效果最好,表面镀覆金属镍-钴/膨胀石墨复合材料和镍-铁/膨胀石墨复合材料的吸波效果处在中间,两者的吸波性能相当。

镍/膨胀石墨复合材料在 $2\sim18$GHz 范围内只出现一个波峰最大值,为反射衰减在12GHz位置达最大值 $-15.4$dB,反射衰减 $<-10$dB 的频宽达4.2GHz;镍-钴/膨胀石墨基复合材料在 $2\sim18$GHz 范围内出现两个吸收峰,其中在9.8GHz位置出现一较大吸收峰 $-31.7$dB,在12.5GHz位置出现一较小吸收峰 $-11.7$dB,反射衰减 $<-10$dB 的频宽达5.2GHz;镍-铁/膨胀石墨基复合材料在 $2\sim18$GHz 范围内出现三个吸收峰,其中在9GHz位置出现一最大吸收峰 $-27.8$dB,在12GHz位置出现一较小吸收峰 $-13.4$dB,在15GHz位置出现一较小吸收峰 $-7.8$dB,反射衰减 $<-10$dB 的频宽达6.5GHz;镍-铁-钴/膨胀石墨复合材料在 $2\sim18$GHz 范围内出现一个吸收峰,最大吸收峰出现在13.4GHz位置,其值为 $-28.8$dB,反射衰减 $<-10$dB 的频宽达8GHz。虽然镍-钴/膨胀石墨复合材料的最大吸收峰比镍-

铁 – 钴/膨胀石墨基复合材料要大,但反射衰减 < – 10dB 的频宽要小得多,从对吸波材料要求更宽频的角度考虑,还是镍 – 铁 – 钴/膨胀石墨复合材料的吸波性能要好。

根据上面的分析还可以得出这样的规律,Ni – Co – EG、Ni – Fe – EG、Ni – Fe – Co – EG 三者与单纯镀 Ni 膨胀石墨相比,磁导率以及介电常数明显增大,最大吸收峰频宽拓展,吸波性能提高。说明复合材料的制备过程中要兼顾导电性和磁性能,因此,根据需要可以控制镀层中不同磁性金属的含量,用以调控最大吸收频段。但是镍/铁/钴 – 膨胀石墨复合材料磁损耗大,介电损耗也大,因此,其吸收频带也较宽。总之,通过化学镀的方法对膨胀石墨表面金属化改性,增加复合材料对电磁波的电磁损耗,来制备轻质的宽频段吸波材料是切实可行的,且可根据需要调控复合材料的最大吸收频带。

# 4.2  膨胀石墨/碳纤维/导电导磁金属复合材料及其吸波性能

如 4.1 节所述,磁性金属/膨胀石墨复合材料在高频段具有较好的吸波性。为了拓展复合材料在低频段的吸波性,需要进一步研究如何提高复合材料的导电性。通过在粉碎的膨胀石墨体系中均匀掺杂少量碳纤维形成膨胀石墨/碳纤维基材,并采用化学镀的方法在膨胀石墨/碳纤维基材表面非电沉积 Ag 及磁性金属纳米级颗粒,很好地实现了银及磁性金属包覆轻质膨胀石墨基材。制备的复合材料既具有磁性能,导电性也得到提高,是一种轻质、宽频谱吸收的新型吸波材料。

## 4.2.1  膨胀石墨/碳纤维/导电导磁金属复合材料的制备

### 1. 镀液配制

由于 $AgNO_3$ 的反应活性比较大,即使在氨水络合形成银氨络合物的情况下也很容易与甲醛等还原剂发生反应。所以银液和还原液分开配制,而且即配即用,以免放置时间长,银氨溶液发生分解而使镀液失效。

500mL 银氨溶液的配制:用量筒量取 300mL 的去离子水,倒入烧杯。然后称取 17.5g 硝酸银,加入水中用玻璃棒搅拌溶解,得到溶液 1。待充分溶解后,再用量筒量取 100mL 氨水,缓慢的加入到溶液 1 中,边加入边搅拌,溶液先浑浊后变澄清,得到溶液 2。用量筒量取 100mL 去离子水,倒入另一烧杯。称取 7.0gNaOH,加入水中用玻璃棒搅拌,待溶解充分,且温度降至室温,得到溶液 3。然后滴加溶液 3 至溶液 2 中,以提高溶液 2 的 pH 值。之所以要将溶液 3 冷却,是因为在 NaOH 溶解过程中会放出热量,对 pH 值的测定有影响。

500mL 还原液的配制:用量筒量取甲醛 11mL,倒入烧杯。然后加水至 500mL,用玻璃棒搅拌均匀。

**2. 银镀覆过程**

将预处理后的膨胀石墨/碳纤维基材加入装有还原液的烧杯中,机械搅拌分散5min。还原液所用烧杯必须用稀硝酸清洗干净,无金属吸附于烧杯壁上。

之后,在机械搅拌下,将银氨溶液用滴管逐滴慢慢滴加到还原液中,滴加位置不能太靠近烧杯壁,因为在滴加处主盐浓度高,主盐液不稳定易产生自分解而产生银镜现象。若观察到有银镜现象,需更换干净烧杯再进行镀覆。

升高温度,会加速反应的进行,但是化学镀银液易发生自分解,所以反应在室温下进行,而且需采用机械搅拌,而不能采用超声波振荡搅拌,因为超声波振荡会升高水温,从而使镀银液中的银离子不稳定而产生自分解。同时应控制搅拌速度。搅拌过慢,膨胀石墨不能完全分散,且容易飘浮于镀液表面得不到均匀镀覆。当反应过程中烧杯壁上出现银镜时,则应适当加大搅拌速度,但搅拌速度不宜过快,否则易导致镀液溅出烧杯。

**3. 镀银膨胀石墨基材化学镀镍铁钴**

以膨胀石墨基材化学镀银后的材料作为原料进行化学镀镍铁钴处理。由于表面的银层具有金属催化活性,故无需进行预处理过程。化学镀镍铁钴的配方、方法同4.1节相关内容。由于镀银层具有催化活性,因此对该材料进行化学镀镀镍铁钴时,反应更剧烈,镀液迅速由墨绿色逐渐变浅绿色,有明显气泡(氢气)冒出。

**4. 镀镍铁钴膨胀石墨基材化学镀银**

以膨胀石墨基材化学镀镍铁钴后的材料作为原料进行化学镀银处理。由于表面的金属镍铁钴层具有催化活性,故无需进行预处理过程即可以顺利在表面沉积银层。化学镀银的配方、方法、反应时间同4.1节相同。

## 4.2.2 膨胀石墨/碳纤维/导电导磁金属复合材料的结构表征

### 1. Ag/磁性金属/EG 复合材料的 SEM 形貌研究

采用 VEGA\XMU 型扫描电子电镜(捷克 TESCAN 公司)对化学镀包覆前后的膨胀石墨进行形貌研究,其结果如图 4.16 所示。

从图(a)、(b)、(c)可以看出,膨胀石墨是表面粗糙疏松、多孔而卷曲,比表面积大的一种蠕虫状的物质。图(d)、(e)、(f)为表面镀上金属银的膨胀石墨,图(g)、(h)、(i)为表面镀上金属镍铁钴的膨胀石墨/碳纤维,可以看出,膨胀石墨以及掺杂的碳纤维表面均匀地包覆了一层灰白色物质,镀层较为连续光滑,镀层金属部分呈球形。外表面上的球形物质可能是由于膨胀石墨前期预处理中的活化效果不好,导致少量的膨胀石墨的表面曲率较大,引起镀覆的金属以球形颗粒的形式沉积下来。镀层金属银的粒径为 90~100nm,金属镍铁钴的粒径为 60~70nm,镀层厚度为 70~150nm,属于纳米级包覆。图(j)为镀银膨胀石墨化学镀镍铁钴的 SEM 图片,图(k)、(l)为镀镍铁钴膨胀石墨化学镀银的 SEM 图片,可以看出,复合金属层没有单一金属层,表面光滑、连续,表面的球形金属粒径大小不一,金属颗粒易发生团聚。

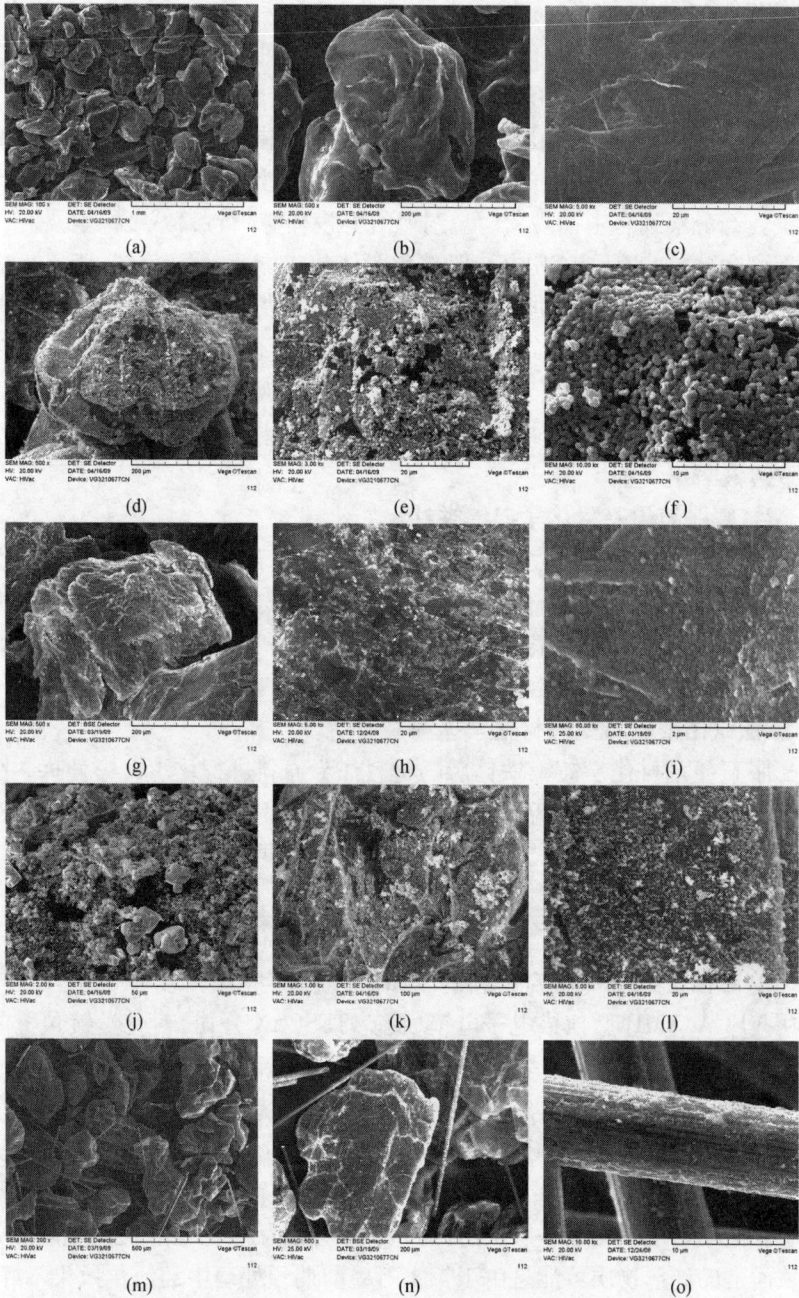

图 4.16 镀覆 Ag/磁性金属前后膨胀石墨基材的 SEM 图

(a)、(b)、(c)未镀覆金属前的膨胀石墨;(d)、(e)、(f)表面镀上金属银的膨胀石墨;
(g)、(h)、(i)表面镀上金属镍铁钴的膨胀石墨/碳纤维;(j)镀银膨胀石墨化学镀镍铁钴的 SEM;
(k)、(l)镀镍－铁－钴膨胀石墨化学镀银的 SEM 图片;(m)未镀覆金属前的膨胀石墨/碳纤维复合材料;
(n)、(o)镀覆金属后的膨胀石墨/碳纤维复合材料。

图 4.16(m)为未镀覆金属前的膨胀石墨/碳纤维基材,可以看出,膨胀石墨和碳纤维混合均匀,碳纤维的加入能够起到连续导电提高复合材料导电性的作用。图(n)、(o)为镀覆金属后的膨胀石墨/碳纤维复合材料,可以看出,膨胀石墨和碳纤维表面均匀地包覆了一层灰白色物质,镀层较为连续光滑。

**2. Ag/磁性金属/EG 复合材料的场发射能谱 EDS 分析**

为了定量分析膨胀石墨被金属粒子包覆后复合材料的成分及含量,对化学镀前后的膨胀石墨进行 EDS 能谱分析,采用 VEGA\XMU 型能量色散 X 射线谱仪(捷克 TESCAN 公司)对化学镀包覆前后的膨胀石墨进行分析,其结果如图 4.17 所示。

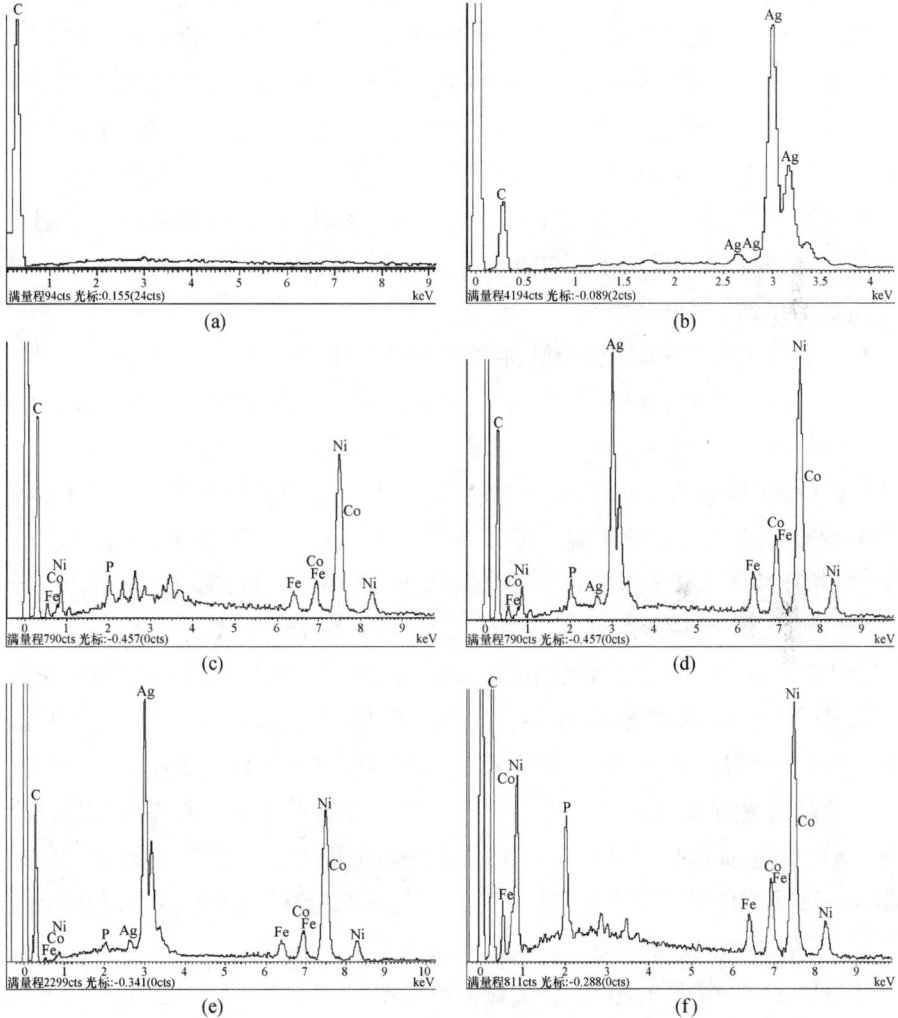

图 4.17 镀覆金属前后膨胀石墨的 EDS 谱图

(a) 镀覆金属前的膨胀石墨;(b) 膨胀石墨表面镀覆金属银;(c) 膨胀石墨镀覆镍铁钴;

(d) 膨胀石墨/碳纤维镀覆镍铁钴/银;(e) 膨胀石墨/碳纤维镀覆银/镍铁钴;

(f) 膨胀石墨/碳纤维表面镀覆金属镍铁钴。

从图(a)可以看出,镀覆前的膨胀石墨较为纯净,只含有 C 元素,不含其他杂质。图(b)、(c)、(d)、(e)分别为表面镀覆金属银、镍铁钴、镍铁钴/银、银/镍铁钴后的膨胀石墨复合材料图谱。可以得出,膨胀石墨掺杂碳纤维表面确实镀上了预期的金属层。其中镀层金属含有镍铁钴磷元素,磷是从还原剂次亚磷酸钠而来。镀覆金属银,Ag 的质量分数为 92.10%,对于镀覆金属镍铁钴:Ni、Fe、Co、P 的质量分数分别为 39.26%、16.45%、24.14%、4.66%,对于镀覆金属镍铁钴/银:Ni、Fe、Co、Ag、P 的质量分数分别为 31.76%、8.48%、10.62%、26.14%、3.71%,对于镀覆银/镍铁钴:Ni、Fe、Co、Ag、P 的质量分数分别为 24.26%、5.75%、8.32%、35.26%、3.66%。从复合镀层的金属含量可以看出,外层为银层内层为镍铁钴的镀后膨胀石墨中金属银的含量比内层为银层外层为镍铁钴的镀后膨胀石墨中金属银的含量高,而金属镍铁钴的含量要低,这是因为内层金属在外层金属化学镀的时候提供了催化活性,从而使内层金属的质量比下降。图(f)为表面镀覆金属镍铁钴的膨胀石墨 EDS 图谱。对比图(c)与图(f)可以得出,单纯的膨胀石墨和膨胀石墨/碳纤维基材表面均镀上了预期的金属层,但是由于碳纤维的存在,镀层金属的组成和质量分数会有一些不同。

### 3. Ag/磁性金属 – EG 复合材料的 X 射线衍射分析

采用 X,Pert PRO – MPD 型 X 射线衍射仪(荷兰 PANalytical 公司)对化学镀包覆前后的膨胀石墨进行组织分析,其 XRD 图谱结果如图 4.18 所示。

从图(a)可以看出,$2\theta$ 为 26.56°、44.26°、54.7°处的衍射峰产生于膨胀石墨的六角型石墨结构,为了清晰地显示膨胀石墨在 44.26°、54.7°处的衍射峰和其他有金属物相的衍射峰,属于膨胀石墨的最强衍射峰(26.56°)没有显示在图(b)及其他有金属物相图中。从图(c)可以看出,膨胀石墨在 26.56°处衍射峰强度明显减小,在 44.26°、54.7°处的衍射峰强度明显增强,除了膨胀石墨的衍射峰外,出现了两个尖锐的衍射峰,镀层金属 Ag 以晶态形式存在,经过标定,证明是 Ag 单质的衍射峰。从图(d)可以看出,膨胀石墨化学镀镍铁钴后的 XRD 图谱在 40°~50°之间有一个非晶的馒头峰,表明 Ni – Fe – Co – P 镀层在镀态下为非晶态,经过标定,证明是 $Ni_3P$、Fe 单质和 Co 单质的衍射峰。从图(e)可以看出,两种复合镀层的膨胀石墨/碳纤维 XRD 图谱中主要出现了银的衍射峰,其镍铁钴的非晶态峰被湮没,经过标定,证明是 $Ni_3P$、Ag 单质、Fe 单质和 Co 单质的衍射峰。

图(f)、(g)为膨胀石墨/碳纤维镀覆前后的 XRD 谱图,对比两图,可以看出膨胀石墨/碳纤维化学镀镍铁钴后的 XRD 图谱在 40°~50°之间有一个非晶的馒头峰,表明 Ni – Fe – Co – P 镀层在镀态下为非晶态,经过标定,证明是 $Ni_3P$、Fe 和 Co 的非晶态衍射峰。

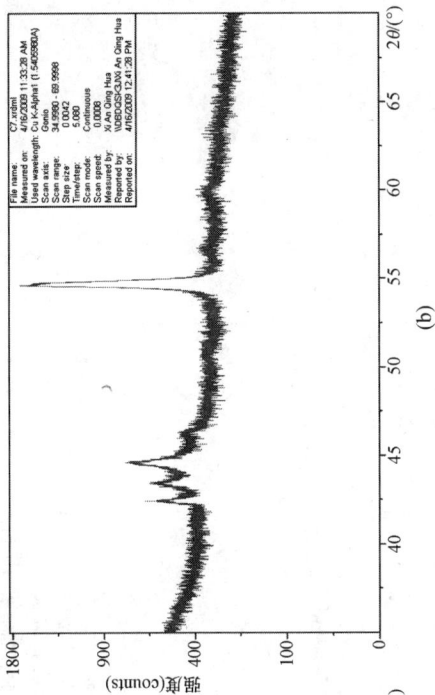

(a)

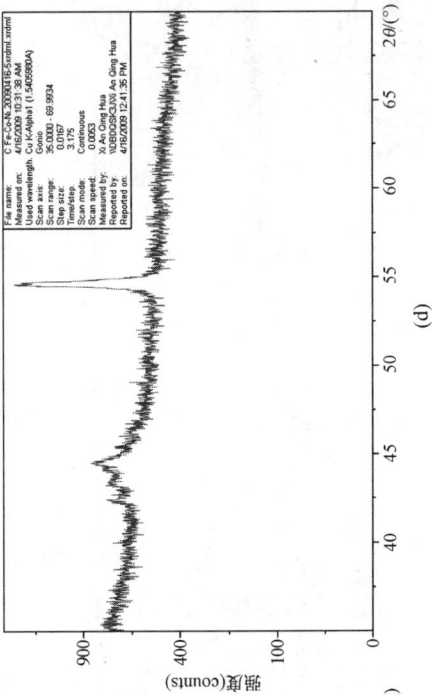

(b)

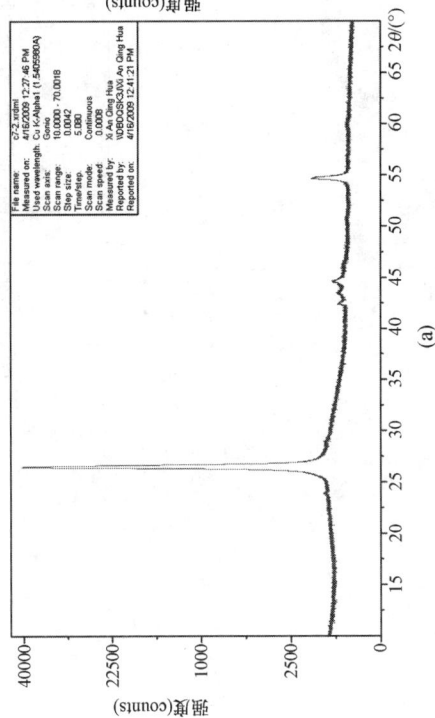

(c)

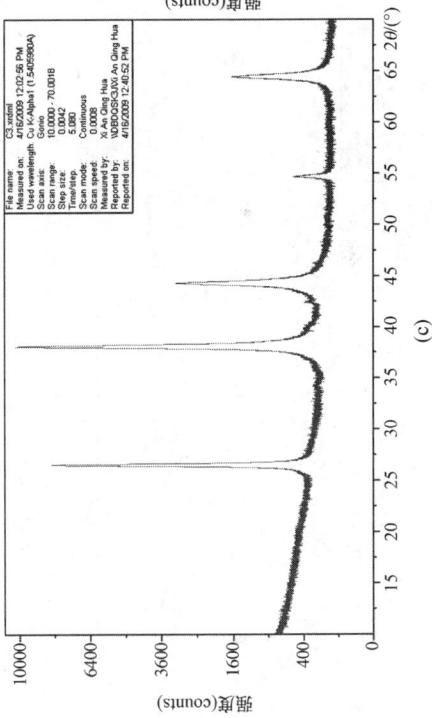

(d)

161

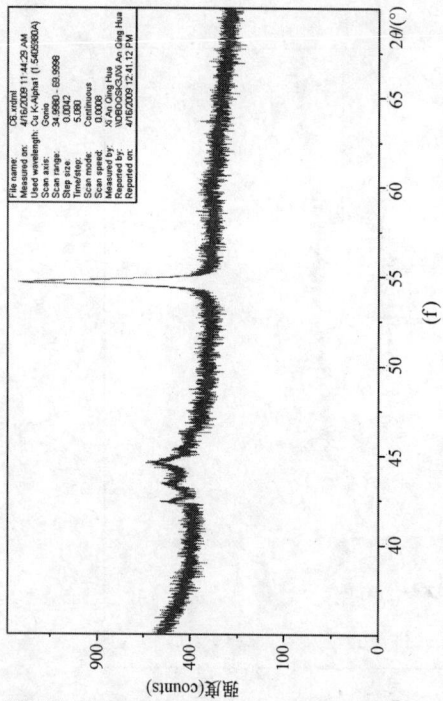

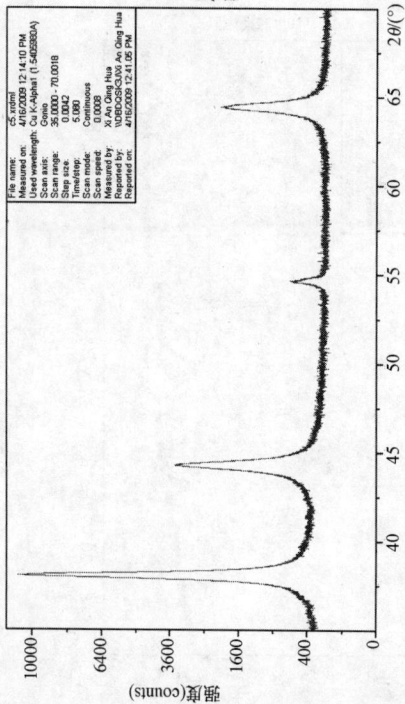

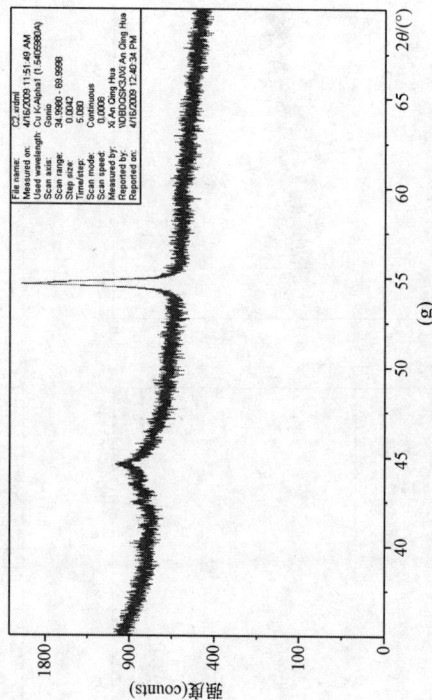

图4.18 镀覆金属前后膨胀石墨的XRD谱图

(a)、(b) 为镀覆前的膨胀石墨；(c) 为膨胀石墨镀覆金属镍；(d) 为膨胀石墨镀覆金属镍铁钴；
(e) 为镍铁钴/镍或铜/镍铁钴-膨胀石墨基材复合材料；(f)、(g) 为膨胀石墨/碳纤维镀覆镍铁钴前后的谱图。

### 4.2.3  Ag/磁性金属/EG 复合材料的磁性能表征

采用 CDJ – 7400 型振动样品磁强计对镀覆金属后的膨胀石墨进行磁性能测试,其结果如图 4.19 所示。

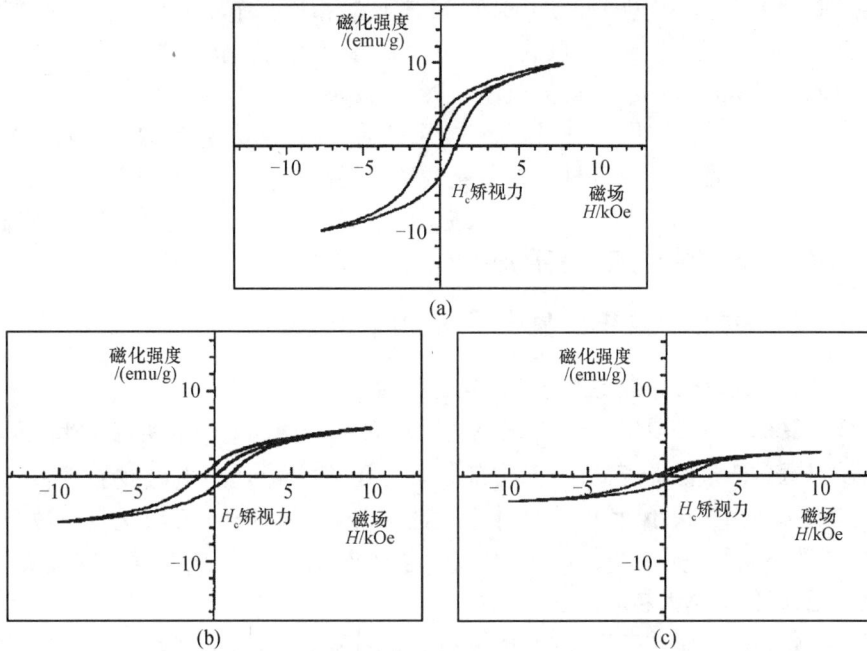

图 4.19  镀覆不同金属后膨胀石墨的磁滞回线

(a) 镀镍铁钴 – 膨胀石墨;(b) 镍铁钴/银 – 膨胀石墨;(c) 银/镍铁钴 – 膨胀石墨。

磁滞回线的初始磁导率可以表明该粉末对外磁场的感应快慢,即粉末对电磁波的敏感程度。初始磁导率越大,则粉末在起始阶段越能吸收外电磁场;磁滞回线矩形面积的大小和粉末的单位体积所能吸收的能量密切相关。软磁性能由于具有退磁快的优点,对外界变化的电磁场磁损耗具有独到优势。从图(a)可知,膨胀石墨基材镀镍铁钴后具有良好的软磁性能。由图(b)可知,和镍铁钴 – 膨胀石墨基材相比,镍铁钴/银 – 膨胀石墨基材的矫顽力 $H_c$ 为 0.9kOe,基本不变,但是饱和磁化强度为 6emu/g 左右,比镍铁钴 – 膨胀石墨小得多,这是由于镍铁钴/银 – 膨胀石墨基材中,镍铁钴的质量比下降的缘故。对于银/镍铁钴/膨胀石墨,虽然外层的银的理论磁导率是 1,但是银的加入降低了镍铁钴的百分含量,从而对其磁学性能有一定影响。再对比图(c)可得,银/镍铁钴/膨胀石墨和镍铁钴/银/膨胀石墨的矫顽力 $H_c$ 都为 0.9kOe,但后者的饱和磁化强度为 6.3emu/g,比前者 2.4emu/g 高得多,这是因为表面为镍铁钴/银能够以磁涡流形式消耗的能量的最大量比银/镍铁钴高。另外,对比两种不同化学镀次序的复合材料的初始磁导率,可以得出镍铁

163

钴/银－膨胀石墨的初始磁导率强于银/镍铁钴－膨胀石墨,这可能是由于后者外层的银层对内层的镍铁钴层的磁学敏感度有所影响。初始磁导率的差异将影响材料对电磁波磁涡流损耗的灵敏度。

银/镍铁钴－膨胀石墨的磁性检测结果如图4.19(c)所示。由图可知,该复合材料的娇顽力$H_c$为0.9kOe,与镍铁钴/膨胀石墨相比基本不变,但是饱和磁化强度为2.4emu/g,与镍铁钴/膨胀石墨的10.2emu/g相比明显下降。这表明该粉末能够以涡流形式消耗的能量最大值比镍铁钴/微珠复合粉末要低。另外,其初始磁导率也有所降低,这表明外层的银层对内层铁镍层的磁学敏感度有所影响。但是,以上磁滞回线只能表明复合材料中的镍铁钴层的磁学作用,在电磁波的屏蔽吸收中,银层的加入使材料的导电性能大大提高,这一特点在电磁波屏蔽吸收中将磁涡流损耗和电屏蔽相结合,起到复合消耗的作用。

### 4.2.4 Ag/磁性金属/EG 复合材料的电磁频谱

#### 1. 膨胀石墨/碳纤维复合材料的电磁频谱

根据复磁导率和复电介质常数的物理意义可知,$\varepsilon_r$和$\mu_r$的实部$\varepsilon'$和$\mu'$承担着介质对电磁能量的储存功能,而虚部$\varepsilon''$和$\mu''$承担着介质对电磁波的吸收功能。当虚部与实部相比很小,可以忽略时,不能吸收电磁波,这种介质称为透电波介质;反之,虚部不能忽略时,这种介质具有吸收电磁波的能力。从介质对电磁波吸收的角度考虑,$\varepsilon''$和$\mu''$越大越好。

将膨胀石墨适量掺杂碳纤维(膨胀石墨基材)与黏合剂石蜡均匀混合,分别按膨胀石墨基材添加量为5%、10%、15%(质量分数)进行复介电常数和复磁导率的测试,其测试结果如图4.20～图4.23所示。

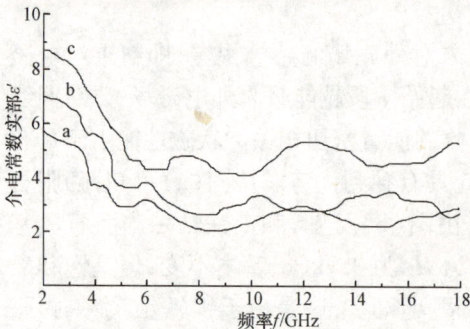

图4.20 膨胀石墨的$\varepsilon'-f$频谱图
a—5%;b—10%;c—15%。

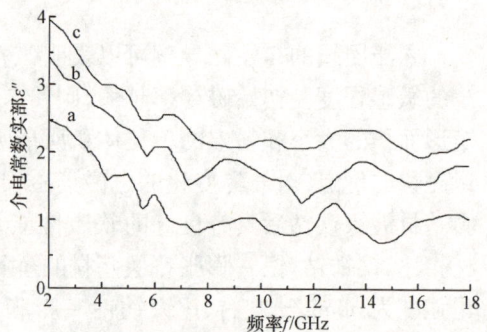

图4.21 膨胀石墨的$\varepsilon''-f$频谱图
a—5%;b—10%;c—15%。

从图4.20和图4.21可以看出,整体上,膨胀石墨基材的介电常数实部$\varepsilon'$和虚部$\varepsilon''$都随在混合物中的质量分数的增大而增大。介电常数实部$\varepsilon'$和虚部$\varepsilon''$分别在2～6GHz和2～8GHz频率范围内随频率的增大呈减小趋势,介电常数实部$\varepsilon'$和虚部$\varepsilon''$分别在6～18GHz和8～18GHz频率范围内基本处在一固定值上下波动。

可以看出,膨胀石墨的磁导率实部 $\mu'$ 和虚部 $\mu''$ 随在混合物中的质量分数的增大而不变。

由图 4.22 和图 4.23 可以看出,膨胀石墨基材的介电常数虚部 $\varepsilon''$ 较大,在 0.7~3.8 范围内,由于膨胀石墨本身属于无机非金属材料,没有磁性能所以磁导率虚部 $\mu''$ 为零,说明膨胀石墨对电磁波具有一定的介电损耗而没有磁损耗。

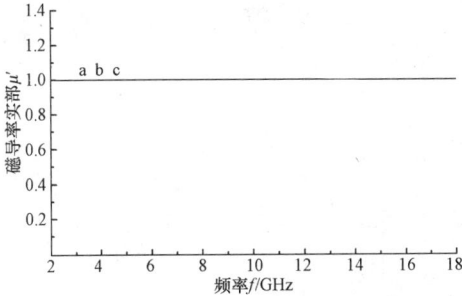

图 4.22 膨胀石墨的 $\mu' - f$ 频谱图
a—5%;b—10%;c—15%。

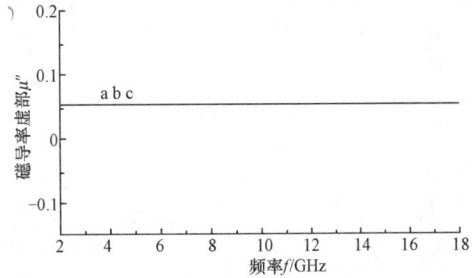

图 4.23 膨胀石墨的 $\mu'' - f$ 频谱图
a—5%;b—10%;c—15%。

**2. 银/膨胀石墨复合材料的电磁频谱**

按复合材料添加量为 15%(质量分数),对银/膨胀石墨复合材料样品进行复介电常数和复磁导率的测试,其测试结果如图 4.24 和图 4.25 所示。从图 4.24 可以看出,介电常数实部 $\varepsilon'$ 在 2~8GHz 范围内随频率的增大而减小,在 8~18GHz 范围内变化不大;介电常数虚部 $\varepsilon''$ 在 2~12GHz 范围内随频率的增大而减小,在 12~18GHz 范围内变化不大。从图 4.25 可以看出,磁导率实部 $\mu'$ 和虚部 $\mu''$ 在 2~18GHz 范围内随频率的增大不变,磁导率实部 $\mu'$ 为1,虚部 $\mu''$ 为0。

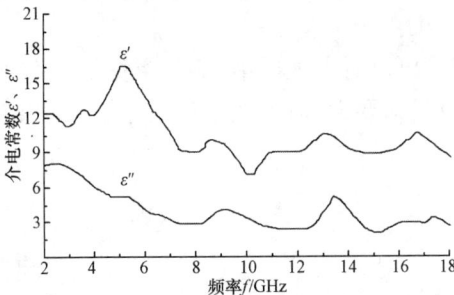

图 4.24 银/膨胀石墨复合材料的
介电常数与频率频谱图

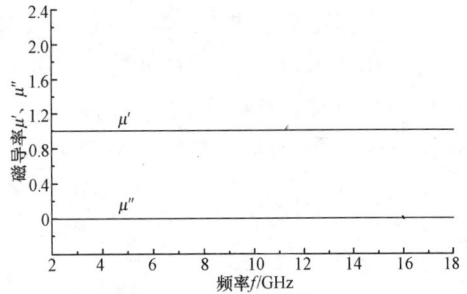

图 4.25 银/膨胀石墨复合材料的
磁导率与频率频谱图

整体看来,银-膨胀石墨复合材料比膨胀石墨复合材料的介电常数要大,由于两种材料都没有磁性,所以磁导率一样。

**3. 镍铁钴-膨胀石墨复合材料的电磁频谱**

按复合材料添加量为 15%(质量分数),对镍铁钴/膨胀石墨基材复合材料样品进行复介电常数和复磁导率的测试,测试结果如图 4.26 和图 4.27 所示。

从图 4.26 可以看出,介电常数实部 $\varepsilon'$ 随频率的增大先增大后减小,最终趋于 9 左右。从图 4.27 可以看出,磁导率实部 $\mu'$ 和虚部 $\mu''$ 整体随频率的增大而减小,最终趋于恒定值左右。

对比图 4.24、图 4.25 和图 4.26、图 4.27,可以看出镍铁钴/膨胀石墨基复合材料的介电常数比银/膨胀石墨复合材料的要小,说明 Ag 的导电性较好,但是在磁损耗方面,镍铁钴－膨胀石墨要比银－膨胀石墨复合材料的大得多。

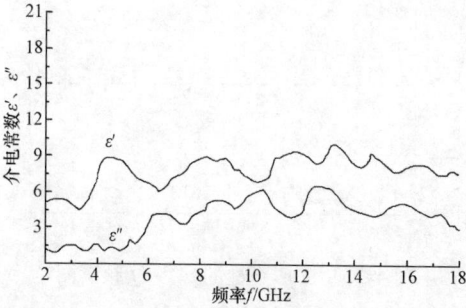

图 4.26　镍铁钴－膨胀石墨复合材料的
介电常数与频率频谱图

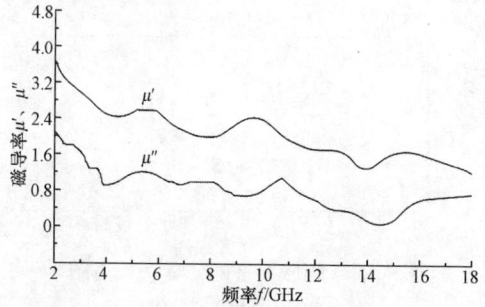

图 4.27　镍铁钴－膨胀石墨基复合材的
磁导率与频率频谱图

### 4. 镍铁钴/银－膨胀石墨复合材料的电磁频谱

按复合材料添加量为 15%(质量分数),对镍铁钴/银/膨胀石墨复合材料样品进行复介电常数和复磁导率的测试,测试结果如图 4.28 和图 4.29 所示。

从图 4.28 可以看出,介电常数实部 $\varepsilon'$ 随频率的增大先增大后减小,最终趋于 10 左右。从图 4.29 可以看出,磁导率实部 $\mu'$ 和虚部 $\mu''$ 整体随频率的增大而减小,最终趋于恒定值左右。

对比图 4.26、图 4.27 和图 4.28、图 4.29,可以看出镍铁钴/银－膨胀石墨复合材料的介电常数比镍铁钴－膨胀石墨复合材料的要大,但是在磁损耗方面,要比镍铁钴－膨胀石墨复合材料的小一些。

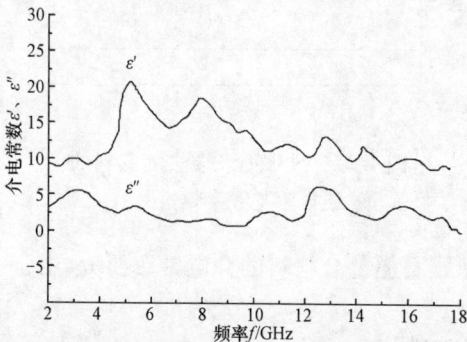

图 4.28　镍铁钴/银－膨胀石墨复合材料的
介电常数与频率频谱图

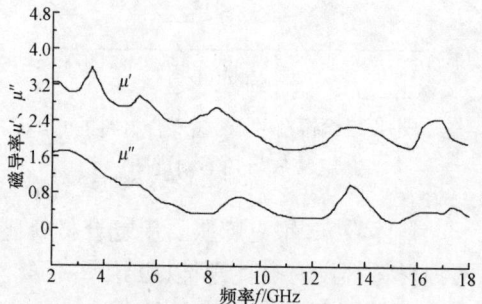

图 4.29　镍铁钴/银－膨胀石墨复合材料的
磁导率与频率频谱图

**5. 银/镍铁钴－膨胀石墨复合材料的电磁频谱**

按复合材料添加量为15%（质量分数），对银/镍铁钴/膨胀石墨复合材料样品进行复介电常数和复磁导率的测试，测试结果如图4.30和图4.31所示。

从图4.30可以看出，介电常数实部$\varepsilon'$随频率的增大而减小，最终趋于10左右。从图4.31可以看出，磁导率实部$\mu'$和虚部$\mu''$整体随频率的增大而减小，最终趋于恒定值左右。

对比图4.28、图4.29和图4.30、图4.31，可以看出银/镍铁钴－膨胀石墨基复合材料的介电常数比镍铁钴/银－膨胀石墨基复合材料的要大，但是在磁损耗方面，要比镍铁钴/银－膨胀石墨复合材料的磁导率小很多。说明当磁性金属包覆在镀层内层时，复合材料的磁性能会有所下降，但由于外层Ag的作用会使其导电性提高。

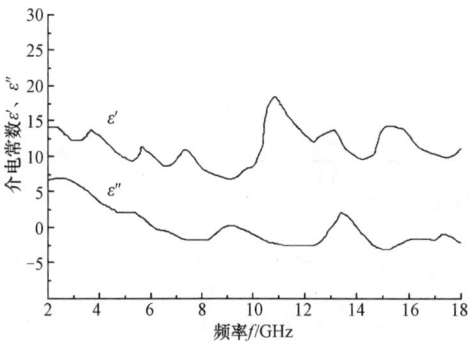

图4.30　银/镍铁钴－膨胀石墨复合材料的
介电常数与频率频谱图

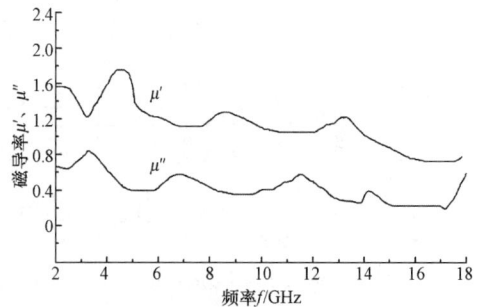

图4.31　银/镍铁钴－膨胀石墨复合材料
的磁导率与频率频谱图

综上所述，在系列膨胀石墨基复合材料中，磁性金属的引入提高了复合材料的磁导率，介电常数变化不大；Ag的引入使得复合材料的介电常数增大，镀Ag的先后顺序，对复合材料的磁导率也会有一些影响，比如Ag在外层，磁性金属在内层，复合材料的磁导率会有所减小。

**6. 不同复合材料的反射率**

由实验测试出的银－膨胀石墨基材、镍铁钴－膨胀石墨基材、镍铁钴/银－膨胀石墨基材、银/镍铁钴－膨胀石墨基材系列复合材料的电磁参数，根据电磁波吸收屏公式，对测试出的不同复合材料的粉体添加量为15%（质量分数）的电磁参数进行厚度$d=3\text{mm}$理论模拟计算其反射率，计算结果如图4.32所示。可以看出，不同复合材料在同一厚度$d=3\text{mm}$下的模拟计算出的反射率随频率变化曲线不尽相同。膨胀石墨基材在2～18GHz范围内出现一个波峰最大值，为反射衰减在9.9GHz位置达最大值－5.8dB；银－膨胀石墨基材复合材料在2～18GHz范围内出现一个吸收峰，为反射衰减在14.0GHz位置达最大值－26.7dB，反射衰减＜－10dB的频宽达2.1GHz；镍铁钴－膨胀石墨基材复合材料在2～18GHz范围内

167

出现一个吸收峰,为反射衰减在 8.9GHz 位置达最大值 - 16.5dB,反射衰减
< -10dB 的频宽达 3.7GHz;镍铁钴/银 - 膨胀石墨基材复合材料在 2~18GHz 范
围内出现一个强吸收峰,为反射衰减在 10.4GHz 位置达最大值 - 18.0dB,反射衰
减 < -10dB 的频宽达 3.5GHz;银/镍铁钴 - 膨胀石墨基材复合材料在 2~18GHz
范围内出现一个强吸收峰,为反射衰减在 12.5GHz 位置达最大值 - 21.2dB,反射
衰减 < -10dB 的频宽达 2.5GHz。

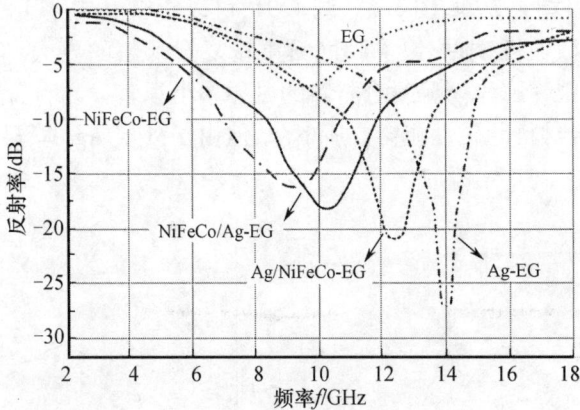

图 4.32　不同复合材料同一厚度的反射率与频率关系图

　　从上述的分析可以得知,由于 Ag 的加入,Ag/膨胀石墨系列复合材料的介电
损耗增强,最大吸收峰向高频段移动。复合镀层中镀 Ag 的先后顺序也会影响 Ag/
Fe/Co/Ni/膨胀石墨复合材料的吸波性,先镀磁性金属再镀 Ag,Ag 在镀层外层,吸
波效果在高频区吸收峰达最大,磁性金属在外层的复合材料在低频区吸波效果较
好,这与本节前面的复合材料的电磁频谱分析结果一致。从中可以得出结论,Ag
的加入可以提高复合材料的导电性,其介电损耗增大,因此有利于提高复合材料在
高频段的吸波性。因此,可以根据需要,设计吸波材料的工艺条件,也可以设计吸
波涂层的结构,达到全频段覆盖,关键频段加强的效果。

## 4.3　聚苯胺/膨胀石墨化学镀金属复合
材料及其吸波性能

　　利用聚苯胺兼具导电性和导磁性,并可以通过掺杂调节电导率的特点,将膨胀
石墨/磁金属和导电高分子聚苯胺复合以调节材料的吸波频带和吸收强度,改善材
料的可加工性及电磁参数可调性,使得复合材料在兼备介电损耗和磁损耗的同时,
还可以将复介电常数和复磁导率达成最佳匹配,从而提高材料的吸波性能及吸波
频率的带宽,符合"宽、薄、强、轻"特性要求,制备出性能更加优异的膨胀石墨基复
合吸波材料。

近几十年来,导电聚合物的合成和性能研究已成为聚合物和材料科学的重要领域。在这些聚合物中,聚苯胺(PANI)以其多样结构、独特的掺杂机制、良好的稳定性和原料价廉易得等优点,广泛应用于能源(二次电池)、电子器件、发光二极管(LED)、传感器、新型电磁屏蔽及吸波材料等领域,成为聚合物研究的热点,也使其成为最具开发前景的导电高分子材料。

本征态聚苯胶电导率极低,呈电绝缘性,但通过质子酸对聚苯胺掺杂后,可以实现从绝缘体到半导体以至于导体的转变,因此掺杂是赋予聚苯胺导电性能的有效途径。有机大分子磺酸的熔点和沸点较高,在环境稳定性方面优于无机酸,它既含有非极性基团,又含有极性基团,使得制备得到的聚苯胺不仅电导率高,而且溶解性能也得到了很大改善。本研究利用现场乳液聚合法,将无机物的有机改性、大分子质子酸的掺杂以及单体的聚合同步进行,简化了实验步骤,降低了反应成本,制备出具有较高电导率的聚苯胺/膨胀石墨导电复合材料,同时利用化学镀方法获得金属/膨胀石墨/聚苯胺系列复合材料。

### 4.3.1 聚苯胺的制备

在图 4.33 所示的实验装置中,将一定量的磺基水杨酸和苯胺单体、去离子水在一定的搅拌速度下搅拌 0.5h 成均匀的白色乳液。将含一定质量的引发剂过硫酸铵溶液慢速的滴加到均匀乳液中,控制滴加时间为 2h。在设计的温度下反应一段时间,反应体系的颜色经过了土黄色、淡绿色、绿色直到墨绿色稳定。实验过程中一直保持通氮气。

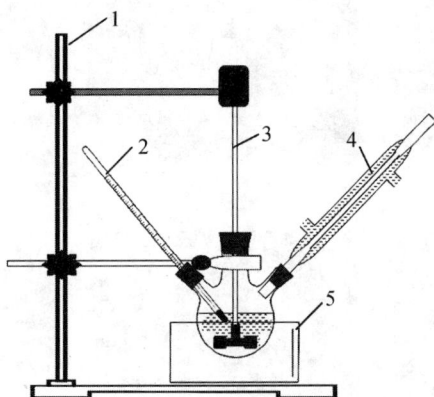

图 4.33　实验装置图
1—铁架台;2—温度计;3—机械搅拌器;4—冷凝管;5—水浴锅。

反应结束后静置,乳液分层,倒去上层淡红色溶液,反复多次减压抽滤,依次用pH 值小于 3 的磺基水杨酸溶液洗涤和去离子水洗涤至中性,在 80℃ 的温度下真空干燥 24h,用玻璃钵体研磨即得掺杂态导电聚苯胺。

## 4.3.2 聚苯胺/膨胀石墨复合材料的制备

将一定量的不同体积的膨胀石墨分别超声分散在磺基水杨酸溶液中 30min。再将一定量的苯胺单体注入上述溶液中,在一定的搅拌速度下搅拌 0.5h 成均匀白色乳液。将一定量的过硫酸铵溶液慢速滴加到均匀乳液中,控制滴加时间为 2h。反应体系的颜色经过了土黄色、淡绿色、绿色直到墨绿色稳定,反应时间为 12h。

反应结束后,乳液分层,减压抽滤,依次用 pH 值小于 3 的磺基水杨酸溶液洗涤和去离子水洗涤至中性,在 80℃的温度下真空干燥 24h,用玛瑙钵体研磨即得导电聚苯胺/膨胀石墨复合材料。

## 4.3.3 聚苯胺及聚苯胺/膨胀石墨复合材料的结构与性能表征

对合成的样品用 VEGA\XMU 型扫描电子电镜、X,Pert PRO – MPD 型 X 射线衍射仪、NEXUS 型傅里叶变换红外光谱仪和四探针电导率测试仪进行结构表征及性能测试。

### 1. SEM 形貌研究

聚苯胺及聚苯胺/膨胀石墨复合材料的 SEM 如图 4.34 所示。从高倍的图(c)中可以看出,聚苯胺具有棒状形貌特征,直径约为 250nm,长度约为 1μm,由于部分聚苯胺粒子发生了团聚,所以粒径较大,但初级粒子粒径均在纳米尺度。从图(d)、(e)、(f)可以看出,膨胀石墨表面均匀地包覆了一层物质,但镀层颗粒发生了团聚,粒径较大。

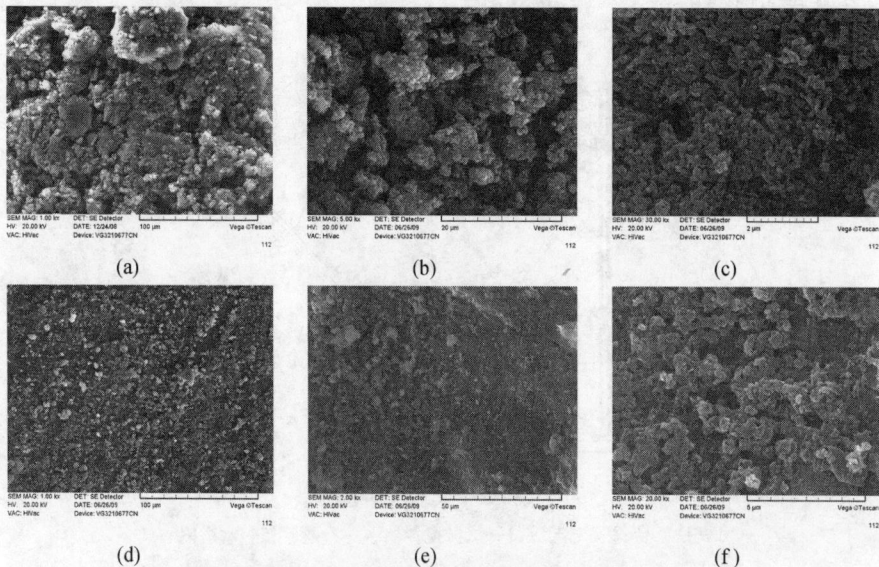

图 4.34 聚苯胺及聚苯胺/膨胀石墨复合材料的 SEM 图

(a)、(b)、(c)聚苯胺在不同放大倍数下的 SEM 图;

(d)、(e)、(f)聚苯胺/膨胀石墨复合材料不同放大倍数的 SEM 图。

## 2. FT - IR 光谱分析

图 4.35 为聚苯胺及聚苯胺/膨胀石墨复合材料的 FT - IR 图。可以看出,掺杂态聚苯胺的特征峰(1558.4、1508.2、1294.1、1122.5、796.5($cm^{-1}$))在聚苯胺/膨胀石墨的 FI - IR 谱图(1558.4、1508.2、1232.4、1136.0、813.9($cm^{-1}$))中有所体现。由于复合材料中官能团的环境更加复杂,加上前体膨胀石墨的透光性极差,而使峰位有所移动,但是 FT - IR 谱图足以说明复合材料中依然存在聚苯胺分子链,并且从峰位移动并不明显来看,聚苯胺分子链可能整齐的排列在膨胀石墨的层间。

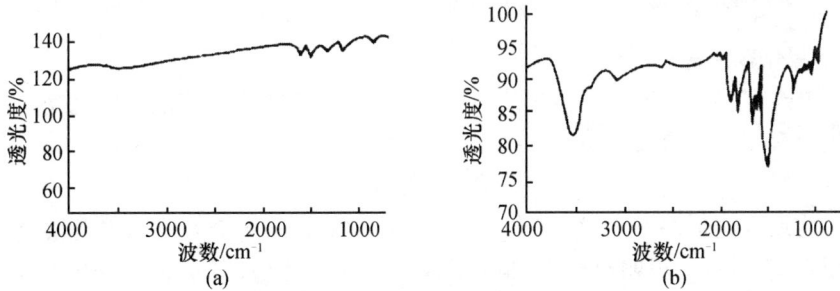

图 4.35　聚苯胺及聚苯胺/膨胀石墨复合材料的 FT - IR 图
(a)聚苯胺;(b)聚苯胺/膨胀石墨。

## 3. X 射线衍射分析

图 4.36 分别为膨胀石墨、聚苯胺、聚苯胺/膨胀石墨导电复合材料的 XRD 图。

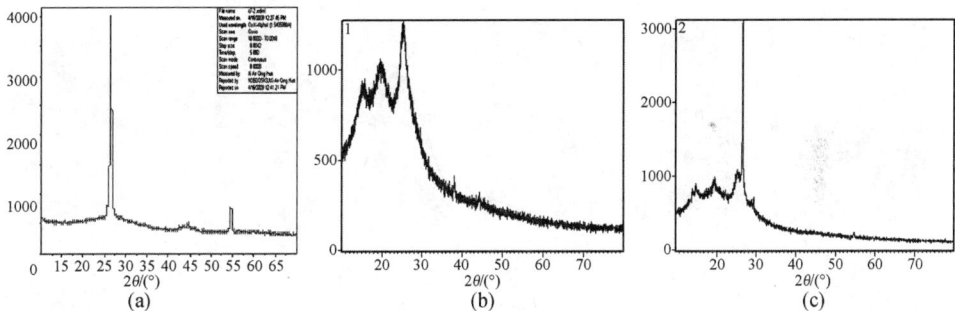

图 4.36　膨胀石墨、聚苯胺及聚苯胺/膨胀石墨复合材料的 XRD 图
(a)膨胀石墨;(b)聚苯胺;(c)聚苯胺/膨胀石墨。

从谱图可以看出膨胀石墨和聚苯胺/膨胀石墨导电复合材料均有完整的晶形结构,同时膨胀石墨的部分晶格结构在复合材料中已经遭到破坏。这表明膨胀石墨对聚苯胺起到了均匀的掺杂作用,聚苯胺分子链均匀的插入到膨胀石墨的层内空间,使得膨胀石墨的部分晶格结构遭到破坏。衍射角 $2\theta = 26.56°$ 为膨胀石墨片间的特征衍射峰,该峰体现了膨胀石墨晶面间距的大小。对于聚苯胺/膨胀石墨导电复合材料,该峰已经明显移动到 $2\theta = 27.80°$,进一步说明聚苯胺已插入膨胀石墨的孔径中,使得膨胀石墨的晶面间距增大,膨胀石墨的部分晶格结构遭到破坏。

171

由于复合材料的衍射峰比较尖锐,说明聚合物分子链在膨胀石墨的孔径中排列得较为规整。

**4. 导电性能分析**

对复合材料进行电导率测试,结果表明磺基水杨酸掺杂的聚苯胺电导率为 0.3S/cm;当聚苯胺经过膨胀石墨的均匀掺杂后,电导率得到了显著提高,其电导率为 0.6S/cm。

## 4.3.4 影响聚苯胺导电率的因素

**1. 氧化剂用量的影响**

导电聚苯胺乳液聚合通常采用过硫酸铵(APS)作为引发剂。APS 在水溶液中由于热分解作用将形成自由基:

$$S_2O_8^{2-} \rightarrow 2SO_4 \cdot$$

因此在其他条件不变时,氧化剂的用量是影响苯胺聚合的关键因素,其影响程度如图 4.37 所示。很明显氧化剂的用量有一个最佳值,其值在 $n(\text{APS})/n(\text{An})$ 1.25 左右。这可能是由于 APS 的氧化力较强,当其适量时,反应的活性中心少,可使 An 氧化成自由基阳离子,使其按自由基的机理进行聚合,形成高分子量的聚苯胺;当过量时,其反应性中心增多,而且还能使 PANI 氧化裂解成较多量的低聚物,使 PANI 共扼链长度缩短,造成电子在室温下从 $\pi$ 轨道跃迁到 $\pi^*$ 轨道较难,导电性能降低。

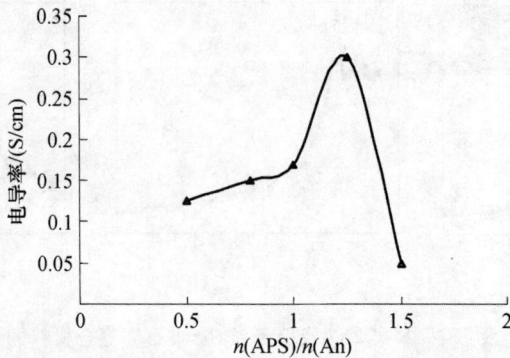

(实验条件:An = 5mL,SSA = 12.71g,$t$ = 12h,$T$ = 20℃)

图 4.37 氧化剂用量对聚苯胺的电导率的影响

**2. 反应温度的影响**

苯胺的聚合反应为自由基氧化还原反应,对温度的依赖性较小,在 0 ~ 25℃ 之间都可以进行反应,其影响程度如图 4.38 所示。可以看出,20℃ 为最佳反应温度。这可能是由于温度较低时,反应的诱导期较长,不利于生成"头 – 尾"有序连接的产物,难以形成大分子量的聚合物,所以电导率较低。当温度逐渐升高时,诱导期

172

缩短,有利于生成"头–尾"有序联接的产物,所以电导率升高。但当温度过高时,由于苯胺的聚合反应是放热反应,所以过高的温度不但会影响苯胺生成"头–尾"有序的结构,而且还会使聚苯胺氧化断链,使产物的电导率严重下降。

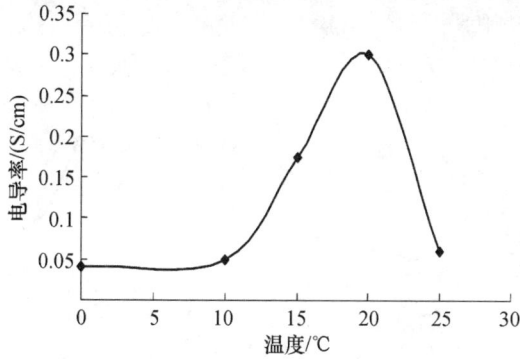

(实验条件:An = 5mL,SSA = 12. 71g,APS = 14. 26g,t = 12h)

图4. 38　温度对聚苯胺的电导率的影响

### 3. 磺基水杨酸的影响

磺基水杨酸既是掺杂剂,又是乳化剂,同时还为苯胺的聚合反应提供酸性条件,因此其用量是非常重要的,其影响程度如图4. 39所示。可以看出,当磺基水杨酸与苯胺摩尔用量比为1:1时,掺杂聚苯胺得到的电导率最高。这可能是由于磺基水杨酸是不导电的,当磺基水杨酸含量过高时,未起掺杂作用的大分子磺酸一方面会在PANI分子链之间阻塞导电通路;另一方面,在后处理过程中,过量的磺基水杨酸难以从产物中洗涤出去从而引起产物导电率急剧下降。

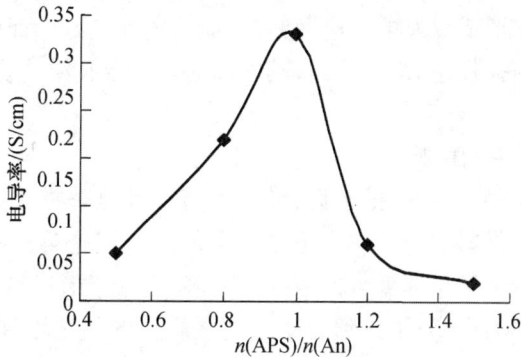

(实验条件:An = 5mL,APS = 14. 26g,t = 12h,T = 20℃)

图4. 39　磺基水杨酸对聚苯胺的电导率的影响

### 4. 反应时间的影响

反应时间对乳液聚合起了重要的影响,它决定了单体的聚合程度,从而影响了聚合物的性能,其实验结果如图4. 40所示。可以看出当反应时间为12h时,掺杂聚苯胺得到的电导率最高。反应时间较短时,因聚合得到的聚合物分子链较短而导电率低,随着反应时间的延长,聚合物的分子链不断增长,而电导率不断上升。但反应时间过长,过度氧化可引起聚合物分子链的断裂,从而使其电率下降。

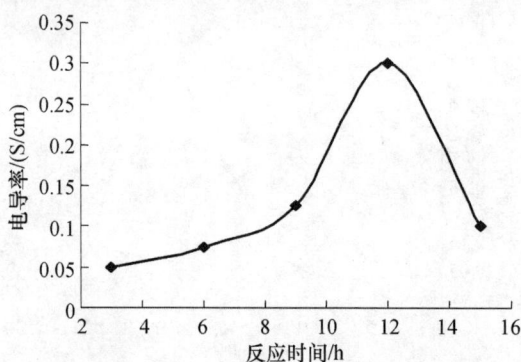

(实验条件:An = 5mL,SSA = 12.71g,APS = 14.26g,$T = 20℃$)

图 4.40　反应时间对聚苯胺的电导率的影响

### 4.3.5　影响聚苯胺/膨胀石墨复合材料导电性的因素

**1. 不同膨胀体积的膨胀石墨掺杂聚苯胺的导电性能**

不同体积的膨胀石墨对复合材料电导率的影响如图 4.41 所示。可以看出超声条件下随着膨胀石墨体积的增大,制备得到的复合材料的电导率下降。这可能由于膨胀体积小的膨胀石墨更容易被超声分散成均匀的石墨碎片,而且多孔结构也没有被破坏。这些均匀的石墨碎片的孔间提供了乳液聚合的空间,使得乳液聚合反应得以进行,并形成良好的导电通路,从而导电性良好。而膨胀体积越大的膨胀石墨,内部微孔的孔径越大,越易碎,其内部的网状多孔结构易被破坏,不易形成均匀的导电网络。

**2. 膨胀石墨质量的影响**

从图 4.42 可知,膨胀石墨掺杂后,导电性能得到显著提高。随着膨胀石墨质量的增加,导电复合材料的电导率也不断增大。这可能是第一随着膨胀石墨质量的增加,可以提供给苯胺单体聚合的空间也越多,更利于形成较长的导电聚合物分子链,有益于电导率的提高;第二随着膨胀石墨质量的不断增加,有些石墨碎片可能未参与反应,而这些碎片更有利于导电桥的形成,从而提高了电导率。

### 4.3.6　系列金属/聚苯胺/膨胀石墨复合材料的电磁频谱

**1. 聚苯胺/膨胀石墨复合材料**

对复合材料添加量为 15%(质量分数)的聚苯胺/膨胀石墨复合材料样品进行复介电常数和复磁导率的测试,结果如图 4.43 和图 4.44 所示。

174

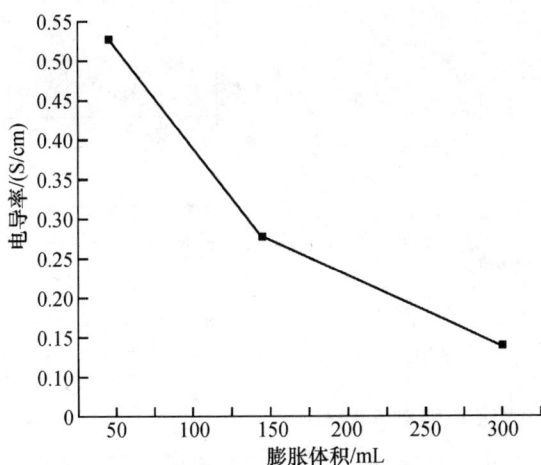

（原料用量：EG = 0.08g，An = 5mL）

图 4.41　不同体积的膨胀石墨对复合材料电导率的影响

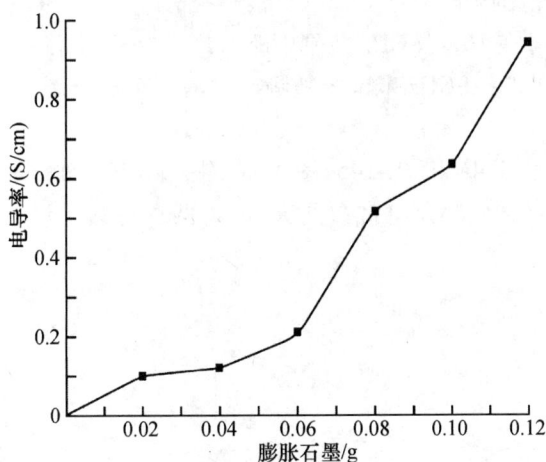

（原料用量：An = 5mL）

图 4.42　膨胀石墨质量对复合材料电导率的影响

　　从图 4.43 可以看出，介电常数实部 $\varepsilon'$ 在 2 ~ 4GHz 范围内变化不大，在 4 ~ 8GHz 之间有一个波峰，在 8 ~ 12GHz 范围内逐渐减小，在 12 ~ 18GHz 范围内基本不变，介电常数虚部 $\varepsilon''$ 在 2 ~ 6GHz 范围内略有增加，6 ~ 9GHz 范围内有两个波峰，在 9 ~ 18GHz 范围内基本不变。从图 4.44 可以看出，磁导率实部 $\mu'$ 和虚部 $\mu''$ 在 2 ~ 18GHz 范围内随频率的增大而不变，磁导率实部 $\mu'$ 为 1，虚部 $\mu''$ 为 0。整体看来，聚苯胺/膨胀石墨复合材料比膨胀石墨的介电常数要大，由于两种材料都没有磁性所以磁导率一样。

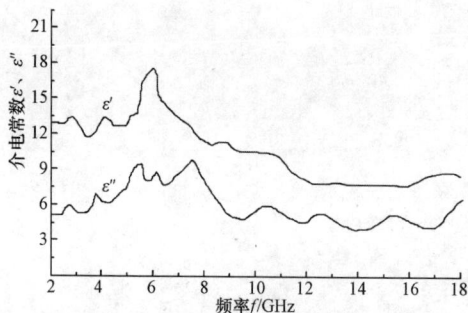

图 4.43　聚苯胺/膨胀石墨复合材料的
介电常数与频率频谱图

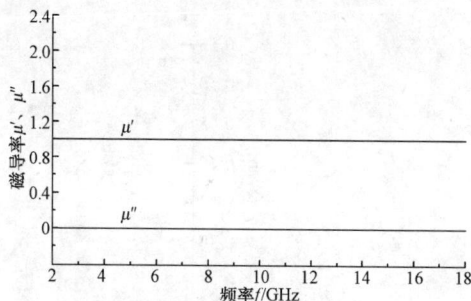

图 4.44　聚苯胺/膨胀石墨复合材料的
磁导率与频率频谱图

**2. 银/聚苯胺/膨胀石墨复合材料**

对复合材料添加量为 15%（质量分数）的银/聚苯胺/膨胀石墨复合材料样品进行复介电常数和复磁导率的测试,结果如图 4.45 和图 4.46 所示。

从图 4.45 可以看出,介电常数实部 $\varepsilon'$ 在 2~14GHz 范围内随频率的增大而减小,在 14~18GHz 范围内略有增大,介电常数虚部 $\varepsilon''$ 在 2~16GHz 范围内随频率的增大先增大后减小,在 16~18GHz 范围内略有增大。从图 4.46 可以看出,磁导率实部 $\mu'$ 和虚部 $\mu''$ 在 2~18GHz 范围内随频率的增大而不变,磁导率实部 $\mu'$ 为 1,虚部 $\mu''$ 为 0。

对比图 4.43、图 4.44 和图 4.45、图 4.46,银/聚苯胺/膨胀石墨复合材料比聚苯胺/膨胀石墨复合材料的介电常数要大,由于两种材料都没有磁性所以磁导率一样。

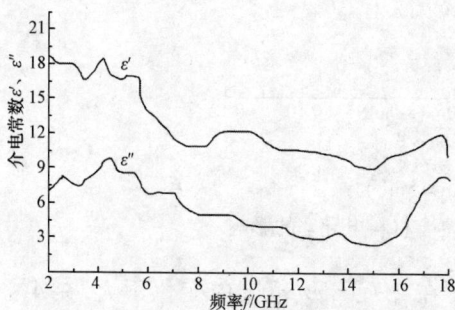

图 4.45　银/聚苯胺/膨胀石墨复合材料的
介电常数与频率频谱图

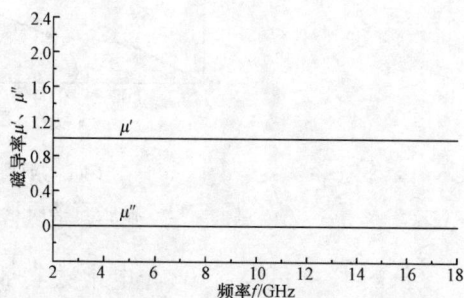

图 4.46　银/聚苯胺/膨胀石墨复合材料的
磁导率与频率频谱图

**3. 镍铁钴/聚苯胺/膨胀石墨复合材料**

对复合材料添加量为 15%（质量分数）的金属镍铁钴/聚苯胺/膨胀石墨复合材料样品进行复介电常数和复磁导率的测试,结果如图 4.47 和图 4.48 所示。

从图 4.47 可以看出,介电常数实部 $\varepsilon'$ 随频率的增大先增大后减小,最终趋于 13 左右。图 4.48 为镍铁钴－聚苯胺/膨胀石墨复合材料磁导率与频率的关系图,从图 4.48 可以看出,磁导率实部 $\mu'$ 和虚部 $\mu''$ 整体随频率的增大而减小,最终趋于恒定值左右。

对比图 4.45、图 4.46 和图 4.47、图 4.48,镍铁钴－聚苯胺/膨胀石墨基复合材料的介电常数比银/聚苯胺/膨胀石墨复合材料的要小,但是在磁损耗方面,要比银/聚苯胺/膨胀石墨复合材料的大得多。

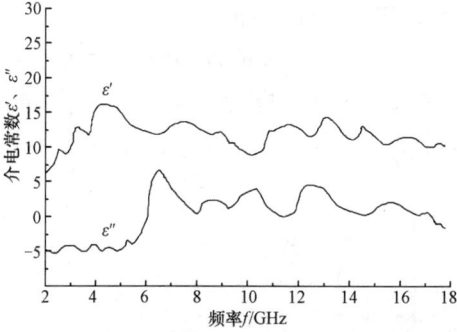

图 4.47　镍铁钴/聚苯胺/膨胀石墨
复合材料的介电常数与频率频谱图

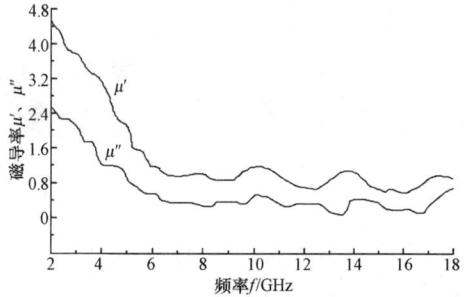

图 4.48　镍铁钴/聚苯胺/膨胀石墨复
合材料的磁导率与频率频谱图

### 4. 镍铁钴/银/聚苯胺/膨胀石墨复合材料

对复合材料的添加量为 15%(质量分数)的镍铁钴/银/聚苯胺/膨胀石墨复合材料样品进行复介电常数和复磁导率的测试,结果如图 4.49 和图 4.50 所示。

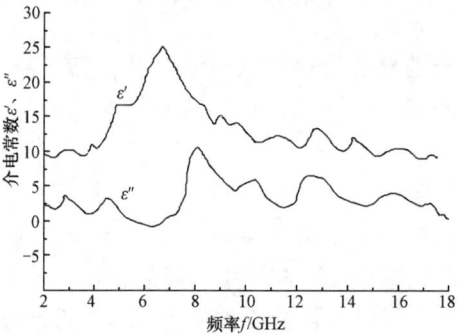

图 4.49　镍铁钴/银/聚苯胺/膨胀石墨
复合材料的介电常数与频率频谱图

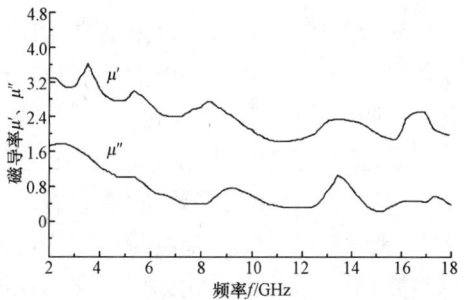

图 4.50　镍铁钴/银/聚苯胺/膨胀石墨
复合材料的磁导率与频率频谱图

从图 4.49 可以看出,介电常数实部 $\varepsilon'$ 随频率的增大先增大后减小,最终趋于 10 左右。从图 4.50 可以看出,磁导率实部 $\mu'$ 和虚部 $\mu''$ 整体随频率的增大而减小,最终趋于恒定值左右。

对比图 4.47、图 4.48 和图 4.49、图 4.50,镍铁钴/银/聚苯胺/膨胀石墨复合材料的介电常数比镍铁钴/聚苯胺/膨胀石墨基复合材料的要大,但是在磁损耗方面,要比镍铁钴/聚苯胺/膨胀石墨复合材料的小一些。

**5. 银/镍铁钴/聚苯胺/膨胀石墨复合材料**

对复合材料添加量为15%(质量分数)的银/镍铁钴/聚苯胺/膨胀石墨复合材料样品进行复介电常数和复磁导率的测试,结果如图4.51和图4.52所示。

从图4.51可以看出,介电常数实部 $\varepsilon'$ 随频率的增大而减小,最终趋于12左右。从图4.52可以看出,磁导率实部 $\mu'$ 和虚部 $\mu''$ 整体随频率的增大而减小,并且都在 $6\sim10\mathrm{GHz}$ 范围内出现了一个波谷,最终趋于恒定值左右。

对比图4.49、图4.50和图4.51、图4.52,银/镍铁钴/聚苯胺/膨胀石墨复合材料的介电常数比镍铁钴/银/聚苯胺/膨胀石墨复合材料的要大,但是在磁损耗方面,要比镍铁钴/银/聚苯胺/膨胀石墨复合材料的小很多。

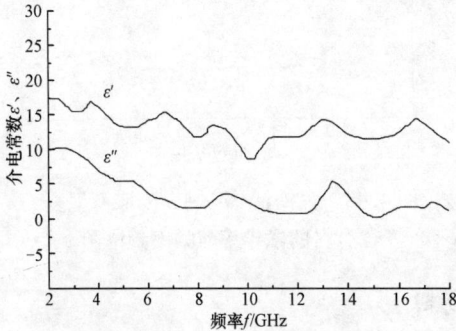

图4.51 镍铁钴/银/聚苯胺/膨胀石墨
复合材料的介电常数与频率频谱图

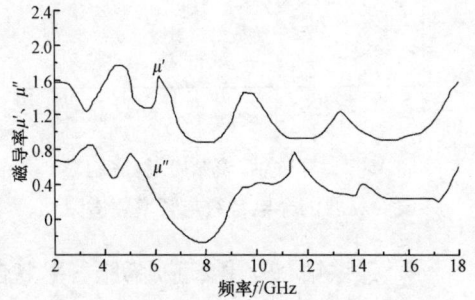

图4.52 镍铁钴/银/聚苯胺/膨胀石墨
复合材料的磁导率与频率频谱图

综合上述分析,可以得出结论:膨胀石墨基复合材料引入聚苯胺后,其磁导率变化不大,介电常数有所增加,说明聚苯胺的加入使得复合材料的介电损耗增强,有利于吸收峰的相高频宽化。

**6. 复合材料的理论反射率计算**

由实验测试出的聚苯胺/膨胀石墨、银/聚苯胺/膨胀石墨、镍铁钴/聚苯胺/膨胀石墨、镍铁钴/银/聚苯胺/膨胀石墨、银/镍铁钴/聚苯胺/膨胀石墨复合材料的电磁参数,根据吸收屏公式,对测试出的不同复合材料的粉体添加量为15%(质量分数)的电磁参数进行厚度 $d=3\mathrm{mm}$ 模拟计算其反射率,计算结果如图4.53所示。

由图4.53可以看出,不同复合材料在同一厚度 $d=3\mathrm{mm}$ 下的模拟计算出的反射率随频率变化曲线不尽相同。其中镍铁钴/银/聚苯胺/膨胀石墨复合材料的吸波整体效果最好,其他复合材料的吸波效果处在中间。聚苯胺/膨胀石墨复合材料在 $2\sim18\mathrm{GHz}$ 范围内出现一个吸收峰,反射衰减在 $10.2\mathrm{GHz}$ 位置达最大值 $-12.0\mathrm{dB}$,反射衰减 $<-10\mathrm{dB}$ 的频宽达 $1.5\mathrm{GHz}$;银/聚苯胺/膨胀石墨复合材料在 $2\sim18\mathrm{GHz}$ 范围内出现一个吸收峰,反射衰减在 $14.2\mathrm{GHz}$ 位置达最大值 $-26.3\mathrm{dB}$,

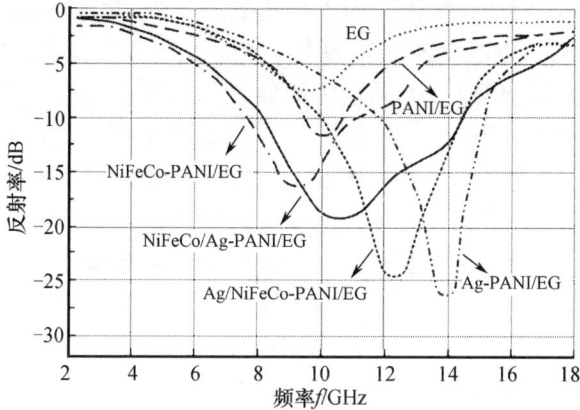

图 4.53　不同复合材料在厚度 $d=3\mathrm{mm}$ 的反射率与频率关系图

反射衰减 $< -10\mathrm{dB}$ 的频宽达 3.2GHz；镍铁钴/聚苯胺/膨胀石墨复合材料在 2 ～ 18GHz 范围内出现一个吸收峰，反射衰减在 9.1GHz 位置达最大值 $-16.5\mathrm{dB}$，反射衰减 $< -10\mathrm{dB}$ 的频宽达 3.8GHz；镍铁钴/银/聚苯胺/膨胀石墨复合材料在 2 ～ 18GHz 范围内出现一个吸收峰，反射衰减在 10.7GHz 位置达最大值 $-19.2\mathrm{dB}$，反射衰减 $< -10\mathrm{dB}$ 的频宽达 6.4GHz；银/镍铁钴/聚苯胺/膨胀石墨复合材料在 2 ～ 18GHz 范围内出现一个吸收峰，反射衰减在 12.4GHz 位置达最大值 $-24.8\mathrm{dB}$，反射衰减 $< -10\mathrm{dB}$ 的频宽达 4.7GHz，从对吸波材料要求宽频的角度考虑，镍铁钴/银/聚苯胺/膨胀石墨复合材料的吸波性能较好。

根据上面的分析，可以得出结论，通过乳液聚合法制备聚苯胺/膨胀石墨复合材料，然后利用化学镀的方法在聚苯胺/膨胀石墨复合材料表面金属化改性，可以提高复合材料的导电性和磁性能，增加复合材料对电磁波的电磁损耗。以此来制备轻质的宽频段吸波材料方法是切实可行的，且效果较好。

## 4.4　吸波涂层的制备及其微波吸波性能

微波吸收材料是一种能够吸收电磁波而反射、散射和透射都很小的功能材料。微波吸收材料主要可分为结构吸波材料和涂层吸波材料。

涂覆型吸波材料主要是由吸收剂(填料)和胶黏剂两部分组成，其中吸收剂提供吸波涂层所需要的电磁性能，而胶黏剂则是吸波涂层的成膜物质，起黏结吸收剂及其他填料的作用。一般来说，制备薄而轻的涂覆型吸波材料在技术上不难实现，但同时又要达到宽频且较高力学性能的涂覆型吸波材料则很困难。

涂覆型吸波材料按吸收剂的不同，可分为磁性吸波材料和介电吸波材料两类。磁性吸波材料是通过控制添加的磁性材料的性质、填充比例、涂覆材料的厚度来获得材料高磁导率的特性，通过对添加剂和吸收剂进行设计来调节吸波材料的吸波性能,使其能在整个涂覆厚度内达到所需要的阻抗和损耗系数,从而获得最佳的吸波效能。介电吸波材料是将材料设计成表面阻抗接近自由空间阻抗、介电系数沿吸波材料厚度方向逐步增加,这样有助于电磁波的透过和吸收而减少表面反射。

目前微波吸收材料中所使用的吸收剂主要是金属和铁氧体微粉材料,大多存在面密度大、质量大的缺点,难以实现对质量有着苛刻要求的导弹等飞行武器上的应用。本研究将化学镀表面金属化改性后的膨胀石墨为微波吸收剂,以有机聚合物环氧树脂为基体材料制备复合微波吸收涂料,并采用标量网络系统在 2 ~ 18GHz 范围内测试其微波吸收性能,通过改变吸收剂的种类、添加量、涂层厚度等影响因素来研究其微波吸收性能。

### 4.4.1　吸波涂层材料的制备

#### 1. 填料的表面干燥

由于使用的微波吸收剂粒子(镍/膨胀石墨基复合材料、镍 - 钴/膨胀石墨基复合材料、镍 - 铁/膨胀石墨基复合材料、镍 - 铁 - 钴/膨胀石墨基复合材料)的粒径小,比表面积大,在空气中极易吸附大量的气体和水。涂料固化时,填料表面吸附气体的逸出会导致涂层表面产生气孔,吸附的水会降低填料和树脂之间的亲和力。因此,为了提高涂层的质量,消除它们对涂料的物理性能和力学性能及电磁性能所带来的负面影响,必须对填料进行表面干燥处理。本研究采用电热鼓风干燥的方法,在 110℃下干燥 1h,这样可以有效地去除填料粒子的表面吸附物。

#### 2. 填料的表面偶联处理

填料的粒径小,比表面积大,表面原子较多,活性高,表面化学包覆后的物理化学缺陷多,填料粒子易团聚体以达到稳定状态。在涂料的制备过程中,如何提高粒子的分散性是制备吸波性能良好的涂料的关键。为了改善粒子与聚合物之间的界面结合状态,提高粒子在聚合物中的分散性,必须对粒子进行适当的表面处理。目前,有效改善粒子与聚合物界面状态的主要途径是在粒子与聚合物体系中引入介于二者之间的粒子表面处理剂。

表面处理剂又称偶联剂,是一种增加无机填料和有机聚合物之间亲和力的有机物质。大多数无机填料属亲水性,与高分子聚合物难以相容,如果不经过偶联处理,它们会造成相间分离,经过偶联处理后,偶联剂在填料之间通过物理和化学的作用使自身的一个键与聚合物相连,另一个键与填料相连,使它们紧密相连。经过偶联处理能有效地改变无机填料与高分子聚合物之间的界面结合状态,提高填料在有机体系中的分散性,还能使体系的黏度大幅度下降,增加流动性,改善加工工艺性,减少溶剂用量,增加填料的填充量,从而整体提高涂料的性能。

本研究中选用硅烷 KH－550 型偶联剂来进行填料表面的偶联处理。在表面处理中,既要防止偶联剂的用量不足,导致填料的包覆不完整而降低其与树脂的结合力和分散性,又要防止偶联剂过量,导致填料表面的有机层过厚,降低填料粒子的电磁性能。具体工艺如下:

(1) 先将填料烘干。

(2) 按一定比例称量填料和偶联剂。

(3) 用适当的溶剂(乙醇或蒸馏水)将偶联剂溶解后,将溶解好的偶联剂加入到待处理的填料中。

(4) 使用电动搅拌器充分混合搅拌 2h,使粒子完全被偶联剂溶液浸润。

(5) 置于通风处,待溶剂挥发完全后,在恒温烘箱中保持一段时间,使偶联剂在粒子表面充分偶联反应。

(6) 将处理好的填料粒子密封保存待用。

**3. 涂层材料(涂料)的制备**

(1) 称取一定量经过偶联处理的填料,加入到适量的溶剂丙酮中,使用电动搅拌器预分散 20min。

(2) 将一定量 E－44 环氧树脂加入到上述(1)溶液中,在室温下超声分散并电动搅拌 20min。

(3) 将固化剂加入至(2)溶液中,室温下超声分散并电动搅拌 10min。

(4) 用适量的溶剂稀释,调整涂料浓度。

(5) 将涂料成品密封包装待用。

## 4.4.2 涂料的涂覆

**1. 涂覆基体的表面处理**

为了测试涂层材料的性能,将其涂覆于尺寸大小为 18cm×18cm×0.5cm 的铝板上。涂覆之前必须对基体材料铝表面进行处理,目的是为了保持表面无金属油污,并适当增加基体表面的粗糙度,以保证涂层的附着力。

处理流程如下:脱脂—热水洗—冷水洗—碱洗—水洗—化学氧化—清洗—封闭处理。

铝板首先采用 200# 溶剂汽油脱脂。用脱脂棉沾上溶剂后反复擦洗 2min;热水洗和冷水洗工艺分别采用 80℃ 自来水和常温自来水进行清洗;碱洗液为 1mol/L 的 NaOH 溶液,洗液温度控制在 65～70℃,碱洗的作用是利用碱与油污的皂化反应,形成可溶性的皂化油去掉;化学氧化的工艺条件是:$Na_2CO_3$ 40g/L,$K_2Cr_2O_4$ 10g/L,NaOH 2g/L,在 80～100℃时,氧化 5～10min;冲洗后在 45℃时烘干。

**2. 涂料的涂覆**

采用刷涂的方法进行涂料的涂覆。先将表面处理后的铝板固定,使用较柔软的中号排刷蘸取适量涂料成品涂刷铝板表面,刷涂面应尽量保持水平,排刷的清洗可用橡胶水。涂覆过程中应控制涂层厚度。涂层太薄会达不到较好的吸波效果,然而随着涂层厚度的增加,不仅涂层的附着力等物理性能下降,而且涂料的消耗量大。所以涂层的厚度必须在满足吸波性能要求的同时,还要满足低成本要求。

**3. 涂料的固化**

涂料的固化工艺(温度、时间)影响填料粒子接触状态的形成,进而影响涂料的物理力学性能和微波吸收性能。

固化温度过高,可以缩短固化时间,但是溶剂的急剧挥发,会导致涂层出现针孔,涂层中吸收剂粒子之间的接触受阻,导电性能下降;固化温度过低,固化时间长,易造成吸收剂粒子的沉降,容易产生树脂浮于涂层表面的现象,并且固化时间过长还会造成吸收剂粒子的团聚。

实验中选用的 HF-1 型环氧树脂固化剂属于室温固化剂。反复的实验表明:固化剂的最佳参考用量为每 100g 树脂需用 25~35g 固化剂,具体固化工艺为将涂覆好的样品置于干燥箱中 50℃预烘 15min,使大部分溶剂挥发,然后取出在室温下进行固化。将制备好的涂层样品室温静置 48h 后即可进行微波吸收性能的测试。

### 4.4.3 复合吸波涂层微波吸收性能

采用标量网络分析系统分别测试复合吸波涂层样品在 2~18GHz 范围内的微波反射率与频率之间的关系曲线(即 $R-f$ 性能曲线),来定量表征各个涂层样品的微波吸收性能,同时在不同厚度条件下测试了同一种复合材料的 $R-f$ 性能曲线。

图 4.54 为四种吸波涂层的 $R-f$ 性能曲线图。可以看出,在其他条件一定的情况下,NiFeCo/Ag/PANI/EG 复合材料的吸波效果最好,最大衰减峰值为 $-9.7$dB,反射衰减 $<-5$dB 的频宽为 6.2GHz,这与理论模拟计算结果较为吻合,但实际涂层测出的反射率总体比理论计算值略小,分析其原因,可能是因为在制备吸波涂层时,由于各种外在的因素的影响,使得吸波涂层没有理想的那么均匀,导电网络未完全形成,从而导致实测值比理论值偏小。

图 4.55 为 NiFeCo/Ag/PANI/EG 在不同厚度下的 $R-f$ 性能曲线图。可以看出,在其他条件一定的情况下,随着涂层厚度的增加,吸波效果逐渐增加,吸收峰值有向低频移动的趋势。分析其原因,随着涂层厚度的增加,粒子之间在厚度方向上的接触增加,形成较为完整的导电网络,使电阻率迅速下降。如果继续增加涂层厚度,将对改善涂层吸波性能效果不大。同时从研究结果也可以看出,碳纤维掺杂的膨胀石墨基复合材料的吸波涂层吸波效果与膨胀石墨/磁性金属复合材料的涂层相比,吸波效果稍差。分析原因可能是由于碳纤维掺杂后易团聚成球,影响了涂层的均匀性以及导电性等,因此导致吸波效果下降。

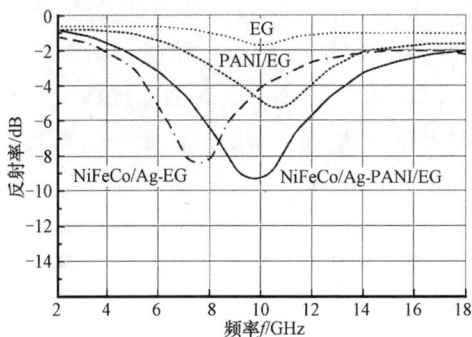

图 4.54　四种吸波涂层的 $R$-$f$ 性能曲线图

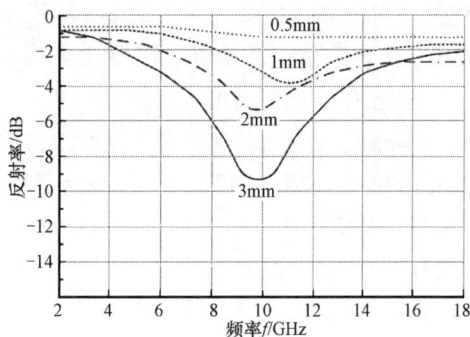

图 4.55　NiFeCo/Ag – PANI/EG 在
不同厚度下的 $R$-$f$ 性能曲线

# 4.5　基于碳基复合材料的超薄电磁带隙吸波结构

## 4.5.1　电磁带隙结构简介及其在隐身技术中的应用

### 1. 电磁带隙结构简介

电磁带隙结构(Electromagnetic Band Gap,EBG)起源于光子晶体(Photonic Crystal),它的本质是一种具有频率带隙的周期性电磁结构。

当空间周期与波长相当时,由于其周期性所带来的 Bragg 散射,在空间中按一定周期排列的具有不同折射系数的介质能够在一定频率范围产生光子带隙,使得光不能传播,该介质即为光子晶体,其最本质的特征就是具有光子带隙(PBG)。由于光波同样是电磁波,因而光子晶体实际上在整个电磁波谱范围内都是成立的。光子晶体按周期性不同可分为一维、二维或三维结构,如图 4.56 所示。

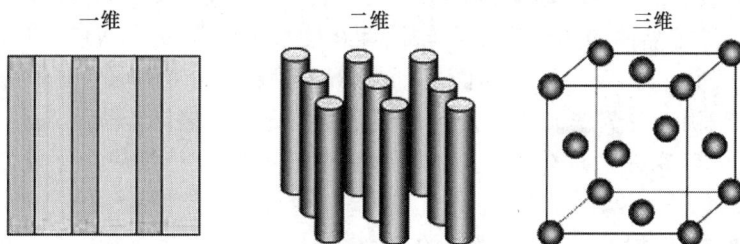

图 4.56　光子晶体周期结构示意图

电磁带隙结构按照带隙产生的原理不同可分为 Bragg 型和谐振型两种类型。Bragg 型电磁带隙结构的带隙主要由 Bragg 散射产生,其尺寸与波长相比比较大,且也不易加工,因而很少能实际应用。利用金属 – 介质材料,可以构造出基于局域谐振机理的电磁带隙结构。谐振型电磁带隙结构的带隙来源于周期单元本身的谐

183

振特性,可以通过在金属 - 介质材料上对电磁带隙单元结构进行一些特殊设计,使其单元的电磁特性等效为谐振性比较强的并联 LC 电路,还可以直接引入谐振单元如介质谐振器等,增加单元的谐振性能,然后利用单元谐振时其表面电抗趋于无穷大的特性,来隔断其谐振频率附近的电磁波传播,产生频率带隙。由于谐振型电磁带隙结构的带隙产生机理与 Bragg 型电磁带隙结构的带隙产生机理不同,其周期常数不需满足 Bragg 条件,所以这种类型的电磁带隙具有非常紧凑的结构,能够有效地减小其尺寸和重量,在实际应用中具有很好的价值。因此,谐振型电磁带隙结构一经提出,很快就成为众多学者研究的热点。

美国学者 D. Sievenpiper 和 E. Yablonovitch 提出了一种被他们称为高阻电磁表面(High Impedance Surface,HIS)的电磁带隙结构。这种结构被加工在普通的微波介质基片上,介质基片的一侧印制有按一定周期排列的金属贴片,每个金属贴片通过介质基片上的导电过孔和另一侧的接地板相连。相邻两个金属贴片单元间的缝隙形成电容 C,导电过孔连接的金属贴片和接地板构成电流通路形成电感 L,从而构成并联的 LC 谐振电路,其结构如图 4.57 所示。

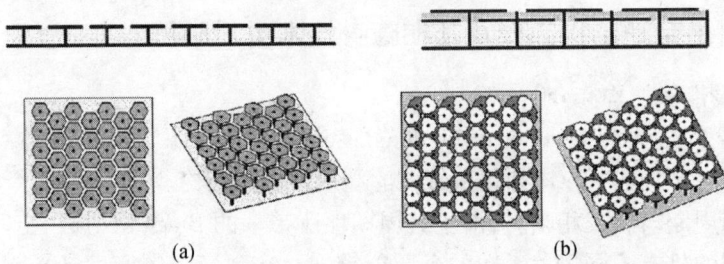

图 4.57 Sievenpiper 提出的谐振型微波光子晶体结构图
(a) 二层 HIS 结构;(b) 三层 HIS 结构。

高阻电磁表面不仅可以被设计成二层结构,还可以被设计成多层结构,这种谐振型微波光子晶体的频率带隙可以设计在微波和毫米波范围内,但其结构尺寸仅为波长的 1/10 ~ 1/5。与前面提到的 Bragg 型金属或介质电磁带隙结构相比,其整体结构十分紧凑。所以这种谐振型微波光子晶体结构受到高度重视,有关其理论、应用等研究的论文在几年内迅速增加,已经被广泛应用于设计天线等微波器件。

**2. 电磁带隙结构在隐身技术中的应用**

传统的吸波材料大多是基于 Salisbury 吸收屏进行研究和设计的,其原理是在距离底板 1/4 波长处放置一损耗层,使入射电磁波有效吸收,缺点是带宽较窄,且结构厚度较大。为了拓宽其吸收带宽,人们使用了多种优化技术,使得吸波材料的吸波效果大大提高。如可以采用多层吸收材料沿吸收屏厚度方向缓慢改变有效阻抗的方法来实现较好的吸波性能。

N. Engheta 最早提出基于 Salisbury 吸收屏理论,将损耗层直接放置在高阻电磁表面的上方不远处,利用超材料(超材料是一种具有超常物理性质的人工复合结构或复合媒质,这些性质天然材料无法具备)的同相反射特性消除 $\lambda/4$ 厚度限制,从而实现超薄、超轻吸波结构的研究思想。基于这个思想,S. Simms、V. Fusco 实现了如图4.58所示的吸波结构,图中高阻电磁表面厚度为6mm,损耗层与高阻表面的距离为8mm,整个结构厚度为19mm。

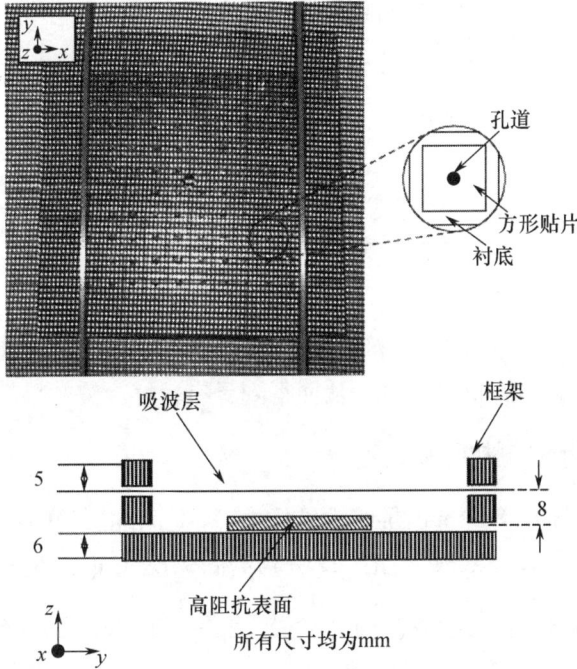

孔道
方形贴片
衬底

吸波层
框架

5

8

6

高阻抗表面
所有尺寸均为mm

图4.58　S. Simms 实现的超薄吸波材料结构示意图

常规的高阻抗表面型 EBG 结构如图4.59所示,这种表面是由一系列蘑菇状金属突出物在平整的金属薄板上按一定周期进行排列所构成,平板表面的周期性金属贴片通过金属导电过孔与下层接地板,如果金属贴片的尺寸远小于在其表面传播的电磁波波长,相邻两个金属贴片单元间的缝隙形成电容 C,导电过孔连接的

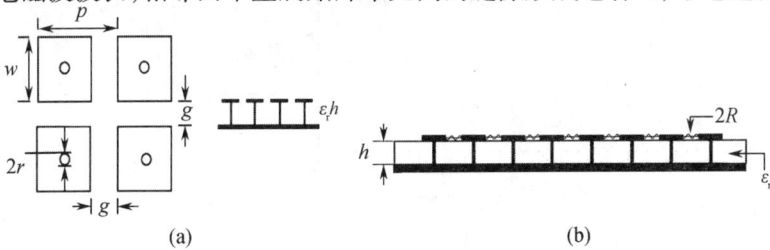

(a)

(b)

图4.59　高阻抗表面 EBG 结构示意图
(a) 俯视图;(b) 侧面剖面图。

金属贴片和接地板构成电流通路形成电感 L,从而构成并联的 LC 谐振电路,也可将其看作二维的电滤波器,阻断了特定频率的电流沿着金属平板表面的流动,其等效电路图如图 4.60 所示。在一定频率范围内,该结构可以呈现出高阻抗表面(High Impedance Ground Plane/High Impedance Surface,HIGP)特性,此时结构表面上具有很小的切向磁场分量和很大的切向电场分量,故称为"导磁面"。当平面波从上方入射到导磁面时,会出现同相反射的效果。

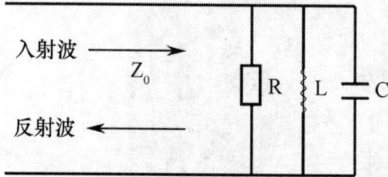

图 4.60   EBG 高阻抗表面结构等效电路

通过改变金属贴片的面积、材料与介质基板的厚度和介电常数,可在一定范围内有效地调节等效电容和电感的值,从而得到具有较好吸波效果的材料。

## 4.5.2   电磁带隙结构吸波理论

在图 4.61 给出的 Salisbury 屏吸波结构中,$Y_1$ 是间隔层的归一化导纳;$d_1$ 是隔离层的厚度;$\Delta$ 是损耗层的厚度;$R_1$、$R_2$ 分别为间隔层和真空的反射系数;$R_n$ 为相应层内的反射波($B_n$)和入射波($A_n$)之比,即 $R_n = \dfrac{B_n}{A_n}(n = 1, 2)$。每一层内反射波和入射波的波矢是等值反向的,波矢大小可记为 $K_n$。

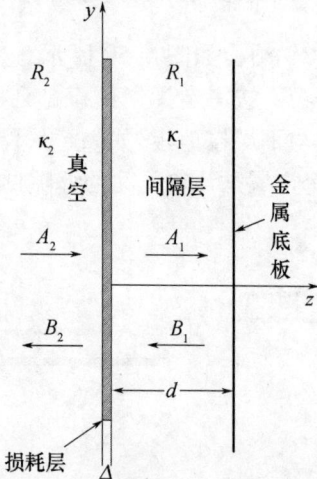

图 4.61   Salisbury 屏结构示意图

186

首先确定 Salisbury 屏吸波结构的边界条件如下

$$E_x(D) - E_x(0) = -Z_m H_y(0)$$
$$H_y(\Delta) - H_y(0) = -Y_e E_x(0)$$

式中:$E_x$、$E_y$ 分别为入射波切向电场分量和切向磁场分量;$Z_m$、$Y_e$ 分别为屏的表面磁阻抗表面电导纳,可分别表示为

$$Z_m = j\omega \int_0^\Delta (\mu' - j\mu'') dz$$

$$Y_e = j\omega \int_0^\Delta (\varepsilon' - j\varepsilon'') dz$$

式中:$\omega$ 为入射波的角频率;$\varepsilon = \varepsilon' - j\varepsilon''$ 为损耗层的复介电常数;$\mu = \mu' - j\mu''$ 为损耗层的复磁导率。

由于入射波从自由空间垂直照射到 Salisbury 屏表面时,一部分电磁波直接被其表面反射回自由空间,另一部分进入间隔层后被 Salisbury 屏下的金属表面同样反射回自由空间,这两部分反射波在屏上方一定距离处的自由空间相互叠加,因而其在自由空间(区域 $n=2$)和间隔层(区域 $n=1$)中的电场、磁场可分别表示为

$$E_n = A_n e^{-j\kappa_n z} + B_n e^{j\kappa_n z}$$
$$H_n = Y_n Y_0 A_n e^{-j\kappa_n z} - Y_n Y_0 B_n e^{j\kappa_n z}$$

式中:$Y_n = (\varepsilon_n/\mu_n)^{-1/2}/Y_0$ 为区域 $n$ 中的归一化相对导纳;$\kappa_n = \kappa_0 (\mu_n \varepsilon_n/\mu_0 \varepsilon_0)^{-1/2}$ 为区域 $n$ 中的波数;$\varepsilon_n$、$\mu_n$ 分别为区域 $n$ 中的介电常数和磁导率;$\kappa_0 = \omega \sqrt{\mu_0 \varepsilon_0}$ 为真空中波数。因为完美金属表面的反射系数 $R_1 = -1$,将其代入边界条件,可推出单层 Salisbury 屏的反射系数公式

$$R = \frac{j(1-\beta)\sin(k_1 d_1) - Y_1(1-\alpha)\cos(k_1 d_1)}{j(1+\beta)\sin(k_1 d_1) + Y_1(1+\alpha)\cos(k_1 d_1)} e^{j2k_0 d_0}$$

式中:$\alpha = \dfrac{Z_m}{Z_0}$ 为 Salisbury 屏吸波结构的表面归一化磁阻抗;$\beta = \dfrac{Y_e}{Y_0}$ 是其表面归一化电导纳;真空中的特性阻抗为 $Z_0 = \sqrt{\mu_0/\varepsilon_0}$,真空中的特性导纳为 $Y_0 = 1/Z_0$。

下面对使用不同损耗层材料的单层 Salisbury 屏进行讨论。

(1)以电损耗材料为损耗层的 Salisbury 屏。将电损耗屏置于待屏蔽金属底板 $\lambda/4$ 波长处即可构成一个经典的 Salisbury 屏。

由于电损耗屏没有磁特性,即磁损耗 $\alpha = 0$,当间隔层厚度的 $d_1 = \lambda_1/4$ 时,$\kappa_1 d_1 = \pi/2$,将 $\alpha$、$\kappa_1 d_1$ 同时代入吸收系数公式,可以得到在其谐振频率处的简化式

$$R = \frac{1-\beta}{1+\beta}$$

当 $\beta = 1$ 时，$R = 0$，电损耗屏表面实现零反射，获得完美吸波结构。

当不在谐振频率 $f_0$ 时，设 $k_1 d = \dfrac{\pi}{2}(1 + F)$，式中 $F = (f - f_0)/f_0$。因而若 $\beta = 1$ 且 $F \ll 1$，可得到吸收系数公式

$$R = \frac{Y_1 \sin \dfrac{\pi}{2}F}{2j\cos \dfrac{\pi}{2}F - Y_1 \sin \dfrac{\pi}{2}F} \approx -j\left(\frac{\pi}{2}Y_1\right)F$$

由上式可知，当电磁频率逐渐偏离谐振点时反射系数幅值随其线性增大，其斜率依赖于间隔层的导纳，因而为了增加该 Salisbury 屏的工作带宽，必须尽量减小。多层 Salisbury 屏结构可以增加反射系数的带宽。

虽然 Salisbury 屏可以在电损耗表面上方实现"完美"吸波，但这种吸波结构仍存在两点不足之处：一是由于其电损耗屏必须置于金属面上方 $\lambda/4$ 处才能达到吸波目的，这必然导致微波吸波平面结构比较厚、重量较大，所以该结构只能适用于微波暗室等不限制吸收材料尺寸和重量的场所；二是由于入射电磁波的频率是连续分布的，而完美吸波的薄屏位置（$\lambda/4$ 处）只能针对谐振时的电磁波，而对谐振频率外的电磁波不能实现零反射，所以吸波结构的带宽较窄。

（2）以磁损耗材料为损耗层的 Salisbury 屏。当 Salisbury 屏的损耗层为磁损耗材料时，有 $\beta = 0$，若想反射系数 $R = 0$，必须满足条件 $k_1 d_1 = 0$。此时磁损耗屏是直接放置在待屏蔽金属底板上，此处磁场分量最大，反射系数公式可化简为

$$R = -\frac{1 - \alpha}{1 + \alpha}$$

由上式可知，若想使该磁损耗 Salisbury 屏实现对所有频率入射电磁波的零反射，则需满足条件 $\alpha = 1$，然而现实中没有材料能满足这个条件。可以通过实验方法制备出这样一种磁损耗屏，使其在电磁谐振频率附近的归一化磁阻抗值为 $\alpha \approx 1 + \alpha'(0)F$，式中 $\alpha'(0) = (d\alpha/dF)|_0$，此时

$$R = \frac{\alpha'(0)}{2}F$$

因而当电磁频率偏离反射相位零点时，$|R|$ 随其线性增长。

该磁损耗 Salisbury 屏吸波结构优点是可用于制备超薄吸波材料，应用范围广泛，如用于飞行器等军事目标的隐身；缺点是磁损耗材料不易获得且具有较大的重量，另外，在高温条件下还会因为磁性能的消退而丧失吸波能力，因而在实际应用上仍有许多的限制。

（3）以一般材料为损耗层的 Salisbury 屏。当损耗屏的 $\alpha$ 和 $\beta$ 同时不为纯实数时，若想实现 Salisbury 屏对入射电磁波的零反射，此时间隔层的厚度 $d_1$ 必须取一个合适的值，此时有以下公式

$$(\beta - 1) = -jY_i(\alpha - 1)\cot(k_1 d_1)$$

对于电吸收屏的情况($\alpha = 0$),上式可化简为

$$\beta = 1 + jY_1\cot(k_1 d_1)$$

如果隔离层的介电常数为实数,$0 \leqslant k_1 d_1 \leqslant \dfrac{\pi}{2}$时,可实现 Salisbury 屏;而当$\dfrac{\pi}{2} \leqslant k_1 d_1 \leqslant \pi$时,无法制备出可以满足 $R = 0$ 的 Salisbury 屏。

### 4.5.3 碳基复合材料制备

考虑到碳材料及其复合材料具有耐热、耐腐蚀、耐热冲击、传热及导电性强和高温强度高等一系列综合性能,且经过特殊处理的碳基复合材料在一定频带内具有很强的吸波性能,将经过改性后的碳基复合材料应用于电磁带隙吸波结构中,以金属化后的碳纤维材料代替结构中的金属贴片、以金属化后的碳纳米管粉末与石蜡混合压制成薄板代替结构中的中间介质层,构成应用碳基复合材料的超薄电磁带隙吸波结构,可望提高吸波结构的整体性能。

**1. 碳纤维化学镀银和镀铁－镍**

在进行化学镀之前,采用以下工艺对碳纤维进行预处理:

去胶→除油→粗化→中和→敏化→活化→还原→化学镀

(1)去胶。将碳纤维薄片放入一定温度的马弗炉内,在高温下灼烧一定时间以去掉碳纤维表面的有机黏结剂,然后将高温灼烧后的碳纤维置于浓度为 10% 的 NaOH 溶液中浸泡 5min 以除去碳纤维表面的油渍。

(2)粗化。室温下,将去胶后的碳纤维浸泡于由浓硫酸和浓硝酸按一定比例混合而成的溶液中一定时间即可实施粗化。

(3)中和。将经粗化处理后的碳纤维薄片放入 10% 的 NaOH 溶液中,在室温下浸泡 3min,以中和方法去除粗化时残留在其表面上的酸根离子,尽量减小其对下一步的敏化造成影响。

(4)敏化。敏化的目的是使碳纤维薄片的表面吸附一层还原性物质,有利于在活化处理过程中将活化剂还原成催化晶核,保证化学镀过程顺利进行。

敏化液工艺配方及条件见表 4.3。

表 4.3　敏化液工艺配方及工艺条件

| SnCl$_2$ | HCl($d = 1.18$g/mL) | 锡粒 | 超声振荡 | 温度 | 时间 |
|---|---|---|---|---|---|
| 15g/L | 60mL/L | 若干 | 5 min | 室温 | 3~5min |

敏化后的碳纤维必须立刻清洗至中性,否则残存于容器内或者未附着于碳纤维表面上的 Sn$^{2+}$ 会参与后续活化反应。

(5)活化。活化的目的是使碳纤维表面沉积一层具有催化活性的贵金属微粒,有利于化学镀工艺的进行。采用的活化液配方和工艺条件见表 4.4。

表4.4　活化液配方及工艺条件

| 氯化钯 0.5g/L | HCl($d = 1.18$g/mL) 20mL/L | 超声振荡 5min | 温度 室温 | 时间 3~5min |
|---|---|---|---|---|

配置活化溶液时需要注意,氯化钯在水溶液中溶解度很小,需先将其溶解在少量的 HCl 溶液中,然后再用蒸馏水稀释至所需浓度。

(6)还原。将活化处理后的碳纤维加入浓度为 15g/L 的次亚磷酸纳溶液,以除去活化后残存在碳纤维表面的氯化钯,防止其对镀液造成影响。

经过还原处理后,需要将碳纤维洗涤至中性,否则由于其表面过多的次亚磷酸纳的存在,会降低化学镀反应的速度。

**2. 碳纤维化学镀银**

将配制的银氨溶液和一定还原剂相混合,然后加入经过预处理后的碳纤维,由于其表面已经沉积了一定的金属 Pd,具有较强的表面活性,因而使溶液中的 $Ag^+$ 还原后主要沉积于碳纤维表面,而不会大量地在镀液或容器内壁中产生,从而制得导电性良好的轻质碳纤维。

化学镀银液及镀银工艺见前面膨胀石墨镀银工艺,在此不再叙述。最终所得镀银后的碳纤维的电镜扫描图如图 4.62 所示。

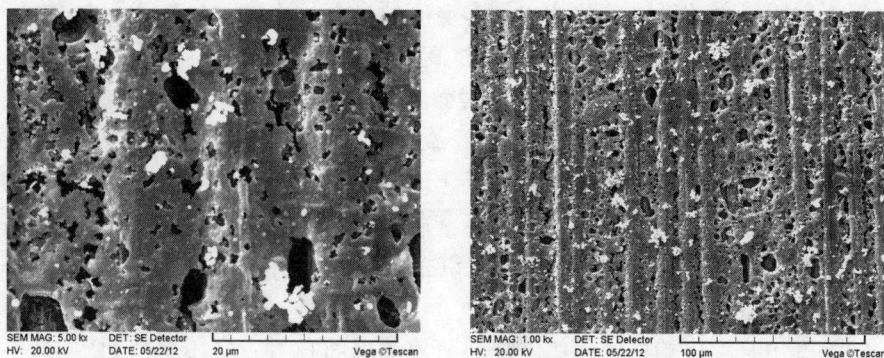

图 4.62　镀银碳纤维的 SEM 图

从图中可以看出,碳纤维薄片的表层被均匀地镀上了一层金属银,但从微观角度来看,碳纤维薄片表面个别地方存在漏镀,这是因为在去胶的过程中,个别地方胶质层较厚,没能完全地去除,因而出现漏镀现象。

**3. 碳纤维化学镀铁－镍**

碳纤维化学镀铁－镍工艺中,其主盐和还原剂按照一定的次序先后加入同一个烧杯中配制成溶液,然后将经过预处理后的碳纤维薄片加入镀液中即可开始镀覆过程。由于碳纤维化学镀铁－镍工艺刚开始时,镀覆反应非常剧烈,导致镀液的 pH 值迅速减小,不利于后续反应的进行。为了控制镀覆过程开始时的反应速度,使镀覆过程能平和地进行,将部分还原剂和 pH 值调节剂单独取出,在反应开始后

190

作为补充镀液再缓慢地滴加进起始镀液中,补充液的滴加应持续整个镀覆过程。因而,起始镀液和补充镀液应按照不同的方法分别配制,配制方法分别如下:

首先用量筒分别量取 200mL 的蒸馏水,并分别倒入两个烧杯中,用天平分别称取 $17.0gNiCl_2 \cdot 6H_2O$ 和 $7.8gFe(NH_4)_2(SO_4)_2$,分别加入上面的烧杯中并用玻璃棒搅拌溶解,得到溶液 1 和溶液 2。接着用量筒量取 367mL 的蒸馏水倒入干净的烧杯中,并溶解 $60.0gC_4H_4KNaO_6 \cdot 4H_2O$,得到溶液 3。然后称取 $14.5gNaH_2PO_2 \cdot H_2O$,加入 100mL 蒸馏水中,搅拌溶解得到溶液 4。最后,将溶液 1 和溶液 2 搅拌均匀后加入溶液 3 中再次搅拌均匀,得到主盐和络合剂的混合溶液,再将其加入溶液 4 中搅拌均匀,此时溶液颜色为鲜绿色,滴加适量氨水调节其 pH 值,镀液的颜色由鲜绿色逐渐变为墨绿色。当加入氨水量达到 33.0mL 时,镀液 pH 值约为 9.8,得到 900mL 的碳纤维化学镀铁－镍的起始镀液。

用天平称取 $14.5gNaH_2PO_2 \cdot H_2O$ 加入盛有 96mL 蒸馏水的烧杯中,将其搅拌溶解然后加入 4mL 氨水,即可得到 100mL 补充滴加液。用 pH 计测量其 pH 值可知,补充滴加液的 pH 值同样为 9.8。

在起始镀液配制过程中,要注意各药品的混合顺序,必须先将主盐与络合剂混合,再将其混合溶液加入还原剂溶液,最后加入适量的氨水调节镀液的 pH 值。镀液配好后应立即使用,这是因为碳纤维化学镀铁－镍的镀液具有很大的反应活性,即使有酒石酸钾钠溶液作为络合剂的情况下,镀液中的络合离子仍能发生自分解析出单质铁和镍,导致镀液失去效果。

碳纤维镀铁－镍工艺必须选择合适的反应温度。虽然镀覆过程在 40～95℃ 之间皆能发生,然而不同的温度条件对反应却有显著的影响:温度高时有利于提高铁镍的活性、缩短反应孕育期且反应速度快,但缺点是铁、镍单质在烧杯壁和玻璃棒等处容易析出,不利于后续反应的进行且影响铁、镍的利用率;温度过低则导致反应过于缓慢。

将 10g 经预处理后的碳纤维薄片加入所配制的 900mL 起始镀液中,然后将所配制的补充镀液逐滴缓慢地滴入盛有碳纤维的起始镀液中,并根据实验过程中气泡冒出的多少和反应声音的大小来决定滴加速度的快慢。滴加时尽量使反应在匀速下进行,滴加时间约为 1h。补充镀液滴加结束后,保持温度条件不变,让镀液和碳纤维在此温度下持续反应 30min 左右,确保反应能完全进行。整个反应时间大约为 90min。

镀铁－镍后的碳纤维不能在烘箱中高温烘干,这是因为高温环境易使镀铁－镍后碳纤维表面的铁、镍单质氧化变黑且影响其电磁性能。碳纤维化学镀铁－镍后的电镜扫描图如图 4.63 所示。

可以看出,碳纤维薄片的表层镀上了一层均匀的铁－镍合金,但从微观角度来看,个别地方镀层较厚,有结瘤或突起现象,这是因为在活化过程中,该处沉积的活化钯金属较多,从而导致铁－镍单质在该处持续析出,出现结瘤现象。

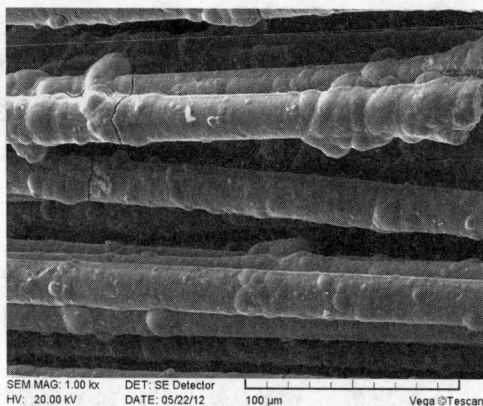

图4.63 镀铁－镍碳纤维的电镀扫描图

**4. 碳纳米管化学镀镍和镀钴**

对碳纳米管的表面进行不同的改性处理,可以使纳米碳管某方面的性能大大增强,或使其具有原本并不具备的特殊性能。在众多的改性方法中,利用化学镀工艺在碳纳米管表面沉积一层磁性能较强的金属是目前应用较多的碳纳米管改性方法之一,经此处理后,碳纳米管的磁性能大大增强,其吸波性能得到明显增强。

在进行化学镀之前,对碳纳米管进行以下工艺的预处理:

纯化→水洗→敏化→水洗→活化→水洗→解胶→化学镀

(1)纯化。将一定量的碳纳米管加入100mL浓度为20%的稀盐酸溶液中,将其放入超声波清洗器常温下超声分散6h后浸泡24h,然后用蒸馏水反复洗涤至中性,放入温度为60℃的烘箱中烘干备用;再将经过稀盐酸浸泡后的碳纳米管加入到的浓硝酸中,用油浴锅加热到130℃,对其进行冷凝回流处理3h,待其冷却后用去离子水冲洗至中性,最后放入温度为60℃的烘箱中烘干。

(2)敏化。将上述碳纳米管浸入 $SnCl_2 \cdot 2H_2O(0.1mol/L)$ 敏化液中在60℃条件下超声分散20min。

(3)活化。活化液配方见表4.5。

表4.5 活化液配制工艺方法

| 甲液 | | 乙液 | |
| --- | --- | --- | --- |
| $PdCl_2$ | 0.2040g | $SnCl_2 \cdot 2H_2O$ | 11.4g |
| HCl | 20mL | $Na_2SnO_3 \cdot 3H_2O$ | 1.4132g |
| $H_2O$ | 40mL | HCl | 40mL |

首先按照表4.5中甲液、乙液的配制工艺方法分别配制甲、乙两种溶液,然后在常温下,用电子天平称量适量固体 $SnCl_2 \cdot 2H_2O$ 药品并将其加入甲液中用玻璃棒搅拌,然后将乙液缓慢加入甲液中,大约10min加完,同时用玻璃棒不停搅拌,然

后将甲乙混合溶液升温至45℃并保温3h,最后将溶液稀释至400mL,即可得到碳纳米管的活化液。如果配制好后活化液中产生沉淀,则其由于失去活性而不能使用,应按上述方法重新配制。

取适量 $PdCl_2$ 胶体溶液升温至45℃,然后将敏化的碳纳米管加入活化液中活化处理20min,然后将活化后的碳纳米管抽滤清洗至中性,以免对下一步实验造成不良影响。

(4)解胶。取适量浓度为1.25mol/L的氢氧化钠溶液,将活化后的碳纳米管加入其中浸泡一段时间,以除去碳纳米管中所含的胶质,然后将解胶后的碳纳米管抽滤清洗至中性。

碳纳米管预处理结束后,即可以进行化学镀。将表面改性后的碳纳米管均匀分散于所配制的镀镍(钴)溶液中,然后加入适量氨水调节镀液的pH值并加热到适当的反应温度,通过化学沉积实现镍(钴)对碳纳米管的包覆。化学镀完成后用蒸馏水将其清洗干净,然后放入温度为60℃的烘箱中干燥12h。碳纳米管化学镀镍(钴)液及镀镍(钴)工艺见前面膨胀石墨镀镍(钴)工艺,在此不再叙述。

镀镍(钴)碳纳米管的EPS电镜扫描图如图4.64所示。从宏观角度来看,碳纳米管比较均匀地镀覆了一层金属层,镀覆效果良好;但从微观角度来看,碳纳米管个别地方镀层不是很均匀,这是由于活化过程钯金属没有在碳纳米管表面均匀沉积所导致。

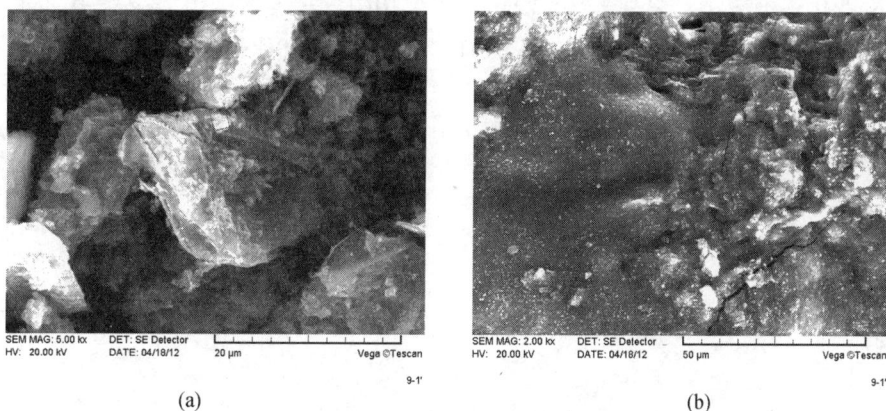

图4.64 镀镍(钴)碳纳米管的电镜扫描图
(a)镀镍碳纳米管的电镜扫描图;(b)镀钴碳纳米管的电镜扫描图。

镀镍(钴)碳纳米管的EDS能谱图如图4.65所示。由碳纳米管镀镍的EDS能谱图可以看出,镀镍碳纳米管的EDS能谱图峰值较为明显,金属镍的含量较大,镀覆的元素较为纯净且各类杂质含量较少,镀覆的效果比较好。由碳纳米管镀钴的EDS能谱图可以看出,镀钴碳纳米管中含有大量的钴元素,说明碳纳米管表面确实镀上了一层金属钴。但也可以看出,镀后碳纳米管中含有一定的杂质,如S元素等,这是因为在施镀过程中碳纳米管中的杂质没有彻底清除,因而引入了其他元素。

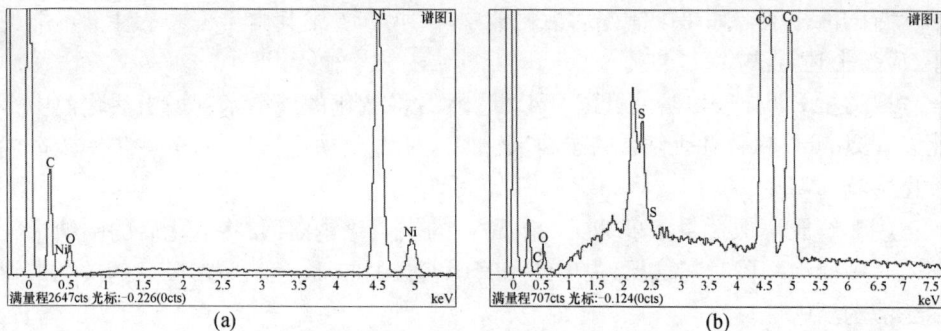

图4.65 镀钴碳纳米管的EDS能谱图

（a）镀镍碳纳米管的EDS能谱图；（b）镀钴碳纳米管的EDS能谱图。

## 5. 碳基复合材料电磁参数测试及分析

（1）银/碳纤维基复合材料电磁参数测试及分析。对表面镀有金属银的碳纤维基复合材料进行复介电常数和复磁导率的测试，其测试结果如图4.66、图4.67所示。可以看出，介电常数实部 $\varepsilon'$ 和虚部 $\varepsilon''$ 都随电磁频率的变化而变化，在2~9GHz的中低频区，介电常数实部 $\varepsilon'$ 和虚部 $\varepsilon''$ 的变化相反，一个变大，另一个即变小，其变化大致呈周期性。其复磁导率实部 $\mu'$ 和虚部 $\mu''$ 随频率的增大而逐渐趋于平稳，变化逐渐减小。复磁导率实部 $\mu'$ 在2~10GHz频率范围内变化较为明显，上下波动较大；复磁导率虚部 $\mu''$ 在2~6GHz频率范围内变化较大。

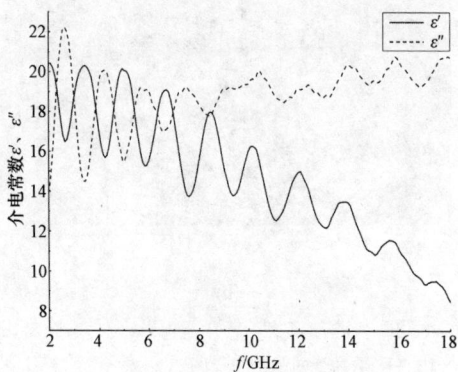

图4.66 Ag/CF复介电常数

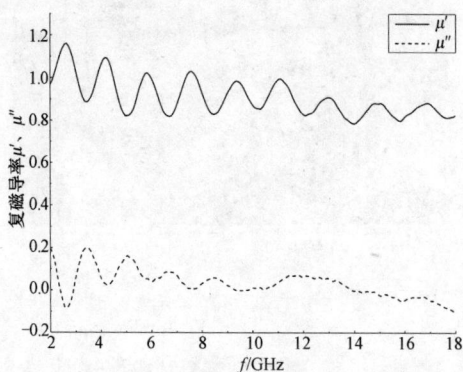

图4.67 Ag/CF复磁导率

根据公式 $\tan\delta = \tan\delta_e + \tan\delta_m = \dfrac{\varepsilon''_r}{\varepsilon'_r} + \dfrac{\mu''_r}{\mu'_r}$，对实验测得的数据进行处理，可以得到镀有金属银碳纤维基复合材料的电损耗正切和磁损耗正切，如图4.68、图4.69所示。

194

从图 4.68 和图 4.69 中可以看出,在测试的电磁频率范围内,镀银碳纤维基复合材料的电损耗正切值大概在 0.70 ~ 2.50 之间。在 2 ~ 12GHz 频率范围内,电损耗正切值变化较大,上下来回振动,但整体呈上升趋势;在 12 ~ 18GHz 频率范围内,电损耗正切值大致呈直线上升趋势,由 1.2 逐渐增大至 2.5,可作为理想的电损耗材料。其磁损耗正切值均很小,大概在 -0.13 ~ 0.22 之间。

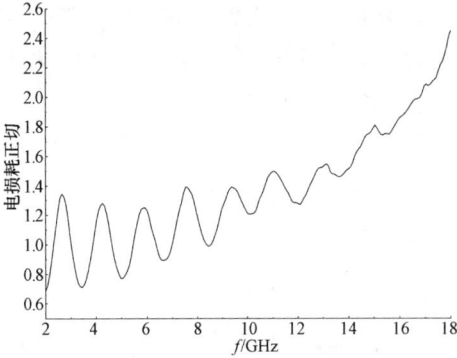

图 4.68 Ag/CF 电损耗正切

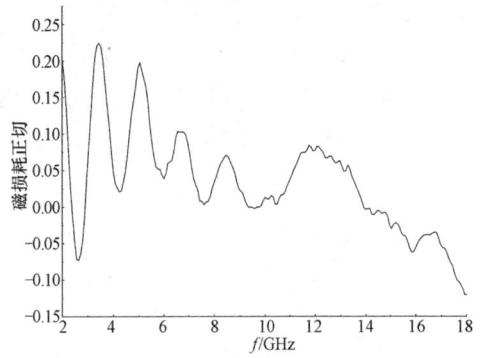

图 4.69 Ag/CF 磁损耗正切

(2) 铁 - 镍/碳纤维基复合材料电磁参数测试及分析。对表面镀有金属银的碳纤维基复合材料进行复介电常数和复磁导率的测试,其测试结果如图 4.70、图 4.71 所示。

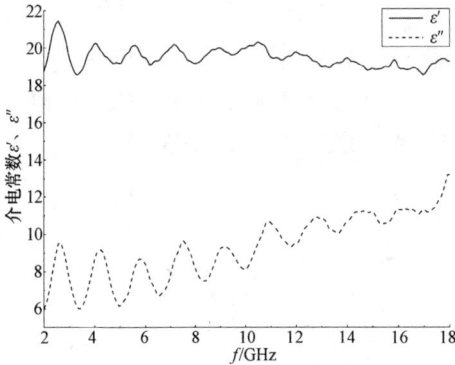

图 4.70 Fe - Ni/CF 复介电常数

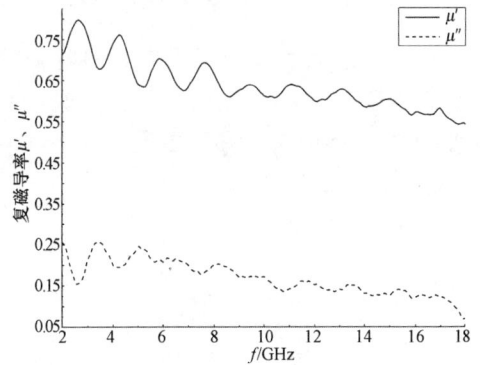

图 4.71 Fe - Ni/CF 复磁导率

从图 4.70 和图 4.71 中可以明显看出,铁 - 镍/碳纤维基复合材料介电常数的实部 $\varepsilon'$ 和虚部 $\varepsilon''$ 都随电磁频率的变化而变化,但其实部 $\varepsilon'$ 在整个测试频率范围内变化不大,其值大概落于 18.2 ~ 21.2 之间;其虚部 $\varepsilon''$ 在 2 ~ 8GHz 频率范围内,上下变化较为明显,在 8 ~ 18GHz 频率范围内,其值逐渐增大,大概落于 6.1 ~ 13 范围内。其复磁导率实部 $\mu'$ 和虚部 $\mu''$ 均随频率增大而逐渐减小,且变化的斜率基本相同。复磁导率实部 $\mu'$ 由 0.80 逐渐减小至 0.57;复磁导率虚部 $\mu''$ 由 0.25 逐渐减小至 0.05。

根据公式 $\tan\delta = \tan\delta_e + \tan\delta_m = \dfrac{\varepsilon''_r}{\varepsilon'_r} + \dfrac{\mu''_r}{\mu'_r}$，对实验测得的数据进行处理，可以得到镀有金属铁－镍碳纤维基复合材料的电损耗正切和磁损耗正切，如图 4.72、图 4.73 所示。

从图 4.72 和图 4.73 中可以看出，在测试的电磁频率范围内，镀铁－镍碳纤维基复合材料的电损耗正切值大概在 0.32～0.65 之间，不是理想的电损耗材料。在 2～9GHZ 频率范围内，镀铁－镍碳纤维基复合材料的磁损耗正切值上下变化很大，大概在 0.20～0.38 之间来回变动；在 9～18GHz 频率范围内，磁损耗正切大致呈直线下降，由 0.27 减小至 0.13。在一定频段范围内，可作为磁损耗材料。

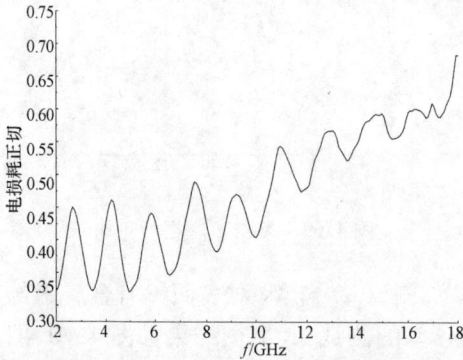

图 4.72　Fe－Ni/CF 电损耗正切　　　　图 4.73　Fe－Ni/CF 磁损耗正切

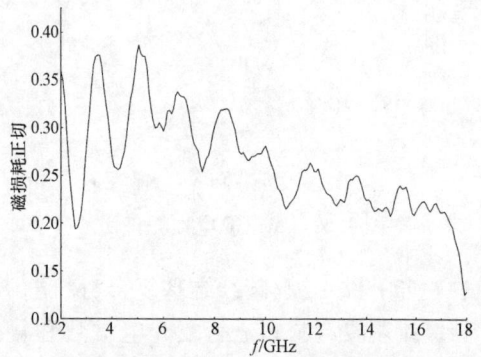

（3）镍/碳纳米管基复合材料电磁参数测试及分析。将表面镀有金属镍的碳纳米管基复合材料与黏合剂石蜡均匀混合，按复合材料的添加量为 15%（质量分数）进行复介电常数和复磁导率的测试，结果分别如图 4.74、图 4.75 所示。

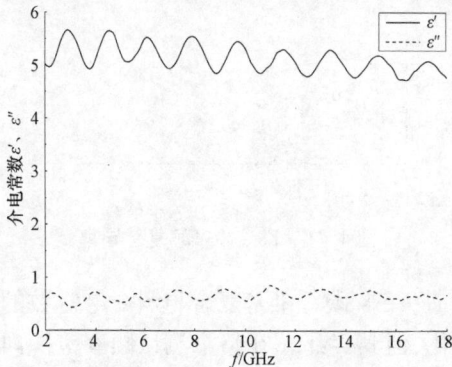

图 4.74　Ni/CNTs 复介电常数　　　　图 4.75　Ni/CNTs 复磁导率

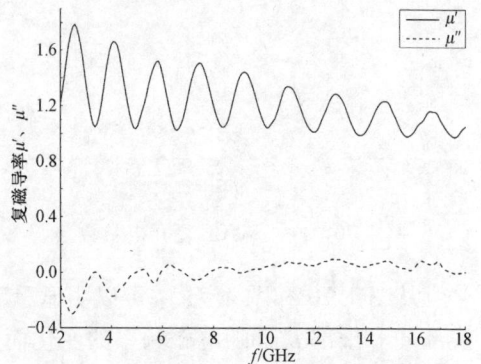

从图 4.74 和图 4.75 中可以看出，镍/碳纳米管基复合材料的介电常数实部 $\varepsilon'$ 和虚部 $\varepsilon''$ 都随电磁频率的变化而变化，在低频区，介电常数的值变化相对较大，随着频率的增大，变化逐渐减小。其复磁导率实部 $\mu'$ 和虚部 $\mu''$ 随频率的增大而逐渐

趋于平稳,变化逐渐减小,复磁导率实部 $\mu'$ 在 2~10GHz 频率范围内变化较为明显;虚部 $\mu''$ 在 2~10GHz 频率范围内较小,大概落在 -0.3~0 之间。

根据公式 $\tan\delta = \tan\delta_e + \tan\delta_m = \dfrac{\varepsilon''_r}{\varepsilon'_r} + \dfrac{\mu''_r}{\mu'_r}$,对实验测得的数据进行处理,可以得到镀有金属镍碳纳米管基复合材料的电损耗正切和磁损耗正切,如图 4.76、图 4.77 所示。

从图 4.76 和图 4.77 中可以看出,在 2~18GHz 电磁频率范围内,镀镍碳纳米管基复合材料的电损耗正切值大概在 0.075~0.075 之间,不是理想的电损耗材料,其磁损耗正切值均很小,大概在 -0.17~0.172 之间,也不是理想的磁损耗材料。

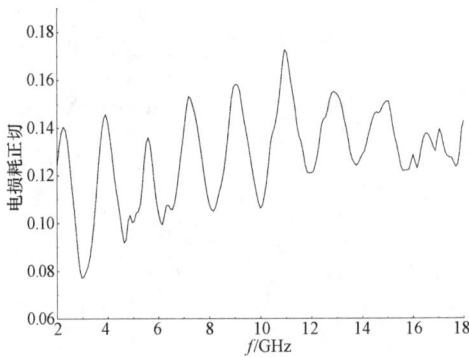

图 4.76　Ni/CNTs 电损耗正切

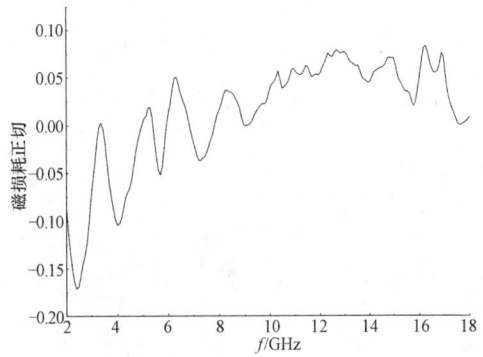

图 4.77　Ni/CNTs 磁损耗正切

(4) 钴/碳纳米管基复合材料电磁参数测试。按复合材料添加量为 15% (质量分数),对钴/碳纳米管基复合材料进行复介电常数和复磁导率的测试,其测试结果如图 4.78 和图 4.79 所示。

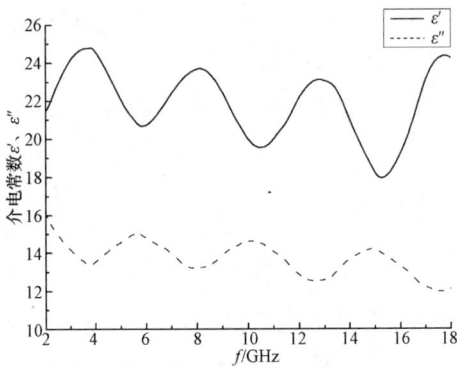

图 4.78　Co/CNTs 复介电常数频谱

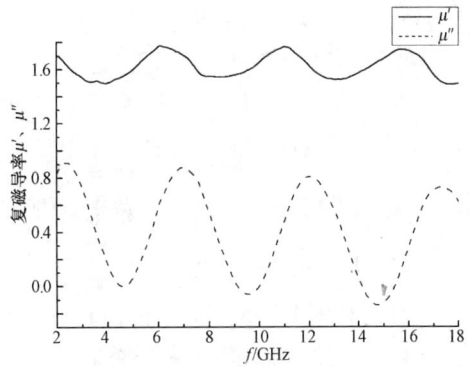

图 4.79　Co/CNTs 复磁导率

197

从图4.78和图4.79中可以看出,在$2\sim4GHz$、$6\sim8GHz$、$12\sim13GHz$以及$16\sim18GHz$频率范围内,复合材料的介电常数实部$\varepsilon'$随频率的增大而增大,介电常数虚部$\varepsilon''$随频率的增大而减小;在$4\sim6GHz$、$8\sim10GHz$、$13\sim16GHz$频率范围内则刚好相反,即复合材料的介电常数实部$\varepsilon'$随频率的增大而减小,介电常数虚部$\varepsilon''$随频率的增大而增大。其磁导率实部$\mu'$变化不大,其值基本落于$1.4\sim1.8$之间;虚部$\mu''$在测试频率范围内大致呈周期性变化,分别在$2.3GHz$、$7GHz$、$12.3GHz$和$17.5GHz$处出现峰值,峰值约为$0.9$,在$4.5GHz$、$9.7GHz$和$14.9GHz$处出现峰谷,其值约为$-0.1$。

整体看来,钴/碳纳米管基复合材料比镍/碳纳米管基复合材料的介电常数和磁导率都要大。

根据公式$\tan\delta=\tan\delta_e+\tan\delta_m=\dfrac{\varepsilon''_r}{\varepsilon'_r}+\dfrac{\mu''_r}{\mu'_r}$,对实验测得的数据进行处理,可以得到镀有金属钴碳纳米管基复合材料的电损耗正切和磁损耗正切,如图4.80、图4.81所示。

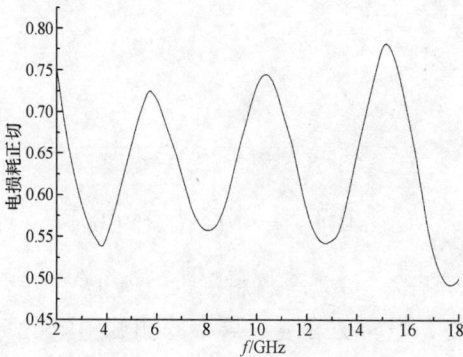

图4.80　Co/CNTs电损耗正切　　　　图4.81　Co/CNTs磁损耗正切

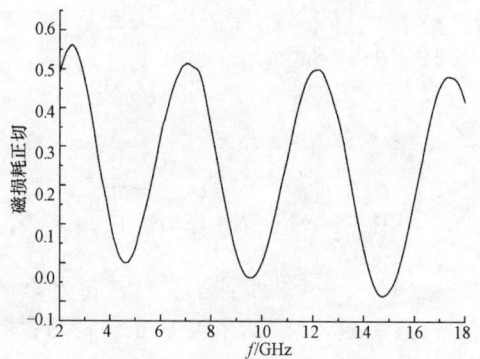

从图4.80和图4.81中可以看出,在$2\sim18GHz$电磁频率范围内,镀镍碳纳米管基复合材料的电损耗正切值变化较大,大概落于$0.45\sim0.8$之间,整体较大,可作为理想的电损耗材料。其磁损耗正切值大致呈周期性变化,其值大概在$-0.1\sim0.7$之间,可用作磁损耗材料。

### 4.5.4　碳基复合材料电磁带隙吸波结构仿真

#### 1. EBG结构设计及仿真

为了利用HFSSv.11软件仿真计算出EBG结构的吸波性能和吸波效果,可以在EBG单元结构上设置一个周期性边界条件,从而预估出EBG结构具有无限大阵列时其反射系数的频率响应情况。

设计如图4.82、图4.83所示的仿真模型,其EBG结构的相关参数:单元周期

$p=7.2\text{mm}$；金属贴片边长$a=6.8\text{mm}$；金属通孔半径$r=0.2\text{mm}$；介质相对介电常数$\varepsilon_{\text{r}}=2.65$；厚度$h=1.5\text{mm}$；集总电阻$R=375\Omega$。

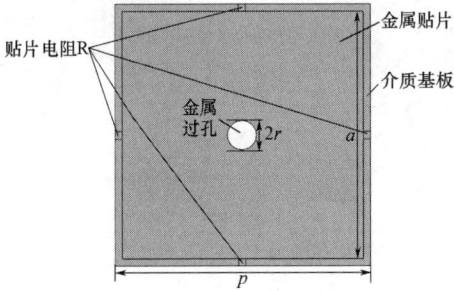

图 4.82　单元结构示意图

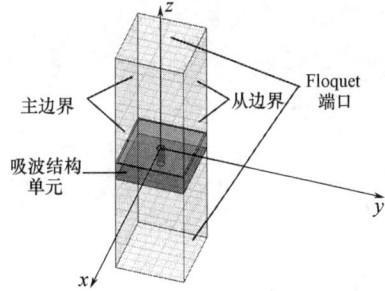

图 4.83　单元在 HFSS 中的仿真模型

该 EBG 结构的仿真结果即反射系数随频率的变化如图 4.84 所示。可看出，由于集总电阻的加入，EBG 结构表面在谐振频率处呈现磁壁特性，此频率处反射系数约为 – 45dB（无集总电阻加入时为 0dB），反射系数最小点所在频率为 7.2GHz，因而此时介质中波长约为 20mm，远远大于该吸波结构的介质层厚度 1.5mm。因而可认为这种 EBG 吸波结构实现了"超薄"吸收特性。

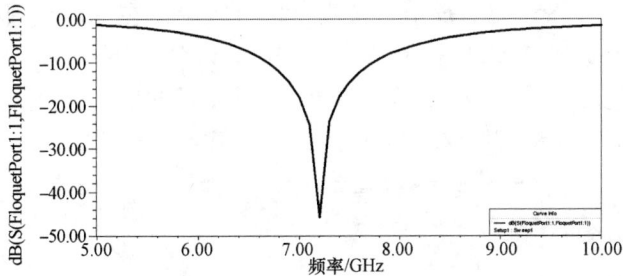

图 4.84　反射系数仿真计算结果

保持其他参数不变，分别改变结构的金属贴片尺寸、金属通孔大小、介质相对介电常数、介质基板厚度以及集总电阻大小，考察各参数变化对吸波结构性能的影响，结果如下：

（1）单元结构尺寸对反射系数的影响。保持其他参数不变，金属贴片的边长分别取 6.4mm、6.6mm、6.8mm、7.0mm，此时该吸波结构的反射系数仿真计算结果如图 4.85 所示。

由图 4.85 可见，随着金属贴片边长（金属贴片之间缝隙）的增大，反射相位零点即吸收峰值逐渐向低频段移动，且吸收峰值随金属贴片边长（金属贴片之间缝隙）变化较为明显，当金属贴片边长$a=6.8\text{mm}$时，吸收峰值的绝对值最大，约为 –45dB。

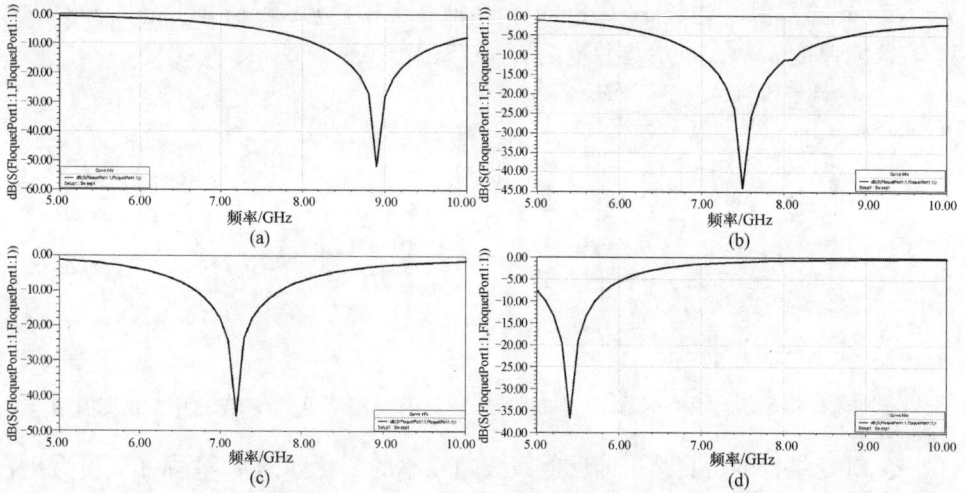

图 4.85　金属贴片边长对反射系数的影响

（a） $a = 6.4\text{mm}$ ；（b） $a = 6.6\text{mm}$ ；（c） $a = 6.8\text{mm}$ ；（d） $a = 7.0\text{mm}$ 。

（2）金属通孔对反射系数的影响。保持其他参数不变,金属通孔的半径分别取 0.2mm、0.4mm、0.6mm、0.8mm,此时该吸波结构的反射系数仿真计算结果如图4.86 所示。由图 4.86 可见,反射相位零点即吸收峰值在一定范围内会随着通孔半径的增大向高频段移动,通孔半径的大小对吸收峰值影响较大,当通孔半径为最小 $r = 0.2\text{mm}$ 时,吸收峰值最大,为 $-45\text{dB}$ ,随着半径的增大,峰值逐渐减小,当半径为最大 $r = 0.8\text{mm}$ 时,吸收峰值最小,约为 $-25\text{dB}$ 。

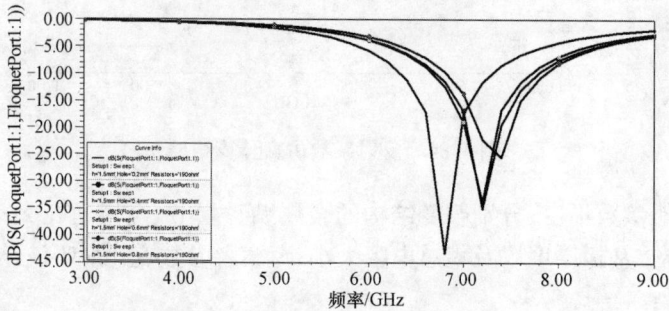

图 4.86　通孔半径对反射系数的影响

（3）介质相对介电常数对反射系数的影响。保持其他参数不变,介质相对介电常数分别取 0.65、2.65、4.65、8.65,此时该吸波结构的反射系数仿真计算结果如图 4.87 所示。由图 4.87 可见,随着介质基板相对介电常数的减小,反射相位零点即吸收峰值逐渐向高频段移动,峰值大小与其他因素相关。

（4）介质基板厚度对反射系数的影响。保持其他参数不变,介质基板的厚度分别取 0.5mm、1.5mm、2.5mm、3.5mm,此时该吸波结构的反射系数仿真计算结果

200

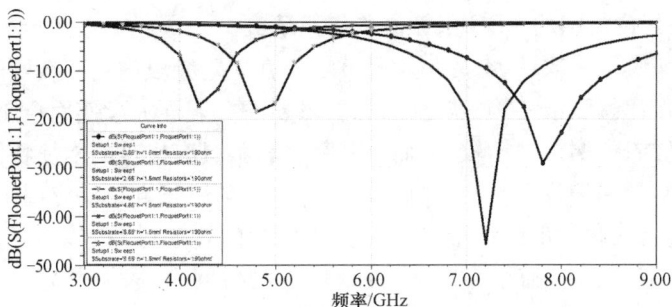

图 4.87  介质相对介电常数对反射系数的影响

如图 4.88 所示。由图 4.88 可知,介质基板厚度增大时,反射系数的峰变得尖锐,即吸收带宽增大;同时可以看到,介质基板厚度大小对吸收峰值的影响较为显著,当介质基板厚度 $h = 1.5$mm 时,吸收峰值最大,为 $-45$dB;当介质基板厚度 $h = 0.5$mm时,吸收峰值向高频移动,且其值较小。

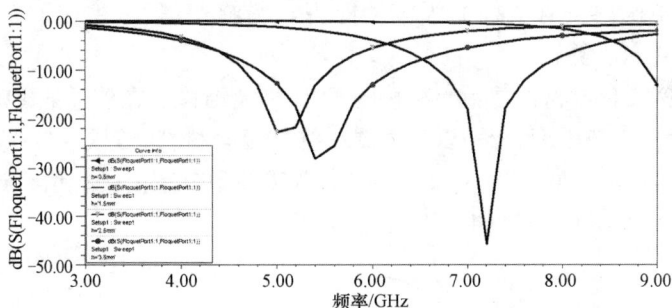

图 4.88  介质基板厚度对反射系数的影响

(5) 集总电阻对反射系数的影响。保持其他参数不变,集总电阻的阻值分别取 175Ω、375Ω、575Ω 和 775Ω,其反射系数变化如图 4.89 所示。由图 4.89 可见,选择合适的贴片电阻对增强吸收具有很大的影响。因此合理地选择损耗层的阻值,使整个结构的表面输入阻抗尽可能地接近自由空间波阻抗,就可大大降低其反射系数、减小散射截面。

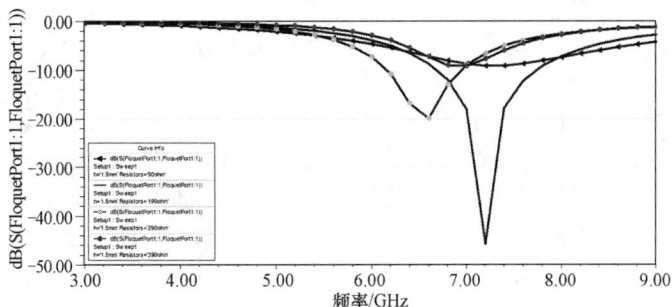

图 4.89  贴片电阻对反射系数的影响

**2. 碳基复合材料的 EBG 吸波结构仿真研究**

前述的仿真结果表明,电磁带隙吸波结构在一定频段内具有较好的吸波效果,可以用来制作超薄吸波结构,缺点是带宽普遍较窄,表面大量使用金属贴片后重量较大,且耐高温、抗腐蚀性能较差,而碳基复合材料具有优良的本征特性,在一定电磁频段内具有较强的吸波性能。将经过改性后的碳基复合材料应用于电磁带隙吸波结构中,以金属化后的碳纤维材料代替结构中的金属贴片、以金属化后的碳纳米管粉末与石蜡混合压制成薄板代替结构中的中间介质层,构成应用碳基复合材料的超薄电磁带隙吸波结构,可望获得较佳的电磁吸收结果。并运用电磁仿真软件 HFSSv.11 对其吸波性能进行仿真。在仿真过程中,将金属贴片和介质层的电磁参数即相对介电常数和相对磁导率分别设置成将其取代后的碳基复合材料的电磁参数,以模拟仿真其吸波效果。由于碳基复合材料的电磁参数随电磁频率不断变化,因而在仿真过程中应每隔一定频段对该结构进行仿真,且仿真过程中要兼顾到个别有代表性的电磁参数。由于选定的 EBG 吸波结构仅在 2 ~ 10GHz 频率范围内具有较好的吸波性能,因而在仿真过程中仅取 2 ~ 10GHz 的频率段进行仿真计算。

（1）碳基复合材料代替金属贴片的 EBG 吸波结构。在前述的 EBG 吸波结构模型中,保持各参数不变,分别以镀银碳纤维基复合材料、镀铁－镍碳纤维基复合材料代替结构中的金属贴片,在 2 ~ 10GHz 电磁频率范围内进行仿真计算,其反射系数随频率的变化分别如图 4.90、图 4.91 所示。

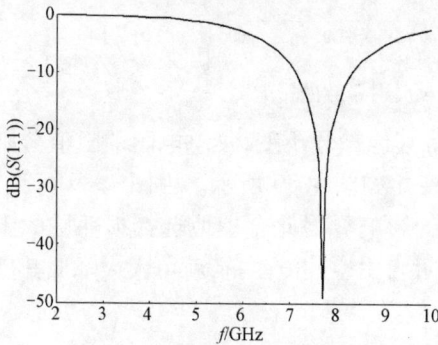

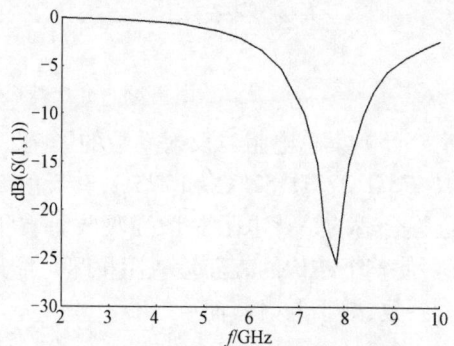

图 4.90　Ag/CF 代替金属贴片　　　　图 4.91　Fe－Ni/CF 代替金属贴片
EBG 结构反射系数　　　　　　　　　EBG 结构反射系数

从图 4.90 可以看出,与原吸波结构反射系数(图 4.84)相比,代替金属贴片后的吸波结构吸收峰向高频移动,由原来的 7.2GHz 移动至 7.7GHz;吸收峰值略有增加,由原来的 － 46dB 提高至 － 49.5dB;吸收小于 － 10dB 的频率范围由 6.7 ~ 7.9GHz 移至 7.1 ~ 8.3GHz,带宽基本不变。虽然此吸波结构的吸收带宽没有增加,但吸收峰值有所增大,且由于应用了碳基复合材料,吸波结构整体耐高温、抗腐蚀、轻质及抗拉强度大等性能得到了增强。

从图 4.91 可以看出,与原吸波结构反射系数相比,代替金属贴片后的吸波结构吸收峰向高频移动,由原来的 7.2GHz 移动至 7.8GHz;但吸收峰值显著减小,由原来的 −46dB 降低至 −25.4dB;吸收小于 −10dB 的频率范围由 6.7~7.9GHz 移至 7.1~8.3GHz,带宽基本不变。此吸波结构的吸收峰值向高频移动,但吸波性能没有显著提高,吸收峰值还有所减小。

以金属化的碳纤维基复合材料代替 EBG 结构中的金属贴片后,由于镀银、镀铁−镍碳纤维基复合材料在原结构吸收峰值频率附近的电损耗正切分别在 7.7GHz 和 7.8GHz 有一极大的峰值,因而导致代替金属贴片后吸波结构的吸收峰值略向高频移动,分别移动至 7.7GHz 和 7.8GHz 频率处;由于镀银碳纤维较镀铁−镍碳纤维的导电性更强,电损耗更大,因而以镀银碳纤维代替 EBG 结构中的金属贴片所得吸波结构的吸收峰值有所增大,而以镀铁−镍碳纤维代替 EBG 结构中的金属贴片所得吸波结构的吸收峰值却有所减小。这是因为镀银碳纤维材料的导电性较好,电损耗正切值较大,具有较大的电损耗,而镀铁−镍碳纤维材料的导电性一般,具有较小的电损耗正切值,所以应用镀银碳纤维代替金属贴片的 EBG 结构吸波性能要优于后者的吸波性能。

(2) 碳基复合材料代替中间介质层的 EBG 吸波结构。在前述的 EBG 吸波结构模型中,保持各参数不变,分别以镀镍碳纳米管基复合材料、镀钴碳纳米管基复合材料代替结构中的中间介质层,在 2~10GHz 电磁频率范围内进行仿真计算,其反射系数随频率的变化分别如图 4.92、图 4.93 所示。

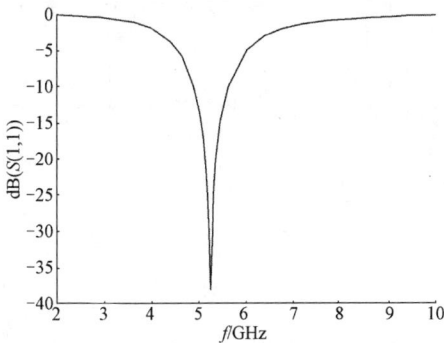

图 4.92　Ni/CNTs 代替中间介质层
EBG 结构反射系数

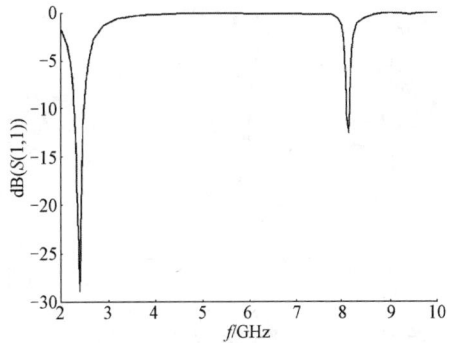

图 4.93　Co/CNTs 代替中间介质层
EBG 结构反射系数

从图 4.92 可以看出,与原吸波结构反射系数相比,代替中间介质层后的吸波结构吸收峰向低频移动,由原来的 7.2GHz 移动至 5.22GHz;吸收峰值有所减小,由原来的 −46dB 降低至 −38dB;吸收小于 −10dB 的频率范围由 6.7~7.9GHz 移至 4.9~5.8GHz,带宽变窄。此结构的吸波性没有得到明显改善,且吸收带宽和吸收峰值都有所降低。

从图 4.93 可以看出,与原吸波结构反射系数相比,代替中间介质层后的吸波结构出现大小两个吸收峰,较大的峰值出现在低频区的2.4GHz,较小的峰值出现在中频区的8.1GHz,两个峰值相距较远;但两个吸收峰值与原峰值-46dB相比显著减小,较大的为-29dB,较小的仅为-12.6dB;吸收小于-10dB的频率范围分别为2.3~2.5GHz和8.05~8.15GHz,带宽整体较窄。虽然此吸波结构的吸收峰值和吸收带宽均不是很理想,但由于其具有两个较为理想的吸收峰值,在多频段吸收方面仍具有十分重要的研究意义。

以改性后的碳纳米管基复合材料代替EBG结构中的中间介质层后,由于镀镍、镀钴碳纳米管基复合材料的复介电常数实部分别为4.8~5.7和18~25,均比原结构中介质层的相对介电常数2.65要大,因而其吸收峰值所在频率均向低频移动,且介电常数越大,峰值所在频率越低。由于镀钴碳纳米管较镀镍碳纳米管的磁性能更好,磁损耗更大,因而镀钴碳纳米管代替EBG结构中的中间介质层所得吸波结构在8.1GHz的中频处出现另一吸收峰,初步推测该吸收峰的出现是由镀钴碳纳米管的磁损耗所致。

（3）碳基复合材料分别代替金属贴片、中间介质层的EBG吸波结构。在前述的EBG吸波结构模型中,保持各参数不变,以镀银碳纤维基复合材料代替结构中的金属贴片、以镀镍、镀钴碳纳米管基复合材料分别代替结构中的中间介质层,在2~10GHz电磁频率范围内分别进行仿真计算,其反射系数随频率的变化分别如图4.94、图4.95所示。

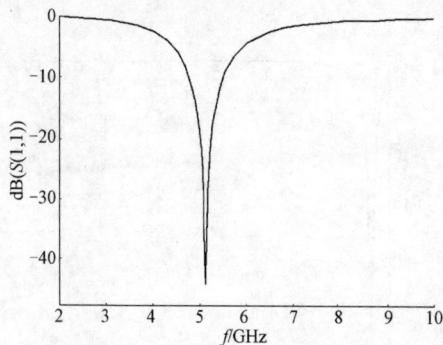

图4.94 Ag/CF代替金属贴片、Ni/CNTs代替中间介质层EBG结构反射系数

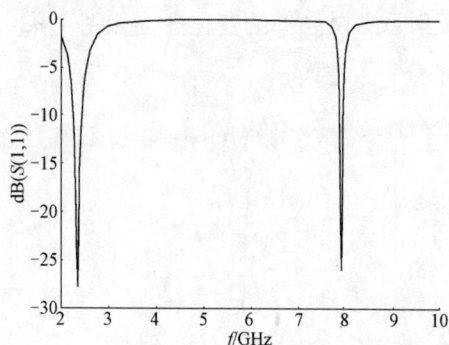

图4.95 Ag/CF代替金属贴片、Co/CNTs代替中间介质层EBG结构反射系数

从图4.94可以看出,与仅以镀镍碳纳米管基复合材料代替中间介质层相比,代替金属贴片后的吸波结构吸收峰向低频略有移动,由原来的5.22GHz移动至5.10GHz;吸收峰值有所增大,由原来的-38dB增加至-42dB,几乎与仅以镀银碳纤维基复合材料代替金属贴片的吸波结构峰值相当;吸收小于-10dB的频率范围由4.9~5.8GHz移至4.79~5.48GHz,带宽变窄。此吸波结构的吸收峰值向低频方向略有移动,峰值有显著增加,但吸收带宽略有降低。

从图4.95可以看出,与仅以镀钴碳纳米管基复合材料代替中间介质层吸波

204

结构相比,代替金属贴片后的吸波结构同样出现两个吸收峰,两个峰均向低频方向略有移动,大概移动0.2GHz,但两个峰值相距较远;低频区的峰值较原来有所减小,但中频区的峰值增大较为明显,由-12.6dB增大至-26dB,几乎与较大的峰值相当;吸收小于-10dB的频率范围分别为2.22~2.42GHz和7.82~7.98GHz,低频区带宽变窄,高频区带宽有所增加,但带宽依然较窄。总之,以镀银碳纤维基复合材料代替金属贴片改性后吸波结构的峰值和带宽都有明显改善,值得深入研究。

### 3. 应用碳基复合材料的高频EBG吸波结构研究

由前述的仿真结果可知,镀银碳纤维基复合材料在高频处具有较大的电损耗,因而可将镀银碳纤维材料应用于高频EBG吸波结构。由EBG结构模型仿真结果表明,结构的金属贴片尺寸(缝隙大小)和中间介质层的相对介电常数对吸波结构反射系数的中心频率影响较为明显,因此只需适当减小金属贴片尺寸和介质层的相对介电常数,即可使吸波结构的中心频率向高频移动。

在前述的EBG吸波结构模型中,保持其他参数不变,将金属贴片边长和介质层相对介电常数分别调整为 $a=6.2$mm 和 $\varepsilon_r=1$,构成一个新模型,然后分别将镀银碳纤维和镀钴碳纳米管应用于该模型中,分别取代其金属贴片和中间介质层,各模型的详细设置见表4.6。

表4.6  EBG结构模型

| 序号 | 金属贴片 | 中间介质层 |
| --- | --- | --- |
| 1 | 金属铜 | $\varepsilon_r=1$ |
| 2 | 镀银碳纤维 | $\varepsilon_r=1$ |
| 3 | 镀银碳纤维 | 镀钴碳纳米管 |

运用HFSSv.11软件分别对表4.6中的EBG结构进行仿真,结果如图4.96所示,图(a)、(b)、(c)分别为模型1、2、3的反射系数随电磁频率变化的曲线图。

由图可知,模型1的吸收峰所在频率为13.8GHz,吸收峰值为-43dB,吸收小于-10dB的频率范围即吸收带宽为11.9~15.7GHz,相对带宽为0.275。中心频率向高频处移动较为明显,吸收带宽大大增宽,与其相对带宽0.167相比,模型1的相对带宽增大同样较为明显,但吸收峰值略有减小。

模型2的吸收峰所在频率为13.7GHz,吸收峰值为-49dB,吸收小于-10dB的频率范围即吸收带宽为11.9~15.8GHz,相对带宽为0.285。中心频率向高频处移动较为明显,吸收带宽大大增加,与其相对带宽0.156相比,模型2的相对带宽增大较为明显,但吸收峰值基本保持不变;与模型1相比,模型2的吸收峰值和相对带宽均略有增加,吸收峰所在频率和吸收带宽基本不变。

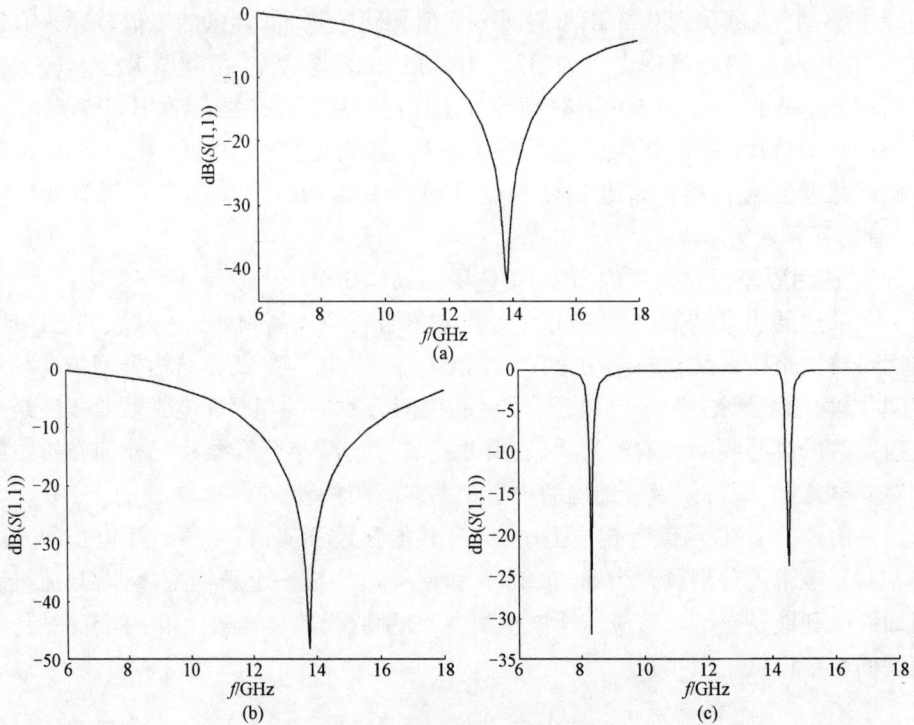

图 4.96　EBG 结构反射系数曲线
（a）模型 1 反射系数；（b）模型 2 反射系数；（c）模型 3 反射系数。

　　模型 3 出现两个吸收峰,所在频率分别为 8.3GHz 和 14.3GHz,吸收峰值分别为 -31dB 和 -23dB,吸收小于 -10dB 的频率范围即吸收带宽有两个,但频率范围都很窄,分别在其吸收峰值所在频率附近,带宽为 0.1GHz。中心频率向高频处移动较为明显,靠近低频处的吸收峰值略有增大,靠近高频处的吸收峰值略有减小,但吸收带宽基本不变,依然较窄。

　　碳基复合材料电磁带隙吸波结构仿真结果表明:以导电性强、电损耗大的碳基复合材料代替 EBG 结构中的金属贴片,可使吸波结构的吸收峰值有所增加,吸收增强;以磁性能好、磁损耗大的碳基复合材料代替 EBG 结构中的中间介质层,有可能出现两个独立的吸收峰,可用于设计多频段吸波结构。因而,碳基复合材料的应用使 EBG 结构的吸波性能有一定的改进,将其应用于 EBG 吸波结构的设想是切实可行的。

　　今后将进一步优化工艺,制备性能更佳、种类更多的碳基复合材料并将其应用于 EBG 结构,制作实际的吸波结构,并通过实验方法测试其吸波性能,验证其仿真结果,开拓隐身材料研究的一个新领域。

## 4.6 碳纳米管/过渡金属及氧化物复合材料制备

碳纳米管是一种具有稳定化学性能、良好力学、电学、光学、磁学性能和独特吸附性能的一维纳米材料。引入碳纳米管可以提高材料的力学性能,同时增加其功能特性,实现结构功能一体化,并且通过对碳纳米管的排列和含量控制可以对材料的性能进行调控。

### 4.6.1 碳纳米管/ZnO 复合材料制备

#### 1. 碳纳米管的纯化

用硝酸氧化法对碳纳米管进行纯化。将一定量的碳纳米管样品加入到 400mL 浓 $HNO_3$ 中,在 140℃回流 4h,并用蒸馏水洗涤直至中性后,烘干备用。纯化结果表明,经过酸处理后,样品中的大块颗粒消失,纯度明显提高。

#### 2. ZnO 溶胶的制备

1.1g$Zn(CH_3COO)_2 \cdot 2H_2O$ 溶于 250mL 二乙二醇(DEG),加入 10mL 水,升温至 170~180℃,搅拌 5min 后,有白色混浊出现,在室温下静置 2h,得到无色透明的 ZnO 溶胶。

#### 3. ZnO·CNTs 复合材料的制备

将纯化后的 CNTs 加入 ZnO 溶胶中,超声分散 30min,然后加热升温至 170~180℃,磁力搅拌,反应 1.5h,离心并用无水乙醇和蒸馏水洗涤,在 110℃干燥 12h。

#### 4. 复合材料制备工艺的优化

(1)反应时间。图 4.97 为反应时间对溶胶法在碳纳米管表面负载 ZnO 颗粒形貌的影响。当反应时间为 20min 时,碳纳米管表面生长的 ZnO 纳米颗粒为球形,直径约为 8nm,且尺寸范围分布很窄,如图 4.97(a)所示。若反应时间延长至

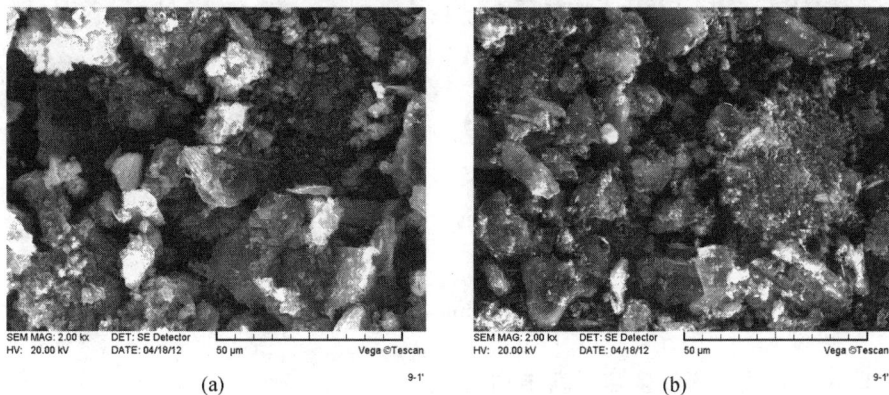

(a)  (b)

图 4.97 溶胶法反应时间对 ZnO 纳米颗粒形貌的影响

40min,碳纳米管表面的 ZnO 则生长成为宽 10 ~ 12nm、长 20 ~ 25nm 的短柱形,如图 4.97(b)所示。这可能是因为碳纳米管的空间效应和溶剂 DEG 的共同作用,导致晶体的某些生长方向部分受阻,ZnO 生长基元优先接近成核晶体的自由一端,从而使 ZnO 晶体发生定向生长,随着反应时间的延长,由球形逐渐长成短柱形。

(2)反应温度。为了测试反应温度对样品形貌的影响,在室温 25℃ 和 90℃ 分别进行了实验。碳纳米管与 ZnO 溶胶超声分散混合后,若不升温,而是直接在室温下搅拌 6h,得到的样品 SEM 图如图 4.98(a)所示。碳纳米管表面仅有零星的 ZnO 纳米颗粒,图的背景较为干净,无单一分散的 ZnO 颗粒。这是因为反应温度较低时,ZnO 胶体颗粒少且尺寸小,易溶解在水中,通过洗涤可以很容易除去。

倘若碳纳米管与 ZnO 溶胶超声分散混合后,升温至 90℃ 反应 1.5h,得到的样品的 SEM 照片如图 4.98(b)所示。从图 4.98 中可以看出,绝大部分碳纳米管是裸露的,仅有少量碳纳米管表面负载有 ZnO 颗粒。部分 ZnO 似乎是随机地团聚在一起,并且与碳纳米管相互交缠,而不是负载在碳纳米管的表面。这可能是因为在 $Zn^{2+}$ 离子富余的 ZnO 胶体颗粒表面,存在着大量的醋酸根离子和溶剂分子,形成双电层结构。ZnO 胶粒若要与碳纳米管接触,或者是相互之间接触,都需要克服一定的能垒。反应体系的温度较低时,ZnO 胶粒的平均能量很低,很难与碳纳米管接触或者相互之间发生接触。随着反应体系温度的逐渐升高,ZnO 胶粒的平均能量随之升高,与碳纳米管接触或者相互之间发生接触的概率也逐渐增加。

图 4.98　溶胶法反应温度对 ZnO 纳米颗粒形貌的影响

## 5. 碳纳米管/ZnO 复合材料结构表征

图 4.99 为碳纳米管与 ZnO 复合后的 SEM 照片。可以看出复合效果还是比较好的。

图 4.99　碳纳米管/ZnO 复合材料 SEM 图

## 4.6.2　碳纳米管镀 Cu 复合材料制备

### 1. 实验试样的制备

（1）碳纳米管的纯化、敏化、活化。

与 4.6.1 节中 1. 的步骤相同。

（2）施镀。将活化处理好的碳纳米管用去离子水彻底冲洗至 pH 值为 7，然后加入到配制好的镀液中，调整 pH 值到规定的范围，超声振荡使碳纳米管分散均匀，加入还原剂甲醛进行镀覆反应 10min，镀液成分见表 4.7。

表 4.7　碳纳米管的化学镀铜配方

| 组成 | 含量/(g/L) |
| --- | --- |
| $CuSO_4 \cdot 5H_2O$ | 25 |
| $KNaC_4H_4O_6 \cdot 4H_2O$ | 40 |
| HCHO（最后加） | 12mL/L |
| $NiCl_2 \cdot 6H_2O$ | 2 |
| 聚乙二醇 6000 | 40 mg/L |

### 2. 结果表征及性能测试

图 4.100 为复合材料的 SEM 图，可以发现镀层均匀，镀覆效果比较好。图 4.101 为复合材料的 EDS 能谱图，可以证实碳纳米管上已镀覆了铜层。

图 4.102 为镀铜碳纳米管的吸波反射率 $R$ 与频率 $f$ 的关系图。可以看出，该材料在 2.6GHz、3GHz、3.4GHz、3.9GHz 以及 8～12.5GHz 有一定的吸波性能。

209

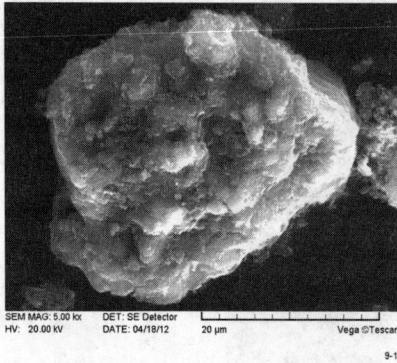

图 4.100　镀铜碳纳米管的 SEM 图

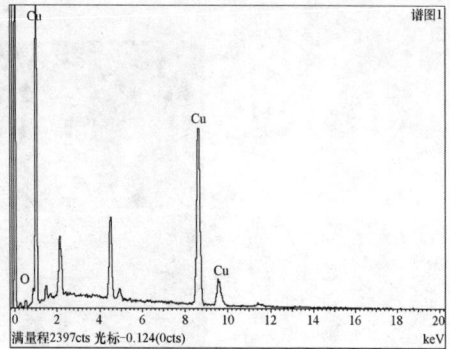

图 4.101　镀铜碳纳米管的 EDS 能谱图

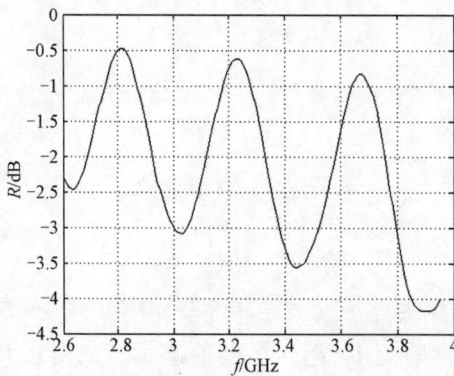

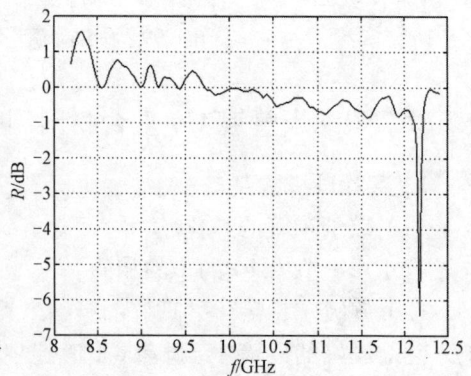

图 4.102　镀铜碳纳米管吸波反射率 $R$ 与频率 $f$ 的关系

## 4.6.3　碳纳米管/TiO$_2$ 复合材料制备和表征

### 1. 实验试样的制备

（1）先将 5g 碳纳米管用 200mL 浓硝酸在微沸状态回流 24h,过滤、洗涤后烘干 12h,备用。

（2）将 35mL 钛酸丁脂溶于 200mL 无水乙醇中,剧烈搅拌 30min 后得到均匀透明溶液 I。

（3）将 1.6mL 浓硝酸和 5.1mL 去离子水加入到 150mL 无水乙醇中,搅拌均匀,然后加入一定量的(1)的碳纳米管,继续搅拌 30min,超声分散 30min 形成溶液 II。

（4）在剧烈搅拌下,将溶液 I 缓慢滴加到溶液 II 中,滴完后继续搅拌 30min。

在 40℃通风静置三天形成干凝胶,研磨细,在氮气保护下 400℃锻烧 2h 得到碳纳米管和二氧化钛复合催化剂。

### 2. 结果表征

图 4.103 是 TiO$_2$ - CNTs 的 SEM 照片。虽然由于分辨率较低,图像不是非常

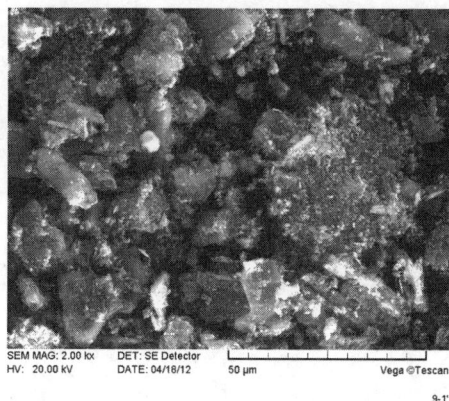

图 4.103　碳纳米管/TiO$_2$ 复合材料的 SEM 图

清晰,但还是看到涂覆情况,镀覆较为均匀。

# 4.7　碳纳米管/磁性金属复合材料

## 4.7.1　实验试样的制备

### 1. 碳纳米管的纯化处理

(1) 稀盐酸预处理。取 10g 的碳纳米管,向其中加入 100mL 浓度为 20% 的稀盐酸,常温下超声分散 6h,然后浸泡 24h,将样品用去离子水反复洗涤至中性,放入烘箱中 60℃ 烘干。

(2) 浓硝酸氧化处理。将经过预处理后的碳纳米管加入到 120mL 浓度为 68% 浓硝酸中,用油浴锅加热到 130℃,冷凝回流处理 6h,冷却后取出,用去离子水冲洗至中性,放入烘箱中 60℃ 烘干。称重发现碳纳米管的失重率为 28.3%。

### 2. 碳纳米管的敏化

对纯化处理后的碳纳米管在 SnCl$_2$ · 2H$_2$O 敏化液中采用超声分散进行敏化处理,温度为 60℃,时间为 20min,用去离子水洗涤至中性。敏化液的配方见表4.8。

表 4.8　敏化液配方

| 药品 | 含量 |
| --- | --- |
| SnCl$_2$ | 0.1mol/L |
| HCl | 0.1mol/L |

### 3. 碳纳米管的活化

将敏化后的碳纳米管放到 PdCl$_2$ 胶体中采用超声分散进行活化处理,温度为 65℃,时间为 20min,用去离子水洗涤至中性。

211

**4. 碳纳米管的表面化学镀覆 NiCo**

将表面改性后的碳纳米管均匀分散于镀液中,采用超声分散,通过化学沉积实现镍对碳纳米管的包覆,化学镀液配方见表4.9(加入顺序自上而下)。

表4.9 碳纳米管的化学镀镍配方

| 药品 | 组成 | 含量/(g/L) |
|---|---|---|
| 氯化镍 | $NiCl_2 \cdot 6H_2O$ | 15 |
| 柠檬酸 | $C_6H_{17}O_7N_3$ | 32 |
| 次亚磷酸钠 | $NaH_2PO_4 \cdot H_2O$ | 5 |
| 氯化铵 | $NH_4Cl$ | 25 |
| 氨水 | $NH_3 \cdot H_2O$ | 适量 |
| 蒸馏水 | $H_2O$ | 适量 |

## 4.7.2 结果表征

碳纳米管镀 Ni、镀 Co 的 SEM 如图4.104、图4.105所示,从图中看出,碳纳米管较均匀地镀覆了一层 Ni 合金或 Co 合金。

图4.106、图4.107为碳纳米管镀钴镍金属后的 EDS 能谱图,可以证实碳纳米管确定涂覆了 Ni 合金或 Co 合金。

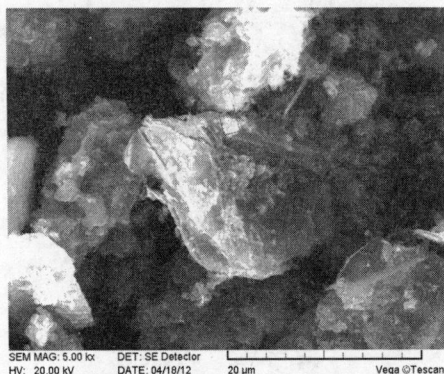

图4.104 碳纳米管镀 Ni 后的 SEM 图

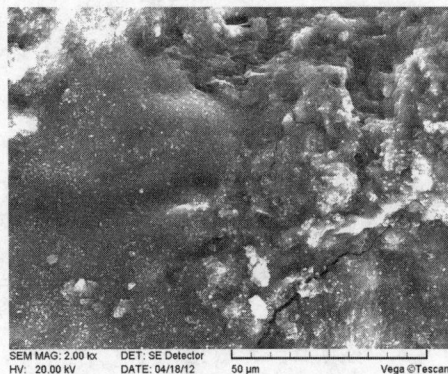

图4.105 碳纳米管镀 Co 后的 SEM 图

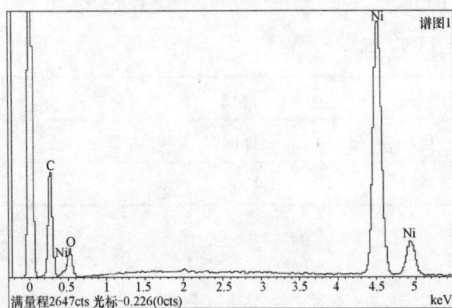

图4.106 碳纳米管镀 Ni 后的 EDS 图

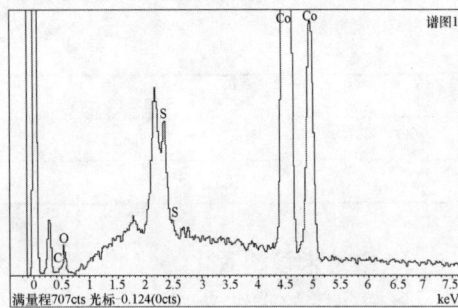

图4.107 碳纳米管镀 Co 后的 EDS 图

212

## 4.7.3 吸波性能的优化设计

对以上材料的测试数据进行处理,可以得到反射率 $R$ 与频率 $f$ 的关系图,如图 4.108、图 4.109 所示。

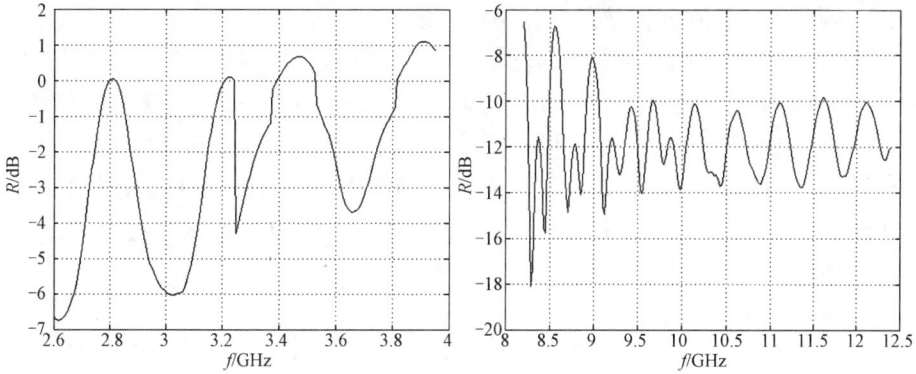

图 4.108　镀镍碳纳米管反射率 $R$ 与频率 $f$ 的关系

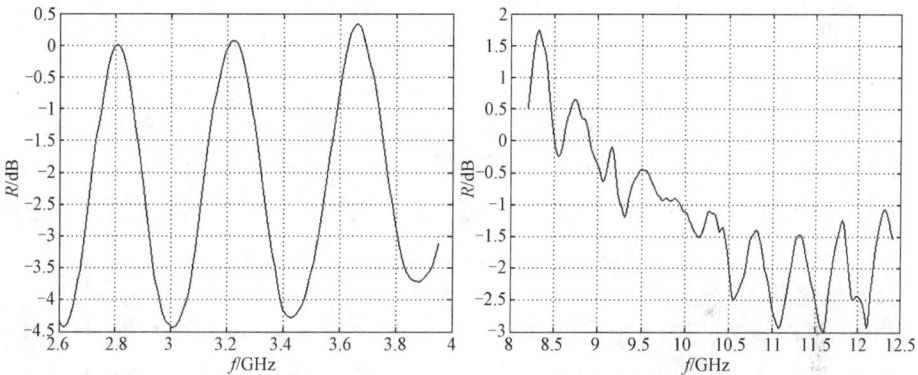

图 4.109　镀钴碳纳米管反射率 $R$ 与频率 $f$ 的关系

由图 4.108 可以看出,镀镍碳纳米管在 2.6GHz、3GHz、3.4GHz、3.9GHz 以及 9～12.5GHz 有一定的吸波性能,特别是在高频区。但材料制备需作进一步完善,以提高其吸波性能满足实际应用要求。

由图 4.109 可以看出,镀钴碳纳米管在 2.6GHz、3GHz、3.3GHz、3.7GHz、12GHz 的吸波性能良好。同样材料制备及性能需作进一步的研究。

由于实测的碳纳米管镀钴镍材料反射率数据不甚理想,因此,对其吸波性能进行优化设计。利用遗传算法,通过 MATLAB 语言编写多层涂层优化程序,调用电磁参数数据库,进行材料吸波性能的优化设计以指导材料的研制。

**1. 遗传算法简介**

遗传算法是模拟生物进化机制的全局优化算法,它来源于生物遗传学中适者

213

生存的自然规律。遗传算法基本原理为:从一个起始群体(一组候选解)开始进行迭代,在每次迭代的过程中都按候选解的优劣进行排序,保留其中优秀的部分,淘汰劣质部分,通过一些遗传操作如交叉、变异等运算,产生新一代候选解,重复这个过程,直到满足某个条件为止。

**2. 调用电磁参数的方法及材料种类的编码**

将用波导法测得的复合材料的复介电常数和复磁导率的数值编写 txt 文档等待调用。通过简单的遗传算法程序求出 3 层涂层在 2.6~3.8GHz 中的理论反射率。

程序从电磁参数数据中调用各编号的数据,材料的种类决定材料电磁参数编码的二进制长度,$2^{s-1} < m < 2^{s}$($s$ 是材料编号的编码,$m$ 是材料的种类数目)。由于材料编号最大值为3,所以用二进制编码需要两位,编号0的电磁参数为00,编号1为01,以此类推。

**3. 涂层厚度的优化方法**

设定三层涂层各自的最大厚度均为 1mm,1mm 用 6 位二进制编码表示。从编码长度和精度的关系 $2^{s-1} < d_{max}/\varnothing_{d} + 1 < 2^{s}$($d_{max}$ 为最大厚度值,$\varnothing_{d}$ 为厚度精度)可知,编码位数越多,精度越高。另一种是确定一个最大厚度,即 $d_1 + d_2 + \cdots + d_n \leqslant d_{max}$。

**4. 目标函数的构造**

因为遗传算法是求最大值的函数,而我们的目标是求涂层反射率最小值,因此需要把目标函数进行变形,按照自己的需要设定目标函数,故目标函数取 $F = \max[1 - R(d_1, m_1, d_2, m_2, \cdots, d_n, m_n)]$。因此三层涂层所用材料的编号以及涂层的厚度编号便组成了一个 21 位二进制的字符串,也就是染色体。

**5. 优化基本过程**

程序经历遗传算法的基本步骤:选择—交叉—变异,产生新的种群,然后再进行反射率和适应度的计算。程序不断循环迭代,最后根据设定的进化代数或者终止条件,终止迭代,结束优化程序。一般来说,交叉算子 $P_c$ 可选择 0.5~0.95,变异算子 $P_m$ 可选择 0.01~0.1。

**6. 计算实例**

(1)优化所用的材料。程序中染色体总共是 21 位,因此,chromlength = 21,设定种群 popsize = 30,PC = 0.95,Pm = 0.1,generation = 500。具体选择表 4.10 所列的材料。

表 4.10 优化设计所用的材料

| 二进制代码 | 设计中所用材料 | 二进制代码 | 设计中所用材料 |
|---|---|---|---|
| 00 | 碳纳米管 | 10 | 镀钴碳纳米管 |
| 01 | 镀镍碳纳米管 | 11 | 镀铜碳纳米管 |

(2)优化结果与分析。通过厚度优化方法和目标函数优化,经过多次优化计

算后,得到最优解的染色体是100111101111111001111,即第一层为镀镍碳纳米管,厚度为最大厚度1mm,第二层为镀钴碳纳米管,厚度为1mm,第三层为镀铜碳纳米管,厚度为1mm。最优反射率 $R$ 可达到 $-120$dB。

图4.110是优化得到的3mm涂层与其组成材料3mm厚单层涂层的吸收系数比较图。从图中可以看出,优化得到的涂层的整体吸收性能明显优于其组成的三种材料的单层涂层,在3.4~3.8GHz这一频带吸收性能剧烈提高,在3.65GHz处形成很强的吸收峰。一般来说,在涂层厚度较薄时,涂层厚度越大,吸波效果明显越好。与单涂层相比,多层涂层优化设计可以得到吸波性能更好的涂层。

从模拟结果中看到,提高材料的磁导率对吸波性能有很大的意义,这为吸波材料的研究提供了一个方向。

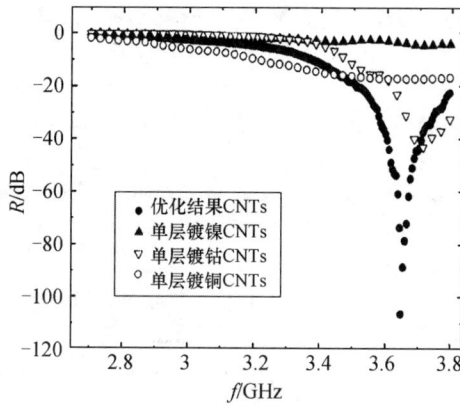

图4.110　材料模拟优化反射率图

## 参 考 文 献

[1] Tadayoshi I, Osamu H. FDTD analysis for protecting human body from electromagnetic wave using thin resistive sheet[J]. Electronics and Communications in Japan, 2000, 83(9):86 – 92.

[2] 胡传炘. 隐身涂层技术[M]. 北京:化学工业出版社,2004:12 – 119,220 – 315.

[3] 邢丽英. 隐身材料[M]. 北京:化学工业出版社,2004:256.

[4] Giannakopoulou T, Kompotiatis L, Kontogeorgakos A, et al. Microwave behavior of ferrites prepared via sol – gel method[J]. Journal of Magnetism and Magnetic Materials, 2002, 246(3):360.

[5] Masato Haruta, kouji Wada, Osamu Hashimoto. Wide – band wave absorber at X band using transparent resistive film[J]. Microwave and Optical Technology Letters, 2000, 24(2):25 – 27.

[6] 曹莹. 新型镍、钴、铁氢氧化物纳米吸波材料的研究[D]. 哈尔滨工业大学,2001.

[7] 周明善,李澄俊,徐铭,等. 膨胀石墨复合材料的电磁特性及其3mm、8mm波动态衰减性能研究[J]. 无机材料学报,2007,22(3):509 – 513.

[8] 任慧,康飞宇,焦清介,等. 掺杂磁性铁粒子膨胀石墨的制备及其对毫米波的干扰作用[J]. 新型炭材料,2006,21(1):24 – 29.

[9] 任慧,焦清介,崔庆忠.膨胀石墨干扰8毫米波特性研究[J].兵工学报,2006,27(6):994-997.

[10] 任慧,焦清介,沈万慈,等.干扰毫米波的膨胀型石墨层间化合物[J].弹箭与制导学报,2004,24(2):373-375.

[11] 关华,潘功配,姜力.膨胀石墨对3mm、8mm波衰减性能研究[J].红外与毫米波学报,2004,23(1):72-76.

[12] 关华,潘功配.可膨胀石墨发烟剂对毫米波衰减性能的实验研究[J].火工品,2004(2):1-3.

[13] 潘功配,关华,朱晨光,等.可膨胀石墨用作抗红外/毫米波双模发烟剂的研究[J].含能材料,2007,15(1):70-72.

[14] 伍士国.膨胀石墨瞬时膨化及衰减8毫米波的动态性能研究[D].南京理工大学,2004.

[15] 刘兰香,黄玉安,黄润生,等.纳米镍-铁合金/膨胀石墨复合材料的制备、表征及其电磁屏蔽性能.无机化学学报,2007,23(9):1667-1670.

[16] 张晏清,孙庆荣.磁性膨胀石墨的制备及性能研究[J].材料导报,2007,21(5):129-131.

[17] 张晏清,孙庆荣.磁性膨胀石墨的制备及影响因素研究[J].材料导报,2008,23(4):794-798.

[18] 李侃社,邵水源,闫兰英,等.聚苯胺/石墨导电复合材料制备与表征[J].高分子材料科学与工程,2002,18(5):92-95.

[19] Du X S,Xiao M,Meng Y Z. Facile synthesis of highly conductive polyaniline/ graphite nanocoposite[J]. Eur Poly. J. ,2004,40:1489-1493.

[20] Zhang Haijun,Liu Zhichao,Ma Chengliang,et al. Complex permittivity, permeability,and microwave absorption of Zn-and Ti-substituted barium feeeite by citrate sol-gel process[J]. Materials Science and Engineering,2002,B96(3):289-295.

[21] Shames A I,Rozenberg E,Gorodetsky G,et al. Electron Magnetic Resonance Study of Polycrystalline $La_{0.5}Pb_{0.5}MnO_3$[J]. Solid State Communication,1998,107(3):91-95.

[22] Montiel H,Alvarez G,Gutierrez M P,et al. Microwave absorption in Ni-Zn ferrites through the Curie transition[J]. Alloys and Compounds,2004,369(1-2):141-143.

[23] Phang S M,Daik Rusli,Abdulah M H. Microwave absorption of composite magnetic fluids[J]. Polymer Testing,2004,25(3):275-279.

[24] Fannin P C,Marin C N,Malaescu I. Microwave sbsorption of composite magnetic fluids[J]. Magnetism and Magnetic Materials,2005,289:78-80.

[25] Choi S H,Oh J H,Ko T. Preparation and characteristics of $Fe_3O_4$-encapsulated $BaTiO_3$ powder by ultrasound-enhanced ferrite plating[J]. Magnetism and Magnetic Materials,2004,272-276:2233-2235.

[26] Magina Celia Pinpo,Maria Luisa Gregori,Regina Celia Reis Nunes,et al. Performance of radar absorbing materials by waveguide measurements for X-and Ku-band frequencies[J]. European Polymer Journal,2002,38(11):2321-2327.

[27] Tito,E. Huber,Laura Luo,et al. Microwave and far-infrared propagation in conductive micro structured composites[J]. Optical Materials,1998,9(1-4):373-375.

[28] Akif Kaynak. Electromagnetic shielding effectiveness of galvanostatically synthesized conducting polypyrrole films in the 300-2000 MHz frequency range,1996,31(7):845-860.

[29] Andrzejewski B,Kowalczuk A,Stankowski J. Microwave absorption in carbon-doped YNi4B superconductors[J]. Physics and Chemistry of Solids,2001,5(2-3):623-626.

[30] Balmer R S,Martin T. Substrate temperature reference using SiC absorption edge measured by in situ specteal reflectometry[J]. Crystal Growth,2003,248:216-221.

[31] Zeng A X,Xiong W H,Xu J. Electroless Ni-Pcoating of cenospheres using silver nitrate activator[J]. Surface&Coatings Technology,2005,197(2-3):142-147.

216

[32] 马永锋,马玲俊,郭为民,等.非金属化学镀的活化工艺[J].材料开发与应用,2000,15(2):30-34.

[33] Eun Rantell,Kim Eunae,Oh Kyung-Wha. Electromagnetic interference shielding effectiveness of electroless Cu-plated PET fabrics[J]. Synthetic Metals,2001, 123(3):469-476.

[34] 刘建国,陈存华,等.非金属材料化学镀工艺中基体表面活化方法的研究[J].表面技术,2002,31(3):5-8.

[35] 袁高清,廖永忠,李翠荣,等.氯化把催化活性的研究[J].化学世界,1998(9):46-49.

[36] 高德淑.ABS基体表面化学镀铜[J].表面技术,1993,22(2):63-65.

[37] 李兵,魏锡文,郑昆.非金属材料化学镀镍活化工艺研究[J].材料保护,2001,34(2):17,18.

[38] 黄磊,魏国平.纳米 $Al_2O_3$ 化学镀银的研究,2004.

[39] 王玲玲,赵立华,黄桂芳,等.化学镀 Ni-Fe-P 及 Ni-Fe-P-B 合金膜的磁性[J].材料导报,2001,15(3).

[40] 杨丽,张玉梅.无机粉末的化学镀 Fe-Ni 合金[J].新技术新工艺,1997(1).

[41] 王艳芝.化学镀 Ni-Fe-P 合金的组成、结构和耐蚀性[J].材料保护,2002,35(5).

[42] LlHe-xing,CHEN Hai-ying,DONG Shu-zhong,et al. Study on thecrystallization Proeess of Ni-Pamorphous alloy[J]. Applied Surpace Scienee,1998, 125(1):115-119.

[43] Liu Junneng. Wave Absorption Materials Used in Concealment Technique[P]. AD-A 124755,1992.

[44] Chen-XH,Xia-JT,Peng-JC,et al. Carbon-nanotube metal-matrix Composites prepared by electroless plating[J]. Composites Seienee And Technology,2000, 60(2):301-306.

[45] Davies,George E,Janata,et al. Magnetic particles for immunoassay[P]. US,4:177-253.

[46] Henisehel T H,Isheim D,Kirchheim R,et al. Nanocrystalline Ni-3.6at% Pand its transformation sequence studied by atomprobe fieldion microscopy[J]. Aeta Materialia,2000,48(4):933-941.

[47] Qiu Jianxun,Shen Haigen,Gu Mingyuan. Microwave absorption of nanosized barium ferrite particles prepared using high-energy ball illing[J]. Powder Techn,2005, 154:116.

[48] 曾炜,谭松庭.PET纤维表面化学镀工艺及其性能研究[J].表面技术,2004,33(1):56.

[49] 朱红,於留芳,林海燕,等.化学镀镍碳纳米管的微波吸收性能研究[J].功能材料,2007,38(7):12-13.

[50] 徐坚,熊惟皓,曾爱香,等.Ni-Co-P合金包覆空心微珠粉体的制备[J].宇航材料工艺,2004,5:49-52.

[51] 赵东林,沈曾民,迟伟东.碳纤维及其复合材料的吸波性能和吸波机理[J].新型炭材料,2001,16(2):66-72.

[52] 马利,刘昊,甘孟瑜,等.乳液法合成磺基水杨酸掺杂纳米聚苯胺[J].表面技术,2006,35(4):42-45.

[53] 周一平,刘归,周克省,等.纳米 $Fe_3O_4$/PANI 复合体系的微波电磁特性研究[J].湖南大学学报(自然科学版),2006,33(6):81-84.

[54] 杨尚林,王俊,郑卫,等.结构吸波材料的设计与性能预报[J].哈尔滨工程大学学报,2003,24(5):544-547.

[55] 赵清荣.雷达隐身涂料的发展现状[J].雷达与对抗,2001,31:21.

[56] 赵东林,周万城.涂敷型吸波材料及其涂层结构设计[J].兵器材料科学与工程,1998,21(4):58-62.

[57] 吴行,陈家钊,涂铭旌,等.电磁屏蔽涂料填料的表面偶联处理研究[J].功能材料,2000,3:12-14.

[58] 季光明,陶杰.偶联剂对纳米ZnO粒子在聚丙烯中的分散性影响[J].南京航空航天大学学报,2004,2:35-39.

[59] 毛健,陈家钊,涂铭旌,等.偶联剂和固化工艺对电磁波屏蔽用 Ni 涂料导电性能的影响.功能材料,1997,2:6-8.

[60] 李文博.碳基复合材料制备及其电化学电极研究[D].南京大学,2012.

[61] 王雯,王成国,郭宇,等.新型碳基复合材料的制备及其性能研究[J].航空材料学报,2012,2.

[62] 康文君. 碳基复合材料的可控合成、表征与性能研究[D]. 中国科学技术大学, 2011.

[63] 曾祥云, 李家俊, 师春生. 炭纤维在电磁功能复合材料中的应用[J]. 材料导报, 1998, 12(1): 64 – 67.

[64] 赵东林, 沈曾民, 迟伟东, 等. 炭纤维结构吸波材料及其吸波炭纤维的制备[J]. 高科技纤维与应用, 2000, 25(3): 8 – 14.

[65] 高文, 冯志海, 黎义, 等. 涂层改性碳纤维复合材料的微波性能研究[J]. 宇航材料工艺, 2000, 30(5): 53.

[66] Huang C Y. Optimum conditions of electroless nickel platingon carbon fibres for EMI shielding effectivenes of ENCF/ABC Composites[J]. EurPolym, 1998, 34(2): 261.

[67] Yang Y, Zhang B S, Xu W D, et al. Preparation and elec – tromagnetic characteristics of a novel iron – coated carbon fiber[J]. Alloy Compd, 2004, 365(1.2): 300.

[68] Huang Chiyuan, Mo Wenwei. The effect of attached frag – ments on dense layer of electroless Ni Pdeposition on the electromagnetic interference shielding effectiveness of carbonfibre yacrylonitrile – butadiene – styrene composites[J]. Surf Coat Techn, 2002, 154: 5548.

[69] 邢丽英, 刘俊能, 任淑芳. 短碳纤维电磁特性及其在吸波材料中应用研究[J]. 材料工程, 1998(1): 19.

[70] 赵东林, 沈曾民. 螺旋形手征碳纤维的微波介电特性[J]. 无机材料学报, 2003, 18(5): 1057.

[71] 邹光中, 杜冬云, 刘建平. 化学镀铜的动力学研究[J]. 湖北化工, 1999(4).

[72] 李有权. 基于电磁带隙结构的隐身技术研究及其在天线阵中的应用[D]. 国防科学技术大学, 2010.

[73] Yablonovitch E. Photonic band – ga Pstructures[J]. Journal of the Optical Society of America B, 1993, 10(2): 283 – 295.

[74] Yablonovitch E, Gmtter T J. Photonic band structure: The face – centered – cubic case[J]. Physical Review Letters, 1989, 63(18): 1950 – 1953.

[75] Dan Sievenpiper, Lijun Zhang, Romulo F. Jimenez Broas, et al. High – impedance electromagnetic surfaces with a forbidden frequency band[J]. IEEE Trans. on Microwave Theory and Techniques, 1999, 47(11): 2059 – 2074.

[76] Sievenpiper D. High – impedance electromagnetic surfaces[D]. Ph. D. Dissertation, University of California at Los Angles, 1999.

[77] Yang F R, Ma K P, Qian Y X, et al. A uniplanar compact photonic – bandgap(UC – PBG)structure and its applications for microwave circuit[J]. IEEE Trans. on Microwave Theory and Techniques, 1999, 47(8): 1509 – 1514.

[78] Fu Yun – qi, Yuan Nai – chang. Characteristics of resonant type microwave photonic bandga Pstructures using dielectric resonators[J]. PIERS' 2004, Nanjing, China.

[79] Romulo F. Jimenez Broas, Daniel F. Sievenpiper, Eli Yablonovitch. A high – impedance ground plane applied to a cellphone handset geometry[J]. IEEE Trans. on Microwave Theory and Techniques, 2001, 49(7): 1261 – 1265.

[80] Keven J. Golla. Broadband application of high – impedance ground planes[J]. MS thesis, School of Engineering, Air Force Institute of Technology, Wright – Patterson AFB OH, 2001.

[81] Saville M. Investigation of Conformal High – Impedance Ground Planes[D]. MS thesis, School of Engineering, Air Force Institute of Technology, Wright – Patterson AFB OH, 2000.

[82] Jimenez Broas R F. Experimental characteristics of high impedance electromagnetic surfaces in the microwave frequency regime[D]. MS thesis, University of California at Los Angles, 1999.

[83] Munk B A, Munk P, Pryor J. On designing Jaumann and circuit analog absorbers (CA absorbers) for oblique angle of incidence[J]. IEEE Trans. Antennas Propag, 2007, 55(1): 186 – 193.

[84] Engheta N. Thin Absorbing Screens Using Metamaterial Surfaces[J]. IEEE Trans. Antenna propag society

（AP – S）Int. Symp. And USNC/URSI National Radio Science Meeting, San Antonio, TX, USA, 2002：16 – 21.

[85] 李明洋. HFSS 电磁仿真设计应用详解[M]. 北京：人民邮电出版社,2010.

[86] 胡小晔,吴玉程,刘家琴. 碳纳米管预处理及化学复合镀研究现状[J]. 电镀与涂饰,2006,25(4):46,47.

[87] 梁亮. 轻质电磁波屏蔽复合涂料的制备及性能研究[D]. 浙江大学,2004.

[88] 沈曾民,赵东林. 镀镍碳纳米管的微波吸收性能研究[J]. 新型炭材料,2001,1(16):1 – 3.

[89] 沈翔,龚荣洲,邱静,等. 碳纳米管的化学镀铁钴和电磁参数研究[J]. 华中科技大学学报(自然科学版),2006,6(35):99 – 101.

[90] 李建婷,曹全喜,姚娇艳,等. 氧化及镀镍对碳纳米管吸波性能的影响[J]. 功能材料与器件学报,2007,5.

[91] 曹清,陈召勇,李言荣,等. 碳纳米管纯化技术研究进展[J]. 电子元件与材料,2004,9:69 – 72.

[92] 刘云芳,沈增民,于建民. 活化碳纳米管的孔结构及微波吸收性能的研究[J]. 碳素,2005,I:3 – 6.

[93] 赵德林,宋耀良,朱艳萍. 一种新的基于谐振型高阻抗表面的微波吸收屏[J]. 南京理工大学学报(自然科学版),2010,34(1):136 – 140.

[94] Sroier R A. StealthAircraft and Technology From the Second World War to the Gulf[J]. Sample Journal, 1991, 27(4): 9 – 18.

[95] 高正平,董恩昌,华保家,等. 电路模拟多层雷达吸波材料设计[J]. 宇航材料工艺,1996,26(3):20 – 23.

[96] Weile D S, Michielssen E. Reduced – order Modeling of Multiscreen Frequency Selective Surfaces Using Krylov-based Rational Interpolation [J]. IEEE Transactions onAntenna and Propagation, 2001, 49 (5): 801 – 813.

[97] 高强,银燕,闫敦豹,等. 基于光子晶体的电磁吸收材料[J]. 红外与毫米波学报,2006,25(2):143 – 146.

[98] Sievenpiper D, Zhang L J, Broas R F J, et al. High – impedance Electromagnetic Surfaces with a Forbidden Frequency Band[J]. IEEE Transactions on Microwave Theory and Techniques,1999, 47(11): 2059 – 2074.

[99] 张颖. 化学镀镍基合金及镍基合金/$TiO_2$ 复合镀电磁屏蔽涤纶织物的研究[D]. 第二炮兵工程学院, 2010.

[101] 冯程. 碳纤维基磁性复合材料的制备及电磁屏蔽性能研究[D]. 第二炮兵工程学院, 2011.

# 第5章　轻质碳材料及其复合材料
# 在防护材料中的应用

　　轻质碳材料如活性炭和活性碳纤维具有良好的吸附性能,称为"万能吸附剂"。活性炭吸附法是控制大气污染、净化环境空气的一种重要手段,是环境保护的一项有效措施。在国防领域中,填装有活性炭的各种防毒面具用来防御毒气和有害气体。并且活性碳纤维还具有碳的固有特性如耐酸碱、耐高温及导电、导热性,可以制作成高效的电磁干扰屏蔽材料。

　　本章将主要介绍轻质碳材料及其复合材料在电磁屏蔽、有害气体防护中的应用。

## 5.1　电磁污染及碳质电磁屏蔽织物

### 5.1.1　电磁污染的产生及危害

　　电磁污染指的是天然和人为的各种电磁波的干扰及有害的电磁辐射。主要电磁污染源及其频率范围见表5.1。

表5.1　电磁污染源及其频率范围

| 分类 | 频率范围 | 典型污染源 |
|---|---|---|
| 工频及声频污染 | 50Hz 及其谐波 | 输电线、电力牵引系统、有线广播 |
| 甚低频污染 | 30kHz 以下 | 雷电等 |
| 载频污染 | 10～300kHz | 高压直流输电,交流输电及电气铁路高次谐波 |
| 射频、视频污染 | 30～300MHz | 工业、科学、医疗设别,电动机、照明电气 |
| 微波污染 | 300～100GHz | 微波炉、微波接力通信、卫星通信、移动通信发射机 |

　　电磁辐射是一种物理污染,其危害主要体现在以下几个方面。

　　(1)高电平电磁感应和辐射会使电子控制系统失灵,这对军用装备及民用电子设施的生存及工作是一种极大威胁。

　　(2)高电平电磁感应和辐射会导致挥发性液体或气体意外燃烧,是个人人身及财产安全的重大隐患。

　　(3)由于大功率微波和射频设备泄漏而产生的电波,会逐步向四周辐射,从而形成空间电波噪声,这会干扰该区域范围内的其他电子设备的正常工作。

（4）由于人体会将吸收的射频能转换为热能，会导致过热而引起内部损伤，因此电磁辐射会对人体造成相当的危害，其中微波对人体危害最大，中长波的电磁波危害最小。

为避免电磁污染对人体及环境带来的不良影响，我国在 1988 年颁布了《环境电磁波卫生标准》（GB 9175—88），明确了电磁波辐射的强度和标准，见表 5.2。

表 5.2　电磁波安全区和中间区场强度准值

| 波长 | 单位 | 容许场强 | |
|---|---|---|---|
| | | 一级（安全区） | 二级（中间区） |
| 长、中、短波 | V／m | < 10 | < 25 |
| 超短波 | V／m | < 5 | < 12 |
| 微波 | μV／m | < 10 | < 40 |
| 混合 | V／m | 按主要波段场强，若各波段场强分散，则按综合场强加权确定 | |

## 5.1.2　轻质碳质电磁屏蔽材料

随着电子技术的发展，各种信息设备除了在军事、国防、通信、医学上广泛应用之外，在生活中各类家用电器、日益增加迅速普及的手机等，它们都在不断地由于磁化、极化作用产生和辐射出电磁波。这种电磁波造成的电磁污染不仅对电器设备的正常运行带来影响，也会对人体各系统组织的健康带来不同程度的伤害，称为"无形杀手"，已被公认为是继大气污染、水质污染、噪声污染后的第四大公害。

此外，在国防军事方面，电磁波的干扰和泄漏这两大问题已经越来越受到各国的重视，电磁干扰可直接影响到各个领域中电子设备、仪器仪表的正常运行，造成对工作设备的电磁干扰。其危害可以包括：①破坏、降低电子设备的工作性能；②电磁干扰能量可能引起易燃易爆物的起火和爆炸，造成武器装备失灵，带来巨大的经济损失和人员的伤亡。例如，自动化作战指挥系统中大量的计算机处理系统在工作时都会向外辐射大量的电磁波，而通信系统、雷达系统及计算机本身等的电子电路对电磁辐射极其敏感，它们会相互受到所辐射的电磁波的干扰而不能正常工作。电磁泄漏也已经引发了各类信息安全问题，泄漏出去的电磁波凭借导线的天线效应耦合到外连导线上，在电磁波信号的强度和信噪比满足一定条件时，泄漏的电磁信息能够被接收和还原，造成了电磁信息的泄密，给国家的政治、经济、军事信息带来了安全隐患。

目前主要采用两种技术控制电磁波辐射：①正确设计电路和合理布局电子元件；②采用电磁屏蔽材料进行外壳屏蔽、电缆屏蔽、窗口屏蔽等。针对第二种控制技术，防电磁辐射屏蔽材料并由此制成的织物已经成为避免电磁辐射对人体伤害的最直接、有效的方式之一；而且由此制成的保密室墙布、窗帘、精密仪器屏蔽罩和活动式屏蔽帐等也能起到很好的电磁屏蔽效果。化学镀技术是制备防电磁屏蔽材料的一种常见工艺,也是很具有市场竞争力和发展前景的电磁屏蔽材料生产技术,通过这种技术制备的金属膜屏蔽材料既具有柔软、轻薄、透气性好的特点,还有镀膜薄、金属附着力强、电磁屏蔽性能好的特点。

### 5.1.3 防电磁辐射材料的电磁屏蔽机理

电磁波的产生很简单,只要当电器插上电源,在电压的作用下即使不工作也会产生电场,而当电器开始工作时,电线就会向外以光速辐射具有一定频率和波长的磁场。

电磁屏蔽的机理是电磁的感应现象,即在外界交变电磁场作用下,通过电磁感应屏蔽壳体内产生感应电流,而这感应电流在屏蔽空间又产生了与外界电磁场方向相反的电磁场,从而抵消了外界是电磁场,产生屏蔽效果,通常用屏蔽效能 SE(Shielding Effectiveness)来表示。它是指空间某点未加屏蔽时的电场强度 $E_0$(或磁场强度 $H_0$、能量场强度 $P_0$)与加屏蔽后该点的电场强度 $E_1$(或磁场强度 $H_1$、能量场强度 $P_1$)的比值,即

$$SE = \frac{E_0}{E_1} = \frac{H_0}{H_1} = \frac{P_0}{P_1}$$

电磁波干扰实际属于噪声干扰,可以用分贝(dB)来作为电磁屏蔽效能好坏的量度,即可用下式来表示:

$$SE = 20\lg\frac{E_0}{E_1} = 20\lg\frac{H_0}{H_1} = 20\lg\frac{P_0}{P_1}$$

dB 值越高,表示屏蔽效果越好。

电磁屏蔽方式较适用于高频波段,而低频时由于感应电流小,屏蔽效果较差。一般屏蔽性能好的屏蔽材料能反射大部分入射波,吸收其中很少一部分,这部分入射波在材料内部的多次反射过程中被消耗,仅有极少量波透过材料。银、铜、铝等是极好的导体,相对电导率大,电磁屏蔽效果以反射损耗为主;而铁和铁镍合金等属于高磁导率材料,相对磁导率大,电磁屏蔽衰减以吸收为主。一般情况下,材料的导电性越好,屏蔽效果越好;随着频率的升高,电磁波穿透力增强,屏蔽效果下降。因此,为了在较宽的频率范围内都有好的屏蔽作用,屏蔽材料应是高电导率及高磁导率材料的组合。

由焦耳 – 楞次定律可知,只要有电流流过的电路周围都会产生磁场,若电流是交变的,那么产生的磁场也是交变的。当这个交变的磁场通过某一闭合回路时,在闭合回路中产生交变电流,形成磁场耦合。所以,磁场屏蔽就是想办法切断这种耦合,或把耦合程度降低到最小。

因此,解决磁场屏蔽的方法有以下几种。

**1. 利用涡流和磁滞的方法**

当干扰电磁场的频率较高时,利用低电阻率且磁阻损耗大的导磁材料来消耗磁场能量。这种导磁金属材料内部感应交变电流的同时产生涡流,涡流产生的磁场与电器产生的磁场正好相反,形成对电磁波的抵消作用,从而达到屏蔽的效果。

从上面的方法分析中可以看出:①涡流越大,产生的反射磁场越大,屏蔽效果越好;②涡流的大小和屏蔽体电阻率和厚度有关;③导体中的微小磁极分子在交变磁场的反复作用下会产生磁滞损耗,消耗电器产生的交变磁场的磁场能量,提高屏蔽效果;④磁滞损耗大的屏蔽材料屏蔽效果越好,如具有较好铁磁性能的铁、钴、镍等金属。

**2. 利用高导磁率材料屏蔽**

当干扰电磁波的频率较低时,要采用高磁导率的材料,从而使磁力线限制在屏蔽体内部,防止扩散到屏蔽的空间去。

**3. 利用多层屏蔽体材料**

在某些场合下,如果要求对高频和低频电磁场都具有良好的屏蔽效果时,往往采用不同的金属材料组成多层屏蔽体。

图5.1为电磁波入射到具有电磁屏蔽性能的材料时的反射及吸收原理图。从图中可知,电磁波入射到材料表面时,一部分被反射,而没有被反射的电磁波在进入材料内部时被其吸收损耗,还有一部分在内部经多次反射损耗。

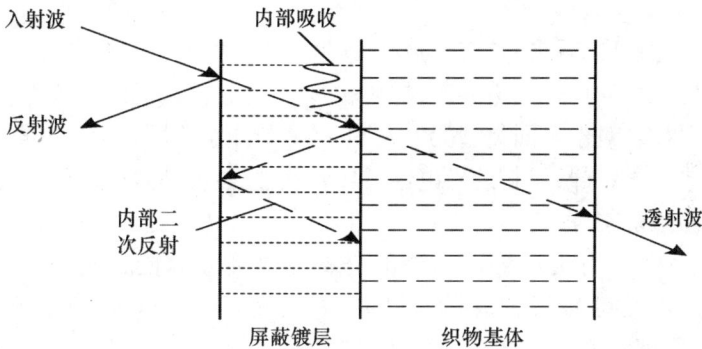

图5.1 电磁波反射与吸收机理

根据文献的公式推导,由电磁屏蔽效能的定义可得

$$SE = -20\lg|T| = 20\lg\left|\frac{(1-qe^{-2\gamma l})e^{\gamma l}}{p}\right| = 20\lg|e^{\gamma l}| - 20\lg|p| + 20\lg|(1-qe^{-2\gamma l})|$$

$$= A + R + B$$

式中:$A$ 为吸收的损耗;$R$ 为反射损耗;$B$ 为界面间多次反射损耗。

吸收损耗 $A$ 表示没有被具有电磁屏蔽功能的材料表面反射而进入材料内部被其吸收的衰减。当经过厚度为 l 的材料屏蔽体时其吸收损耗为

$$A = 20\lg|\,\mathrm{e}^{\gamma l}\,| = 131.49l(\mu_{\mathrm{r}}f\sigma_{\mathrm{r}})^{\frac{1}{2}}$$

式中:$l$ 为织物厚度;$\gamma$ 为电磁波在介质中的传播常数,其值为:$\gamma = \alpha + \mathrm{j}\beta$,其中 $\alpha$ 为衰减常数;$\beta$ 为相移常数。对于金属介质有 $\alpha = \beta = (\pi\mu f\sigma)^{\frac{1}{2}}$,其中 $\mu$ 为材料磁导率;$\sigma$ 为材料电导率;$f$ 为频率。

反射损耗 $R$ 表示电磁波在具有屏蔽性能的材料表面的反射衰减,由屏蔽体表面阻抗的不连续性引起,其计算公式如下

$$R = \begin{cases} 168.16 + 10\lg\dfrac{\sigma_{\mathrm{r}}}{\mu_{\mathrm{r}}\,f}, & r > \lambda/2\pi(\text{远场}) \\[3mm] 321.7 + 10\lg\dfrac{\sigma_{\mathrm{r}}}{\mu_{\mathrm{r}}\,f^2r^2}, & r < \lambda/2\pi(\text{近场}) \\[3mm] 14.59 + 10\lg\dfrac{fr^2\sigma_{\mathrm{r}}}{\mu_{\mathrm{r}}}, & r \approx \lambda/2\pi(\text{过渡场}) \end{cases}$$

多次反射损耗 $B$ 表示电磁波在屏蔽体内部反复碰到壁面产生的衰减。当屏蔽体较薄的时候,吸收损耗很少,主要靠多次反射来消耗电磁波的能量。其表达式为

$$B = 20\lg\Big[1 - \Big(\Big(\frac{Z_{\mathrm{m}} - Z_{\mathrm{w}}}{Z_{\mathrm{m}} + Z_{\mathrm{w}}}\Big)^2 10^{0.1A}\Big)(\cos 0.23A - \sin 0.23A)\Big]$$

式中:$Z_{\mathrm{m}}$ 为材料特性阻抗;$Z_{\mathrm{w}}$ 为电磁波的波阻抗;$A$ 为 $\mathrm{e}^{\alpha l}$($\alpha$ 为衰减常数,$l$ 为材料厚度)。

由以上公式可以看出,具有电磁屏蔽性能的材料其屏蔽效能与入射电磁波频率、材料厚度、材料电导率、磁导率、材料表面特性阻抗、辐射源远近都有密切关系。同一种屏蔽材料,对于不同类型的电磁波,屏蔽效能也不同。一般电场波容易被屏蔽,磁场波难屏蔽;屏蔽材料的导电性和导磁性越强,屏蔽效能越好;屏蔽材料的厚度越厚,屏蔽效能越好。

一般认为当具有电磁屏蔽性能的材料电磁屏蔽效能达到 20dB 时,可屏蔽 90% 的电磁波;达到 40dB 时,可屏蔽 99% 的电磁波;达到 60dB 时,99.9% 的电磁波可以被屏蔽掉。表 5.3 给出了不同电磁屏蔽效能的电磁屏蔽效果。从表中可以看出,屏蔽效能在 0~10dB 时材料几乎没有屏蔽作用;10~30dB 时有较小的屏蔽作用;30~60dB 时属于具有中等屏蔽效能,可用于一般工业和商业用电子产品;60~90dB 时屏蔽效能属较高,可用于航天及军用仪器设备的屏蔽;具有 90dB 以上的屏蔽效能材料适用于高精度、高灵敏度仪器的屏蔽。通常对于大多数仪器设备的电磁屏蔽,在 30~1000MHz 范围内至少达到 35dB 以上才能认为是有效屏蔽。

表 5.3 不同屏蔽效能的屏蔽效果

| 屏蔽效能 | 0dB | 10dB 以下 | 10~30dB | 30~60dB | 60~90dB | 90dB 以上 |
|---|---|---|---|---|---|---|
| 屏蔽效果 | 无 | 差 | 较差 | 中等 | 良好 | 优 |

## 5.1.4 电磁屏蔽材料的种类

表5.4列出了几类常见的防电磁辐射织物屏蔽材料。金属丝和使用纱线的混编织物是最早使用的电磁波屏蔽织物,屏蔽效果尚好,唯一缺陷就是织物厚、重、硬、不耐折;金属纤维混纺织物,常选用镍纤维和不锈钢纤维进行织布,这样的织物具有良好的导电、导热、耐高温性能,但是其刚性强、弹性差、摩擦系数大,所以纺纱有困难,其屏蔽效能在 0.15~3GHz 范围内可达 15~30dB 以上;化学镀金属织物,主要在织物表面通过化学镀的方法沉积金属,是织物金属化的一种方法,通过这样的方法制备的织物,通常在具有普通织物物理性能和力学性能的同时又具备良好的导电和抗电磁辐射性能。常见的涤纶织物化学镀有镀银、铜、镍,镀覆两种或两种以上不同金属层或合金镀层,都可以制得具有较好导电性能和电磁屏蔽性能的涤纶织物;合成高分子屏蔽织物主要在使用和推广上存在问题,主要在有氧化剂及条件要求较高的环境下,这种纤维的光、热稳定性较差。

我国在织物材料金属化方面的研究起步较晚,且产品单一,不能满足我国现代化建设的需求,开发研制一种轻质、便携、具有宽频带下高屏蔽效能的电磁防护织物型材料具有重要的意义。

表5.4 常见防电磁辐射织物材料种类

| 织物种类 | 主要产品 |
| --- | --- |
| 金属丝和纱线的混编织物 | 一般为铜、镍、不锈钢及其合金,个别采用银丝 |
| 金属纤维及混纺织物 | 主要为镍、不锈钢,直径 $4\mu m$、$6\mu m$、$8\mu m$、$10\mu m$,混纺比例在 $5\%\sim20\%$ |
| 化学镀金属织物 | 一般在织物上镀覆银、铜、镍及合金;还有金属喷镀、金属溅射织物等 |
| 涂覆金属盐的织物 | 含硫化铜的导电腈纶纤维制成的织物 |
| 金属填充型屏蔽材料 | 金属纤维与有机高聚物进行复合纺丝 |
| 合成高分子屏蔽织物 | 聚苯胺、聚噻吩、聚吡咯等结构型导电聚合物 |
| 纳米材料屏蔽织物 | 高聚物复合纺丝过程中加入导电的微小颗粒 |

# 5.2 碳纤维基磁性复合材料的制备及
# 电磁屏蔽性能研究

目前,电磁屏蔽材料的发展趋势是高效率、宽频带、轻质量,而碳纤维(Carbon Fiber,CF)及其复合材料所具有的小密度、高强度、良好的化学稳定性及导电性能等优点,使其成为当前电磁屏蔽领域研究的热点之一。

目前碳纤维电磁屏蔽材料主要有两种。一种是表面改性碳纤维。通过化学方法在碳纤维表面包覆或者沉积金属或其他材料,从而提高碳纤维的导电性能和导磁性能。另一种是特殊碳纤维。通过特定的制备方法,制备出不同形态或者不同结构的碳纤维复合材料,从而改善其电磁特性。国内外研究现状见表5.5。

表5.5 碳纤维型电磁屏蔽材料国内外研究现状

| 类型 | 作者 | 方式 | 优点 |
|---|---|---|---|
| 表面改性碳纤维 | 高文,等 | SiC涂层或SiC-C共沉积 | 依靠改变沉积层厚度改变材料的复介电常数,减小电损耗角,降低材料对电磁波的强反射性 |
| | Huang,等 | 化学镀镍 | 制备出较好的镀镍碳纤维,屏蔽效果可达44dB |
| | Yang,等 | 电化学法Fe涂层碳纤维 | 在2~18GHz范围内具有较大的介电常数 |
| | Huang,等 | 化学镀镍/ABS复合 | 增强了其力学性能和电磁屏蔽性能 |
| 特殊碳纤维 | 邢丽英,等 | 树脂填充 | 对电磁波衰减作用显著增强 |
| | 赵东林,等 | 气相沉积法制备螺旋形手征碳纤维 | 对电磁波的吸收能力得到了增强 |
| | 欧阳国恩,等 | 加入聚碳硅烷制备SiC-C复合纤维 | 对电磁波发射衰减显著增强 |

由于改性碳纤维的制备方法已经较为成熟,且能够达到较好的屏蔽效果,又因为碳纤维本身是电的良导体,因此选择在其表面沉积磁性金属的方法改变碳纤维的导磁性能来制备电磁屏蔽材料。目前关于碳纤维表面化学镀制备电磁屏蔽材料的报道大多是镀镍,镀覆多元合金镀层的还很少见。镍铁钴合金是一种很好的磁性材料,它具有很高的弱磁场导磁率和初始磁导率,为此选择在碳纤维表面镀覆Ni-Co-Fe-P镀层。

化学镀作为优异的表面处理技术之一,广泛应用于多种复合材料的制备中。但单一的金属镀层或合金镀层已无法满足材料表面功能多样化的要求。因而各式各样的化学复合镀技术便随之发展起来。在镀液中加入一种或数种不溶性固体颗粒,使固体颗粒与金属离子共沉积的过程称为化学复合镀,由这种方法制备的镀层是一种金属基复合材料。

随着纳米材料学的发展,人们对纳米粒子性质的认识不断深化。纳米粒子具有很多独特的物理及化学性能,包括量子尺寸效应、小尺寸效应、表面效应、宏观量子隧道效应等,如何使其得到开发和应用,正日益成为研究的重点。采用电镀或化学镀的方法,在普通镀液中加入纳米颗粒,使纳米粒子在分散状态下与金属离子共沉积而得到的复合镀层,称为纳米复合镀层。它不但使金属镀层保持了原来的性质,还使金属镀层拥有了纳米粒子独特的物理及化学性能,是纳米材料技术与化学镀技术的完美结合,是复合镀技术发展进程中质的飞跃,为纳米复合材料的制造和广泛应用打下基础。

226

## 5.2.1 化学镀 Ni – Co – Fe – P 工艺流程

本实验中选用的碳纤维是 T300 碳纤维,原始尺寸都很长,且每束包含 3000 根单丝。为了便于研究,将其切成 8cm 左右的小段,然后进行化学镀。在进行化学镀之前,采用以下工艺对碳纤维进行预处理:

去胶→除油→粗化→中和→敏化→活化→还原

然后,再利用化学镀工艺对活性碳纤维进行 Ni – Co – Fe – P 涂覆。

碳纤维在预处理前,表面有工业用胶膜等物质,且表面粗糙程度较低,直接进行化学镀镀覆效果不理想,很难在其表面出现沉积镀层。通过实验最后确定采用超声振荡对碳纤维进行预处理。超声振荡不会导致纤维团聚,又能很好地分散碳纤维。

碳纤维预处理工艺流程:

碳纤维→去胶→除油→粗化→中和→敏化→活化→还原→化学镀铁钴镍。

(1) 去胶除油。T300 型碳纤维出厂时表面会带有一些胶膜以固定碳纤维束,这些胶膜本身的疏水性和惰性会影响化学镀过程中碳纤维与金属层的结合,因此需要对碳纤维进行去胶处理。而且碳纤维生产过程中难免会有油脂杂质沉积在其表面,需要采用化学试剂来去除,除油后,碳纤维与水溶液的结合能力得到了增强,也为后续敏化活化引入了更多的 OH 基团,同时也除去了碳纤维中参杂的颗粒,如 Si、Ti 等。

将碳纤维放入马弗炉内,在高温下灼烧以去掉碳纤维表面的有机黏结剂。然后将去胶后的碳纤维置于 10% 的 NaOH 溶液中浸泡 5min 除油。

灼烧温度的高低和灼烧时间的长短直接影响去胶效果。灼烧时间过短或者过长都会对后期镀覆效果产生严重的影响。选取的温度过低或者灼烧时间过短,则会造成碳纤维表面去胶不完全,从而使敏化活化微粒难以在碳纤维表面附着,化学镀金属难以顺利沉积;选取的温度过高或者灼烧时间过长,又会造成碳纤维质量损失严重和表面氧化,失去了碳纤维本身的韧性和强度,使镀覆效果大打折扣。通过对比不同温度和时间下碳纤维灼烧后的失重率情况,得出最佳去胶条件为 400℃ 高温下灼烧 30min。

(2) 粗化。粗化的目的是为了增大碳纤维比表面积,使更多的催化核心能够附着在纤维表面,增大纤维表面与金属镀层之间的结合力,加快反应速度。常用的粗化方法是氧化法。

浓硝酸和浓硫酸都有强烈的氧化性和腐蚀性,能够在光滑的碳纤维表面形成蚀坑或者凹槽,利于金属镀层的沉积。但是,当浓硫酸或浓硝酸单独使用时,粗化效率很低,在很长的时间内,碳纤维几乎没有被氧化而失重。有文献证明,将浓硫酸和浓硝酸以一定的比例混合使用时,会大大提高它们对碳纤维表面的氧化速度。通过实验发现,1∶1 的硝酸和硫酸混合液粗化效果最好,时间控制在 15min 左右,粗化时间过长,将会造成碳纤维由于过度氧化腐蚀造成纤维结构疏松,降低碳纤维本身的强度,影响化学镀层质量。

(3)中和。将粗化后的碳纤维放入 10% 的 NaOH 溶液中以中和粗化后残留在其表面上的酸,避免对下一步敏化造成影响。

(4)敏化。敏化处理的目的是为了使碳纤维表面吸附一层还原性物质,从而可以在活化处理时将活化剂还原成催化晶核,并将其留在碳纤维表面,使后续的化学镀可以顺利进行,敏化液配方见表 5.6。

表 5.6 敏化液工艺配方及工艺条件

| $SnCl_2$<br>15g/L | HCl($d=1.18g/mL$)<br>60mL/L | 锡粒<br>若干 | 超声振荡<br>5 min | 温度<br>室温 | 时间<br>3~5min |
|---|---|---|---|---|---|

敏化后的碳纤维必须立刻清洗至中性,否则残存于容器内或者未附着于碳纤维表面上的 $Sn^{2+}$ 会参与后续活化反应,由于活化反应选用的是贵金属 Pd,因此造成的浪费代价很高,同时 $Sn^{2+}$ 浓度过高也会破坏化学镀液的稳定性。

(5)活化。活化的目的是为了使碳纤维表面生成一层具有催化活性的贵金属微粒,本实验采用的活化液配方和工艺条件见表 5.7。

表 5.7 活化液配方及工艺条件

| 氯化钯<br>0.5g/L | HCl($d=1.18g/mL$)<br>20mL/L | 超声振荡<br>5min | 温度<br>室温 | 时间<br>3~5min |
|---|---|---|---|---|

配置活化溶液时需要注意,氯化钯在水溶液中溶解度很小,需先将其溶解在少量的 HCl 溶液中,然后再用蒸馏水稀释至所需浓度。

图 5.2 为碳纤维化学镀过程示意图。具有催化活性的 Pd 沉积在碳纤维表面成为化学镀 Ni – Co – Fe – P 的结晶核心即活性点。化学镀的过程就是从碳纤维

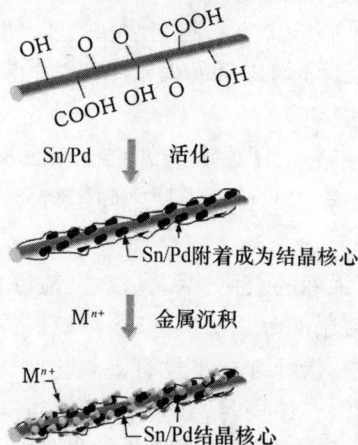

图 5.2 碳纤维化学镀过程示意图

表面这些活性点开始,镀液中被还原出来的 Ni、Co、Fe 原子逐渐将 Pd 原子包裹覆盖后,会在自身的催化作用下,继续吸引更多的金属原子形成镀层。碳纤维表面镀覆的颗粒在其法向和切线方向都会生长,由于工艺条件的不同,其生长速度也不同,切线方向的生长反映的是镀层表面覆盖程度,法向方向的生长体现镀层厚度。

(6)还原。还原的目的是为了将活化后残存在碳纤维表面氯化钯去除,防止其对镀液造成影响。还原液可以采用次亚磷酸钠溶液。

经过还原处理后,需要将碳纤维洗涤至中性,否则由于其表面过多的次亚磷酸纳的存在,会减低化学镀反应的速度。

## 5.2.2 化学镀 Ni - Co - Fe - P 镀液

化学镀液主要是由参与反应的物质和其他一些添加剂组成。主盐用来提供被还原的金属离子,对沉积速度会产生轻微的影响。而还原剂对镀液的影响相对显著,一般情况下,应该保持主盐浓度与还原剂摩尔浓度比值在 0.25 ~ 0.6 之间。

除过主盐和还原剂外,对沉积速度影响最大的要属络合剂。络合剂的选择和用量往往直接决定镀液寿命的长短和性能。稳定剂则是为了保持镀液稳定,防止其发生分解。为了改善镀层性质,镀液中还常常加入缓冲剂和光亮剂和促进剂。表 5.8 列出了化学镀液的几种主要成分及其作用,并列举了相关示例。

表 5.8 化学镀 Ni - Co - Fe - P 合金溶液的组分及其作用

| 成分 | 作 用 | 举例 |
|---|---|---|
| 主盐 | 金属离子的主要来源 | 卤盐、硫酸盐、醋酸盐 |
| 络合剂 | 与游离的主盐离子进行络合,结成复杂的络离子,提高的镀液的稳定性 | 柠檬酸盐、焦磷酸盐、乙酸、乳酸 |
| 还原剂 | 提供还原主盐离子所需要的电子,浓度在 pH 值稳定在一定范围时直接影响着反应的沉积速度 | 次磷酸盐、氨基硼烷、硼氢化钠、肼类 |
| 缓冲剂 | 维持镀液的 pH 值,并防止镀液由于大量析氢而引起 pH 值下降 | 氨水、邻苯二甲酸氢钾和盐酸、柠檬酸和磷酸氢钠 |
| 稳定剂 | 防止镀液的自发分解和失效,有时还能加快反应 | 不饱和有机酸、第六族元素、重金属离子等 |
| 促进剂 | 降低还原剂之间的原子键,使其在催化表面上更容易移动和吸附 | 氨基羧酸、可溶性氟化物和某些溶剂 |
| 光亮剂 | 不改变镀液的性质,可以提高镀层的光亮性 | 萘、苯、甲苯、炔烃化合物、萘胺的磺酸、磺酸盐或它们的丙磺酰产物 |

配置镀液时,应严格按照以下顺序操作。

（1）配置硫酸镍、氯化钴、硫酸亚铁、柠檬酸钠、次亚磷酸钠、硫酸铵等溶液。

（2）在不断搅拌下,分别将硫酸镍、氯化钴和硫酸亚铁溶液缓慢倒入柠檬酸钠溶液中,得到溶液Ⅰ。

（3）在不断搅拌下,将次亚磷酸钠溶液缓慢加入溶液Ⅰ中,得到溶液Ⅱ。

（4）在不断搅拌下,将硫酸铵溶液缓慢加入溶液Ⅱ中,得到溶液Ⅲ。

（5）将溶液倒入容量瓶中,并用蒸馏水稀释至相应体积,得到溶液Ⅳ。

（6）在不断搅拌下,用滴定管将适量氨水滴入到溶液Ⅳ中,滴加过程中用 pH 计检测,直到溶液达到要求的 pH 值。

### 5.2.3 碳纤维化学镀 Ni – Co – Fe – P 合金镀层表征及性能测试

#### 1. 镀层 SEM 表面形态研究

图 5.3 为碳纤维化学镀前、后 5000 倍扫描电镜图。可以看出镀前的碳纤维表面干净、光滑,不含其他杂质成分。化学镀后,其表面形成了一层连续、均匀、致密的镀层,纤维手感光滑度降低,弹性模量也略有下降。虽稍有结瘤状体存在,但整体镀层质量良好,化学镀 15min 的镀层厚度约为 1.2μm。

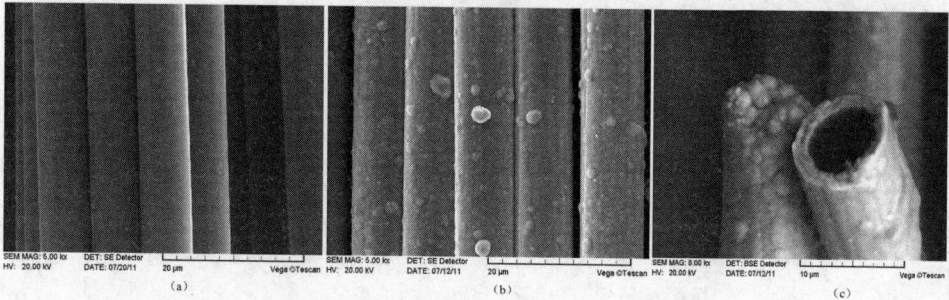

图 5.3 碳纤维化学镀 Ni – Co – Fe – P 合金前后的 SEM 图

(a) 镀前碳纤维;(b) 镀后碳纤维;(c) 镀后碳纤维断口截面图。

镀液 pH 值、涂覆时间及温度等对镀层表面形貌都有影响。图 5.4 是碳纤维在镀覆温度 90℃,不同 pH 值镀液,镀覆时间 15min 化学镀后的扫描电镜图。可以看到 pH = 8 为较佳的镀液 pH 值,此时碳纤维表面形成一层连续、均匀、致密的镀层,碳纤维表面几乎没有结瘤状突起产生,通过肉眼观察可以发现,此时碳纤维表面镀层为银灰色,触感光滑细腻。

图 5.5 为不同镀覆时间碳纤维化学镀 Ni – Co – Fe – P 的 SEM 图片。可以看到随着镀覆时间的不断增加,镀层厚度不断增大,且镀层的光滑连续表面上开始出现结瘤状突起,当镀覆时间达到 25min 后,镀层表面突起增多,镀层开始粗糙不均匀。涂覆时间太长而使碳纤维的增重率达到 300% 后,镀层过厚,使碳纤维变硬变脆,抗拉强度下降。

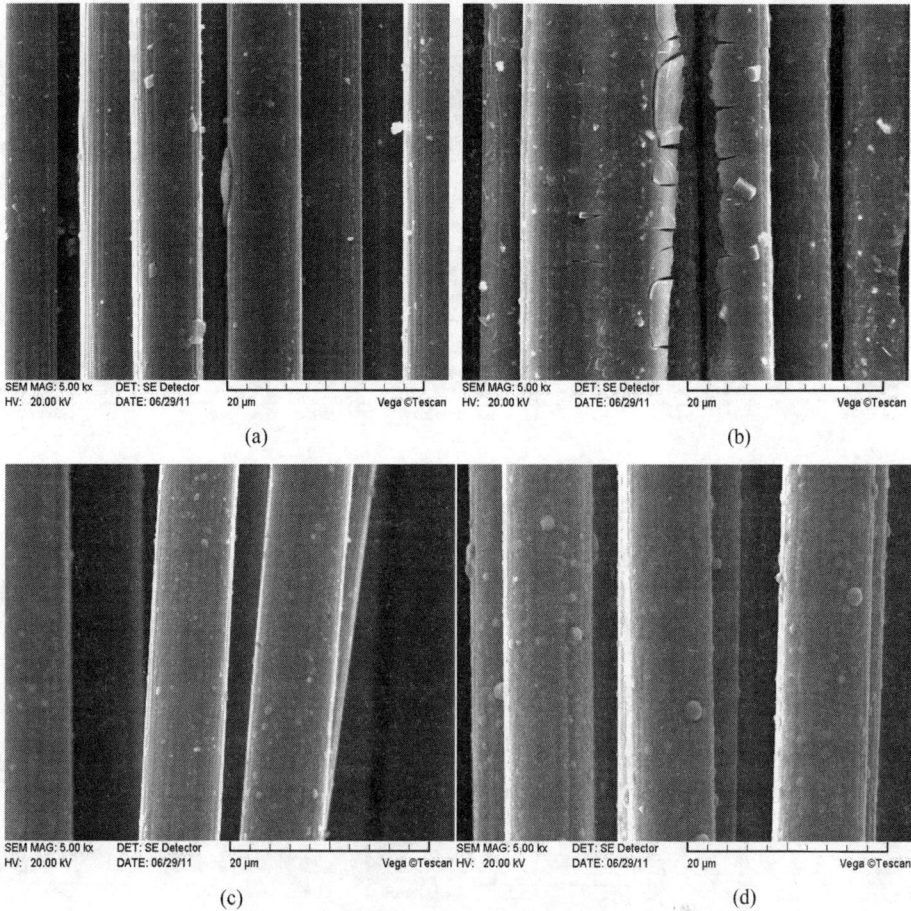

图 5.4　不同 pH 值时碳纤维上化学镀 Ni – Co – Fe – P 镀层 SEM 照片

(a) pH =6;(b) pH =7;(c) pH =8;(d) pH =9。

图 5.6 为碳纤维不同镀覆温度下,碳纤维化学镀 Ni – Co – Fe – P 的 SEM 照片。为了便于观察,镀覆时间为 2min。可以看出,当温度低于 70℃时,碳纤维表面没有形成镀层,只有零星点点金属小块附着于纤维表面;但当温度达到 70℃时,碳纤维表面开始沉积大量沉积金属镀层;温度达到 80℃时,碳纤维表面已形成完整镀层。这表明本实验所选用的镀覆工艺,化学镀溶液温度不能低于 70℃,但温度也不宜过高,否则将会导致镀液稳定性降低以及镀层沉积速率过快降低镀层与碳纤维之间的结合力。

**2. 镀层 EDS 场发射能谱分析**

图 5.7 为碳纤维表面化学镀的 EDS 谱图,可以清楚地看到镀层含 Ni、Co、Fe、P 等元素,其质量分数分别为 66.13%、19.50%、9.82%、2.95%,同时 C 元素的含量仅为 1.6% 。这不仅说明碳纤维表面已经沉积了一层均匀的金属镀层,且镀层成分较为理想,同时也说明镀层含量 Ni > Co > Fe > P。

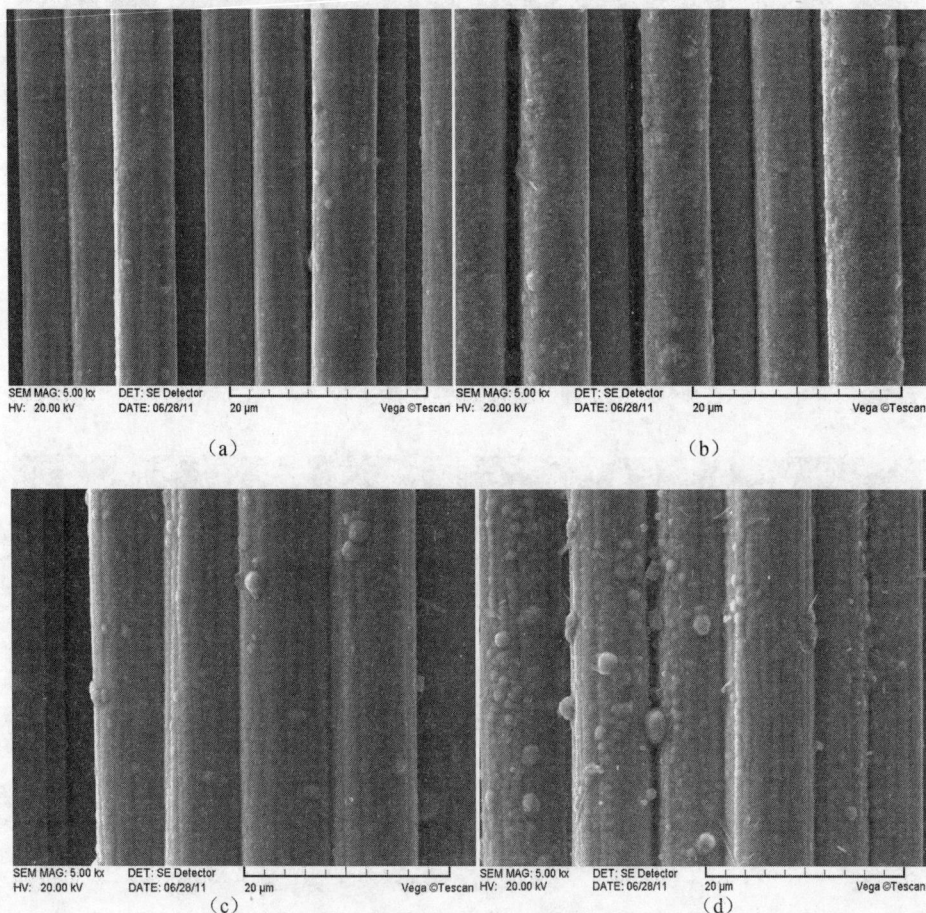

图 5.5　不同镀覆时间时碳纤维上化学镀 Ni – Co – Fe – P 镀层 SEM 照片

(a) 5min；(b) 10min；(c) 15min；(d) 25min。

在不影响镀液稳定性的情况下,对不同主盐浓度比的镀层进行 EDS 检测,发现镀层成分元素的含量变化范围为 Ni 60% ~75%,Co 8% ~20%,Fe 3% ~10%。改变镀层的结构成分,可以改变镀层的性能,以期将碳纤维用于不同的功能。

**3. 镀层 X 射线衍射分析**

采用德国布鲁克 Axs 公司的 Bruker – Axs D2 型 X 射线衍射仪对化学沉积前后的碳纤维进行组织分析,其 XRD 图谱结果如图 5.8 所示。从图(a)可以看出,碳纤维在化学镀前在 20°~30°之间有一个"馒头包"状衍射峰,这是碳纤维的弥散峰。从图(b)可以看出,Ni、Co、Fe 合金在整个扫面范围内,仅在 45°出现了一个 Ni 的衍射峰,跟其特征峰相比,峰型相对较窄,有一定的强度,但不够尖锐,而且存在宽泛现象。这说明,Ni – Fe – Co 合金镀层为非晶态,但部分镀层有向微晶态发展的趋势,其晶粒细小或不完整,结晶性不好。

232

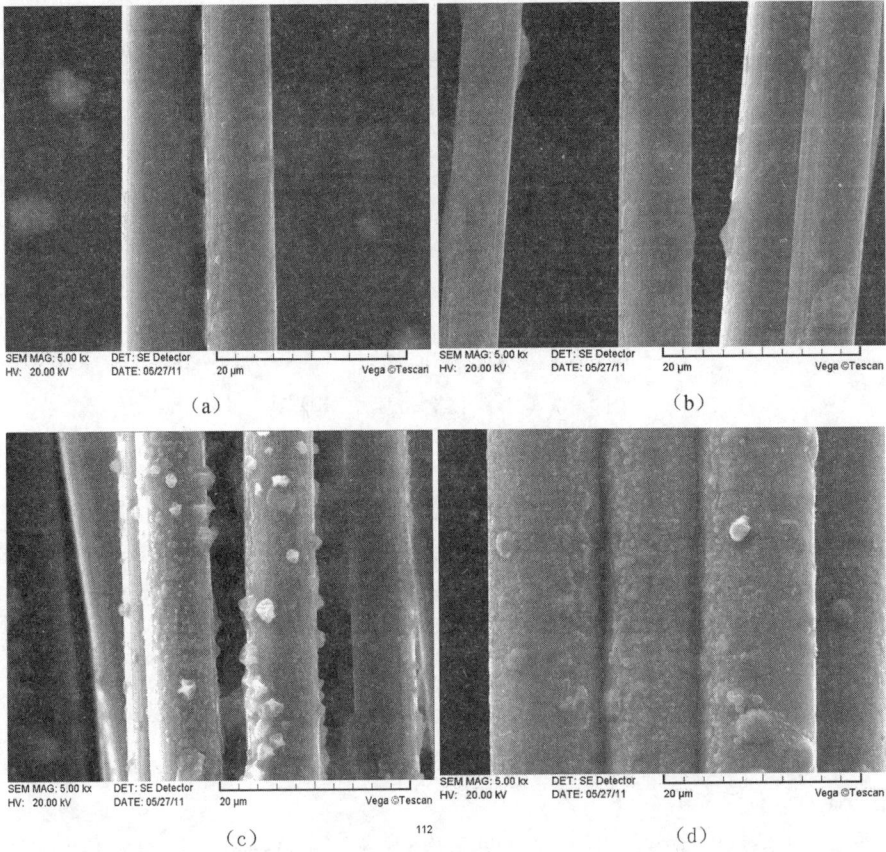

图 5.6 不同温度时碳纤维上化学镀 Ni – Co – Fe – P 镀层 SEM 照片

(a) pH = 50;(b) pH = 60;(c) pH = 70;(d) pH = 80。

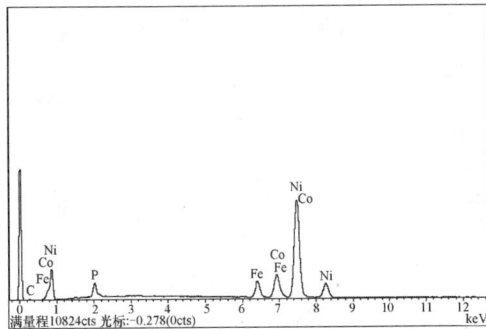

图 5.7 碳纤维表面化学镀 Ni – Co – Fe – P 合金后的 EDS 谱图

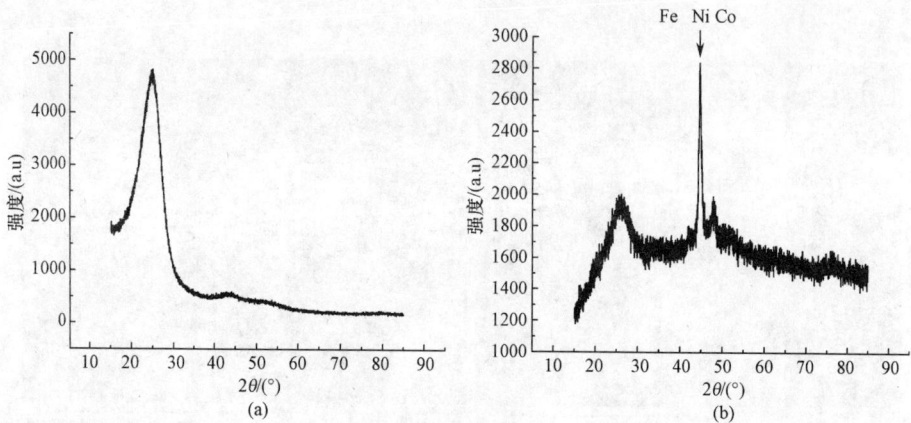

图 5.8 碳纤维化学镀前后 XRD 图

### 4. 磁性能分析

磁化强度 $M$ 是描述磁体磁性强弱程度的物理量,良好的软磁性能要求具有较高的饱和磁感应强度 $M_s$,具有较高的 $M_s$ 就可以获得较高的初始磁导率,而高的初始磁导率又是软磁材料的基本特性要求。镍、钴、铁都是具有良好软磁性能的金属材料,它们的合金镀层也具有退磁快的优点,这样对外界变化的电磁场磁损耗就具有独到的优势。

将碳纤维在硝酸溶液中浸泡 2h 后烘干,用 CDJ - 7400 VSM 振动样品磁强计在室温下对碳纤维进行了 VSM 测试,测试结果如图 5.9 所示,结果表明碳纤维没有任何磁性。

图 5.10 是室温条件下用 CDJ - 7400 VSM 振动样品磁强计对碳纤维化学镀 Ni - Co - Fe - P 合金后测试的磁滞回线。可以看出,化学镀 Ni - Co - F 后碳纤维矫顽力 42Oe,剩磁为 0.025emu/g,在所加最大磁场强度为 2 万 T 时,饱和磁感应强度为 0.23emu/g。

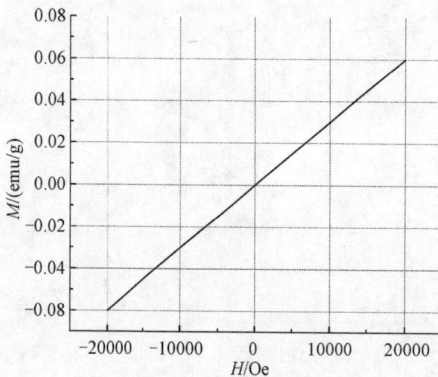

图 5.9 碳纤维的磁滞回线

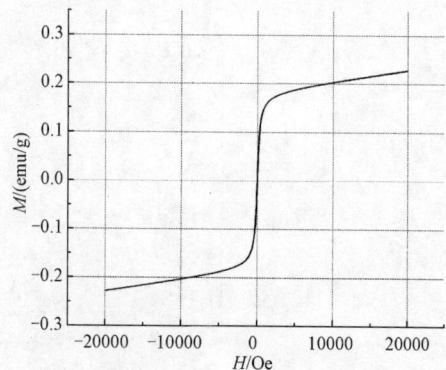

图 5.10 碳纤维化学镀
Ni - Co - Fe - P 的磁滞回线

## 5. 表面电阻

图 5.11 所示曲线表示增重率与面电阻平均值的关系。可以看出,随着碳纤维增重率的不断升高,其平均面电阻呈下降趋势。当碳纤维布表面没有镀层时其平均面电阻可以达到 21.7Ω;当增重率达到 100% 时,其平均面电阻已下降至 9.4Ω,随后面电阻下降幅度变缓;当增重率达到 210% 时,平均面电阻仍然有 5.2Ω。由此可以得出结论,虽然影响化学镀碳纤维布表面电阻的因素有很多,如金属层的不均匀性和化学镀反应的不完全性等,但镀层厚度对碳纤维的导电性能有较大影响。

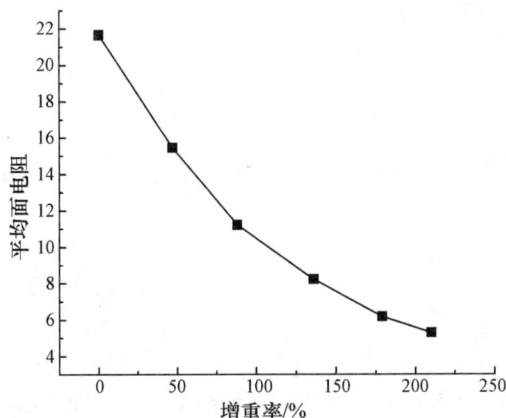

图 5.11　碳纤维布面电阻与增重率的关系

## 6. 电磁屏蔽性能分析

屏蔽体对电磁波的吸收能力和反射能力决定了其电磁波屏蔽效能。反射效能除了和材料自身表面阻抗有关,还会因辐射源类型、屏蔽体与辐射源之间距离的不同而发生变化;吸收效能的好坏则与屏蔽材料电导率和磁导率以及镀层厚度有关。

试验采用屏蔽室法对化学镀 Ni – Co – Fe – P 碳纤维布在 20 ~ 1500MHz 范围内进行测试。由于碳纤维在编制成布后存在缝隙,这会大大影响电磁屏蔽性能。为消除这种不利因素,在测试过程中,在屏蔽箱缺口处放置三块碳纤维布,取测试结果的 1/3 作为碳纤维布的电磁屏蔽效能。

图 5.12 为增重率分别为 50%、77%、106%、140% 和 210% 的碳纤维布电磁屏蔽效能曲线。

从图 5.12 中可以看出,随着增重率的逐渐增加,碳纤维的电磁屏蔽效能也随之不断提高,当增重率达到 210% 时,在 20 ~ 1500MHz 范围内电磁屏蔽效能均达到 55dB 以上,最高可达 67dB。增重率较低的碳纤维平均电磁屏蔽效能也可以达到 35dB 左右。而且镀覆碳纤维的电磁屏蔽效能会随频率的升高而有所减弱,这可能是因为在低频率波段,镀 Ni、Co、Fe 合金碳纤维具有良好的磁性能和导电性,电磁波的反射损耗大,屏蔽效能高。由此可以得出结论,本试验制得的碳纤维在 20 ~ 1500MHz 频段具有一定的电磁屏蔽性能。

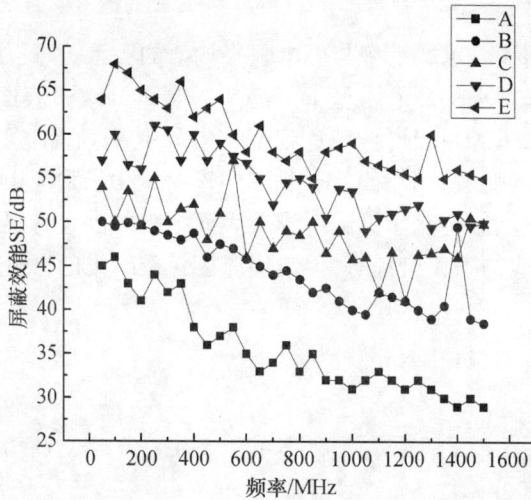

图 5.12　不同增重率碳纤维在 20～1500MHz 的电磁屏蔽效能
A— 50%；B— 77%；C— 106%；D— 140%；E— 210%。

　　为进一步提高电磁屏蔽性能,可以将化学镀 Ni – Co – Fe – P 后的碳纤维或碳纤维布与其他材料混合填充,制成新型复合材料,这样可以最大程度降低缝隙对电磁屏蔽性能的影响。

### 5.2.4　稀土元素 Ce、La 对碳纤维化学镀镀层表面改性的研究

　　近年来,新型功能材料中添加稀土以增加材料的性质已经广泛应用于多种材料的制备及改性中。稀土金属不仅具有较大的活性,而且磁性较好,可对电磁辐射产生影响,因此在电磁屏蔽领域中稀土的应用前景十分广阔。

　　从元素原子的电子结构来看,稀土元素是周期表中的第三副族,它们具有相同的 $[(1s^2 2s^2 3s^2 p^6 d^{10})f^{0-14}5s^2 p^6 d^{0-1}6s^2]$ 结构,但是由于它们具有不同的 4f 电子数,使得稀土金属或其合金能具有优异的物理化学性能。人们发现,在镀液中加入少量的稀土元素可以改善镀液的深镀能力和分散能力,同时由于稀土的有效电荷数大,在镀液中的电极界面可以发生特性吸附,改变界面双电层结构,促进金属离子还原,提高沉积速度,起到电化学的催化作用。此外,稀土可以改善镀液的稳定性、提高镀层的耐磨和抗腐蚀能力以及改善软磁性能,说明稀土的加入增强了镀液的络合作用、稳定镀液,改善了镀层的表面质量。

**1. 稀土元素 Ce、La 对化学镀工艺的影响**

　　(1) 对镀液稳定性的影响。分别配制稀土元素 Ce、La 浓度为 0.1g/L、0.2g/L、0.4g/L、0.6g/L、0.8g/L、1.0g/L 的化学镀液,进行镀液稳定性测试。

　　由图 5.13 可以看出,随着硝酸铈浓度的不断上升,镀液稳定性先上升后下降,当 Ce 元素添加量为 0.6g/L 时,镀液稳定时间达到最大(180min),随之镀液稳定

性能开始下降。整体来说,稀土 Ce 的添加会显著改善镀液的稳定性。稀土 La 的添加量对镀液稳定性影响作用不明显,随着稀土 La 浓度的不断上升,镀液的稳定性缓慢开始下降。

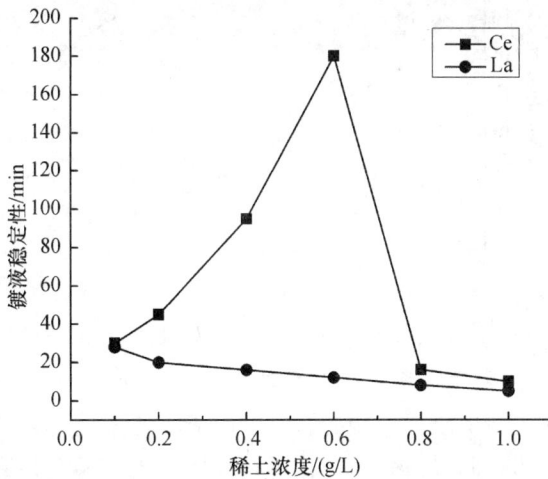

图 5.13　稀土元素浓度对镀液稳定性的影响

稀土会改善镀液的稳定性,这是因为在镀液中加入稀土元素后,一方面会减低掺杂在镀液中的非金属元素 S、N 等的活度,同时增加与铁、钴、镍元素的互溶度,抑制杂质微粒的形成,从而减小镀液自发分解的趋势;另一方面由于稀土离子的加入,在镀液中会形成 $RECl_2^+$、$[RE(H_2O)_n]^{3+}$ 等络合物,从而促进镀液中金属离子的平衡解离,使镀液更加稳定。

(2)对沉积速率的影响。图 5.14 是稀土元素 Ce 和 La 与沉积速度的关系。可以看出,随着稀土元素 La 的加入,镀速整体呈下降趋势,在 La 的添加量为 0.1 ~ 0.2g/L 时,镀速下降较快,当添加量大于 0.2g/L,镀速下降趋势略有减缓。同时在实验中发现,添加稀土 La 后,镀层金属光泽更加明亮,镀后镀液沉淀减少,溶液较清。

在 Ce 元素浓度较低时,随着稀土元素 Ce 的加入,镀速逐渐增大,当达到 0.6g/L 时,镀速最大。随着 Ce 元素含量的继续增大,镀速开始下降,且下降速度较为明显。这可能是因为随着 Ce 元素加入量的增大,在碱性条件下形成了胶状氢氧物,从而使 $Ni^{2+}$、$Co^{2+}$、$Fe^{2+}$ 以络合物的形式大量沉积,从而降低了在试样上的沉积速度。

由于稀土元素的 4f 电子对原子核的封闭不严密,因而吸附能力较强。随着稀土元素加入镀液后,首先通过吸附在空位、位错露头、晶界等晶体缺陷处,使基材表面能降低,这样可以大大提高镀层的成核率,加快沉积速度;其次稀土元素有一部分会形成正离子,催化加速金属离子的还原;同时稀土元素可以与过渡族 Ni、Co、Fe 元素相互增加互溶性,也可以通过形成络合物的方式,消耗一部分配位基,增加游离金属离子的浓度和界面的电位差,这样就可以促进反应物离子的跃迁,从而提高沉积速率。

237

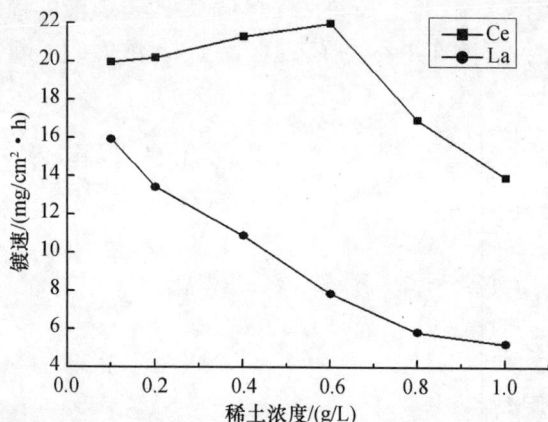

图 5.14 稀土对化学镀 Ni - Co - Fe - P 合金沉积速率的影响

**2. 稀土共沉积合金镀层表征及性能测试**

（1）稀土元素对镀层表面形貌的影响。由于当稀土元素离子吸附到基材表面时,可以减低表面能和临界形核功,细化晶体颗粒,因此有必要探讨稀土元素对镀层表面形貌的影响。图 5.15 为不同稀土元素 Ce 添加量下碳纤维化学镀 Ni - Co - Fe - P 的 SEM 图。

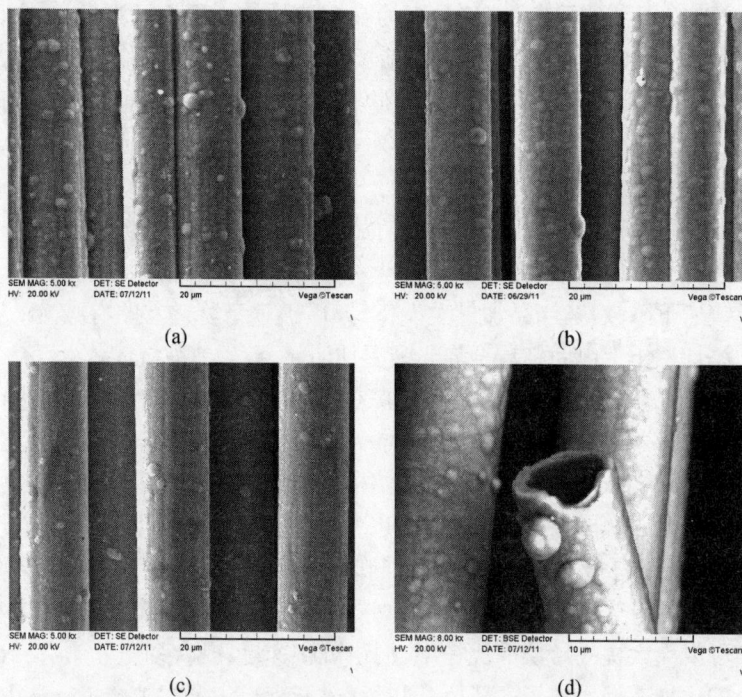

图 5.15 稀土元素 Ce 对化学镀 Ni - Co - Fe - P 合金表面形貌的影响
(a) 未添加稀土 Ce;(b) Ce 0.4g/L;(c) Ce 0.8g/L;(d) Ce 0.4g/L。

238

从图(a)可以看出,当未添加稀土时,碳纤维表面镀层较为粗糙,不太平整,且有较多的结瘤状突起,这是因为在化学镀过程中会伴随着大量氢气的析出,再加上由于含磷量较高引起的镀层内应力变化共同作用的结果。图(b)是 Ce 元素添加量为 0.4g/L 的 SEM 图,与未添加 Ce 前相比,镀层表面较为光滑平整,结瘤状突起数量下降。图(c)为 Ce 元素添加量为 0.8g/L 的 SEM 图,可以看到镀层更加细致平滑,且几乎没有结瘤状突起。图(d)为 Ce 元素添加量为 0.4g/L 时的镀后碳纤维断口图,可以看出碳纤维表面镀层厚度约为 1μm。比较图(b)和图(c)可以发现,Ce 元素 0.4g/L 的镀层厚度大于 Ce 元素 0.8g/L 的,这与稀土 Ce 元素对沉积速度的影响是一致的。

图 5.16 为不同稀土 La 添加量下碳纤维化学镀 Ni－Co－Fe－P 的 SEM 图。比较图(a)、(b)、(c)可以看出,随着稀土 La 的不断加入,镀层表面结瘤状突起和"麻点"数量迅速降低且颗粒更加细小,镀层表面光滑平整,且通过肉眼观察,镀层更加光亮。从图(d)可以看出镀层厚度约为 0.5μm,较未添加稀土 La 前镀层厚度明显减小。

由此可以得出结论,在化学镀液中添加稀土元素可以极大地改善镀层的质量并使镀层更加具有金属光泽。这主要是因为稀土元素可以降低晶界能来抑制晶界移动,从而达到抑制晶粒长大的目的,使得镀层在增厚的过程中更加细密。

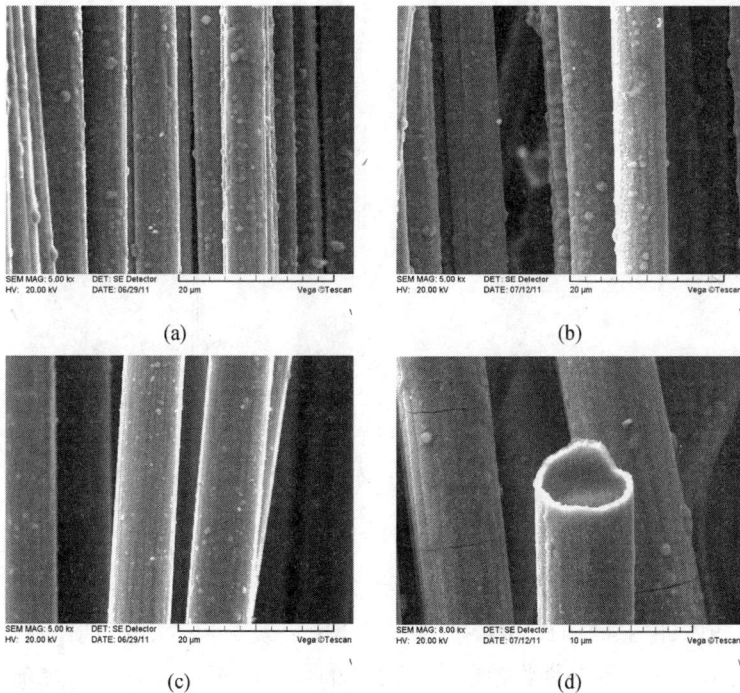

(a)

(b)

(c)

(d)

图 5.16　稀土元素 La 对化学镀 Ni－Co－Fe－P 合金表面形貌的影响
(a) 未添加稀土 La;(b) La 0.4g/L;(c) La 0.8g/L;(d) La0.8g/L。

（2）稀土元素对镀层成分的影响。稀土能够在络合剂的作用下使自身还原电位正移,以及在 Ni、Fe、Co 元素的诱导作用共同影响下实现稀土与 Ni、Fe、Co 共沉积。但因为其原子半径与 Ni、Co、Fe 相差较大,导致稀土的融入量很小。图 5.17 为稀土元素对镀层成分影响的 EDS 谱图,稀土添加量均为 0.6g/L。可以看出,在镀层表面可以检测到少量的稀土元素 Ce 和 La,表明稀土和 Ni、Fe、Co 实现了共沉积。随着 Ce 的加入,Ni 的含量明显提高,而 Co 的含量则明显下降,Fe 的含量略有下降。随着 La 的加入,Ni 和 Fe 的含量几乎没有变化,但 Co 的含量却有所上升。Ce 和 La 的加入都降低了镀层中 P 的含量。这主要是因为一部分以正离子的形态存在的稀土元素,起到了还原剂的作用。相比于 Ce,La 对镀层成分的影响较小,这是因为镧系收缩现象,Ce 的原子半径小于 La 的,因而 Ce 更容易融入镀层,对其成分的影响更为显著。

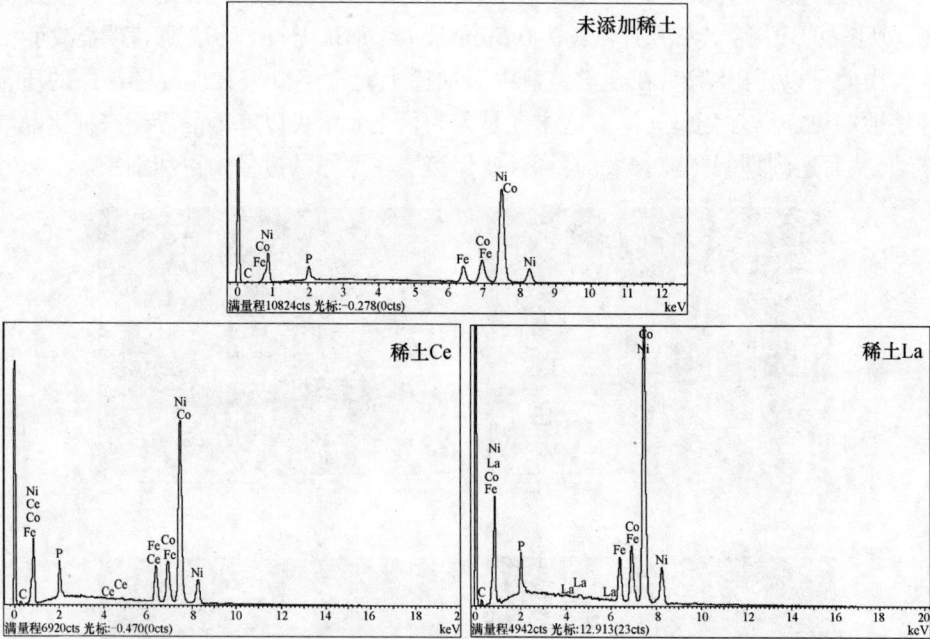

图 5.17 稀土元素对 Ni‐Co‐Fe‐P 镀层成分的影响

（3）稀土元素对镀层结构的影响。图 5.18 从上到下依次为添加稀土、添加稀土 Ce 和添加稀土 La 的 X 衍射图。比较三条曲线可见,由于镀层中加入了稀土元素,使得 X 射线衍射谱图在 $2\theta = 45°$ 处所出现的"馒头包"状的衍射峰强度略有下降,峰宽变窄。这主要是因为镀层中金属 P 的含量降低以及稀土对其他金属晶体的细化作用造成的。首先,由于 Ni、Co、Fe 和 P 的电负性差距较大,其相互作用较强,当镀层中添加了稀土元素后,P 的含量会大大降低,而含 P 量低的镀层其非晶

240

态的稳定性降低,使其有向晶态或者微晶态发展的趋势。其次,由于被还原的稀土具有能够吸附周围其他原子的电子的能力,并且有倾向于依附在活性点上生长的特点,从而抑制了活性点的长大,进而促进了其他位置上晶核的形成,确保在沉积过程中金属层的形核和长大能够均匀发生;最后,由于已形成的镀层具有一定催化能力,在镀覆过程中可以不断增加晶核数目,使晶核在基体平面上铺展,最终相互接触的机会增大,使结晶细化,促使微晶形成。

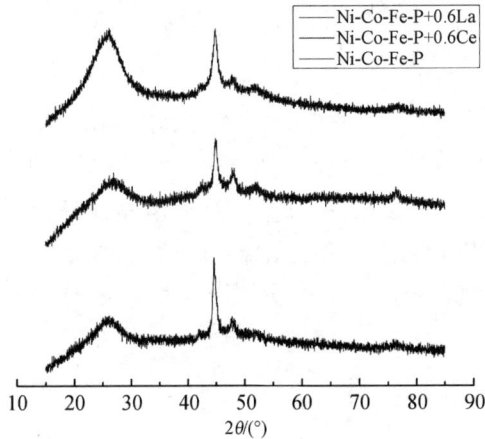

图 5.18 稀土对 Ni－Co－Fe－P 镀层结构的影响

(4) 耐腐蚀性能测试。图 5.19 为稀土元素 Ce 掺杂前后增重率为 100% 的碳纤维布表面比电阻与腐蚀时间的关系图,从图中可以看出,添加了稀土元素 Ce 后镀层的耐腐蚀性有较明显的变化。随着稀土元素 Ce 浓度的不断增大,碳纤维布表面比电阻上升趋势变缓,即其耐腐蚀能力逐渐增大。

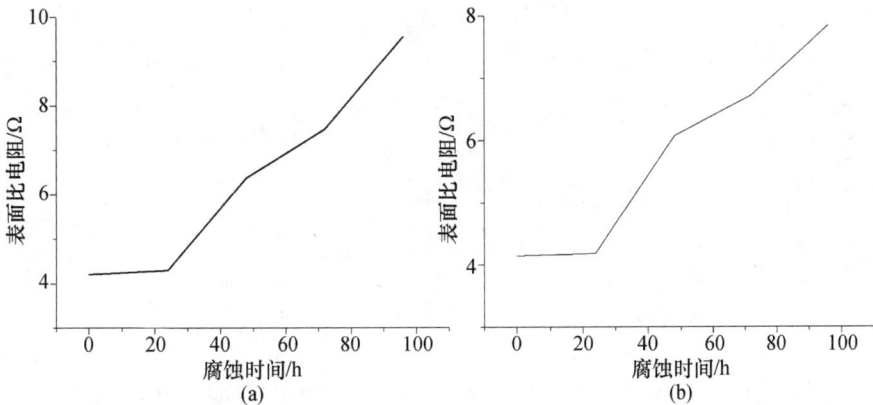

(a)

(b)

(c)

(d)

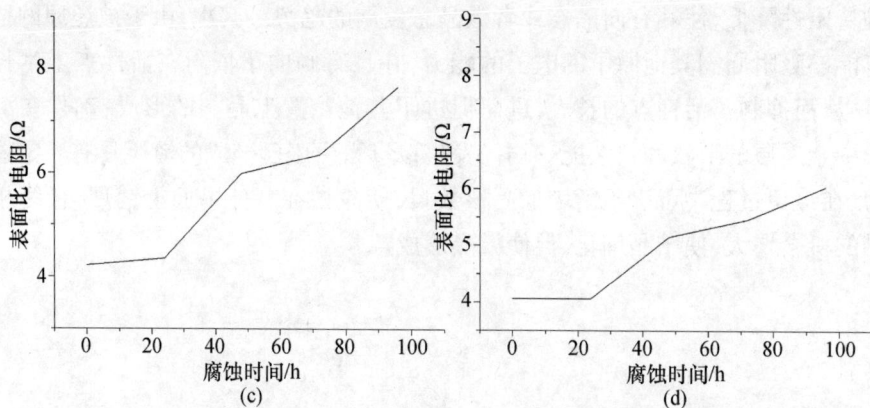

图 5.19  稀土元素 Ce 掺杂增重率在 100% 左右时表面比电阻与腐蚀时间的关系
(a) 未添加稀土元素;(b) Ce 0.4g/L;(c) Ce 0.8g/L;(d) Ce 0.8g/L。

图 5.20 为稀土元素 La 掺杂前后增重率为 100% 的碳纤维布表面比电阻与腐蚀时间的关系图,从图中可以看出,随着稀土元素 La 浓度的增大,镀层的电阻值先下降后上升,即其耐腐蚀性先增加后降低。在 La 元素浓度为 0.2g/时,镀层的耐腐蚀性最好。

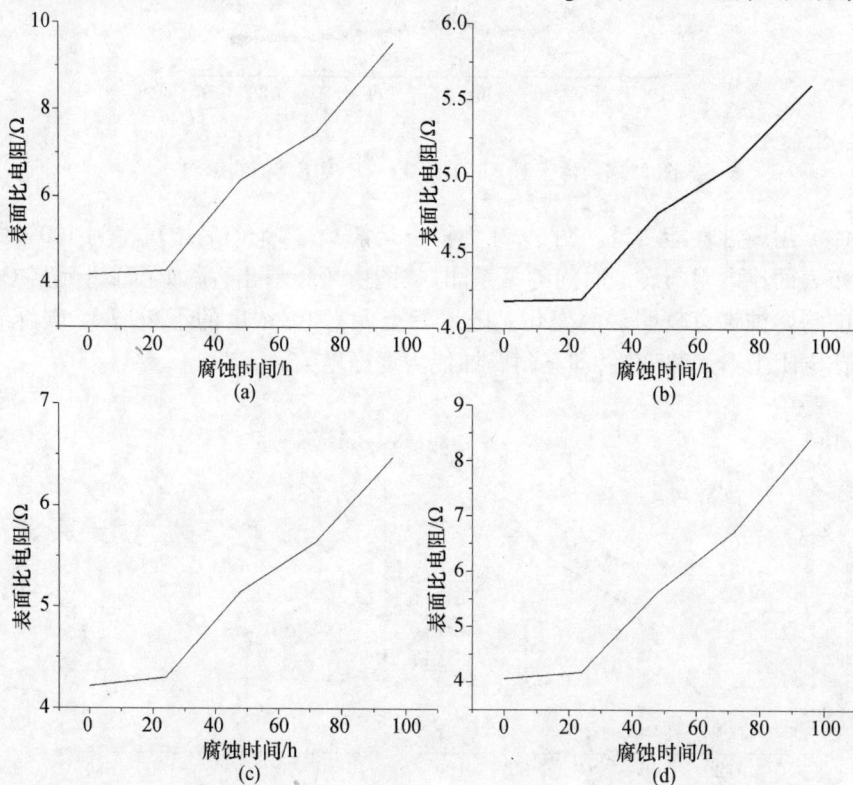

(a)

(b)

(c)

(d)

图 5.20  稀土 La 掺杂增重率在 100% 左右时表面比电阻与腐蚀时间的关系
(a) 未添加稀土;(b) La0.4g/L;(c) La 0.8g/L;(d) La 0.8g/L。

242

从以上结果可以看出,镀层中添加了稀土后,镀层的耐腐蚀性能都会得到改善。其原因可以从以下两个方面解释:一方面,镀层的耐腐蚀性与镀层的致密程度有关,由于稀土元素的添加,使得镀层的表面更为平整,沉淀金属颗粒更为细致,因此提高了镀层的耐腐蚀性能;另一方面,良好的耐腐性能取决于非晶态镀层是否形成,由于稀土元素对非晶态的形成由促进作用,且 La 元素的促进作用优于 Ce 元素,因此,镀层中还有少量 La 元素的耐腐蚀性能最好。

(5)磁性能分析。图 5.21 是未在镀液中添加稀土和添加了不同种类稀土的磁滞回线图。未添加稀土时,饱和磁感应强度为 0.23emu/g。添加 La 后,饱和磁化强度为 9.04emu/g。添加稀土 Ce 后,饱和磁化强度 32.7emu/g。

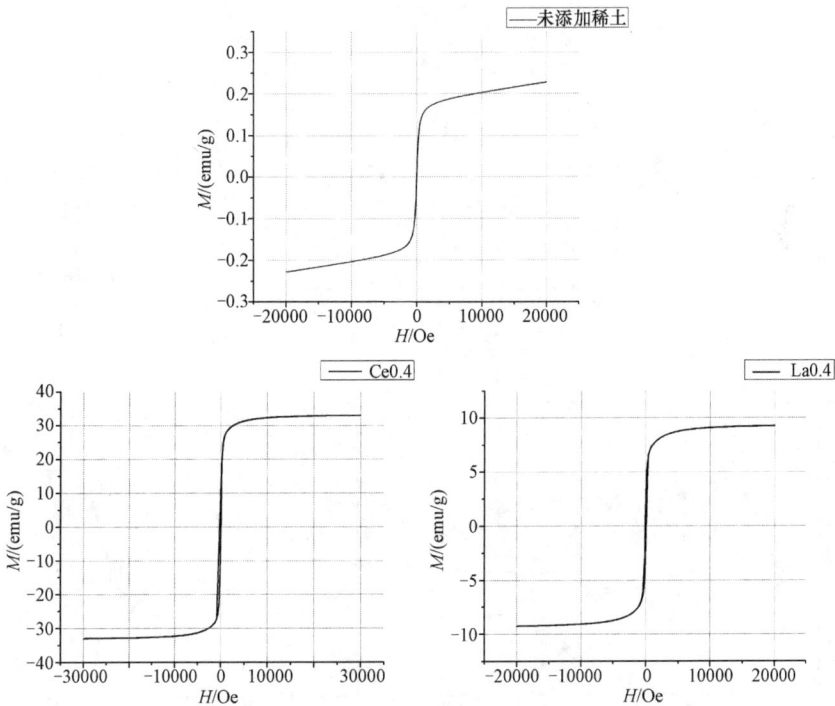

图 5.21 未添加稀土元素和不同稀土元素掺杂时镀层磁滞回线图

从数据的对比可以看出,稀土元素的添加使得镀层的饱和磁感应强度显著提高,同时可以看出,三者磁滞回线都细窄、狭长,剩磁很小,几乎为 0,是典型的软磁性合金特征。由此可以得出稀土元素的添加会改善镀层的软磁性能,且 Ce 元素改善镀层磁性能的能力要优于稀土元素 La。Ce 元素和 La 元素掺杂后对镀层磁性能的影响不同,这可能是因为其与 Ni、Co、Fe 形成合金薄膜的结构、磁矩大小和取向不同。同时在共沉积过程中,由于稀土元素细化了晶粒,使得一定程度的超顺磁性粒子和单畴软磁性能粒子能够在镀层中形成。

（6）电磁屏蔽效能分析。图 5.22 反映了不同含量稀土元素 Ce 对碳纤维化学镀 Ni – Co – Fe – P 电磁屏蔽性能的影响。可以看出随着频率的升高,电磁屏蔽效能呈下降趋势,Ce 元素的加入并不能改变这种状况。但是对比未添加稀土的屏蔽效能可以发现,稀土元素 Ce 的加入提高了镀层的电磁屏蔽性能,而且随着 Ce 元素含量的不断提高,电磁屏蔽效能整体呈缓慢上升趋势。结合前述的微观形貌和 X 衍射结果,可以推断,这可能是因为稀土元素 Ce 共沉积的合金镀层与常规镀层相比,细化了晶粒,提高了镀层的致密度,从而降低了电磁波的透射能力。

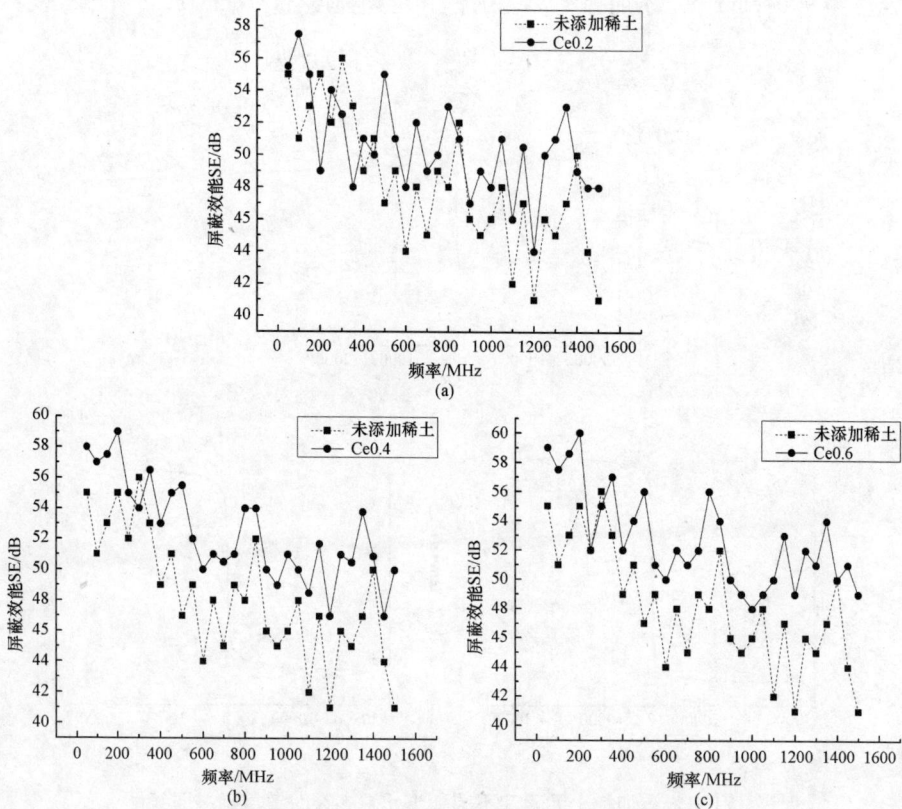

图 5.22　未添加稀土和不同 Ce 元素添加量时镀层的电磁屏蔽效能对比
(a) 0.2g/L Ce 元素;(b) 0.4g/L Ce 元素;(c) 0.6g/L Ce 元素。

图 5.23 反映了不同含量稀土元素 La 对碳纤维化学镀 Ni – Co – Fe – P 电磁屏蔽性能的影响。从图中可以看出,与添加稀土元素 Ce 能够提高镀层电磁屏蔽性能不同,添加稀土 La 后,镀层的电磁屏蔽性能并没有太大的改变。结合磁滞回线,很可能是因为稀土元素 Ce 对镀层磁性能的改善能力要远大于稀土元素 La。

244

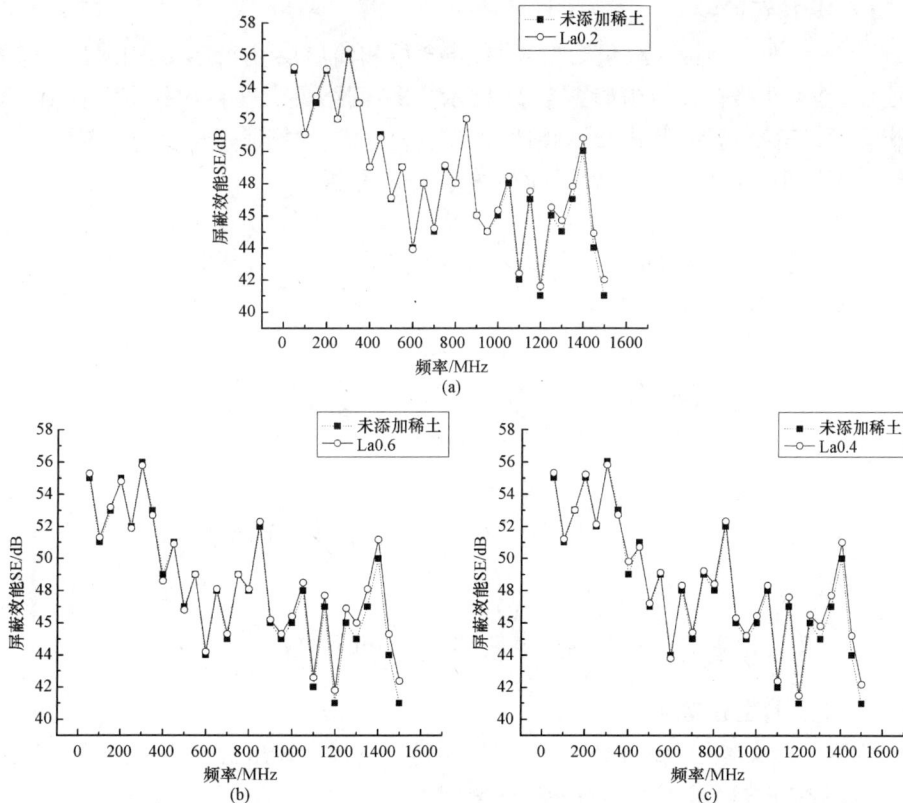

图 5.23　未添加稀土元素和不同元素 La 添加量时镀层的电磁屏蔽性能对比

(a) 0.2g/L La 元素；(b) 0.4g/L La 元素；(c) 0.6g/L La 元素。

## 5.2.5　BP 神经网络法优化化学镀 Ni‑Fe‑Co‑P 工艺

化学镀涉及的影响因素很多,改变一个很小的工艺参数就会对整个实验设置造成重大影响。如果把所有的工艺条件都考虑进去,那么就要做大量的实验,这样会严重浪费时间和精力。而且由于频繁的实验,操作者的注意力难以高度集中,更会造成实验效率低下,造成实验结果可靠性不高。因此探寻一种科学有效的模拟方法代替传统实验的方法,提高化学镀的实验效率,节省大量的人力和物力成为大势所趋。

随着现代高新技术蓬勃发展,尤其是计算机技术的飞跃式发展,开始出现大量的计算机模拟程序代替传统实验的方法,人工神经网络(Artificial Neural Network,ANN)就是其中的佼佼者。ANN 是一种能够模拟人脑生物过程的人工智能系统,它不需要输入和输出之间有很高的关联度,而是依靠自身广泛互联的神经元,不断逼近输入和输出之间的映射关系,从整体上反映出其发展趋势。因此,ANN 非常适合研究非线性系统,故而在性能预测和工艺参数优化等方面都有着广泛的应用。

## 1. BP 神经网络

BP 神经网络结构一般包括输入层、隐含层和输出层,层与层之间通过权值相互连接,基本网络拓扑结构如图 5.24 所示。BP 网络最大的特点是不需要输入和输出之间具有很高的相关性或者精确的数学表达式,它能通过自身的不断学习,找到输入和输出之间的线性结构,从而完成预测和分析。

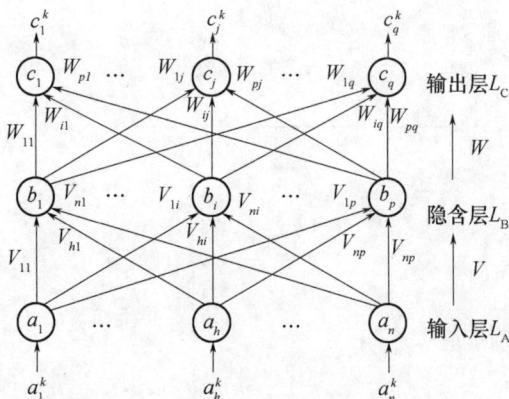

图 5.24　基本 BP 网络的拓扑结构

## 2. 模型的建立与训练

构建一个完整的 BP 神经网络,首先要确定输入和输出参数。一般情况下,输入参数(特征向量)的选择要遵循以下原则。

(1)参数数目选择要适当,不能太多或太少,太少不能完全体现所选参数对化学镀工艺的影响,太多则会导致网络训练速度过慢。

(2)选择输入参数时,首先要选择那些对输出参数有较大影响的,然后从其中筛选出能够被准确检测到的参数;如果参数特别多,再从中挑选出和输出参数线性相关度更小的,从而完成输入参数的确定。

(3)当出现某个参数无法确定是否列入输入参数时,可将其先行代入训练网络,而后再和没有该参数的网络进行比对,从中择优选取。

(4)输入输出参数的选择要能够准确体现所选系统的规律。

可以采用例如粗糙集理论、遗传算法等方法对输入参数进行分析,以最终确定输入参数的个数。

对于化学镀工艺而言,输出参数一般选为沉积速率,输出参数选为溶液温度 $T$、主盐浓度比、还原剂含量、溶液 pH 值、还原剂浓度等。

BP 神经网络对训练样本的要求很高,不是所有的输入输出数据都能得到理想的映射联系。在进行实验条件优化时,一般选用正交试验的数据作为训练样本。正交试验设计实验能够充分体现系统的规律,它虽然减少了实验的数量,但实验因素组合具有代表性,得到的实验数据能全面反映各因素与指标的内在关系,采用该

246

结果能建立高效和可靠的神经网络模型。

本次试验选用 $L_{16}(4^5)$ 正交表安排试验,以试验结果作为神经网络模型训练样本,建立 BP 神经网络。训练样本见表 5.8。

表 5.8　神经网络训练样本

| 序号 | $T/℃$ | $C_{Fe^{2+}}/C_{Co^{2+}+Ni^{2+}}$ | 柠檬酸钠 /(g/L) | pH 值 | 次亚磷酸钠 /(g/L) | 沉积速率 $V/×10^{-4}$ (mg/cm$^2$·h) |
|---|---|---|---|---|---|---|
| 1 | 60 | 0.2 | 10 | 8 | 20 | 51268 |
| 2 | 60 | 0.4 | 20 | 8.5 | 25 | 62187 |
| 3 | 60 | 0.6 | 30 | 9 | 30 | 160000 |
| 4 | 60 | 0.8 | 40 | 9.5 | 35 | 171563 |
| 5 | 70 | 0.2 | 20 | 9 | 35 | 202187 |
| 6 | 70 | 0.4 | 10 | 9.5 | 30 | 254787 |
| 7 | 70 | 0.6 | 40 | 8 | 25 | 124688 |
| 8 | 70 | 0.8 | 30 | 8.5 | 20 | 101563 |
| 9 | 80 | 0.2 | 30 | 9.5 | 25 | 252500 |
| 10 | 80 | 0.4 | 40 | 9 | 20 | 206875 |
| 11 | 80 | 0.6 | 10 | 8.5 | 35 | 135148 |
| 12 | 80 | 0.8 | 20 | 8 | 30 | 116375 |
| 13 | 90 | 0.2 | 40 | 8.5 | 30 | 127500 |
| 14 | 90 | 0.4 | 30 | 8 | 35 | 115734 |
| 15 | 90 | 0.6 | 20 | 9.5 | 20 | 164187 |
| 16 | 90 | 0.8 | 10 | 9 | 25 | 131250 |

确定 BP 网络的结构参数就是要确定该网络的隐含层数、各层的神经元数以及传递函数和收敛算法。已有文献证明,一味增加隐含层数并不能提高网络的精度和表达能力,一般情况下选择一个隐含层就够了。因此本模型选择一个隐含层,这样所选择的 BP 网络有一个输入层、一个隐含层和一个输出层,即 3 层 BP 网络。输入层为 5 个节点,分别代表温度、主盐浓度比、还原剂含量、pH 值、还原剂浓度;输出层为一个节点,代表合金沉积速率;由于隐含层个数与所研究问题有关,且目前尚无法给出隐含层的个数与问题的类型和规模之间的关系,因此只能通过模拟实验来确定。前期通过选用不同隐含层个数进行模拟,发现 14 个隐含层神经元适合本问题,即所选用的 BP 网络结构为 $5×14×1$。输入层与隐含层之间使用 tansig 函数,隐含层与输出层之间使用线性 purelin 函数;网络训练函数采用共轭梯度算法;ANN 训练结果与训练样本数比较误差控制在 1% 之内。

采用 MATLAB 神经网络工具箱实现 BP 神经网络的计算。图 5.25 所示是训练样本在训练 43 次后达到了目标误差曲线。图 5.26 所示为 ANN 计算与实验结果线性相关度，相关系数 $R = 0.99943$。因此，可以采用训练结果进行预报。

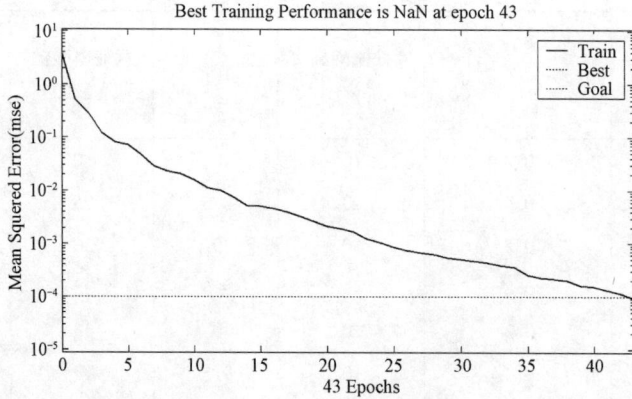

图 5.25    目标误差曲线

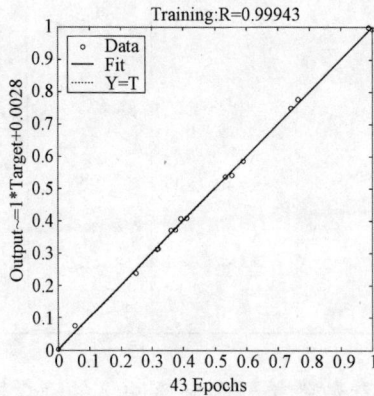

图 5.26    ANN 计算与实验数据的线性相关度

### 3. 模型的检验

对于有 5 个工艺参数、每个工艺参数有四个水平的化学镀实验，其全部实验个数为 $4^5 = 1024$，正交实验选择了其中的 16 个。为了验证训练所得的神经网络是否正确，首先将全部实验编号，从其中随机抽取 5 组作为检验样本。再把所得的结果进行比对，通过计算二者之间的误差来验证训练生成的网络是否在参数范围内具有通用性，检验样本及结果见表 5.10。从表中可知，随机抽取的 ANN 计算结果与实验结果最大误差仅为 1.1%，这可以说明该网络模型对工艺参数映射结果与实验所得结果基本吻合，是有效和可靠的。

248

表 5.10　检验样本

| 序号 | $T/℃$ | $C_{Fe^{2+}}/C_{CO^{2+}+Ni^{2+}}$ | 柠檬酸钠 /(g/L) | pH 值 | 次亚磷酸钠 /(g/L) | 实验数值 $V/×10^{-4}$ (mg/cm² · h) | 预测数值 $V/×10^{-4}$ (mg/cm² · h) | 误差 |
|---|---|---|---|---|---|---|---|---|
| 1 | 60 | 0.6 | 30 | 8.5 | 30 | 154326 | 154789 | 0.3 |
| 2 | 80 | 0.4 | 30 | 9.5 | 25 | 223500 | 225512 | 0.9 |
| 3 | 70 | 0.8 | 20 | 8 | 30 | 113567 | 114846 | 1.1 |
| 4 | 90 | 0.2 | 20 | 8.5 | 30 | 120705 | 121188 | 0.4 |
| 5 | 90 | 0.4 | 30 | 9 | 35 | 123457 | 124445 | 0.8 |

**4. 基于神经网络的工艺参数优化**

由于在设计正交试验时所选取的点都是均匀间隔,这样就会造成一种现象,即得到的最佳工艺参数只可能产生于这些整点上。但事实上在正交试验点周围的零散点或间隔点可能还会存在更加优秀的组合。为了更进一步得到最佳的优化工艺条件,可以根据已经建立的神经网络模型,采用小步长搜索的办法,选取其中一些具有代表性的间隔点,通过神经网络的计算,看看是否存在更好的工艺参数。

(1)找到正交试验所得的最佳工艺参数点 $A_0$,在其基础上对每一个工艺参数增加或减小一个很小的小步长,把得到的新的参数进行重新搭配,生成新的样本。

(2)利用先前训练好的 ANN 模型,对新的样本进行计算,得到其相对应的沉积速度。

(3)选取最大的沉积速度对应的参数组合 $A_1$,并与 $A_0$ 进行对比,取二者之间的较大值,重新记为 $A_0$。

(4)返回(1),一直到沉积速度 $V$ 的数值达到要求为止。

根据以上步骤,对于正交试验结果的最优工艺参数组合,在其附近取微小的变量,得到新的优化因数水平,见表 5.11。

表 5.11　优化因数及水平

| 序号 | $T/℃$ | $C_{Fe^{2+}}/C_{CO^{2+}+Ni^{2+}}$ | 柠檬酸钠 /(g/L) | pH 值 | 次亚磷酸钠 /(g/L) |
|---|---|---|---|---|---|
| 1 | 66 | 0.23 | 12 | 8.05 | 24 |
| 2 | 74 | 0.46 | 25 | 8.57 | 27 |
| 3 | 88 | 0.61 | 33 | 9.03 | 32 |
| 4 | 92 | 0.87 | 46 | 9.56 | 39 |

利用正交表安排实验,利用已有的神经网络模型得到沉积速率结果。

神经网络在正交试验最佳工艺参数组合附近仍然能找到更优的工艺参数组

合,其最优工艺条件组合为温度 88℃,主盐浓度比 0.46,柠檬酸钠浓度 46g/L,pH 值 9.03,次亚磷酸钠浓度为 24g/L,用神经网络模型计算得到的沉积速度为29.3618mg/cm$^2$·h。

需要注意的是,此时得到的仍是相对于原工艺更加优化的配方,并不是最佳工艺。如果要寻找最佳工艺,仍然需要按照此步骤重复计算。

或者采用人工神经网络－遗传算法的方法进行寻优。在用神经网络获得工艺过程的模型后,用遗传算法进行寻优,以确定最佳的工艺条件。其中遗传算法中的适应度函数计算过程中的寻优参数值(即工艺参数值)通过神经网络模型预测而得,约束条件根据各因素各水平值及实践经验确定。具体的计算过程不再叙述,读者可以参考相关的文献进行详细的了解。

**5. 检验最优解**

为了验证 ANN 模型得到的最优解是否符合实际结果,用所得的优化工艺制备 Ni－Fe－Co－P 合金镀层并测试其沉积速度。实验结果得到合金沉积速度为 28.6592mg/cm$^2$·h,误差为 2.39%。这说明了所构建的神经网络反映的化学镀工艺参数和沉积速度的映射关系基本准确,同时也说明该神经网络在工艺优化方面是可行的。

# 5.3 轻质碳材料在液体推进剂防护服面料中的应用

防护服最重要的功效是保证使用者绝对的安全。要获得这样的功效,防护服应具备有效的化学毒剂防护手段。防护服对化学毒剂的防护可分对化学毒剂蒸气及液体的防护两种性能。本节主要研究对化学毒剂蒸气的防护。

## 5.3.1 化学毒剂防护技术

对化学毒物蒸气的防护时间是衡量防护服性能的关键性指标。它是指毒剂蒸气透过面料至一定浓度时的时间,此时间越长,说明防护服的防护效果越好。

防护服要得到一定的防毒时间,就必须能有效地防护化学毒剂的透过或渗透。对化学毒剂(包括化学战剂、液体推进剂等)的防护可以有多种技术和方法,但由于防护服的特殊性,应用于防护服中的防护技术主要是以下两种。

**1. 织物孔径控制隔离技术**

该技术利用材料的孔径控制织物内表面与环境隔绝的程度,隔绝性能主要取决于织物材料孔径和化学毒剂的分子大小。织物的孔径越小,隔绝性越好,如织物是完全密闭的,则隔绝性最好。但孔径小,势必造成人体所产生的热量、湿气不易透过织物,使防护服穿着生理舒适性下降。所以,防护服织物材料的孔径应控制在一定的范围内,使防护性能和穿着舒适性达到一个基本的平衡点。

密闭性较好的织物材料主要有人工合成的丁基橡胶、聚氯乙烯、聚氯丁乙烯及一些孔径较小的材料。由完全密封材料制成的防护服称为隔绝式防护服。早期的防护服就是利用橡胶较佳的密闭性和耐腐蚀性,通过物理密封使穿着人员免受化学毒剂沾染,之后可用液体消洗剂洗消防护服外表面上沾染的化学毒剂。由于不透气及重量较重,隔离式防护服已逐渐被淘汰。

织物材料孔径的大小可以通过不同的原料和制造工艺获得。例氯丁橡胶涂层织物,由于氯丁橡胶没有相通的孔径存在,所以其复合织物完全封闭;纯棉低支纱的平纹织物,当织物干燥时,其经、纬纱线间的间隙相对较大,约 $10\mu m$,具有一定的透气、透湿性;聚酯或尼龙微细纤维织成的紧密织物,因纱的细度极小,使织物纱线间隙足够小,可以使直径约 $100\mu m$ 的液态水不能通过,但直径约 $0.0004\mu m$ 的水蒸气可以通过;高性能的防水透湿 Gore – Tex 织物是利用聚四氟乙烯微孔膜与织物复合而成,其孔径在 $0.2\mu m$ 左右。利用不同的表面涂层剂如结构不同的亲水改性的聚氨酯高分子化合物处理织物表面也可控制织物孔径的大小。

由于生理舒适性的要求,防护服织物的孔径不能太小。但孔径增大会降低对气态化学毒剂的防护性能。为了解决这对矛盾,可以在第一种防护技术的基础上,利用第二种技术即利用吸附剂吸附透过织物的毒剂蒸气以获得织物合适的防护性能和透气性能。

**2. 吸附技术**

该技术是利用吸附剂吸附气态的毒剂。吸附剂的种类很多,用于防护服的一般是炭制品即活性炭,它可以有多种物理状态,最常用的是粉末状活性炭(PAC)、颗粒状活性炭(GAC)及粘附在有机纤维上的纤维活性炭(FAC)。不同的物理状态,活性炭的力学性能及吸附能力不同。

通过其巨大的比表面,以及浸渍适当的催化剂,颗粒状(或粉末状)活性炭可以吸附及分解去除多种类型、不同浓度的有机物,是较为理想的毒气防护剂。但在用于防护服时,其性能受环境的温度、湿度、其他共存无毒物质等因素的影响,吸附容量变化较大,也显得略低,不能满足良好、长效的防护要求。20 世纪 70 年代开始应用的活性炭纤维(ACF)及近期出现的微球炭产品大大提高了炭制品的吸附性能,可以满足长期而有效的对化学毒剂的防护要求。

从理论上分析,活性炭纤维或微球炭都可以满足制作液体推进剂防护服的要求。但目前微球炭的生产价格较高,而且微球炭粘结(堆积)到布料上的技术比较复杂,黏合剂用量和种类直接影响微球炭的堆积密度及活性大小,制作工艺不易稳定。而活性炭纤维生产成熟,价格较为便宜,并且产品二次加工后可方便地织成布状材料,为制作防护服提供了极大的便利。

## 5.3.2 活性炭纤维对偏二甲肼蒸气透过性能研究

综合考虑原料来源、制作成本等因素,最终选择活性炭纤维作为液体推进剂防护服的防毒材料。

活性炭纤维有多种产品规格(表5.12)。根据防护服的防毒及重量要求,选用活性炭纤维布料2作为面料的防毒材料。

表5.12　活性炭纤维布料规格

| 规　格 | 活性炭纤维布料1 | 活性炭纤维布料2 | 活性炭纤维布料3 |
|---|---|---|---|
| 比表面积/(m²/g)(BET) | 800 ± 100 | 1000 ± 100 | 1200 ± 100 |
| 苯吸附饱和量/%(质量分数) | 25 ~ 32 | 35 ~ 45 | 46 ~ 52 |
| 碘吸附饱和量/(mg/g) | 600 ~ 700 | 850 ~ 900 | 1100 ~ 1200 |
| 克重/(g/m²) | 100 | 200 | 300 |
| 厚度/mm | 0.25 | 0.32 | 0.46 |

偏二甲肼气体透过测试装置:自制,材质为有机玻璃,结构平面示意图如图5.27所示。

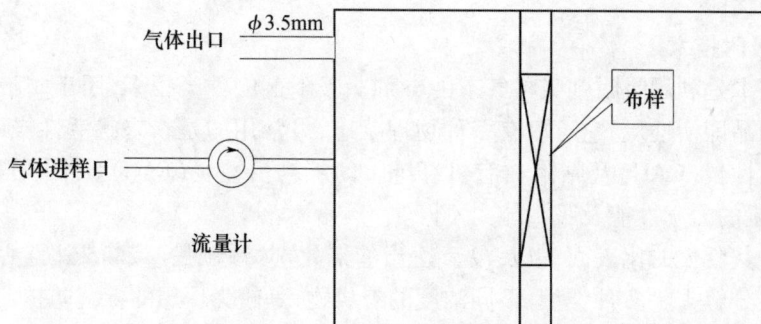

图5.27　偏二甲肼气体透过测试装置结构示意图

由流量计控制气体流动的速度,在测试装置的一侧形成气体流动环境,装置另一侧的偏二甲肼透过量由光离子化液体推进剂蒸气检测仪(自制)检测。

测试前,偏二甲肼气体透过测试装置用清洁空气吹拂0.5h。裁取$20cm^2$面积的活性炭纤维布在$100 ~ 120℃$下烘2h直至恒重,然后固定于测试装置中。配制一定浓度的气体($C_0$, mg/L),控制不同的气体流速($v$, cm/min)通过测试装置一侧,在另一侧用光离子化液体推进剂蒸气检测仪检测透过的偏二甲肼气体浓度,并以透过气体浓度($C_b$, mg/L)等于一定倍数的初始浓度时作为"气 – 气"防毒时间($t$)的终点。

当透过浓度等于初始浓度的1/10,即$C_b/C_0 = 0.1$时,测试了12条偏二甲肼蒸气透过曲线,实验结果见表5.13。

表 5.13　活性炭纤维对偏二甲肼的防毒时间($t_{0.1}$)

| 序号 | 试验条件 | | 实测值 /(t/min) | 序号 | 试验条件 | | 实测值 /(t/min) |
| | 初始浓度 $C_0$/( mg/L) | 流速 $v$/( cm/min) | | | 初始浓度 $C_0$/( mg/L) | 流速 $v$/( cm/min) | |
| --- | --- | --- | --- | --- | --- | --- | --- |
| 1 | 2.68 | 10.5 | 221.2 | 7 | 8.04 | 30.0 | 21.4 |
| 2 | 2.68 | 23.0 | 93.0 | 8 | 8.04 | 47.0 | 12.8 |
| 3 | 2.68 | 30.0 | 75.1 | 9 | 13.40 | 10.5 | 40.2 |
| 4 | 2.68 | 47.0 | 40.6 | 10 | 13.40 | 23.0 | 21.0 |
| 5 | 8.04 | 10.5 | 77.5 | 11 | 13.40 | 30.0 | 17.0 |
| 6 | 8.04 | 23.0 | 37.1 | 12 | 13.40 | 47.0 | 11.5 |

为了确定活性炭纤维对偏二甲肼气体的防护时间,采用在防毒面具滤罐吸附动力学得到广泛应用的 Klotz 方程、Wheeler 方程和 Yoon 方程处理"气–气"防毒时间数据。

活性炭纤维防毒时的动力学条件非常特殊,它是在极薄的活性炭纤维布和极低的气流速度下进行的。通常认为,在防护服实际使用时,通过活性炭层的气流速度为 10cm/min,远远低于防毒面具滤罐中通常遇到的气流速度(一般为 200 ~ 500cm/min)。虽然活性炭纤维布是在气体流动低比速这一特殊的动力条件下的"气–气"防毒,可是气流与活性炭纤维布在防毒时间过程中的接触时间,却和防毒面具滤罐的相差不远,都在 0.001min 左右(表 5.14)。接触时间对"气–气"防毒时间来说,是一个极为重要的参数。因此,完全可以采用 Klotz 方程、Wheeler 方程和 Yoon 方程来处理"气–气"防毒时间数据,因为这些方程具有形式简单、计算方便、便于在实际工作中应用等优点。

表 5.14　各种防护器材在使用时的气流接触时间(min)

| 使用条件 ＼ 器材名称 | 82 型 透气防毒服 | 64 型 防毒面具 | 65 型 防毒面具 | 69 型 防毒面具 |
| --- | --- | --- | --- | --- |
| 炭量/(g/m²) | 50 | 200 | 50 | 40 |
| 炭堆积比重/(g/cm³) | 0.50 | 0.65 | 0.65 | 0.65 |
| 炭层厚度/cm | 0.1(炭布) 0.01(炭) | 2.0 | 1.0(板) ~0.4 | 2.0(纱布) ~0.9(炭) |
| 气流速度/(cm/mmin) | 10 | ~200 | ~150 | ~450 |
| 气流接触时间/min | 0.010(炭布) 0.001(炭) | 0.010 | 0.070(板) 0.003(炭) | 0.004(纱布) 0.002(炭) |

Klotz、Wheeler 和 Yoon 从不同的角度出发,得到了下列形式相似的活性炭

"气-气"防毒时间表达式

Klotz 方程式

$$t = \frac{a}{c_0 v}\left(w - k_1 v^{0.41}\ln\frac{c_0}{c_b}\right)$$

Wheeler 方程式

$$t = \frac{a}{c_0 v}\left(w - \frac{v}{k_2}\ln\frac{c_0}{c_b}\right)$$

Yoon 方程式

$$t = \frac{a}{c_0 v}\left(w - \frac{w}{k_3}\ln\frac{c_0 - c_b}{c_b}\right)$$

上列方程中，$k_1$ 是炭粒直径以及蒸气扩散系数和气流黏度、密度等参数的函数；$k_2$ 与气流速度及蒸气扩散系数有关；$k_3$ 则是一个常数，与气流速度及蒸气浓度无关；$a$ 是活性炭对化学毒剂的动态平衡吸附量（mg/mg）；$C_0$ 是气体初始浓度（mg/L）；$v$ 是测试时气流速度（cm/min）；$w$ 是含炭量（mg/cm$^2$）；$C_b$ 是透过浓度（mg/L）。根据在不同条件下的防毒时间实测数据可以回归出上述方程中的参数。

虽然上述各方程是描述活性炭对化学毒剂的"气-气"防毒时间，但是，根据前面的分析可知，这些方程也可以用于活性炭纤维对偏二甲肼蒸气的"气-气"防毒时间，相应的方程中参数的意义也随之改变。

通过表 5-13 中的数据，可回归出三个方程式中的各个参数，具体数据见下
Klotz 方程

$$t_k = \frac{357.86}{c_0 v}(w - 0.4233 v^{0.41}\ln 10)$$

Wheeler 方程

$$t_w = \frac{324.72}{c_0 v}\left(w - \frac{v}{30.72}\ln 10\right)$$

由于 $k_2$ 与 $v^{0.5}$ 成正比，所以 Wheeler 方程也可写为

$$t_w = \frac{347.66}{c_0 v}(w - 0.2741 v^{0.5}\ln 10)$$

Yoon 方程：由于回归过程的雅可比矩阵为病态，直接回归误差较大，需要对方程进行变形。因为根据 Yoon 的假设，$a$ 与 $C_0^n$ 成比例（$n$ 值也可从实验数据回归求出），所以 Yoon 方程可改写为

$$t_y = \frac{aw}{c_0^n v}$$

根据上式进行回归，可得

$$t_y = \frac{299.54 w}{c_0^{0.9816} v}$$

根据回归方程,可以粗略估算不同条件下的透过时间,结果见表5.15。从表5.15 及图5.28 中可以看出,这三个方程都较好地符合实验结果。

表5.15　Klotz、Wheeler 和 Yoon 方程的防毒时间预测及误差

| 序号 | 实测值 /min | Klotz 方程 | | Wheeler 方程 | | Yoon 方程 | |
|---|---|---|---|---|---|---|---|
| | | 计算值 /min | 误差 /% | 计算值 /min | 误差 /% | 计算值 /min | 误差 /% |
| 1 | 221.2 | 221.8 | 0.3 | 221.8 | 0.3 | 216.8 | 2.0 |
| 2 | 93.0 | 95.6 | 1.2 | 95.7 | 1.2 | 99.0 | 2.7 |
| 3 | 75.1 | 71.5 | 1.6 | 71.5 | 1.6 | 75.9 | 0.4 |
| 4 | 40.6 | 43.4 | 1.3 | 43.3 | 1.2 | 48.4 | 3.5 |
| 5 | 77.5 | 74.0 | −1.6 | 73.9 | 1.6 | 73.7 | −1.7 |
| 6 | 37.1 | 31.9 | −2.4 | 31.9 | 2.4 | 33.7 | −1.6 |
| 7 | 21.4 | 23.8 | 1.1 | 23.8 | 1.1 | 25.8 | 2.0 |
| 8 | 12.8 | 14.5 | 0.8 | 14.4 | 0.7 | 16.5 | 1.7 |
| 9 | 40.2 | 44.4 | 1.9 | 44.4 | 1.9 | 44.7 | 2.0 |
| 10 | 21.0 | 19.1 | −0.9 | 19.1 | 0.8 | 20.4 | −0.3 |
| 11 | 17.0 | 14.3 | −1.2 | 14.3 | 1.2 | 15.6 | −0.6 |
| 12 | 11.5 | 8.7 | −1.3 | 8.7 | 1.3 | 10.0 | −0.7 |
| 平均误差/% | | 1.3 | | 1.3 | | 1.6 | |

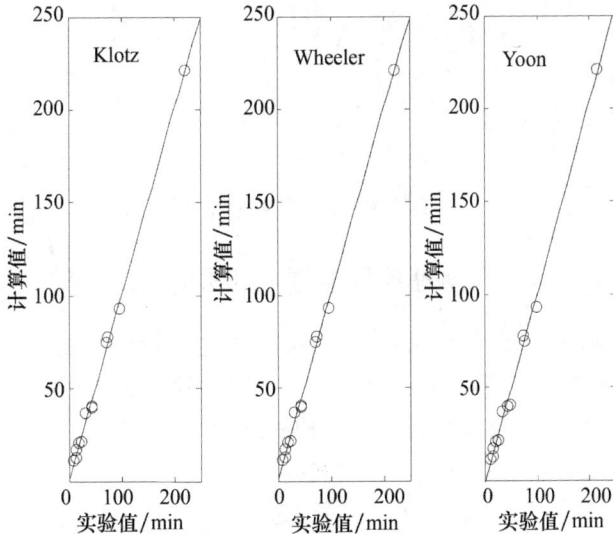

图5.28　防毒时间的计算值与实验值比较

从上述方程可看出,在一定实验条件下,即当 $C_0$、$v$ 和透过剂量(即 $\int_0^t c_b \mathrm{d}t$,在低透过剂量时,由它确定防毒时间)一定时,"气 – 气"防毒时间将取决于 $w$、$a$ 和 $k$($k_1$、$k_2$ 和 $k_3$)值,其中 $w$ 是单位面积活性炭纤维布的重量,它决定了活性炭纤维布样的制造工艺;$a$ 是活性炭纤维的动态平衡吸附量,即与活性炭纤维的性能有关,也与活性炭纤维的制造工艺有关;最令人感兴趣的是 $k$ 值,特别是 $k_2$,它反映了活性炭纤维吸附速度的大小。

在低透过剂量时,对上述各方程进行适当的数学变换和一定的近似处理,并用总剂量 $D$ 代替 $C_b$,都可以换成以下形式:

$$t = A + B\ln D$$

不同方程的 $A$、$B$ 值见表 5.16。此形式的方程在实际中的应用更加方便。

表 5.16　不同方程的 $A$、$B$ 值

| 方　程 | $A$ | $B$ |
|---|---|---|
| Klotz | $\dfrac{ak_1}{c_0 v^{0.59}}\left(\dfrac{w}{k_1 v^{0.41}} - \ln\dfrac{k_1 a}{v^{0.59}}\right)$ | $\dfrac{ak_1}{c_0 v^{0.59}}$ |
| Wheeler | $\dfrac{a}{k_2 c_0}\left(\dfrac{k_2 w}{v} - \ln\dfrac{a}{k_2}\right)$ | $\dfrac{a}{k_2 c_0}$ |
| Yoon | $\dfrac{aw}{k_3 c_0 v}\left(k_3 - \ln\dfrac{aw}{k_3 v}\right)$ | $\dfrac{aw}{k_3 c_0 v}$ |

根据实验结果,活性炭纤维对偏二甲肼"气 – 气"防毒时间的 Klotz、Wheeler 方程的表达式如下:

Klotz:

$$t_k = 197.1 + 14.12\ln D$$

Wheeler:

$$t_w = 20.85 + 0.3731\ln D$$

### 5.3.3　基于人工神经网络理论预测防毒时间

Klotz 方程、Wheeler 方程和 Yoon 方程可以表达防毒面料的防毒时间,但防毒面料对毒剂的防护作用所涉及的因素较多,在推导这些方程时,进行了过分的简化,因此这三个方程都不能提供全部透过曲线的信息,用这三个方程画出的透过曲线与实际情况下测得的 S 形曲线不相符合。

从理论上讲,对动态条件下的吸附过程进行严格的数学推导,可以得出各种形式的偏微分方程组。但这些偏微分方程组很难用解析方法求解,即使作了许多简化的假设,也只能得出一些计算十分复杂的解。目前一般是采用各种方式的数值

解及统计矩的方法来处理透过曲线并求解防毒时间。这些方法计算一般都比较复杂,所得到的结果在某些情况下误差较大。

吸附剂对毒剂的吸附是一个相当复杂的过程,要想通过解各种边界条件下的偏微分方程来获得精确的透过曲线的表达式几乎是不可能的。但基于吸附的特点,可以采用人工神经网络方法模拟透过曲线和预测防毒时间。

人工神经网络有模拟人脑结构和智能的特点,由大量简单神经元构成,解决问题时不需要对象的精确模型,仅需要大量的原始数据,通过其结构的可变性逐步适应外界作用,并挖掘出对象内存的因果关系,最终以一种不很精确的输入、输出值描述出来。由于人工神经网络的特点,可以避开防毒时间与各影响因素间的复杂关系描述,特别是公式的表述,网络可以自己学习和记忆各输入量和输出量之间的关系。

对于表5.15中的数据,利用 Matlab 神经网络工具箱函数,采用 BP 网络进行防毒时间的预测。

为了消除数据量纲及数量级的差异,用下式对原始数据进行归一化处理

$$x'_{ij} = \frac{x_{ij}}{\max\limits_{1 \leqslant i \leqslant n} x_{ij}}$$

然后再用下式对变换后的数据进行正规化处理

$$Z_{ij} = \frac{x_{ij}}{\sqrt{\sum\limits_{m=1}^{p} x_{im}^2}}$$

随机选择已处理过的数据集中的 10 个数据为训练样本,其余两个为测试样本,以检验网络的可靠性。

在计算时,需要确定 BP 网络模型结构,它的确定有两条比较重要的指导原则:

(1) 对于一般的模式识别问题,使用三层网络可以很好地解决。

(2) 三层网络中,隐含层神经元个数 $n_2$ 和输入层神经元个数 $n_1$ 之间有以下关系

$$n_2 = 2n_1 + 1$$

由此,可按照如下的方式设计网络,网络的输入层神经元个数为 10 个,输出层神经元个数为 1 个,隐含层的神经元个数近似为 21。隐含层的神经元个数并不是固定的,需要经过实际训练的检验来不断调整。

设计好网络相关参数后,需要利用随机选择的 10 个样本值对网络进行训练。网络训练过程是一个不断修正权值和阈值的过程,通过调整,使网络的输出误差达到最小,满足实际应用的要求。

网络训练后,便可利用剩余的两组数据作为网络的输入数据进行测试。图

5.29为一次测试的具体结果。

从测试仿真结果看,活性碳纤维的防毒时间预测误差是可以接受的,说明基于BP神径网络对防毒时间的预测从方法上讲是可行的。

需要说明的是,由于此例中实际数据数目不是很多,且在空间的分布也不是十分理想,所以当随机选择不同的数据为训练和测试样本分别进行训练和测试时,有时得出的测试误差较大。出现误差较大的原因一般是测试样本的数据没有在训练样本数据的范围内所致。但这并不影响神经网络方法在防毒时间预测上的应用。本模型可通过改善实验数据的数量及分布和网络结构,增强BP神经网络预测模型的性能,从而在实际生产中起到指导作用。

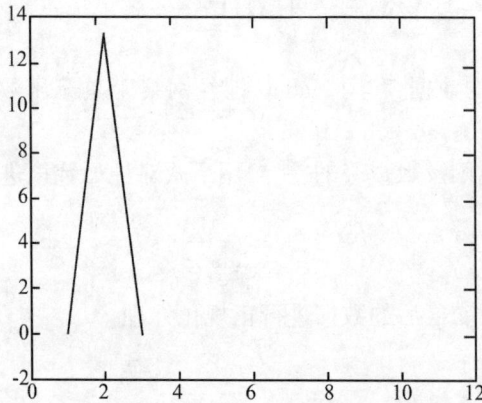

图5.29 测试仿真结果误差图

## 5.3.4 活性炭纤维活性再生

利用活性炭纤维制作的防护服面料应能重复使用并且耐多次洗涤。活性炭纤维吸附饱和及洗涤后,性能将发生改变而影响防护服的防毒效果。因此需要一定的方式对吸附饱和的活性炭纤维的活性进行再生处理。

防护服面料再生时应先用清洁水洗涤。因偏二甲肼具有弱碱性,所以洗涤时可加入一定量的醋酸,其量控制在一缸洗衣水加入一勺醋,通过醋酸的中和作用,可大大减少偏二甲肼残留量,其特有的鱼腥味大为减轻。洗涤两三次后,充分甩干再用热量对防护服面料中的活性炭纤维进行再生处理。因活性炭纤维的表面主要是孔径分布集中的微孔,吸附和解吸路径短,阻力小,速率快,所以一般用120～150℃蒸气或热空气处理即可再生。

本着尽量减轻使用防护服负担的原则,根据防护服实际使用情况,经研究后确定利用熨斗所产生的蒸气的温度(约在135℃)对防护服面料进行再生活化处理15～20min,即调节熨斗温度135℃熨15～20min,再晒干即可达到再生的目的。这样既可以避免使用专用再生装置,又可以在防护服洗涤时进行再生处理,能时常保

258

持防护服的整洁,提高防护服的使用寿命。

对再生后的防护服面料的性能进行了测试,结果见表5.17。从中可看出只要有足够的活化时间,面料的防毒性能不会受到很大的影响。

表5.17 防护服面料再生后的防毒性能

| | | 复合防护服面料 | | |
|---|---|---|---|---|
| 偏二甲肼蒸气浓度/(mg/L) | | 2.68 | | |
| 洗涤方式 | | 水作溶剂,洗衣机洗涤 | | |
| 再生时间/min | | 10 | 20 | 30 |
| 洗涤次数 | | 3 | 10 | 13 |
| 透过时间/min | 洗涤前 | 93 | 95 | 90 |
| | 洗涤后 | 89 | 100 | 91 |

## 5.3.5 新型液体推进剂防护服面料

根据前面的研究结果,选择活性炭纤维完全可以达到对偏二甲肼"气–气"防毒时间的要求。在此基础上,综合考虑成本、生产工艺、技术基础等因素,采用复合技术制备新型防护服面料,以满足防护服的各种性能要求。面料由内、外层两部分复合而成。外层织物主要满足织物的物理力学性能、防静电、阻燃等要求,并且有较好的拒水防油性,防止毒剂液滴的渗透;内层织物则实现对液体推进剂蒸气的有效防护和及时导出人体产生的汗液、热。

由于偏二甲肼对外层棉织物有一定的溶解性,因此需要对其表面进行拒水防油处理。织物表面拒水防油处理是在织物表面均匀地涂上一薄层或多层高聚物,使织物正反面产生不同功能的一种表面整理技术。常用的涂层整理剂有聚丙烯酸酯、聚氨酯、聚氯乙烯树脂、硅酮弹性体、聚四氟乙烯、合成橡胶等。

织物外层表面处理的目的:第一是防止偏二甲肼液体对面料的透漏和腐蚀,保证防护服的绝对安全;第二是使面料具有拒水和阻燃性能;第三是防止液体推进剂液体直接接触活性炭纤维。活性炭纤维的防毒功能是基于"疏油–吸附"机理,即活性炭纤维表面不直接接触高浓度的液体推进剂蒸气或液体态的推进剂,而只是吸附渗透的浓度较低的蒸气。活性碳纤维虽然具有质薄、轻、吸附面积大等优点,但如果仅使用单层防毒,则当毒物浓度较高时,特别是当毒物液滴直接滴于表面,则液滴通过毛细管作用很快穿透活性炭纤维而使其失去防毒作用。通过表面处理可防止液滴穿透外层织物而直接接触活性炭纤维。由于表面涂层的作用,滴、喷洒在防护服表面的毒剂不能穿透外层织物而接触活性炭纤维,而是很快成"滚珠"滴落,残留的毒剂液体以极快的速度在很短的时间内完全蒸发,产生的蒸气只有一小部分穿透外层织物材料进入防护服内层,但被内层的活性炭纤维吸附。这样才能有效地利用活性炭纤维对毒剂的高吸附性,保证防护服长期、安全的使用;最后是防止外层织物对水分和液体的吸收,减轻防护服的重量。

为了使防护服保持长久的防毒功能,表面涂层整理剂不仅应具有良好的疏水作用,而且还应有长期的效用,不惧洗涤、表面摩擦等性能,同时还可用于处理活性炭纤维层而不影响它的吸附性能,同时使活性炭纤维层具有憎水基团而保护活性炭纤维的吸附性能不受人体汗液等的影响。通过表面涂层的处理,外层材料既可防止流体在表面上浸润,又可以对内层活性炭纤维材料起保护作用。

要使毒剂液滴在布料表面形成"滚珠"而防止浸润,必须选择合适的涂层整理剂,也即选择有适当表面张力的整理剂。根据图 5.30,液滴在织物表面形成滚珠,接触角要小于 90°。要使接触角 $\theta$ 小于 90°,固体表面的表面张力必须小于液滴的表面张力。

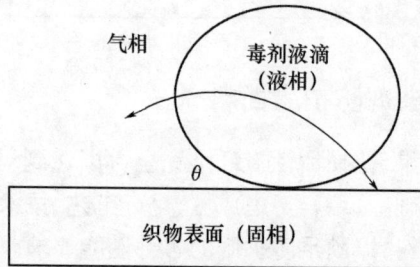

图 5.30  防护服三相界面示意图

液体推进剂偏二甲肼的表面张力为 24.18mN·m$^{-1}$,因此,表面整理剂的表面张力应小于这个数值。试验了聚丙烯酸酯、氟化物 AG – 710 涂层整理剂的效果。从试验效果看,氟化物 AG – 710 的效果较为理想,所以选择它为涂层整理剂。氟化物 AG – 710 为我国 FFF – 02 型防护服所用表面整理剂,它对防毒材料活性材料的活性影响较小。

对制成的外层织物进行了偏二甲肼相容试验。结果表明,24h 浸泡后织物重量几乎可以忽略不计,说明可以作为偏二甲肼防护服的外层材料。

对经过拒水、防油处理过的外层面料进行液体推进剂液滴渗透试验,表明其性能完全满足要求。对外层表面经过氟化物 AG – 710 的表面处理后的织物的防水性和阻燃性进行了测试,测试结果表明防水等级不小于 4 级;续燃、阴燃时间不大于 5s,燃烧损毁长度不大于 150mm,符合相关要求。

由于防护服穿着人员在进行作业时容易紧张,加上一定的工作时间和强度,很容易出汗,防护服内有大量的热和水蒸气,如果此时工作地点恰好在空气潮湿的南方,热和水蒸气的量将会更多。防护服面料如果不能及时导出这些热和汗(水蒸气),将严重影响穿着人员的生理舒适度,降低防护服的穿着时间。防护服织物面料应具有良好的透气和透湿性,穿着人员由于生理、运动和工作等产生的热和湿能及时透过织物而发生转移,使人体保持在适当的热平衡中。

在一定范围内,织物内发生水蒸气的凝聚主要是织物内温度分布的差异(温度梯度)所造成的。温度梯度的存在使水蒸气实际压力和该温度下饱和蒸气压、水蒸气浓度等都存在梯度。而这些梯度的存在决定了凝聚的产生、热流量和水蒸气转移速度的大小及织物内干－湿－干区域范围的变化。

对于一给定的织物,织物的水蒸气转移速度及凝聚速度均随织物热面的水蒸气浓度增加而增加;当发生凝聚时,从织物出来的热流量随水蒸气浓度的增加而增加,并随着织物热的一面的水蒸气浓度的增加,进入织物湿区与从织物湿区出来的热流量的差异逐渐加大。

改变织物的某些物理和化学性质,可以改善热和水蒸气转移及凝聚问题。减少织物的厚度,或者提高热传导系数,可以提高水蒸气转移和凝聚速度。

由于活性炭纤维的多孔性,虽然防护服面料由多层织物复合而成,但试验证明完全可以满足穿着生理舒适性的要求。

## 参 考 文 献

[1] 万刚,李荣德.电磁屏蔽材料的进展[J].屏蔽技术与屏蔽材料,2003,(1):40－42.

[2] 王乐军,丁兆涛,吕翠莲,等.防辐射织物与服装的开发[J].产业用纺织品,2002,20(10):12－14.

[3] 吴大伟.环境电磁波辐射污染对人体健康的影响[J].环境科学,1982,3(5):74－77.

[4] 张碧田,李国勋,翟俊瑛,等.电磁屏蔽织物的制备和应用[J].环境工程,1995,13(3):38,39.

[5] 王锦成.电磁屏蔽材料的屏蔽原理及研究现状[J].化工新型材料,2002(7):1618.

[6] Van Eck W. Electromagnetic radiation from video display units: an eavesdropping risk[J]. Computer&Security, 1985(4):269－286.

[7] 汝强,胡社军,胡显奇,等.电磁屏蔽理论及屏蔽材料的制备[J].包装工程,2004,25(15):21－24.

[8] 刘顺华,郭辉进.电磁屏蔽吸波材料[J].功能材料器件学报,2002,8(3):214－218.

[9] 林国荣,张友德.电磁干扰及控制[M].北京:电子工业出版社,2003(6):2－11.

[10] Robert G O, Marko L, Peter M. On Simple Methods for Calculating ELF Shielding of InfinitePlanar Shields. IEEE Transactions On Eletormagnetic Compatibility, 2003(45):538－547.

[11] Richard B S, Plantz V C, Brushu D R. Shielding Theory and Practice. IEEE Transactions on Eletromagnetic, 1988(8):187－201.

[12] 许先福,潘振克,黄正忠.电磁屏蔽材料的种类及应用[J].安全与电磁兼容,2000(3):19－25.

[13] 高强.聚丙烯充填黄铜纤维导电性复合材料屏蔽性能的研究[J].塑料工业,1999(1):30－32.

[14] 何东亚.影响化学镀镍磷合金沉积速度的几个问题[J].腐蚀与防护,2002(7):312.

[15] 商思善.屏波织物及其应用[J].安全与电磁兼容,2002(2):43－45.

[16] 姜缓祥,郭荣辉,郑光洪.涤纶织物上化学镀银的晶体结构电镀与涂饰,2008,28(7):22－24.

[17] JIANG S Q, NEWTON E, YUEN C W M, et al. Chemical silver plating on cotton and polyester fabrics and its application on fabric design[J]. Textile Research Journal, 2006, 76(1):57－65.

[18] Eun Gyeong Han, Eun Ae Kim, Kyung Wha Oh. Electromagnetic interference shielding effectiveness of electroless Cu－plated PET fabrics[J]. Synthetic Metals,2001,123:469－476.

[19] GUO R H, JIANG S Q, YUEN C W M, et al. An alternative process for electroless copper plating on polyester

fabric[J]. Mater Electron,2009,20:33-38.

[20] 甘雪萍,仵亚婷,刘磊,等.以次亚磷酸钠为还原剂涤纶织物化学镀铜研究[J].功能材料,2007,5(38):782-786.

[21] 张辉,刘荣立.涤纶织物铜-银双层化学镀研究[J].表面技术,2008,37(2):21-22,39.

[22] 刘荣立,张辉.涤纶针织物银-镍-铜三层化学镀研究[J].针织工业,2009,9:52-55.

[23] GAN X P, WU Y T, LIU L, et al. Electroless plating of Cu-Ni-P alloy on PET fabrics and effect of plating parameters on properties of conductive fabrics[J]. Journal of Alloys Compounds,2008,455:308-313.

[24] 商思善.化学镀铜-镍复合镀层织物[J].产业用纺织品,2002,143(20):44,45.

[25] 张新超,杨文彬,周元林,等.涤纶织物表面化学镀Ni-Co-Fe-P合金的研究[J].功能材料,2009,10(40):1626-1628.

[26] 赵俊,吕广庶,王迎春,等.涤纶织物化学镀镍前处理粗化工艺的研究[J].电镀与涂饰,2006,25(5):16-19.

[27] 张朝阳,魏锡文.化学镀镍活化或诱发方法[J].表面技术,2002,31(6):62-64.

[28] Gordhanbhai N Patel, Somerset. Preswelling and etching of plastics for plating [P]. US Pat:4941940,1990-07-17.

[29] Seung kyun, Ryu Su, et al. Plating method of metal Film on the surface of polymer [P]. US Pat:200301656331, 2003-09-04.

[30] Katayama, Junichi, Maeda, et al. Catalyst application on resin substrate before electroless plating [P]. JP Pat:2003041375, 2003-02-03.

[31] 焦红娟,郭红霞,等.镀银导电纤维的制备和性能[J].华东理工大学学报,2006,32(2):173-176.

[32] 陈震兵,陈小立.涤纶织物化学镀Ni-Cu-P的反应动力学方程[J].纺织高校基础科学学报,2001,14(2):102-106.

[33] Jiang S Q, Newton E, Yuen C W M, et al. Chemical silver plating on Polyester fabrics and its application on fabric design [J]. Textile Research Journal, 2006, 76(1):57-65.

[34] Bertuleit K. Silver coated polyamide a conductive fabric [J]. Journal of Coated Fabric, 1991, 211-215.

[35] Oraon B, Majumdar G, Ghosh B. Parametric optimization and prediction of electroless Ni-B deposition [J]. Materials and Design, 2007, 28:2138-2147.

[36] Chang S Y, Lin J H. Processing copper and silver matrix composites by electroless plating and hot pressing [J]. Metallurgical and materials transactions. A, 1999, 30(4):1119-1136.

[37] 傅雅琴,陈文兴.化学镀镍导电涤纶织物的研究[J].浙江丝绸工学院学报,1999,16(1):1-5.

[38] 张碧田,李国勋,翟俊瑛,等.镀镍织物的制备及应用[J].稀有金属,1995,19(6):438-442.

[39] Stefecka M, Kando M. Electromagnetic shielding efficiency of plasma treated andelectroless metal plated polypropylene nonwoven fabrics [J]. Journal of Materials Science, 2004, 39:2215-2217.

[40] Eun Gyeong Han, Eun AeKim, Kyung Wha Oh. Electromagnetic interference shielding effectiveness of electroless Cu plated PET fabrics [J]. Synthetic Metals, 2001, 123:469-476.

[41] 顾国锋,胡航.化学镀电磁辐射防护织物的屏蔽效能分析[J].广西物理,2005,26(1):38-40.

[42] 东华大学.一种电磁屏蔽纺织品及其制备方法[P].中国专利:1587494A,2005-03-02.

[43] 郭忠诚.稀土在Ni-P和Ni-B基化学复合镀中的应用[J].材料保护,1993(5):19-21.

[44] 陈一胜,张乐观,王勇.稀土对化学镀镍溶液稳定性的影响[J].材料保护,2002,35(4):38-40.

[45] 章磊,宣大鹏,黄芹华,等.铈对化学镀Co-Ni-P合金工艺的影响[J].电镀与精饰,2002,24(1):1241.

[46] Lokhande C D, Jadhar M S, Pawar S H. Electrodeposition of Lan-thanum from Aqueous Baths [J]. METAL FINISHING, 1998, 11:53.

[47] 高加强,刘磊,沈彬,等.纳米氧化铝粒子对化学镀镍-磷合金晶体化行为的影响[J].中国有色金属学

报,2004,14(1):64-68.

[48] 黄新民,谢跃勤,等.(Ni-P)-纳米 TiO₂ 微粒化学复合镀层的摩擦特性[J]. 电镀与精饰,2001,23(5):1-4.

[49] Franser J. Mechanism of composite electroplating[J]. Metal Finishing, 1993, 43(6):97-102.

[50] Guglielmi N. Kinetics of the deposition of inert particles from electrolytic baths[J]. Journal of the Electrochemical Society, 1972,119(8):1009-1012.

[51] Celis J P, Roos J R, Buelens C. Analysis of the electrolytic codeposition of non-brownian particles with a metals[J]. Journal of the Electrochemical Society, 1987,134(6):1402-1406.

[52] Fransaer J,Celis J P,Roos J R. Analysis of the electrolytic codeposition of non-brownian particles with metals [J]. Journal of the Electrochemical Society,1992,139(2): 413-425.

[53] HAN K P, FANG J L. Effect of cysteine on the Kinetices of electroless nickel deposition[J]. Journal of applied electrochemistry, 1996, 26: 1273-1277.

[54] 郭言.不同粗化方法对涤纶织物化学镀层牢度的影响[J].纺织科技进展,2008,4:20,21.

[55] 余志成,汪澜,陈海相,等.胶体钯的制备及在屏蔽织物上的应用[J].纺织学报,2004,4:287-289.

[56] 桑呈.平面材料电磁屏蔽效能测试方法的研究[J].电子测量与仪器学报,2002(增刊).

[57] 程明军,吴雄英,张宁,等.抗电磁辐射织物屏蔽效能的测试方法[J].印染,2003(9):31-36.

[58] 宣天鹏,张磊,黄芹华.含 Ce 化学镀 Co-Ni-B 合金镀层功能性研究[J].金属功能材料,2004,35(4):38-40.

[59] 刘光华.稀土固体材料学[M].北京:机械工业出版社,1997:71.

[60] 杜挺.稀土元素在金属材料中的一些物理化学作用[J].金属学报,2005,33(1):69-76.

[61] 孙胜龙.环境材料[M].北京:化学工业出版社,2002:157-160.

[62] 高方,王慧芳,等.82 型透气防毒物内层材料吸附性能研究（三)用 Klotz 方程或 Wheeler 方程研究"气-气"防毒时间.防化研究,1990,4:1-9.

[63] 王树根,马新安.特种功能纺织品的开发[M].北京:中国纺织出版社,2003:61-80.

[64] 姚穆,等.纺织材料学[M].北京:纺织工业出版社,1990.

[65] 陈东生.服装卫生学[M].北京:纺织工业出版社,2000.

[66] 李燕立.林朔.织物的吸湿排汗性及其评价方法[J].北京服装学院学报,1996,16(1).

[67] 张毅,李伟.织物透气性能与温湿度关系的探讨[J].天津纺织工学院学报,2000,19(1).

[68] 刘雍,马敬安.防水透湿织物的研究现状及发展趋势[J].中原工学院学报,2004,15(3).

[69] Adler, Walsh Mechanisms of Transient Moisture Transport between Fabrics[J]. Textile Res. J,1984(5):334-343.

[70] Day,Sturgeon. Water vapour Transmission rates through Textile Materials as Measured by Differential Scanning Calorimetry[J]. Textile Res. J,1986(3):157-161.

[71] Kim. Dynamic Moisture vapour Transfer through Textiles[J]. Textile Res. J,1999(3):193-202.

# 第6章 研究展望

碳材料不仅是一类传统的而且也是现代的碳材料,并且研究内容及应用范围都非常广泛。20世纪前,木炭、炭黑、焦炭、天然石墨、人造石墨等碳材料已被广泛应用,推动了陶瓷、冶金和印刷业的发展,它是古代灿烂文明和第一次产业革命蒸汽机诞生的主要支持材料。20世纪,随意国防工业和工、农业发展,特别是50年代美国与苏联两国对太空开发进行了激烈竞争,这一需求促使了新型碳材料惊人的大发展,相继出现了碳(石墨)纤维及其复合材料、活性碳纤维、炭分子筛及炭微球、石墨烯等。特别注意的是20世纪末,$C_{60}$、碳纳米管、石墨烯和碳合金的诞生,更是标志着碳科学的巨大进展[1-3]。

由于碳科学具有多学科、结构多样性、用途多异、新品种层出不穷的特点,本书介绍的只是其中的一个小部分,今后碳材料的研究特别是以下几个方面将是材料研究的重点和前沿之一。

### 1. 轻质碳材料的活化技术与改性技术

常规的轻质碳材料某些性能不能符合日益发展的环保、原子能、储能、化工、电子、汽车、高科技领域的苛刻要求,需要对其进行改性或采用特定的活化技术,以满足"高吸附、大比表面积($\geqslant 2500 m^2/g$)、多形态、高强度、低成本"等要求,不断扩大碳材料在如电子、医药、防辐射等领域中的应用。

由于生产原料和生产方法以及设备的差异,不同的工艺所生产的轻质碳材料,不仅表现出孔径、孔容和孔分布等物理形态的不同,而且在产品的表面化学基团性能方面也发生改变,赋予其不同的吸附能力等诸多基本性能,使得在实际应用过程中,表现出十分明显的区别。

例如,R. R. Bansode等采用山核桃壳为原料,经水蒸气、二氧化碳或磷酸活化为活性剂制得活性炭,而扁核桃壳则采用磷酸活化。对两种颗粒活性炭与通常所用商业化活性炭(Filrtasorb 200, Calgon GRC - 20, Water 206C AW)对挥发性有机化合物(VOC)的吸附效率进行比较,结果表明,水蒸气、二氧化碳活化的山核桃在VOC吸附总量上优于磷酸活化山核桃壳和扁核桃壳所得的活性炭。在系列实验中,水蒸气活化的山核桃壳炭的VOC吸附量高于其他活性炭,与市场上的椰壳炭相当,大大高出煤基活性炭的吸附量。

常用的活性方法有水蒸气物理活化法和化学活化法。水蒸气活化法是利用水蒸气在高温条件下(800~100℃)与碳发生的氧化还原反应,使碳化物的孔结构更加发达。提高活化温度、增加水蒸气的用量、延长炭活化的时间均可以使炭产品的

264

吸附性能得到提高。此法生产成本比较低,是制备活性炭最常用的方法。化学活化法是将化学药品加入原料中,然后在惰性气体的保护下进行加热,同时进行碳化和活化的一种方法。最常用的活化剂是氯化锌、磷酸和氢氧化钾。活化剂的浓度、浸渍时间、活化温度和时间等因素均影响碳产品的性能。

各类炭材料表面存在或多或少的亲水性和含氧官能团,通过对其表面的简单氧化(气相氧化或液相氧化)、氨化(高温下与 $NH_3$ 反应)、氢化、碱化或高温($800 \sim 1000℃$)处理或通过增加特定的表面杂原子或化合物,可以改变其表面含氧、含氮官能团的数量以及亲疏水性等,便可以实现对不同酸碱性气体、不同类吸附质的吸附能力。一般而言,活性炭表面羧酸基团在较低的温度下分解,同时释放出二氧化碳,而酚羟基、醚、羰基等基团在较高的温度下分解,释放出一氧化碳。例如,Mochida 等发现高比表面积的沥青基 ACF 经 1100℃ 高温处理后,共脱硫能力大大提高,即 $SO_2$ 的吸附容量与氧化活性及硫酸的溶出速度均大大增加,在室温附近就可以顺利脱硫,脱硫温度若升至 $50 \sim 70℃$,则要求完全脱除所需的水蒸气量和 ACF 量就会大增。

通过本体或表面掺杂不同的金属粒子可使碳材料具有特殊的功能,如催化、抗菌和除臭等功能。如为赋予 ACF 抗菌功能,目前主要的措施是载银、铜等金属离子;负载锰、铜及碳酸钾等都可使 ACF 的脱硫化氢能力大大增加;表面负载金、钯等贵金属离子的活性炭可用于化学毒剂的防护面具;在 ACF 负载 $\alpha - FeOOH$ 和 $\alpha - Fe_2O_3$ 后,可大大提高其对 $NO_x$ 的吸附率;负载铜-钴的 ACF 可以有效地利用 $NH_3$ 催化还原 NO。而在活性炭表面负载贵金属、硫化物(如 $MnS$、$MoS_2$、$WS_2$、$CuS$ 等)、卤化物($AlCl_3$、碱土金属的氯化物等)、无机酸类等物质而制成的催化剂,可以用于农药、医药、香料中的加氢反应或合成,塑料及化纤中聚酯、聚氨基甲酸酯等的生产及脂环族化合物脱氢制芳香化合物。

**2. 轻质碳材料的复合技术**

由于复合材料可综合发挥各种组分的协同效能、可针对复合材料的性能进行材料的设计和制造、可按需要加工工艺的形状,避免多次加工和重复加工等一系列优点,因此复合材料有着广泛的应用范围。

为了更好地发挥轻质碳基材料的本征特性,如密度小、稳定性好、耐热、耐腐蚀、耐热冲击、导电性好和高温强度高等一系列综合性能,可以根据需要与其他材料进行复合而获得性质优异的性能,如磁学、电学等多种功能。

目前研究的轻质碳材料复合材料有碳纳米管(或其他轻质碳材料)/聚合物、金属或陶瓷基/碳纳米管(或其他轻质碳材料)、金属或金属氧化物填充碳纳米管(或其他轻质碳材料)、储氢碳纳米管复合材料等。

复合技术除常规的原位聚合法、溶液复合法、熔融复合法外,还可以采用涂覆烧结法、等离子喷涂法、仿生诱导法、电沉积法、化学气相沉积法、化学液相均相(或非均相)沉积法等。

相信在今后,会有更多的复合形式及复合技术出现,以制备性能各异的轻质碳材料复合材料。

**3. 开发新的轻质碳材料**

为了满足国民经济的特殊需要,开发新的轻质碳材料将是一项现实而且重要的工作。

碳材料是以碳元素为主体构成的材料。一般将20世纪40年代中期以前生产的碳材料称为老式碳材料;将第二次世界大战以后,得到飞速发展的以高纯高密石墨、碳纤维、热解碳、玻璃碳为代表的碳制品称为新型碳材料。新型碳材料有时与高分子材料、金属或陶瓷结合在一起形成复合材料,而老式碳材料一般没有这种关系。

由于碳–碳键结合方式的多样性,基本结构单元的多样性,微细组织的多样性和集合组织的多样性等,使得碳材料的形态和功能层出不穷,新型碳材料不断涌现。在众多的新型炭材料族群中,纳米活性炭纤维、富勒烯、碳纳米管、活性炭微球等轻质碳材料将长期成为研发热点。

(1)纳米活性炭纤维。纳米活性炭纤维是由炭纤维活化而成,是一种表面纳米粒子,具有不规则的结构与纳米空间混合的体系。其纤维直径细,具有微形孔形结构,微孔半径在2nm以下,其孔径分布窄,特殊的细孔呈单分散分布。不同尺寸的微细孔隙组成其结构,并且中孔、小孔扩散呈现出多微孔分布,在各细孔结构中的差别较大。在纳米活性炭纤维中无大孔,只有少量的过渡孔,微孔分布在纤维表面,其外比表面积大,较内表面积高出两个数量级,吸、脱附速率快,为粒径活性炭的 $10 \sim 100$ 倍,吸附效率高。纳米活性炭纤维丝束的空间起大孔的作用,对气相与液相物质具有较好的吸附作用,随着比表面积的增大,细孔的平均孔径随之增大,细孔容积增加,在细孔内发生吸附后充填于细孔内。

纳米活性炭纤维被认为是21世纪最优秀的环保材料之一,在气体和液体净化、有害气体及液体吸附处理、溶剂回收、功能电极等方面已得到成功应用。由于纳米活性炭纤维的结构、性能及应用等方面的研究才开始进入人们的视野,其应用领域有望扩展到信息、生物、环境等多个领域。

(2)富勒烯。富勒烯是除金刚石、石墨以外的碳的第三种同素异形体,它的发现是人类科技发展史上的一个里程碑,极大地推动了碳团簇 $C_n$ 的研究。由于富勒烯家族的核心代表 $C_{60}$ 的外形酷似足球,是一种球状笼形结构;$C_{70}$ 的外形像橄榄球,是一种椭球状笼形结构;而且家族的其他分子也具有封闭的圆球形和椭球型外形和对称性,与由建筑师 Buckminster Fuller 设计的五边形和六边形构成的圆形屋顶极为相像,因此,又称为巴基球(Bucky ball)。

富勒烯分子是一类新型全碳分子,每个分子都有 $2 \times (10 + M)$($M$ 是六元环的数值)个碳原子,相应构成12个五元环和 $M$ 个六元环。$C_{60}$ 是最小的最稳定的富勒烯分子,如图6.1所示。

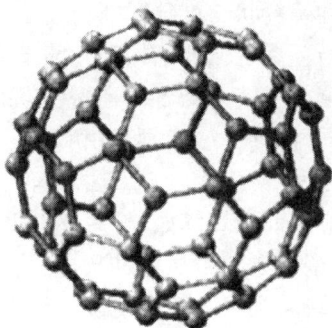

图 6.1  $C_{60}$ 的分子示意图

由于 $C_{60}$ 的共轭离域大 π 体系是非平面的,与休克尔体系相比,这种非平面的电子结构芳香性较小,因而有一定的反应活性,可进行氢化、卤代、氧化等各种反应,在此基础上已合成了大量的衍生物。

$C_{60}$ 分子呈中性,不导电,但固体本身是一种禁带宽度为 1.5eV 的直接跃式半导体。它的电导率很低,近似于绝缘体,但是 $C_{60}$ 或 $C_{70}$ 中掺杂一定量的碱金属后从绝缘体变成导体,其室温下导电性可与 n 型掺杂的聚乙炔块的导电性相比拟。

$C_{60}$ 对压力具有一定的稳定性,在 20GPa 下分子本身是稳定的,撤压后,又可回复到原体积,所以可成为优良的润滑材料。

富勒烯分子由于其独特的结构而呈现出独特的性能,可望在超导、微电子、光电子学和电池等方面有广阔的应用前景。以下两个领域的应用基本研究引人注目。其一是在高分子领域中的应用。它主要分为三个方面:第一方面主要是 $C_{60}$ 的高分子化,即合成与制备含 $C_{60}$ 的聚合物;第二方面主要是 $C_{60}$ 与聚合物形成电荷转移复合物;第三方面主要是以 $C_{60}$ 及其衍生物为催化剂的组成部分,催化聚合反应产生聚合物。其二是在生物方面的应用。近年来,对合成水溶性富勒烯衍生物方面的突破和成功,克服了富勒烯固有的疏水性,大大加速和扩展了 $C_{60}$ 及其衍生物在生物方面的应用范围,在 $C_{60}$ 及其衍生物以人体免疫缺陷病毒酶(HIV)和细菌的抑制、致使 DNA 裂解、除去自由基和对生物膜的双重作用等方面的研究均取得了新的进展。

富勒烯的开发和应用涉及多学科,是一个前沿性的多领域交叉学科,目前关于富勒烯的制备、分离、表征、性能测试以及实验应用的研究最多,取得了长足的进步。有关富勒烯的化学性质、新的化学反应和反应规律、富勒烯的改性技术,把 $C_{60}$ 作为平台,接上具有特殊功能的基团,以改进富勒烯的电学、光学和磁学性能;增加 $C_{60}$ 在水中的溶解度,以便利用 $C_{60}$ 的抗菌、灭菌特性,突出体现在富勒烯负离子化学、富勒烯水溶胶、富勒烯的光物理特性和富勒烯纳米粒子的组装,但仍有许多课题需要人们进一步研究。

(3) 石墨烯及其衍生物。石墨烯( graphene,GE) 是一种由 $sp^2$ 杂化的碳原子以六边形排列形成的周期性蜂窝状二维碳质新材料。图6.2为单层石墨烯的分子模型。由于石墨烯及氧化石墨烯各自的结构和性能上的优缺点，以这两者为基底，制备出性能更加优异的复合材料就成为各国研究人员的研究热点，无论是聚合物基纳米复合材料、有机小分子修饰的纳米复合材料还是金属和金属氧化物纳米复合材料方面的发展都十分迅速。目前，以石墨烯、氧化石墨烯为基底的复合材料在多个领域都展现出广阔的应用前景。例如，将氧化石墨烯与导电聚合物复合，可形成网络缔合结构，进而提高聚合物的耐热性和导电性能，使其在电池、超级电容器等领域具有较高的应用价值；若利用石墨烯及氧化石墨烯为载体负载纳米粒子，可以提高复合材料的耐老化性、催化性、功能性、信息存储性等性能，进一步拓展了这些粒子在生物医药、催化、超级电容器、传感器、储氢等领域的应用。

图6.2  单层石墨烯的分子模型

以下几个方面是石墨烯研究中值得重点关注的研究领域：一是发展成本低廉、层数和性能可控的大规模石墨烯制备技术；二是发展石墨烯精确表征技术和方法；三是加强对石墨烯化学特性的研究，尤其是在石墨烯的化学修饰、表面改性、衍生化等领域还期待有更多的突破，以拓展对石墨烯功能及应用领域的认知；四是加强石墨烯可控功能化研究，开发基于石墨烯纳米填料的多功能复合材料，拓展其应用领域，并推动其产业化应用研究。

（4）金属/炭复合材料。如果将空气中稳定且可具有可溶性的有机金属化合物及高分子络合物在惰性气氛下炭化，可得粒径排列整齐的纳米级金属离子均匀分散的金属/炭复合体。在这种材料中，金属与炭层完全分离，在空气中不易氧化而长期稳定，耐热性好，炭中金属含有率可以调节。由于前驱体可溶于溶剂中，因此产品可制作成薄膜、粉末、纤维及粒状等各种形状。这种材料有着广泛的应用前景，可作为电子电工材料、电波屏蔽材料及新型吸附材料使用，另外，它也为解决纳米金属在空气中极易氧化的问题提供了一种使金属离子稳定存在的方法，对于金属的抗氧化性研究具有重要意义。

金属/炭复合体中由于金属粒子的存在,使活性炭的表面积大大增加,而且更易生成以中孔为主的活性炭,使之对蛋白质等有机大分子的吸附性能大大提高;而且由于金属与酸性气体能发生化学反应,因此这种材料对酸性气体的吸附性能也有很大的提高,可望用作脱色剂、脱氧剂和除臭剂等。

虽然轻质碳材料特别是新型碳材料的性能很好,但由于受价格等因素影响,要在各个领域得到普及还为时尚早,因此开发廉价活性炭之类的吸附材料也具有一定的意义,特别是利用生物废弃物(如石油焦、糠醛渣、粉煤灰等)来制备廉价的吸附剂更具有积极的意义。

### 4. 拓展轻质碳材料的应用领域

随着科学技术的发展,人民生活水平的提高,轻质碳材料的应用领域不断被扩展,出现了各种各样的专业用轻质碳材料,如医用活性炭、防辐射用活性炭、电子行业用活性炭等。

炭在医学领域中的应用并不陌生,《本草纲目》上就有记载:果壳煅炭,可以治疗痢疾和烂疮。目前活性炭由于吸附性能优良,孔结构在一定范围内可控,而且生物相容性极佳,无毒副作用,被广泛应用于癌症治疗、胃肠道疾病和防止毒物吸附等方面。

目前的活性炭抗癌剂因具有功能缓释性、亲和性、淋巴趋向性、局部滞留性、毒副作用小等特性,已临床应用于胃癌、食道癌和结直肠癌、乳腺癌的治疗中,并取得了相当满意的效果。现阶段临床研究的重点是使含炭颗粒的直径更适应淋巴系统运转要求;研制适合不同恶性肿瘤的吸附抗癌药物型及所结合抗癌药物的剂量,减少严重并发症的发生,从而能够定向杀死癌细胞或抑制癌细胞的淋巴转移。

血液净化是清除血液中毒物的致病物的重要方法,包括血液灌流、血液透析等。血液净化不仅关系到疾病本身的治疗,还关系到血液和血液制品的安全问题,特别是输血后的病毒感染。应用血液净化吸附剂活性炭去除血液制品中的有毒物,也是血液净化的一个重要方向。

活性炭血液灌流是将血液经活性炭净化,活性炭能够吸附血液中所含的有害物,它是公认的治疗各种药物中毒,挽救患者生命的首选方法。

血液透析以往都是使用纤维素制造的透析膜进行透析,该法的缺点是只能从血液中除去能透过纤维素膜的溶质,而无法除去分子量大的溶质。为此现在已研发出用活性炭之类的吸附剂构成的吸附型血液透析器,该类透析器中使用的颗粒活性炭是以石油沥青为原料制成的圆球状活性炭,并经过表面被覆处理。与其他颗粒状活性炭相比,圆球状活性炭没有棱角,不容易因相互摩擦形成粉尘导致血液污染,再进行被覆处理后,避免了血液直接接触活性炭而发生溶血或凝血使用。同时还可以利用活性炭吸附去除透析液中的尿素及其他代谢产物可以对透析液再生。

以活性炭为原料生产药品及其临床用药,也一直是医药界的关注点。

很多炭材料是作为导电材料使用的,早在 1802 年炭就成为电池的电极材料,1930 年就制成活性炭电极电池。用活性炭吸附无机或有机电解质为电极做成超大容量电容器,配合合理的放电电路设计,为蓄电池带来了革命性的变化。

随着双电层电容器应用领域的不断拓展,国内外关于各种碳材料用作极化电极的研究日益增多。双电层电容器要求电极材料具有导电率高、比表面积大、成型性好、价格低廉且不与电解质发生电解反应或电化学反应等优异性能。碳纳米管等新型碳材料是制备双电层电容器的最佳材料。

碳纳米管具有特殊的中空结构和电磁特性,而通过活化使封闭的孔结构释放出来,并在管壁上形成丰富的孔结构,当电磁波进入到这些孔结构中是进行传播时,它会遇到管壁的阻挡而发生反射、散射;而反射、散射的电磁波还会再次遇到管壁又发生新的反射、散射,这种反复的反射和散射将导致电磁波的能量损失,使活性碳纳米管有望成为轻质、吸收频率宽的理想隐身材料。

活性碳纳米管在能源方面的研究也是研究热点,包括超级电容器、锂离子二次电池、燃料电池、储氢或甲烷等。

## 参 考 文 献

[1] 沈曾民.新型碳材料[M].北京:化学工业出版社,2003.
[2] 陈跃军.碳素吸附材料吸油特性的研究[D].西南交通大学,2002.
[3] 沈曾民,张文辉,张学军,等.活性炭材料的制备与应用[M].北京:化学工业出版社,2006.
[4] 杨全红.纳米碳管的表面、孔隙及其与储氢性能关系[R].沈阳:中国科学院金属研究所,2001.
[5] 宋磊.活性炭纤维吸附法精细脱除二氧化硫研究.四川大学,2003.
[6] 赵远,等.石墨烯及其复合材料的制备及性能研究进展[J].重庆理工大学学报,2011.
[7] Wang Y, Huang Y, Song Y, et al. Room temperature fer‐romagnetism of graphene[J]. Nano Lett,2009,9: 220 - 224.
[8] 韩啸.氧化石墨烯及其复合材料的制备和性能研究.哈尔滨工业大学,2011.
[9] 方明.石墨烯基纳米复合材料的制备及性能.复旦大学,2011.
[10] 肖蓝,王祎龙,于水利,等.石墨烯及其复合材料在水处理中的应用.化学进展,2013,25(2):420 - 426.

# 内 容 简 介

本书从轻质碳材料的基本性能、修饰改性以及复合工艺技术等方面,比较系统介绍了与国防军事应用密切相关的特种污染物光催化剂或吸附剂、电磁吸波材料、液体推进剂防护服面料、电磁屏蔽防护织物等材料的制备、性能以及修饰改性等方面的研究成果,及在电磁隐身材料、国防环境保护、电磁防护及液体推进剂防护等国防领域中的应用研究成果,为轻质碳材料及其复合材料的开发应用,以及相关国防领域的科研、生产、教学等领域提供重要的参考及借鉴。

本书共分6章,第1章和第2章分别介绍了轻质碳材料的基本性质、基本吸附理论以及碳基复合材料的制备方法及性能测试技术,第3章介绍了轻质碳材料及其复合材料在液体推进剂等特种污染物处理中的应用情况,第4章介绍了轻质碳材料及其复合材料在电磁吸波材料领域中的应用,第5章介绍了轻质碳材料及其复合材料在液体推进剂等防护材料领域中的应用,第6章则对今后的轻质碳材料研究和应用作了展望。

本书可作为从事轻质碳材料及其复合材料研究与应用及国防相关领域(电磁吸波隐身、环境保护、劳动保护、复合材料合成等)研究的科技工作者、工程技术人员、院校师生的参考资料。

This book introduced systematically the study results of the research on the preparation, properties, modification of the materials closely related to national defense and military application such as special pollutant light catalyst or adsorbent, electromagnetic liquid propellant protection materials, clothing fabric, electromagnetic shielding fabric material etc. from the aspects of the basic properties, modification methods and the composite technology of the materials. The applications of these materials in the fields of the stealth materials, national defense environmental protection, electromagnetic protection and liquid propellant protection etc. also have been introduced. This book can provides important reference to the development and application of lightweight carbon materials and composite materials and the related national scientific research, production, teaching etc.

The book is divided into 6 chapters, the first two chapters introduce the basic properties of lightweight carbon material, the basic theory of adsorption and carbon composite material preparation method and performance test technology, the third chapter introduces the application of lightweight carbon materials and composite materials in liquid propellant and other special pollutant treatment, the fourth chapter introduces the light carbon materials and composite application of absorbing material in the field of electromagnetic, the fifth chapter introduces the application of lightweight carbon materials and composite materials in the field of liquid propellant and other protective materials, the sixth chapter makes a prospect of the research and application of lightweight carbon materials in future.

This book can be used as reference for research scientists, engineers, teachers and students to the research and applications of the lightweight carbon materials and composite materials and the related fields ( electromagnetic wave – absorbing camouflage, environmental protection, labor protection, composite material synthesis).